国家能源集团
煤矿智能化建设指南

（2022 版）

解读及解决方案

国家能源集团煤炭运输部　煤矿智能化办公室　组织编写

中国矿业大学出版社
· 徐州 ·

图书在版编目(CIP)数据

国家能源集团煤矿智能化建设指南(2022版)解读及解决方案 / 国家能源集团煤炭运输部,煤矿智能化办公室组织编写. —徐州 :中国矿业大学出版社,2022.8

ISBN 978-7-5646-5529-7

Ⅰ.①国… Ⅱ.①国… ②煤… Ⅲ.①智能技术—应用—煤矿开采—中国—指南 Ⅳ.①TD82-39

中国版本图书馆CIP数据核字(2022)第143288号

书　　名　国家能源集团煤矿智能化建设指南(2022版)解读及解决方案
组织编写　国家能源集团煤炭运输部　煤矿智能化办公室
责任编辑　章　毅
出版发行　中国矿业大学出版社有限责任公司
(江苏省徐州市解放南路　邮编221008)
营销热线　(0516)83884103　83885105
出版服务　(0516)83995789　83884920
网　　址　http://www.cumtp.com　**E-mail**:cumtpvip@cumtp.com
印　　刷　苏州市古得堡数码印刷有限公司
开　　本　787 mm×1092 mm　1/16　**印张** 25.5　**字数** 652千字
版次印次　2022年8月第1版　2022年8月第1次印刷
定　　价　118.00元
(图书出现印装质量问题,本社负责调换)

《国家能源集团煤矿智能化建设指南(2022版)解读及解决方案》编写委员会

主　　编　杨　鹏

副 主 编　杨荣明　尤文顺　边利平　田　臣

参编人员　（以姓氏笔画为序）

丁　震　王亚军　王许培　王海春　邓文革
卢　齐　刘忠全　孙　江　李　翔　李晓蕴
李浩荡　吴昊天　吴晓旭　张　华　张仁生
张建中　邵春英　罗会强　孟广瑞　赵星宇
高　静　郭　军　郭佳伟　曹正远　崔　文
崔　杰　崔高恩　覃　杰　程　超　富佳兴
薛二龙　薛棋文

前　言

当今时代，新一轮科技革命和产业变革正在加速发展，智能化已经成为我国经济社会创新发展的不竭动力，成为构建以国内大循环为主体、国内国际双循环相互促进的新发展格局的重要支撑，成为推动各行业高质量发展的根本路径。推进煤炭产业与智能化技术深度融合，加快煤矿智能化建设是防范化解煤矿安全风险的治本之策，是实现煤炭行业高质量发展的重要途径，是煤矿可持续发展的必由之路，是矿工对美好生活向往的迫切需求。为深入贯彻习近平新时代中国特色社会主义思想，认真落实国家发展改革委等八部门联合印发的《关于加快煤矿智能化发展的指导意见》，按照《国家能源集团关于加快煤矿智能化建设的实施意见》《国家能源集团关于进一步加快煤矿智能化建设的通知》等相关要求，结合国内外煤矿智能化建设的实践经验、先进技术和先进理念，煤矿智能化办公室编制了《国家能源集团煤矿智能化建设指南(2022版)》(以下简称《指南》)。《指南》包括信息基础设施、井工煤矿、露天煤矿、选煤厂四部分及配置建议表，重点介绍了智能采煤、智能掘进、智能采剥、智能穿爆、智能选煤厂等初级、中级、高级建设内容。《指南》提供了可借鉴、可复制、可推广的建设方案，是提高煤矿智能化技术水平和规范建设的引导性文件，对国家能源集团全面推进煤矿智能化建设具有重要意义。

为进一步推动《指南》的学习贯彻，尽量满足煤矿生产建设的需求，我们组织有关专家针对《指南》进行逐条分析和解读，并辅以典型案例加以说明。

书中疏漏之处，恳请广大读者批评指正。

编写委员会

2022年6月

目 录

第一部分 信息基础设施

第二部分 井工煤矿

第三部分 露天煤矿

第四部分 选煤厂

附录　煤矿机器人应用典型案例

第一部分

信息基础设施

第一章　智能一体化管控平台

智能一体化管控平台是基于国家能源集团（以下简称“集团”）统一数据标准、工业互联架构，采用“云边协同”模式部署，覆盖煤矿安全、生产、调度、运营等业务领域的一体化综合性管控平台。该平台适用于井工煤矿、露天煤矿、选煤厂的智能化建设。

一、初级

构建“一体化、全接入、集成融合”管控模式。

（1）生产执行系统：具备一体化生产计划协同编制、原煤生产作业闭环管理、设备全生命周期管理等功能。

（2）生产集中控制系统：基于统一的工业标准协议，实现煤矿主要生产环节实时信息综合集成、远程控制及可视化展示。设备控制以就地为主，并与生产执行系统数据交互。

（3）安全集中监测系统：具备接入瓦斯、水、火、顶板、人员位置、车辆位置等监测感知系统功能，实现精准感知、分级报警、应急联动，并与生产执行系统实现业务协同。

（4）依托煤矿云计算数据中心建设智能一体化管控平台，贯通智能生产执行层与智能控制层数据通道，实现生产集中控制和安全监测融合、管控协同。

二、中级

构建“模型化、可视化、协同联动”管控模式。

（1）生产执行系统：具备设备、生产、运营等方面的算法模型，依托煤矿云计算数据中心，实现生产运营信息动态可视化和联动分析，支撑多层级、多业务一体化协同作业。

（2）生产集中控制系统：通过人工智能技术，监视设备健康状态及人员安全状态。根据业务场景，通过配置关联数据，实现各系统间主要生产环节设备的智能联动。

（3）安全集中监测系统：具备设备、环境、人员感知监测信息标准化接入功能，实现同时序下多系统参量综合模态化监测报警、预测预警、安全管理分析预判。

（4）基于算法模型进行大数据分析，实现生产运营监测、生产控制协同联动、安全监测管理预判。

三、高级

构建“自主化、精准化、智能决策”管控模式。

（1）生产执行系统：以业务高效协同和自主优化为目标，持续提升系统自发现、自决策和自处理问题能力，逐步满足智能化生产新型管理模式及业务流程管理的需要。

(2) 生产集中控制系统:进一步对采集到的所有数据进行关联分析,挖掘数据价值,实现生产运行过程中异常预警、诊断、监管,并持续优化,确保生产过程安全可靠。

(3) 安全集中监测系统:依托三维地质空间安全监测模型、重大灾害风险智能判识模型,构建煤矿精准预警体系和专家决策平台,实现预警预测、精准分析。

一、解读

【原文】 智能一体化管控平台是基于国家能源集团(以下简称"集团")统一数据标准、工业互联架构,采用"云边协同"模式部署,覆盖煤矿安全、生产、调度、运营等业务领域的一体化综合性管控平台。该平台适用于井工煤矿、露天煤矿、选煤厂的智能化建设。

【条文解释】

从设备层、控制层或其他自动化、智能化设备和系统中采集的数据,按照集团制定的统一数据标准,存储在矿级数据中心和集团煤矿云计算数据中心(以下统一称为"煤矿数据中心与煤矿云计算数据中心"),经过智能一体化管控平台的整理、运算、分析等内部操作,最终通过视频、音频、数据和图表等方式展示出来,为生产、管理、运营和协同控制提供可视化的操作。智能一体化管控平台包含三个系统:生产执行系统、生产集中控制系统、安全集中监测系统。

(一) 初级

【原文】 构建"一体化、全接入、集成融合"管控模式。

【条文解释】

即智能一体化管控平台的基本功能实现:集生产执行、生产集中控制、安全集中监测为"一体化",矿井所有能采集的数据"全接入"到平台,通过智能一体化管控平台"集成融合"各个子系统,为生产、管理、运营和协同控制提供可视化的操作。智能一体化管控平台包含的三个系统分别解读如下。

【原文】 (1) 生产执行系统:具备一体化生产计划协同编制、原煤生产作业闭环管理、设备全生命周期管理等功能。

【条文解释】

(1) 一体化生产计划协同编制:以煤炭生产作业计划编制下发、执行监控为主线,对煤炭生产过程进行全面协调指挥,实现原煤生产、洗选加工、装车外运的协同管理,确保日、月、年生产计划的有效执行和精细化管控,实现生产数据报表的自动统计。

(2) 原煤生产作业闭环管理:利用信息化手段将煤炭生产工作形成数据链条,实现生产管理部门、调度部门和区队等组织的信息化协同,实现原煤生产从生产作业计划、作业执行到作业验收的闭环管理,具备数据采集、汇总统计和分析计算等功能,为井下和地面生产管理人员提供数据支持。

(3) 设备全生命周期管理:以设备现场运行管理为基础、以提升设备可动率为出发点,通过与 ERP PM(ERP 设备模块)无缝融合,实现业务协同;通过点巡检、保养、检验、检修、缺陷故障管理等关键业务采集设备运行参数、现场照片、现场视频等动态信息以及过程数据,与设备静态信息相结合,形成设备运行知识库和缺陷故障知识库,有效指导维修预判、预防性检修、设备运行，提高现场处理和解决问题的能力和效率，实现设备管理从被动维护到主动维护，提高机电设备管理精益水平。

（4）生产执行系统（初级）覆盖生产接续、生产管理、机电管理、“一通三防”、应急管理、安全管理、环保管理、煤质管理、岗位标准作业流程管理和智能运输安全生产监控等功能。生产执行系统（初级）的功能配置如表 1-1-1 所列。

表 1-1-1　生产执行系统（初级）的功能配置

序号	分项	目标	配置功能
1	生产接续	建立统一的地质资源数据标准，包括矿井、煤层、盘区/采区、工作面/台阶和巷道等；实现生产接续计划、设备配套计划的图形化管理功能，统一计划编制标准，规范和固化从矿到公司两级生产接续计划编制流程及体系	具备生产接续计划的图形化编制功能，以及从计划的编制、审核、汇总，直到发布的流程审批功能；具备地质资源、队伍等基础数据的维护管理功能
2	生产管理	建立生产作业协同数据模型，利用信息化手段将矿井生产信息形成数据链条，实现原煤生产作业的闭环管理，实现矿务工程、探放水工程等工程类业务从计划、启动、开工准备、施工到验收归档的全环节管理，实现与生产接续、调度管理等模块的数据互通，实现地测防治水业务的信息化管理	具备月生产作业计划管理、生产作业功能（包括剥离作业、掘进作业、回采作业）和产量进尺测量等功能；具备生产辅助工程类业务的信息化管理功能；具备涌水量管理、降水量管理和地质水情预测预报等防治水业务的信息化管理功能；具备技术资料管理、证照信息管理和生产能力核定信息管理等功能
3	机电管理	实现设备台账管理、检修计划管理、点巡检管理、检测检验管理、缺陷故障管理、设备运行监测管理、业务联络单管理、整改通知单管理，规范设备运行维护、实现机电业务协同、提高任务执行效率。通过不断完善设备故障知识库、运行知识库，提高现场处理和解决问题的能力和效率	具备设备台账管理、检修计划管理、点巡检管理、检测检验管理、缺陷故障管理、设备运行监测管理、业务联络单管理、整改通知单管理等功能
4	“一通三防”	实现对矿井通风、瓦斯防治、防灭火、粉尘防治和通风安全监测监控等核心业务的信息化管理，实现业务数据的全面采集、管理，实现与生产、调度、机电等业务领域的数据互通	具备风量测定管理、局部通风机测风管理、通风设备管理、通风设施管理、瓦斯检查记录管理、瓦斯日报、瓦斯等级鉴定、防灭火检查记录、防灭火设备设施管理、火区管理、煤层自燃倾向性鉴定、粉尘测定管理、防尘隔爆设施管理和仪器仪表统计管理等功能
5	应急管理	实现应急值守、信息汇聚、应急资源、应急预案和应急演练等功能，初步满足应急指挥业务需要，实现通过应急预案、应急资源和应急值守进行管理，在事故中快速汇集应急所需的信息，为应急指挥及救援提供决策依据	具备应急值守、信息汇聚、应急资源、应急预案、应急演练、事故管理和案例管理等功能
6	安全管理	实现危险源基础信息、隐患排查、行为安全管理的台账化管理，满足自动统计汇总需要，形成饼图、柱状图等可视化的动态展现	具备危险源台账、隐患排查台账、行为安全台账，以及上述信息的多维度查询和统计功能，形成可视化的数据展现界面

表 1-1-1(续)

序号	分项	目标	配置功能
7	环保管理	实现矿区生态环境隐患的台账化记录,可更新隐患的治理状态,矿井水、生活污水和废气有组织排放口可实现手工监测的记录并形成台账,环保管理业务实现信息化基本覆盖	具备环境隐患台账、污染源台账、手工监测记录等管理功能
8	煤质管理	实现自采煤、外购煤的煤质计划管理功能,集成煤质检测系统,实现煤质监管、煤质预测和统计分析等功能	具备实现煤质计划管理(含自采煤及外购煤的年度计划和月度计划)、煤质采样管理、设备管理、煤质预测、统计分析等功能
9	岗位标准作业流程管理	实现岗位标准作业流程编、审、发、学、用、评全过程信息化管理,支撑流程的管理与应用	具备流程与工单的图形化编制功能、在线审核审批和发布功能、流程浏览学习功能、执行流程细化与流程应用检查功能、全过程评价功能
10	智能运输安全生产监控	建设形成统一的露天煤矿智能化运输安全生产调度指挥平台,将驾驶员行为分析、360°全景影像监视、右侧及右前侧盲区监测、行车记录、应急制动等多种功能进行有机融合,为露天煤矿提供了一整套直观、高效、实时的安全监管工具、智能调度工具、运输安全保障装备与辅助生产工具	实现车辆实时监控、安全管控、运输调度、报警管理、统计分析、报表统计等功能,车载安全系统还包括驾驶员行为分析、360°全景监视、防碰撞、盲区监测等功能

【原文】 (2) 生产集中控制系统:基于统一的工业标准协议,实现煤矿主要生产环节实时信息综合集成、远程控制及可视化展示。设备控制以就地为主,并与生产执行系统数据交互。

【条文解释】 生产集中控制系统通过统一的、标准的工业协议,根据业务实际需求将各子系统接入生产集中控制系统。该系统提供煤矿生产流程监控画面组态工具,能够绘制生产流程监控画面和控制面板,并进行可视化展示。在设备能够远程控制的前提条件下,通过生产集中控制系统,实现对煤矿设备远程控制。生产集中控制系统也可以授权设备或系统控制模式(就地或远程控制),具备和生产执行系统数据交互能力,满足业务需要。

初级阶段生产集中控制系统需要实现的功能如下。

1. 集中监测

生产集中控制系统应实现煤矿主要生产环节设备数据采集,实时显示设备的运行参数、工作状况以及报警信息。人机交互画面应为矢量格式,并支持无级缩放和图符多种动态特性组合展现。同时展示界面能根据用户个性化需求切换界面主题。

生产集中控制系统也应提供组态平台,组态平台中要包括煤矿常用的图符库,软件也应支持折线图、柱状图、饼状图、仪表盘等多类型常用图表,图表能够直接拖拽使用,满足可视化需要。

支持趋势展示,趋势数据应支持以 Excel 表格、趋势图等方式导出。

2. 远程控制

生产集中控制系统应实现煤矿主要生产环节设备的启、停、闭锁、故障复位、参数设置等操作。同时实现一组设备的顺序启停和逻辑控制。例如通风机一键式启动、倒机等控制。

3. 视频监控

生产集中控制系统能够实时显示视频画面，应采用标准协议，支持接入不同厂家的摄像仪。

4. 分级报警

生产集中控制系统应支持按报警重要性进行分级报警，报警级别应支持自定义。同时该系统还应支持根据各煤矿不同子系统建设情况进行分类报警，报警分类应支持自定义。

生产集中控制系统应支持历史报警的组合条件筛选查询，支持通过报警信息直接切换到该报警对应的监控画面。

5. 接口与协议

生产集中控制系统首选采用《国家能源集团矿山机电设备通信接口和协议规范(EIP标准)》中第1～11部分的EthernetIP协议，同时还支持常用标准协议设备的接入，如Modbus TCP、IEC102、IEC103、IEC104、OPC-DA、MQTT、RTSP、ONVIF、EIP，实现对煤矿各子系统生产设备、生产环境及生产过程的数据传输。同时生产集中控制系统还应支持非标准协议子系统或设备数据通信。系统还应支持通过标准协议，如OPC-UA、MQTT和其他第三方系统进行数据交互，例如安全集中监测系统、煤矿数据中心等系统。

接入生产集中控制的子系统应具备接入工业环网能力，并预留生产集中控制系统支持的标准协议。

【原文】 (3) 安全集中监测系统：具备接入瓦斯、水、火、顶板、人员位置、车辆位置等监测感知系统功能，实现精准感知、分级报警、应急联动，并与生产执行系统实现业务协同。

【条文解释】

(1) 精准感知：通过多系统的接入监测，实现监测各信息的融合，进而交叉验证，保障监测信息内容的全面翔实、准确可靠。

(2) 分级报警：根据报警时长、阈值大小和区域范围对安全风险进行分级。

(3) 应急联动：感知到异常报警后，触发相应的联动策略，通过人员定位、广播通信进行告警、广播、通知，可控制相关设备的运行状态。

(4) 业务协同：通过平台底座与生产执行系统、生产集中控制系统实现业务协同等。

(5) 平台底座：作为国家能源集团应用系统建设的基础技术平台，提供应用系统全生命周期的管理支持，覆盖设计、开发、测试、集成、部署、运营的各个方面。从功能分类角度，平台底座包含集成服务平台、微服务使能平台、软件研发使能平台、区块链使能平台、AIoT使能平台、数字孪生使能平台和通用PaaS平台等。

【原文】 (4) 依托煤矿云计算数据中心建设智能一体化管控平台，贯通智能生产执行层与智能控制层数据通道，实现生产集中控制和安全监测融合、管控协同。

【条文解释】

(1) 煤矿云计算数据中心与煤矿数据中心：煤矿云计算数据中心由集团统一建设、集中部署，煤矿数据中心由厂矿根据现场需要自主建设、本地部署。

(2) 依托煤矿云计算数据中心建设智能一体化管控平台，贯通智能生产执行层与智能控制层数据通道：煤矿云计算数据中心通过采集汇聚各类系统数据形成矿区数据视图，实现“一数一源、一源多用”，从而通过数据层面的集成，贯通系统间数据通道，贯通生产执行层与智能控制层的数据通道，改变网状集成、多次填报造成的数据准确性差、时效性低、质量低下的情况，通过统一的数据层面集成实现矿区跨部门、跨系统的业务协同和数据共享。生产执行系统、生产集中控制系统、安全集中监测系统既是煤矿云计算数据中心的使用者，也是数据的提供者。

(3) 实现生产集中控制和安全监测融合、管控协同：生产执行系统需要来自生产集中控制系统、安全集中监测系统以及其他系统的数据，利用平台底座的集成服务功能实现煤矿云计算数据中心的统一数据视图、智能一体化管控平台各系统间数据关联融合和管控协同。

(二) 中级

【原文】 构建“模型化、可视化、协同联动”管控模式。

【条文解释】

在初级基础上，建立设备、生产、运营等方面的模型算法，基于模型算法进行大数据分析(“模型化”)；通过统计图表、组态图或计算机视觉等技术直观展示数据趋势、关联关系等，实现生产运营信息动态可视化(“可视化”)；各系统或模块间通过同步或异步方式，实现跨系统、跨层级业务联系，支撑多层级、多业务一体化协同作业(“协同联动”)。

【原文】 (1) 生产执行系统：具备设备、生产、运营等方面的算法模型，依托煤矿云计算数据中心，实现生产运营信息动态可视化和联动分析，支撑多层级、多业务一体化协同作业。

【条文解释】

(1) 依托煤矿云计算数据中心，在生产计划协同、采掘平衡分析、设备效能分析、班组成本核算等方面研究开发模型算法，构建煤矿生产、运营、监测等各类主题应用场景，实现生产运营信息的动态可视化展示，支撑多层级、多业务一体化协同作业。

(2) 生产执行系统(中级)覆盖调度管理、生产运营、生产大数据分析，在初级基础上对生产接续、生产管理、机电管理、“一通三防”、应急管理、安全管理、环保管理、煤质管理、班组管理、岗位标准作业流程管理和智能运输安全生产监控进行优化提升。生产执行系统(中级)的功能配置如表1-1-2所列。

表1-1-2 生产执行系统(中级)的功能配置

序号	分项	目标	配置功能
1	生产运营	基于煤矿云计算数据中心，充分利用实时计算、工艺组态等技术手段，建立跨系统、跨部门的生产运营全局监测视图，对煤炭生产、洗选和运输各环节进行动态监测和联动分析	具备生产运营集中监测、生产联动分析和大屏可视化功能
2	生产接续	在初级基础上，基于接续计划数据模型，实现对接续计划的评估分析，为计划编制的准确性、可行性提供有效的支持	具备生产接续计划可行性、合理性评估功能

表 1-1-2(续)

序号	分项	目标	配置功能
3	生产管理	建立以接续计划为核心的计划协同模型，实现月作业计划、“搬家倒面”工程计划等生产相关计划的自动编制；建立采掘平衡分析模型，实现采掘平衡分析预警和采掘生产动态跟踪；实现“搬家倒面”工程业务的信息化管理功能，能够实现工程进度跟踪	具备月生产作业计划和“搬家倒面”计划等生产相关计划的自动或半自动编制功能；具备采掘平衡分析预警功能和采掘生产跟踪功能；具备工作面安装、工作面回撤、回撤通道支护和带式输送机安装等“搬家倒面”工程业务的管理功能，能够实现工程进度跟踪
4	调度管理	以煤炭生产管理为主线，建立贯穿子(分)公司、煤矿等多层级、多业务、一体化协同的调度业务指挥模式，实现原煤生产、原煤采购等煤炭生产全过程的数据共享，进一步实现业务一体化高效协同、精细化管控	具备煤炭生产、外购煤、洗选和装车外运等业务的计划管理功能；具备生产、洗选、装车作业等完成情况管理功能；具备供电、供水等生产辅助管理功能；具备日报、月报和调度相关统计报表功能
5	机电管理	在初级基础上，增加与巡检终端集成功能和设备效能分析功能；实现系统自动采集温度、振动、频谱数据；建立大型设备运维及管理模型，合理调整设备检修及大型耗能设备运转时间，对主要生产环节设备健康状况、负荷率、故障停机率、能源消耗等指标进行分析，找出影响设备效能的因素，加以干预和预防，提高设备利用率和运行效率，保障煤矿安全、高效生产	具备振动/温度数据自动采集、设备效能分析(开机率、负荷率、故障停机率、设备综合效率、电量消耗、燃油消耗)等功能
6	“一通三防”	实现矿井风量变化、有效风量率、外部漏风率和等积孔的趋势分析；利用局部通风机运行数据模型算法，实现对局部通风机的百米漏风率、局部通风机切换情况的分析；建立瓦斯抽采分析模型，实现对矿井瓦斯抽采率、回采瓦斯抽采率、瓦斯抽采量和利用量的分析，以及抽采工程计划与实际的对比分析；具备移动端数据采集功能	具备矿井风量分析、风量风速异常分析、外部漏风率、有效风量率、等积孔趋势分析等功能；具备局部通风机百米漏风率分析和切换情况分析功能；具备矿井瓦斯抽采情况分析功能；具备井下风量测定、局部通风机测风、瓦斯检测、防灭火检测和粉尘测定的移动端数据采集功能
7	应急管理	在初级基础上，增加研判分析和协调指挥功能，以满足应急指挥业务的需求，实现突发事件的快速响应，音视频多方会商，共同研判分析，实现“应急资源一张图”的统筹管理，为应急指挥及救援提供科学保障	具备研判分析和协调指挥功能，具备音视频多方会商功能，具备基于“应急资源一张图”的统筹管理功能
8	安全管理	实现危险源基础信息管理和危险源的动态管控；实现检查工单和问题的自动汇总；安全隐患在台账化管理的基础上，实现从发生到治理到销号的全过程管理，同时实现隐患的分类汇总和分级审批；行为安全管理方面建立个人积分档案，实现违章随手拍	具备危险源管理、检查工单管理、安全隐患管理、行为安全管理等功能

表 1-1-2(续)

序号	分项	目标	配置功能
9	环保管理	矿区生态环境隐患在台账化管理的基础上,实现从发生到治理到销号的全过程管理,同时实现隐患的分类汇总和分级审批。矿井水、生活污水和废气有组织排放口实现 SO_2、氮氧化物、粉尘、COD(化学需氧量)、氨氮、pH、悬浮物等在线监测数据的自动采集,实现污染物小时均值的计算和超标自动报警功能	具备环境隐患管理、污染源管理、数据采集、实时监测、报警管理等功能
10	煤质管理	基于集团区块链平台建设煤炭质(数)量区块链,将符合采信要求的煤质数据、煤量数据和相关的过程数据全部上链,形成可信的数据源。同时,提供数据共享和监管溯源服务,向集团内提供数据共享服务,增强集团管控能力	实现煤炭产、运、销、用各环节的煤质存证上链(含格式化数据及非格式化单据)、煤质存证查验、煤质溯源、煤质数据共享
11	班组管理	以作业任务"七定"为主线,建立标准作业模型库、多维度成本核算模型、班组考核模型,实现成本核算到班组、到个人,实现精益绩效管理	具备基础业务配置、班会管理、任务分工、现场作业管理、班组核算、绩效评价、动态标准内业、民主创新、考勤管理等功能
12	岗位标准作业流程管理	实现人岗流程匹配、岗位流程精准推送,岗位工人随时随地利用移动终端进行自主学习,管理人员便捷进行理论与实操检查	具备员工、岗位、流程自动匹配功能,自动精准推送岗位工人所需流程,员工能利用移动终端随时随地、在线与离线查阅学习流程,管理人员能利用移动端进行理论与实操检查,并能在移动端查阅流程评价结果
13	生产大数据分析	基于煤矿云计算数据中心,充分利用大数据技术,整合生产管理、机电管理、调度管理和班组管理等各子系统数据,以及生产集中控制系统、安全集中监测系统的数据,实现不同维度的数据价值整合,形成全视角、多维度的综合视图	具备生产情况分析、采掘工作面分析、装车外运分析和防排水分析等基于指标体系的综合性主题分析功能
14	智能运输安全生产监控	在初级的基础上,运用智能调度三维生产现场模型、车铲智能匹配算法等人工智能(AI)应用,实现生产运输路径优化,提高采装运输效率和资源利用率,通过智能高效调度,降低生产运营成本	实现车辆实时监控、"三维一张图"展示、安全管控、运输调度、车辆拥堵提醒、车铲智能匹配、报警管理、统计分析、报表统计等功能,车载安全系统还包括驾驶员行为分析、360°全景监视、防碰撞、盲区监测等功能

【原文】 (2)生产集中控制系统:通过人工智能技术,监视设备健康状态及人员安全状态。根据业务场景,通过配置关联数据,实现各系统间主要生产环节设备的智能联动。

【条文解释】 系统具备与机器视觉、机器人等人工智能系统的深度融合能力,实现对设备健康状态的监测,如设备故障、胶带跑偏、胶带撕裂等。也可以对人员的安全状态进行监控,例如人员闯入危险区域。

根据不同业务应用场景,灵活配置联动数据的关联,实现语音报警、报警推图、视频联动、设备联动,完成多系统间的智能联动及协同工作,真正使多个子系统结合成一个有机整体，提升煤矿智能化水平。

中级阶段生产集中控制系统应在初级基础上实现如下功能。

1. 主题展现

每个矿可以根据自身的业务需求通过大屏展示主煤流数据、重大生产设备状态、辅助生产数据等。

2. 人工智能应用

生产集中控制系统能够支持人员行为监控、设备及运行状态识别监测及环境监测业务场景智能视频分析的深度融合，并根据分析结果，实现系统间的联动控制。

AI应用场景根据各矿实际业务需要，主要包括人、机、环三方面场景，分别是人员行为视频分析应用，主要包含穿戴安全帽识别、抽烟识别、打电话识别、区域入侵识别，实时监测人员作业安全；设备及运行状态视频分析应用，主要包含胶带堆煤识别、异物识别、大块煤识别、跑偏识别、煤流量识别、除铁器吸附物体判断识别，实时监测胶带异常情况；支持环境视频分析应用，主要包含烟雾和明火识别，实时监测环境工况。

3. 机器人应用

系统具有接入机器人数据的能力，通过机器人携带的各类传感设备获取指定监测对象或区域的运行状态、温度、湿度、水位等环境参数及视频图像，进行及时预警和报警。并根据分析结果，实现设备安全运行与异常处理的智能化联动控制。

4. 智能联动

生产集中控制系统支持智能联动，包括不同子系统之间的联动，例如各子系统与工业电视的视频联动、综采割煤量和主运输系统运速的联动、水文监测和排水系统间的联动、智能视频分析和各监控子系统间的联动等。

【原文】 (3) 安全集中监测系统：具备设备、环境、人员感知监测信息标准化接入功能，实现同时序下多系统参量综合模态化监测报警、预测预警、安全管理分析预判。

【条文解释】

(1) 信息标准化接入：监测感知系统按照煤矿云计算数据中心的统一数据标准进行接入，实现多种监测数据的统一传输。

(2) 多系统参量综合模态化：提供基于多系统的监测数据应用，促进多系统充分融合，实现多系统之间互联、互通、互监。

(3) 预测预警：通过建立不同业务线的报警预测模型，对各专业监测报警进行相应的预测预警，构建灾害感知预警模式。

(4) 安全管理分析预判：基于大数据分析实现报警、故障、异常的汇总统计和归类总结，识别异常产生的多发因素及薄弱环节，为安全管理措施制定提供决策参考信息。

【原文】 (4) 基于算法模型进行大数据分析，实现生产运营监测、生产控制协同联动、安全监测管理预判。

【条文解释】

(1) 生产运营监测：基于煤矿云计算数据中心，建立设备、生产、运营等方面模型算法，充分利用实时计算、工艺组态等技术手段，建立跨系统、跨部门的生产运营全局监测视图，对煤炭生产、洗选和运输各环节进行动态监测和联动分析。

(2) 生产控制协同联动:在多系统深度融合的基础上,实现各子系统之间的联动控制,提升各监控子系统之间协同工作的能力。

(3) 安全监测管理预判:基于大数据分析实现报警、故障、异常的汇总统计和归类总结,识别异常产生的多发因素及薄弱环节,为安全管理措施制定提供决策参考信息。

(三) 高级

【原文】 构建“自主化、精准化、智能决策”管控模式。

【条文解释】

在中级基础上,建立新型智能化生产管理模式,利用知识图谱、机器学习和深度学习等前沿技术,为煤矿生产作业、经营、设备管理和安全管理等方面提供自发现、自决策、自处理问题的机制(“自主化”),实现生产控制自主决策协同、安全监测精准分析预警(“精准化”),建立满足企业战略发展需要的持续智能优化机制(“智能决策”),在业务流程优化、新技术应用等方面持续提升企业的生产经营管控能力。

【原文】 (1) 生产执行系统:以业务高效协同和自主优化为目标,持续提升系统自发现、自决策和自处理问题能力,逐步满足智能化生产新型管理模式及业务流程管理的需要。

【条文解释】

(1) 探索、建立智能化生产新型管理模式及业务流程,推进生产管理的全面自动化、透明化。智能化应用覆盖生产管控全部业务环节,以业务高效协同和自主优化为目标,持续提升系统自发现、自决策和自处理问题能力,为智能矿山高效运行提供全方位服务支持。

(2) 生产执行系统(高级)在中级基础上对生产运营、生产接续、生产管理、调度管理、机电管理、“一通三防”、应急管理、安全管理、环保管理、煤质管理、班组管理、生产大数据分析等方面进行优化提升。生产执行系统(高级)的功能配置如表 1-1-3 所示。

表 1-1-3 生产执行系统(高级)的功能配置

序号	分项	目标	配置功能
1	生产运营	建立综合预警模型,提供主动式安全保障、生产保障和经营保障,与调度管理、机电管理、生产管理等专业模块,以及智能采煤系统、智能掘进系统、智能通风系统、生产集中控制系统和安全集中监测系统等专业系统实现深度融合,辅助实现智能决策处理	具备综合预警机制,与调度管理、机电管理、生产管理等专业模块,以及智能采煤系统、智能掘进系统、智能通风系统、生产集中控制系统和安全集中监测系统等专业系统实现深度融合,辅助实现智能决策处理
2	生产接续	在中级基础上,通过以生产接续计划为核心的计划协同数据模型,建立动态优化机制,实现与生产相关业务信息的关联互动和预警,实现智能排程,确保生产效益、设备利用率最大化;实现与销售管理、煤质管理、外购煤管理、设备管理、“一通三防”、经营管理等业务的高效协同,持续提升系统自发现、自决策和自处理问题能力	具备计划动态优化机制,具备智能排程功能和生产接续计划动态监控功能

表 1-1-3(续)

序号	分项	目标	配置功能
3	生产管理	基于作业工单模型实现生产作业的精细化管理,能够实现对作业过程的动态跟踪,以及实现生产成本的精细化核算;建立生产设计推演模型,实现与智能采煤、智能掘进、智能通风和机电管理系统的深度融合,基于透明地质系统和透明工作面数字模型,实现生产的推演功能和自主优化,实现更精确的生产辅助工程规划	具备精细化的生产过程管理和成本精细化核算功能;具备生产推演功能和作业自主优化功能;具备自动规划生产辅助工程设计的功能
4	调度管理	实现调度业务的标准化管理和规范化管理;依据生产运营监测和大数据分析结果,基于智能调度模型,实现智能分析、智能决策,与生产管理、机电管理和生产集中控制等进行协同,最终实现煤炭产业各环节的智能调度	实现标准化调度管理,具备智能分析、智能决策和智能调度的机制
5	机电管理	在中级基础上,实现设备健康状况的远程在线诊断功能,实现定期自动运维管理及配件库存识别功能;基于算法模型对设备运行数据和缺陷故障数据进行深度挖掘和分析,展现设备运行趋势,驱动设备预知性维修、实时跟进、动态管理,将设备故障消除在萌芽状态	具备故障预测、故障预警、故障诊断、设备运行趋势分析、配件识别等功能
6	“一通三防”	利用通风网络数据模型,实现通风网络拓扑图动态生成功能和通风系统仿真功能,实现实时通风网络解算、等积孔计算、最大通风阻力路线生成等功能;实现井下传感器的全网校验,具备错误数据的自识别、自纠正,实现传感器管理工作的智能优化;集成智能通风系统,实现需风量的超前计算功能和通风系统自动设计功能	具备通风网络拓扑图动态生成和通风系统仿真功能;具备实时的通风网络解算、需风量超前计算功能;具备传感器错误数据的自识别、自纠正功能,实现传感器管理工作的智能优化;具备通风系统自动设计功能
7	应急管理	在中级基础上,构建快速响应、全面感知、资源全域支撑、智慧决策和科学处置的应急指挥系统,实现决策调度和移动应急功能;实现多事故耦合并发和极端事故的处置;建立数字化应急推演模型,实现与智能采煤、智能掘进、智能通风和机电管理系统的深度融合,实现可视化的应急模拟演练,提高安全生产事故预防和应急处置能力	具备决策调度和移动应急功能;具备多事故耦合并发和极端事故的处置功能;具备可视化的应急模拟演练功能
8	安全管理	实现危险源基础信息管理和危险源的动态管控;实现检查工单和问题的自动汇总;安全隐患在台账化管理的基础上,实现从发生到治理到销号的全过程管理,同时实现隐患的分类汇总和分级审批,实现隐患分析报告一键导出;行为安全管理方面建立个人积分档案,实现违章随手拍。建立风险评估分析,对风险实现动态管控,建立安全考核评价体系,满足安全生产“三同时”等综合管理需求	具备危险源管理、检查工单管理、安全隐患管理、行为安全管理、风险评估与控制、“三同时”管理等功能

表 1-1-3(续)

序号	分项	目标	配置功能
9	环保管理	矿区生态环境隐患在台账化管理的基础上,实现从发生到治理到销号的全过程管理,同时实现隐患的分类汇总和分级审批,以及一键自动导出隐患分析报告的功能。矿井水、生活污水和废气有组织排放口实现 SO_2、氮氧化物、粉尘、COD、氨氮、pH、悬浮物等在线监测数据的自动采集,实现污染物小时均值的计算和超标自动报警功能,对于异常工况可以进行数据标记,剔除无效报警,自动形成监测日报和月报。矿区周边生态环境监测可通过二维、三维图像动态展现变化和治理过程	具备环境隐患管理、污染源管理、数据采集、实时监测、报警管理、生态监测等功能
10	煤质管理	基于煤炭价值量监管模型,建立起共识、共治、互信的煤炭数量、质量数据监管网络,实现管理模式、治理模式和监察模式转变,形成煤炭质(数)量管控体系,从内部管控扩展到对外服务,从内部协同走向生态系统建设,联合集团上下游及行业企业,建立行业生态联盟,全面提升集团治理水平和跨企业公信力	煤质相关方作为平等主体,基于区块链可信数据源实现煤质监督管理
11	班组管理	在中级的基础上,建立业务智能匹配模型、知识智能推送模型,实现成本、业务和知识的智能匹配和推送,推动班组向柔性化、信息化、扁平化和泛中心化智能转型,建立自适应、互学习、分享式的班组	具备基础业务配置、班会管理、任务分工、现场作业管理、班组核算、绩效评价、动态标准内业、民主创新、考勤管理、班组知识库等功能
12	岗位标准作业流程管理系统	实现便捷标准作业流程共编、共审平台,支撑煤矿构建"自建立、自执行、自检查、自完善"闭环运作的流程体系,实现智能化生产作业流程的快速更新与应用;实现流程与"人、机、环、管"相关的安全信息的深度融合	具备轻量化云平台,实现流程的编、审、发一体化和集团各单位全面实时共编、共审、共享;各矿自主建立、执行、检查、完善流程,实现全面构建二级公司流程库,扩展流程在"人、机、环、管"各维度的覆盖,促进生产作业与安全管控全面深度融合
13	生产大数据分析	在中级数据融合基础上,利用知识图谱、机器学习和深度学习等前沿技术,构建煤矿知识图谱,设计搭建数据计算引擎,为煤矿生产作业、经营、设备管理和安全管理等方面提供智能决策	建立煤矿知识图谱,具备生产经营指标预测、经营决策优化、生产过程优化、设备管理等方面的智能决策功能
14	智能运输安全生产监控	在中级的基础上,融合无人驾驶系统,为露天煤矿无人驾驶,实现矿山作业的无人化,提高作业安全和生产效率奠定基础	实现车辆实时监控、"三维一张图"展示、安全管控、运输调度、车辆拥堵提醒、车铲智能匹配、有人无人混编作业、报警管理、统计分析、报表统计、大数据分析等功能,车载安全系统还包括驾驶员行为分析、360°全景监视、防碰撞、盲区监测等功能

【原文】 (2) 生产集中控制系统：进一步对采集到的所有数据进行关联分析，挖掘数据价值，实现生产运行过程中异常预警、诊断、监管，并持续优化，确保生产过程安全可靠。

【条文解释】 系统应具有预警分析、智能诊断和维修建议等功能。能够挖掘煤矿实时感知数据的价值，利用人工智能技术建立感知事件模型，对单台设备的监测数据进行简单分析或对单个系统运行数据统计分析或对各系统间数据进行关联分析，得出简单的设备运行优化策略，给出设备维修或故障预警，以及机电设备异常状态、设备故障部位、设备故障原因的诊断结论，供设备检修参考，为煤矿安全生产保驾护航。

高级阶段生产集中控制系统应在初级、中级基础上实现如下功能。

1. 智能感知

生产集中控制系统结合人工智能、机器人应用以及智能装备，准确感知生产过程及环境数据，并对采集的数据质量进行感知。

生产集中控制系统能够集中展示全面感知的煤矿生产过程运行信息，并能够为智能预警、智能诊断提供数据支持。

2. 智能预警

生产集中控制系统能够通过智能分析方法建立设备健康分析模型，对设备的健康度进行实时分级评估。且能够通过振动、电流、温度等参数对同类型的多台设备同一时期进行同比分析，对同一设备不同时期进行环比分析。

3. 智能诊断及维修建议

生产集中控制系统应根据煤矿不同业务需求，建设相关设备的智能诊断系统，通过故障/工艺机理，构建设备异常原因识别模型，诊断引起设备异常的原因，并能根据诊断结果自动出具诊断报告，给出相应的维修建议。同时，系统具有持续优化能力。

【原文】 (3) 安全集中监测系统：依托三维地质空间安全监测模型、重大灾害风险智能判识模型，构建煤矿精准预警体系和专家决策平台，实现预警预测、精准分析。

【条文解释】

(1) 三维地质空间安全监测模型：采用“一张图”理念，基于矿井空间对象数据、业务属性数据以及监测实时历史数据等，建立三维地质空间安全监测模型，通过模拟曲线类、数字显示类、流动方向类、跟踪定位类、组合开停类、储藏仓位类、位置监控类、音视频播放类等的维度组态和视点布局，实现实时数据增强的现实展示、报表查询、声光报警、快速定位和关联分析等。

(2) 风险智能判识模型：基于三维仿真模型基础上，实现根据安全监控水、火、顶板、冲击地压、矿尘等业务的报警源和报警类型，对其辐射范围、报警发展趋势进行判识。

(3) 精准预警体系：系统建立报警智能判识模型，进行相应的预测分析，模型搭建训练优化可在煤矿云计算中心进行，模型成熟后安全集中监测系统同步更新模型，完成预测预警分析。

(4) 专家决策平台：针对开采条件和地质环境不同的矿井，汇聚各种突发问题处置方案，形成相应的专家库，应对突发问题。专家库在煤矿云计算中心不断完善、维护更新，并同步至安全集中监测系统，支持矿端决策。

二、解决方案

(一)生产执行系统

1. 业务全景

按照煤矿生产的特点,生产执行管理业务涵盖煤矿生产的采、掘、机、运、通全业务链,各业务以煤炭生产中长期计划为指导,以煤炭销售计划为核心,实现生产接续计划、"搬家倒面"计划、生产作业计划等的协同编制,通过煤炭生产作业计划的编制下发和执行监控,对煤炭生产过程进行全面协调指挥,确保煤炭生产各环节协同作业,以销定产,合理有效指导煤炭生产洗选及运输,全面支持煤炭生产安全高效运行。图 1-1-1 为生产执行系统业务全景图。

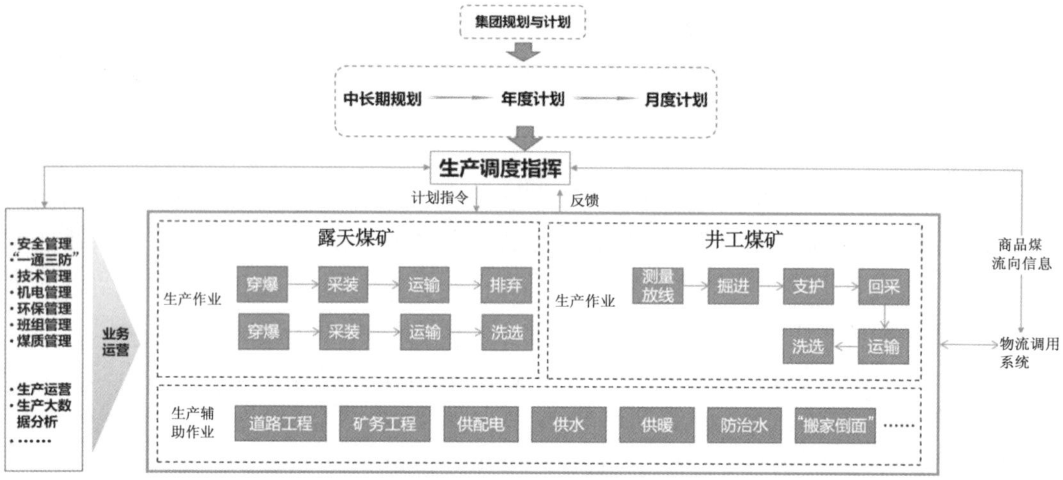

图 1-1-1 生产执行系统业务全景图

生产执行管理业务对煤矿生产过程中的"人、机、料、法、环"等煤炭生产执行业务数据进行管理,建立煤矿生产业务的一体化管理运营模式,实现煤炭生产相关业务的统一管控,向上与经营管理层、决策支持层业务互联互通,向下与控制层、设备层管控协同,实现各类业务信息的共享和联动分析,提高安全生产运营水平,为煤矿的智能化管控和分析决策奠定基础。

2. 系统应用架构

智能一体化管控平台生产执行系统的应用架构建立在集团信息化5层应用架构的智能生产执行层上(图 1-1-2),遵循国家能源集团统一的标准规范体系、安全保障体系和维护支持体系,对现有的数字矿山生产执行系统应用框架进行改造建设,适应平台底座支撑下的生产执行管理应用。

通过平台底座实现集团高效、便捷、安全、可控的互联架构,使得跨多个安全域的智能矿山应用系统基于统一互联互通平台底座建设、实现安全高效实时连接,支撑业务一体化协同、生产一体化联动、运营全局实时监测、执行控制协同实现。

3. 系统功能架构

按照煤矿生产的特点,生产执行管理业务框架涵盖煤矿生产的采、掘、机、运、通全业务

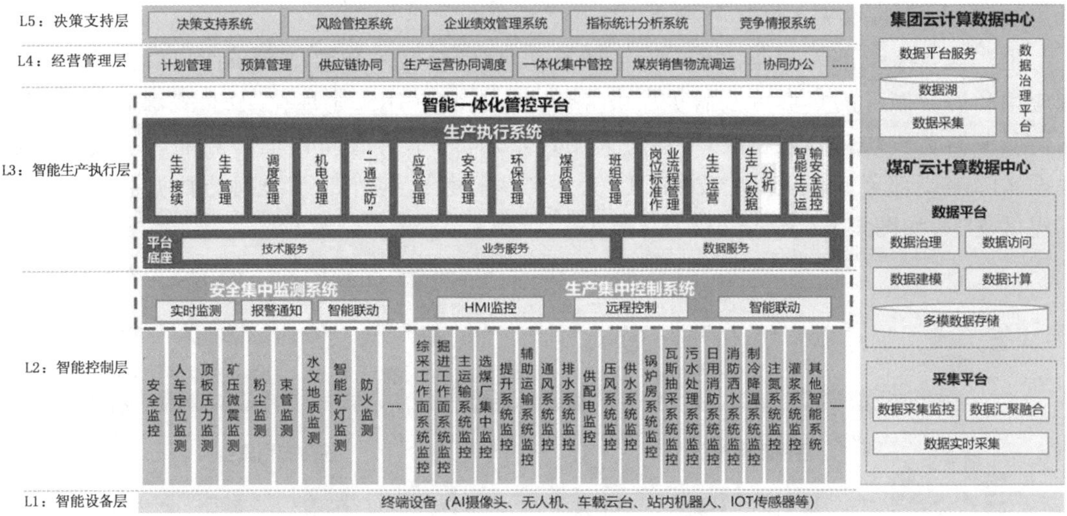

图 1-1-2　集团信息化 5 层应用架构图

链，包括生产接续、生产管理、调度管理、机电管理、岗位标准作业流程管理、“一通三防”（仅井工煤矿）、煤质管理、应急管理、安全管理、环保管理、班组管理、运输调度（仅露天煤矿）、生产运营、生产大数据分析等业务，如图 1-1-3 所示。

图 1-1-3　生产执行系统功能架构图

4. 系统部署架构

生产执行系统部署于集团侧,Web服务应用、后台服务和数据库采用集群方式部署,前端应用和后台服务的集群可按需扩展服务能力,支持"通用+个性化"分布式部署;前置负载均衡服务器负责均匀分配负载,可适应大用户量访问;平台底座在集团侧部署一套,矿区侧根据实际需要部署,满足互联互通需要,为生产执行系统与外部系统间的数据共享、服务协同提供支撑,如图1-1-4所示。

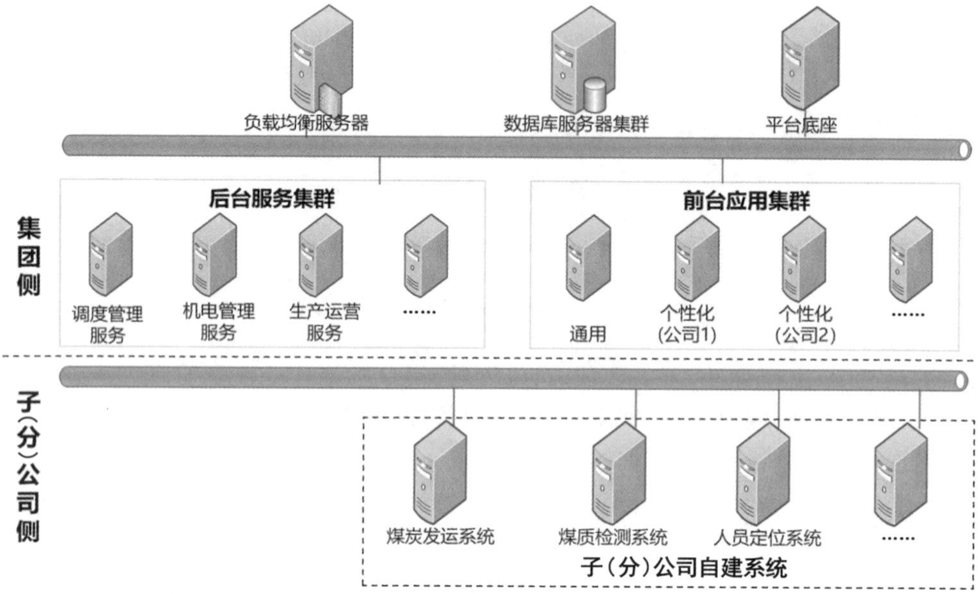

图1-1-4 生产执行系统部署架构图

5. 系统应用效果

(1) 初级

生产执行业务(初级)实现生产业务一体化,主要体现在业务一体化协同、系统一体化融合和数据一体化管理。

① 一体化协同计划的编制与执行

以煤炭生产作业计划编制下发、执行监控为主线,对煤炭生产过程进行全面协调指挥,实现原煤生产、洗选加工、装车外运的协同管理,确保日、月、年生产计划的有效执行和精细化管控,实现生产数据报表的自动统计。生产执行系统集团级业务流程图如图1-1-5所示。

a. 年度生产计划:由生产技术部组织各部门编制、下达;

b. 月度生产计划:由生产指挥中心组织生产计划平衡会,依据年度计划、上月生产情况进行编制和下达;

c. 日生产计划:各单位依据月度生产计划分解;

d. 生产情况反馈:各单位每日反馈本单位的完成量、生产执行情况和影响因素。

② 多层级多业务一体化协同调度

以煤炭生产管理为主线,建立贯穿子(分)公司、煤矿等多层级、多业务、一体化协同的调

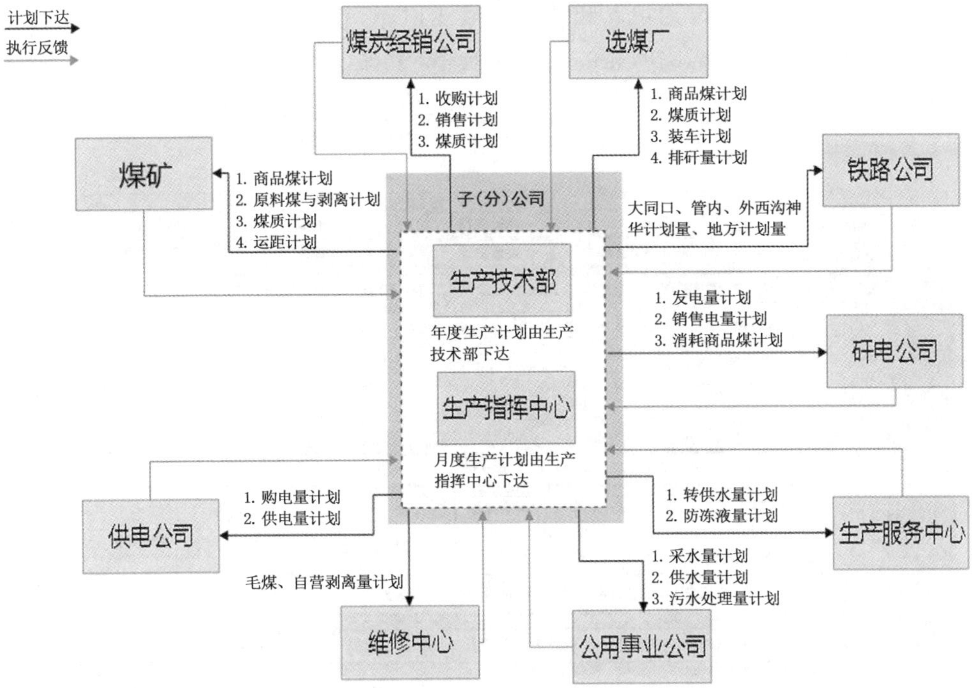

图 1-1-5　生产执行系统集团级业务流程图

度业务指挥模式，实现原煤生产、原煤采购等煤炭生产全过程的数据共享，进一步实现业务一体化高效协同和精细化管控，如图 1-1-6 所示。

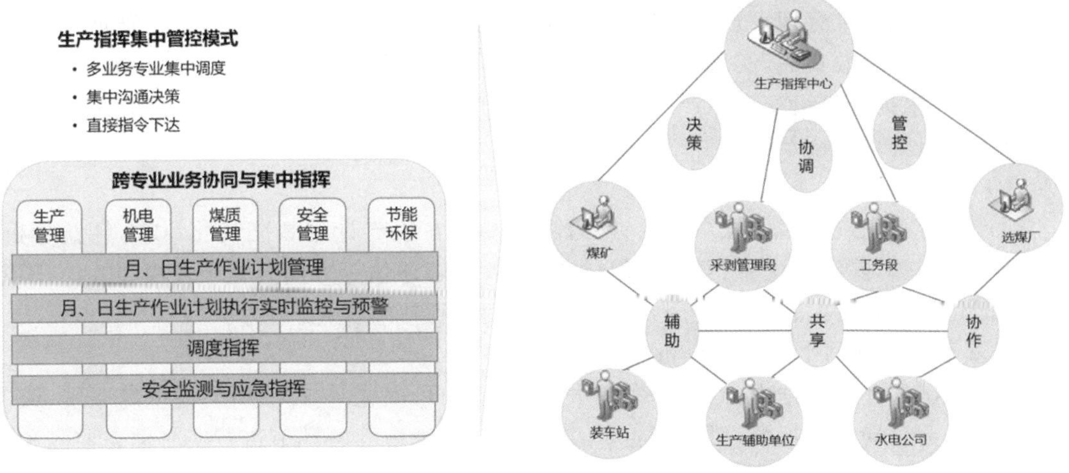

图 1-1-6　生产执行系统协同调度业务流程图

③ 一体化设备全生命周期管理

以设备现场运行管理为基础，以提升设备可动率为出发点，cMES（生产执行系统）机电模块通过与 ERP PM 无缝融合，实现业务协同；通过点巡检、保养、检验、检修、缺陷故障管理等关键业务采集设备运行参数、现场照片、现场视频等动态信息以及过程数据，与设备静态信息相结合,形成设备运行知识库和缺陷故障知识库,有效指导维修预判、预防性检修和设备运行,提高现场处理和解决问题的能力和效率,实现设备管理从被动维护到主动维护,提高机电设备管理的精益水平。图 1-1-7 为生产执行系统设备全生命周期管理应用架构图。

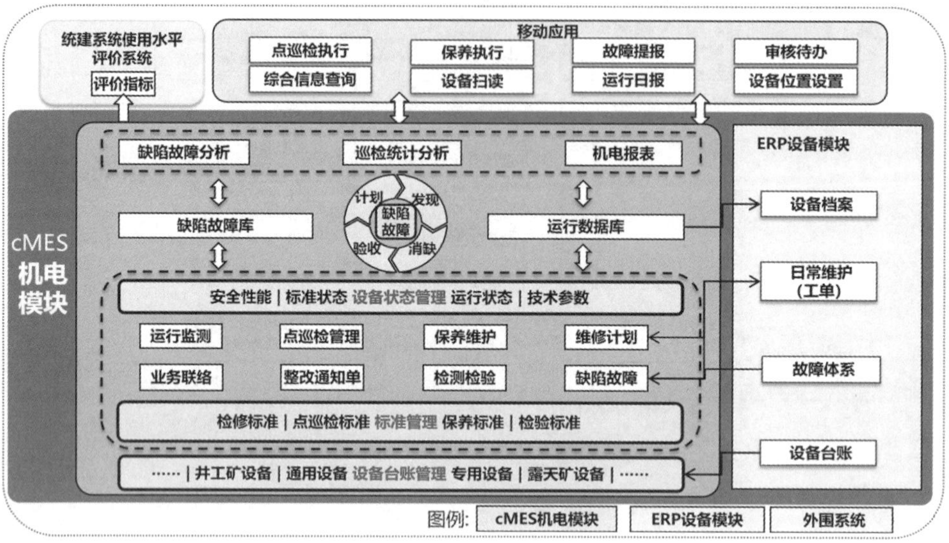

图 1-1-7　生产执行系统设备全生命周期管理应用架构图

④ 一站式班组管理

以班组安全生产、班组成本核算和绩效考核为核心,以标准作业为指导,围绕班组日常工作构建一体化信息管理平台,通过与集团 ERP、集团煤矿岗位标准作业流程管理、本质安全管理等系统的有效集成,实现区队、班组的安全生产标准化、成本核算精细化和绩效管理透明化,以大幅提升班组安全生产和成本管控能力与水平,实现降本增效。图 1-1-8 为生产执行系统班组管理应用架构图。

(2) 中级

生产执行系统(中级)依托煤矿云计算数据中心,在生产计划智能优化、成本精益分析、运营态势预测、风险实时预警、经营决策优化、绩效动态评估等方面研究开发模型算法,不断深化智能化分析和自助化服务应用,推进业务管理流程持续优化。

① 基于大数据的生产运营分析

基于煤矿云计算数据中心,充分利用大数据、矿山可视化等技术手段,建立跨系统、跨部门的生产运营全局监测视图,对煤炭生产、洗选、运输、销售等各环节进行实时动态监测和透明化监视,充分发挥煤炭生产大数据资产对业务的支撑和促进作用,满足集团基石项目(即集团生产运营协同调度系统项目)对子(分)公司大屏可视化展示需求,实现统计分析,辅助生产决策,有效提升企业安全生产运营水平。主要实现安全生产运行监测、生产运营监测、一体化生产运营管理等功能。

② 基于大数据的生产联动分析

根据生产情况分析上下游单位的配合关系和自身制约生产的重要因素及影响本单位生产的重要因素,对异常数据给予分析。可对异常数据逐层进行数据钻取,找到数据支撑的相

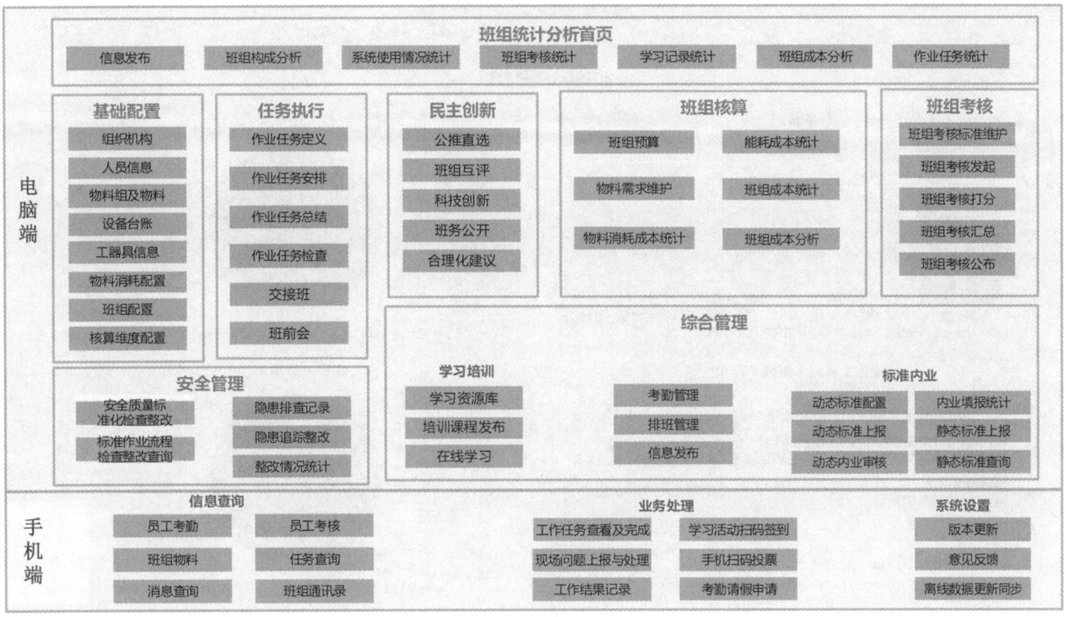

图 1-1-8　生产执行系统班组管理应用架构图

关因素。将煤的开采、洗选及外运等生产环节联动起来，打通生产各个关键节点，使公司各级调度更好地完成生产协调调度。

③ 基于大数据的业务主题分析

建立生产效能分析模型，对数据深入挖掘，实现生产效能智能分析，指导精细化生产。利用大数据技术采集分析影响煤炭生产的各类影响因素进行分析评估，指导管理人员对经常影响生产的环节优化管理；分析煤炭生产过程中设备、能耗与产量的关联信息，指导管理人员对生产各环节进行优化控制，节约能耗，提高产量。

例如，班组核算成本对比分析。通过班组作业任务的物料消耗统计，实现每班作业任务的成本统计和每月成本核算，对同类型的班组进行成本对比分析，便于找出成本差距的原因。

例如，设备成本对比分析。通过班组 PM 维修工单、能耗、物料消耗等成本的统计，实现单机成本核算，可以对不同单位同一类型或同一类别的设备进行对比分析，便于找出设备成本的差距原因，提高设备的使用率。图 1-1-9 为生产执行系统数据分析饼图。

(3) 高级

生产执行系统(高级)以业务高效协同和自主优化为目标，持续提升系统自发现、自决策和自处理问题的能力，建立智能化生产新型管理模式及业务流程。

① 智能化设备诊断分析

利用煤矿云计算数据中心深化数据应用，建立设备数字双胞胎模型，对设备故障和异常进行综合判断分析，对隐患进行趋势预测，给出防范措施和治理对策，提高设备产能。

② 智能化经营决策分析

建立数学模型进行各业务的效益测算，实现从市场行情的及时把握到经营管理的整体决策分析，全面实现公司从上到下、从整体到局部、从宏观到微观的全面掌控，提高综合调度

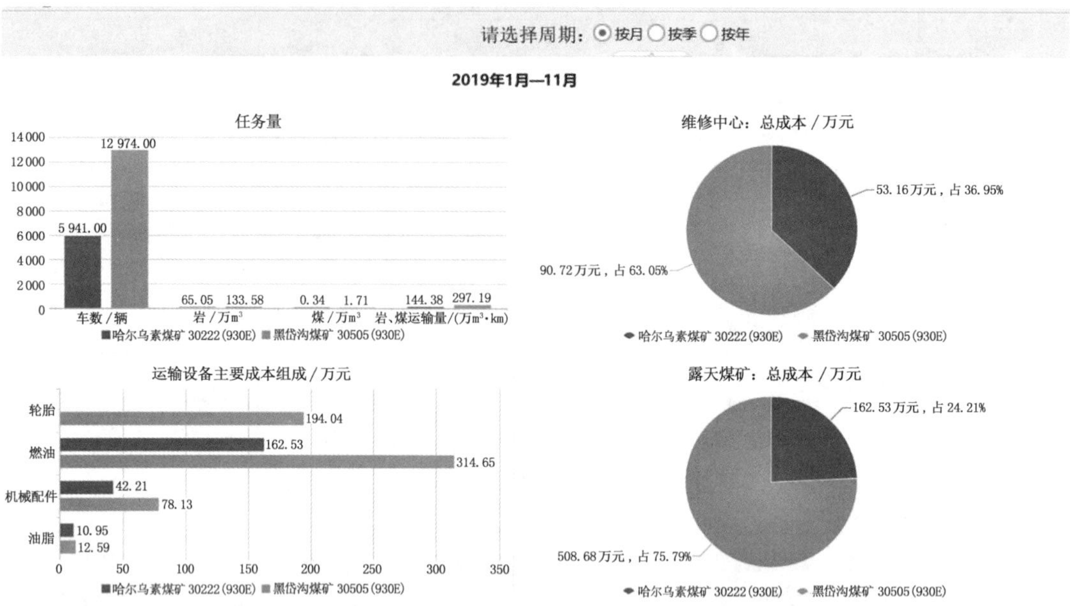

图 1-1-9 生产执行系统数据分析饼图

指挥能力,提升智能分析、辅助决策水平和预测分析水平,达到降低综合成本、提高整体效率、提升经营业绩的目的。

③ 智能化经营预测测算

基于煤矿云计算数据中心数据资源池和大数据分析技术,对煤炭生产产量、成本、价格、利润等业务指标进行即时测算对比,为领导决策分析提供科学的数据依据和重要参考,提升企业经营管理的智慧化水平。

(二)生产集中控制系统

1. 业务全景

生产集中控制系统能够集成井工煤矿、露天煤矿、选煤厂各监控子系统,实现煤矿生产过程中远程集中控制,实时数据采集和可视化,为煤矿的安全生产、事件追溯、故障诊断提供完整的数据支持,以提升煤矿智能化水平。同时生产集中控制系统还能与安全集中监测系统、煤矿数据中心等进行数据交互,实现多系统间的联动控制,使得系统具备协同工作能力。具体如图 1-1-10 所示。

2. 系统应用架构

生产集中控制系统包括人机交互(HMI)、组态工具、系统安全、数据服务、数据通信五大功能模块,其中人机交互可分为 PC 端和移动端两部分。生产集中控制系统应用架构如图 1-1-11 所示。

生产集中控制系统的初级、中级、高级功能须按照《指南》中的国家能源集团智能一体化管控平台配置建议表中的 12 项功能进行相应的规划覆盖。

(1) 集中监测:全面实现煤矿主要生产环节设备的数据采集,实时显示设备的运行参数、工作状况以及报警信息,同时要求显示画面为矢量画面,可以无极缩放展示。

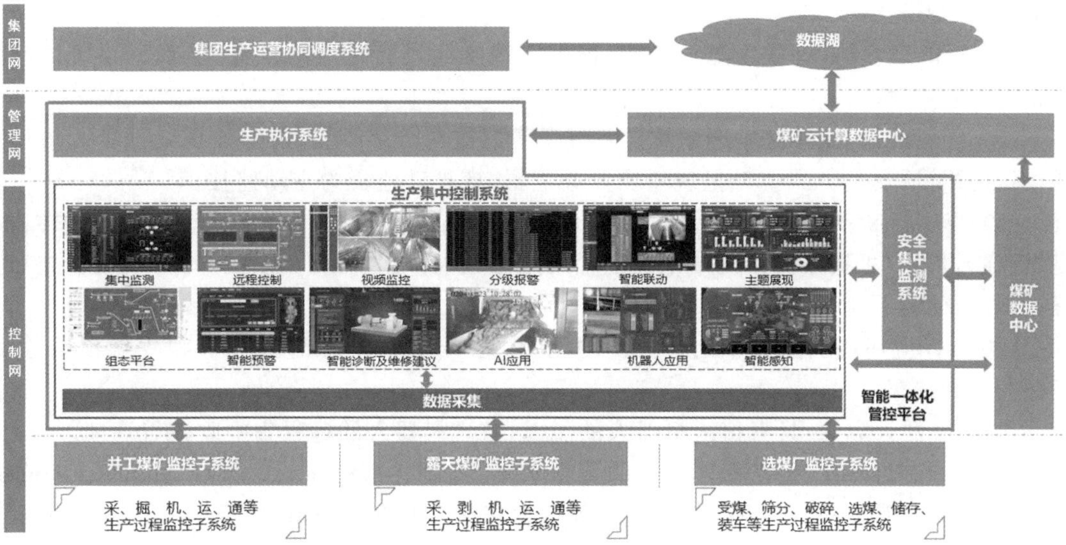

图 1-1-10　智能一体化管控平台业务全景图

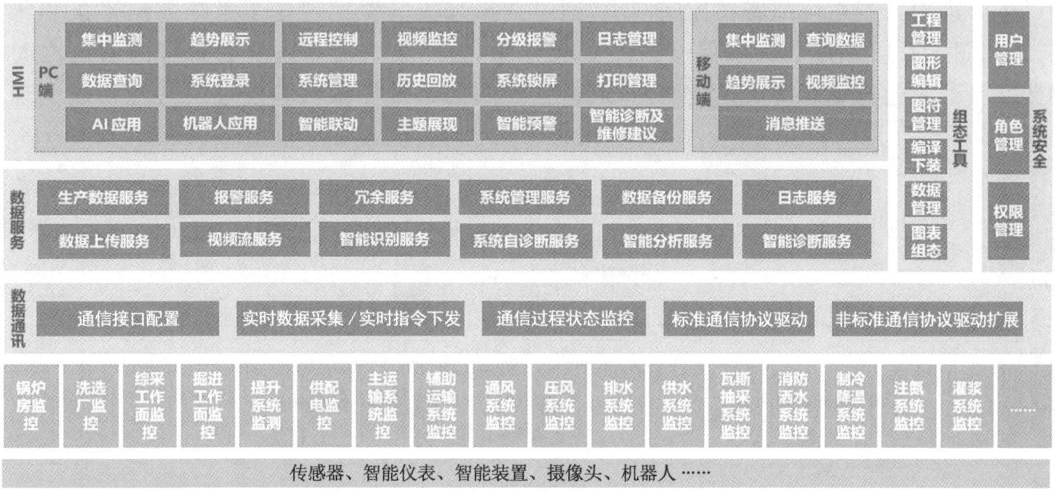

图 1-1-11　生产集中控制系统应用架构图

（2）远程控制：实现煤矿主要生产环节设备的启、停以及运行闭锁、故障解除等远程控制，并可对设备参数进行远程调整。

（3）视频监控：将生产视频信息接入生产集中控制系统，远程访问视频信息，可直接通过生产集中控制系统监控摄像头视频信息。

（4）分级报警：实现分级、分类报警，并支持历史报警的查询，通过报警信息可直接切换到该报警对应的工艺画面。

（5）主题展现：能够根据生产、安全、工作面以及运转等方面进行主题展示，以合理的形式进行主题使管理人员能够对各个生产系统、关键安全信息、工作面设备信息以及主运输信息直观展现。

（6）智能感知：结合煤矿云计算数据中心、AI以及机器人应用，准确判断环境、设备及人员工作的状态。

(7) 智能联动:具有联动配置功能,根据系统实际进行相应的配置,实现子系统之间的信息与控制联动。

(8) 智能预警:能够对生产系统设备健康情况进行分级,同时能够实现以预警为事件驱动,通过报警联动的方式主动呈现系统业务逻辑,变被动监控为主动监控。

(9) 智能诊断及维修建议:结合煤矿云计算数据中心,能够准确判断设备故障原因,并提供诊断报告。根据智能诊断结果提供辅助维修建议,通过维修人员的修正,不断补充和完善知识库,使得系统具备持续优化的能力。

(10) AI应用:具有AI识别与分析的能力,提供智能识别、过程分析和故障预警等AI服务。

(11) 机器人应用:具有接入机器人的能力,实现机器人的远程集中监控与管理。

(12) 接口与协议:提供标准协议的数据采集、控制接口程序,如OPC、MQTT、Modbus协议,并对采集接口进行管理,将底层设备数据采用集团统一EIP标准协议接入煤矿生产控制系统中。

3. 系统部署架构

生产集中控制系统部署在控制网中,通过数据采集装置实现各子系统数据采集和集中监控,如图1-1-12所示。为了保障系统安全可靠,生产集中控制系统和管理网系统之间的数据交互必须通过私有协议穿越网闸,通过管理网的数据汇聚机和管理层其他系统实现互联互通。

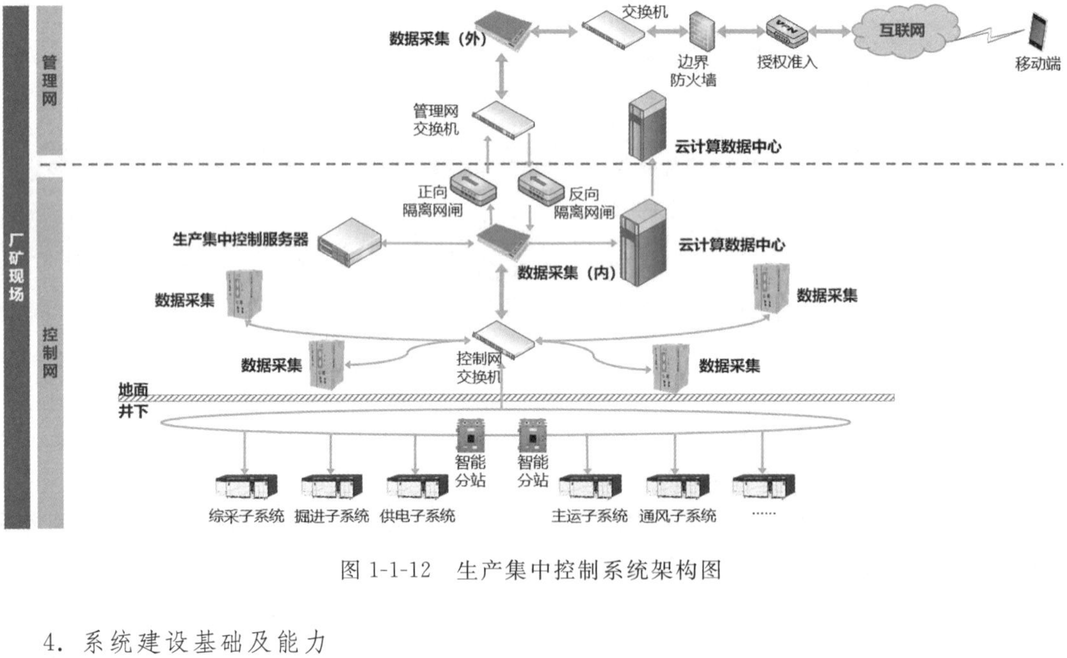

图1-1-12 生产集中控制系统架构图

4. 系统建设基础及能力

为了使生产集中控制系统满足《指南》中对于智能矿山初级、中级、高级三个阶段的规划,煤矿需增加监控元件的覆盖率,包括监测仪器仪表和控制执行机构,保证设备状态能够被集中监控。其次还应增加视频设备(特别是增加高清、高速摄像头)和巡检机器人等智能设备,满足智能化推进的需要。

其次生产集中控制系统需具备多类型数据接入能力，要求生产集中控制系统能够与监控子系统数据库或PLC(可编程逻辑控制器)直接进行数据交互，数据包括生产实时数据、视频数据、音频数据。且该系统还应具备可扩展性，系统能够提供标准通信协议接口，能够支持基于生产控制系统的二次开发，并支持非标准协议的数据接入，能够和第三方系统进行数据交互。最后，系统还须具备冗余机制和容错机制，保障系统的稳定可靠性，当系统出现故障时不影响系统正常运行。图1-1-13为生产集中控制系统数据流向图。

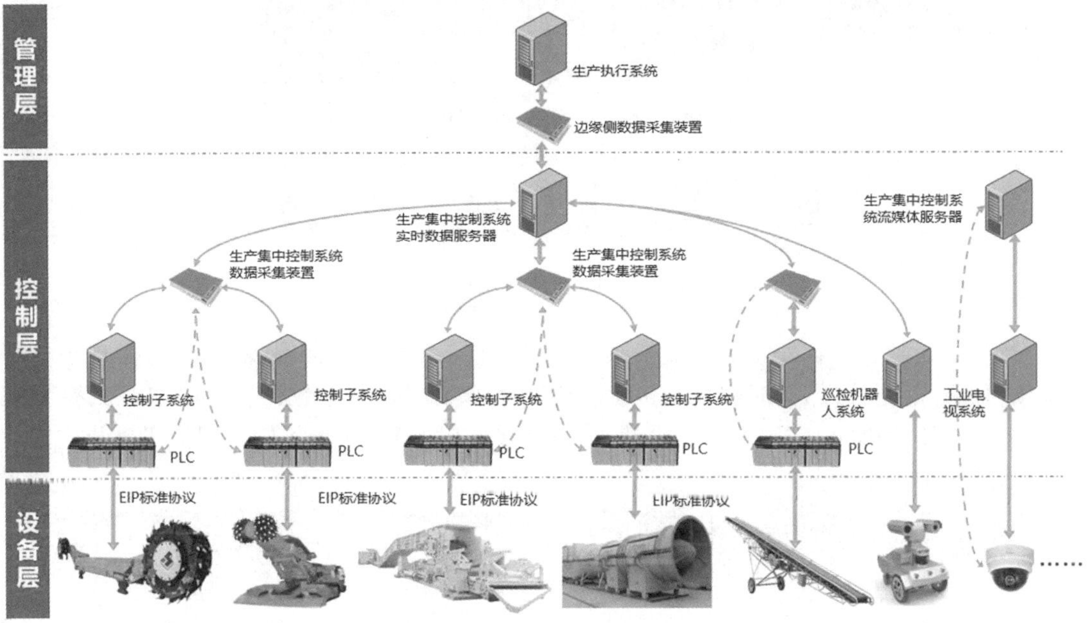

图1-1-13　生产集中控制系统数据流向图

(三) 安全集中监测系统

1. 业务全景

智能一体化管控平台安全集中监测系统，通过数据采集方式实现控制层安全监测类系统的数据接入，对各子系统业务数据实现实时监测，根据业务策略进行报警，并实现实时监测提醒、处置、联动；通过多系统互联互通互监的融合接入，实现多系统参量的监测，使得监测数据翔实、准确、立体；通过大数据分析方式，识别安全异常多发因素及薄弱环境，为用户编制处置异常的应对措施提供相应的决策依据；通过构建报警智能判识模型，对其辐射范围、报警发展趋势进行判识、预测，为应急联动提供相应的参考决策信息。图1-1-14为安全集中监测系统业务全景图。

集团现有的监测平台包括集团安全集中监测系统、集团煤矿人员定位系统，两系统均采用了"矿—公司—集团"垂直的三级管控模式，针对矿井的故障异常、超员、越界等进行异常报警，并进行闭环处置及跟踪，而安全集中监测系统实现与集团监测平台的无缝对接，减少矿端调度人员分别关注不同业务平台的工作量。

2. 系统应用架构

智能一体化管控平台安全集中监测系统的应用架构建立在集团信息化5层应用架构的

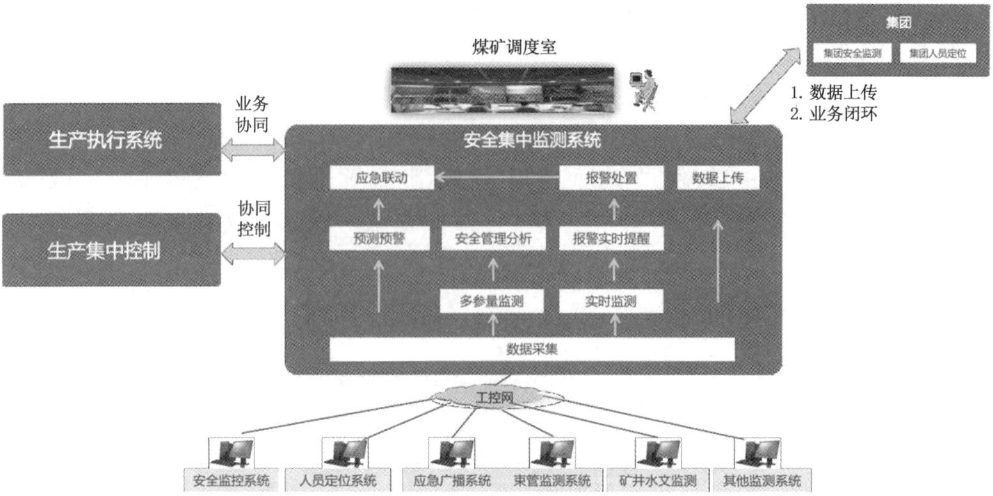

图 1-1-14　安全集中监测系统业务全景图

生产控制层,控制层中各安全监测类子系统,将通过集团统一的标准规范体系,实现子业务系统数据的标准化接入,同时实现与平台底座和生产集中控制系统的“横向纵向”的数据互联,为业务一体化协同、生产一体化联动、运营全局实时监测、执行控制协同等提供相应的业务支撑,如图 1-1-15 所示。

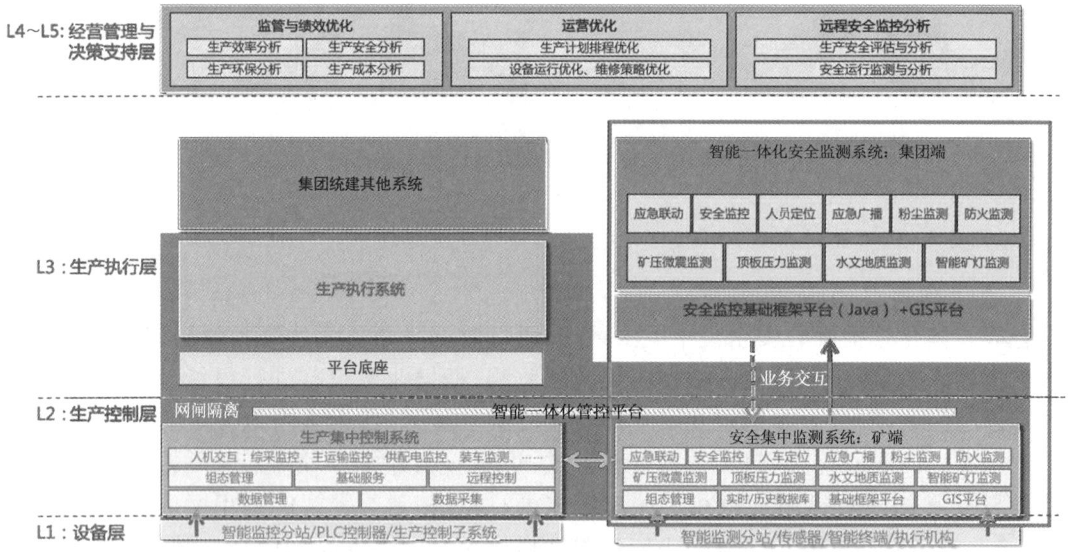

图 1-1-15　安全集中监测系统应用架构图

集团端围绕安全监测领域,构造了以安全监控、人员定位为主的监测平台,一体化管控平台安全集中监测系统与集团监测平台脱胎于同一框架,在数据处理、分析、业务对接方面有着天然的优势,可以快速、准确完成集团业务与矿端系统对接,降低实施、使用的难度。

3. 系统功能架构

安全集中监测系统功能架构如图 1-1-16 所示，数据层实现实时数据存储、基础业务数据存储、空间数据存储、轨迹数据存储；应用支撑层采用 Kafka 分布式平台为系统数据采集提供支持，采用业务应用框架平台提供的 GIS 平台、预警模型、标准化数据接口、数据服务接口等服务，支撑系统开发、实现对应用层业务应用的支撑；业务应用层汇聚安全监控、人员定位、应急广播、通信平台、矿尘监测、防治水、顶板压力、防灭火等监测应用，实现实时集中监测、GIS 融合、分级报警、融合联动、安全管理预判、三维可视化、业务决策分析、超前预报、区域安全态势分析功能。通过首页门户、用户驾驶舱、实时监测、地图展示等功能将监测、报警、联动信息全方位展示。

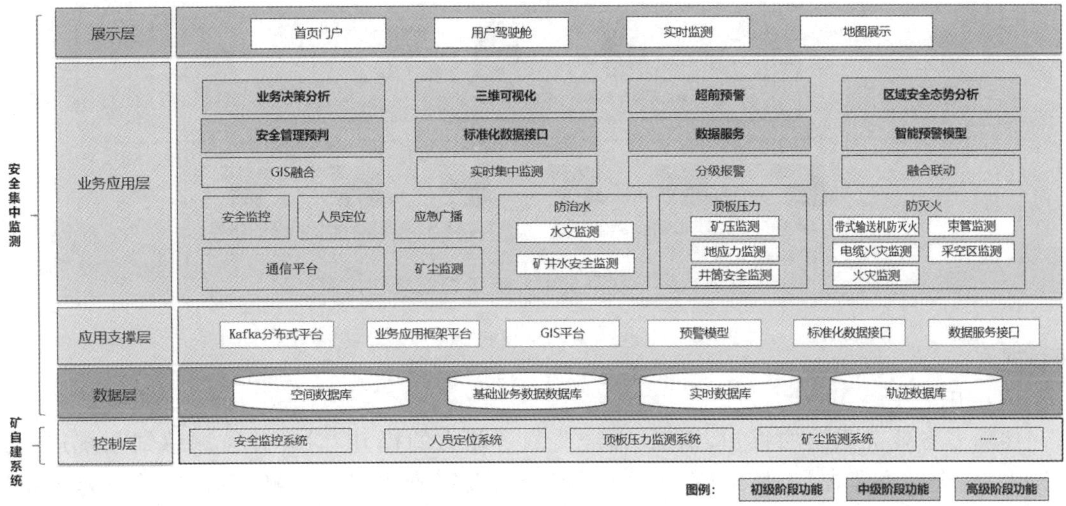

图 1-1-16　安全集中监测系统功能架构图

4. 系统部署架构

安全集中监测系统部署架构如图 1-1-17 所示，系统通过数据采集服务器实现控制层安全监测类系统的数据采集，系统根据业务类型不同存储在相应的数据库服务器中，实时监测数据提供给应用服务器进行展示，同时模型计算引擎、分析引擎从数据库服务器中抽取相应的数据进行业务的预测预警和分析判断，GIS 服务器为平台提供相应的 GIS 服务，而数据摆渡服务器通过一体化数据服务实现与生产执行系统、生产集中控制系统的协同。

5. 系统应用效果

(1) 初级

以安全监控业务为基础充分融合矿井已建立的安全监控、人员定位、通信平台、应急广播、矿尘监测、防治水、顶板压力、防灭火等各监测感知业务系统，实现对作业空间环境、井巷、矿压、人员位置、防水、火灾等进行集中监测、分级报警，根据报警持续时长、阈值大小、区域范围，进行报警级别划分，提升报警监测的精准度，实现将监测感知系统监测的报警异常，通过人员定位、广播通信平台进行应急联动告警、广播通知等。

同时，根据安全管理业务需要，安全集中监测系统将基础信息、监测数据、报警分析、应急联动数据等信息共享给生产执行系统、生产集中控制系统，支撑各系统间一体化协同应用

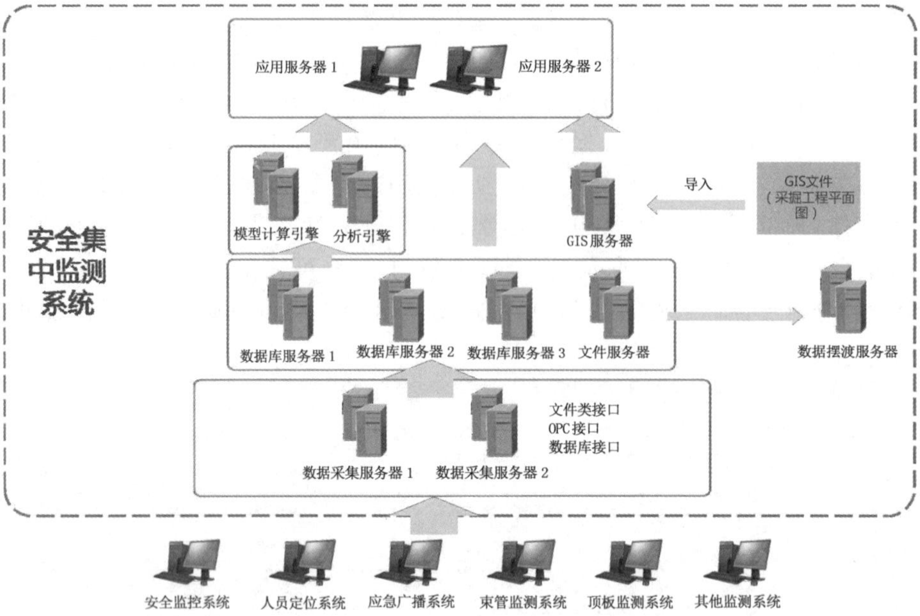

图 1-1-17　安全集中监测系统部署架构图

的需要。

（2）中级

伴随着各业务系统的感知、识别、精准监测等能力的提升，对矿井监测感知系统进行持续接入，融合安全监控、人员定位、矿尘、顶板、水、火等监测信息和报警信息，建立监测报警集中管控平台，基于多系统、多参量综合模态化大数据，进行量化分析，实现多系统、多参量综合模态化的监测，提升安全管理分析预判能力。

按照煤矿云计算数据中心的统一数据标准要求完成接口建设，通过一体化数据服务，与生产集中控制系统业务控制协同，实现监测类设备“启停”控制。与集团监测业务平台进行“纵向”业务数据传输、交互，实现业务操作申请、闭环处置上报、上级指令接收等。

（3）高级

建设三维地质空间模型，在中级基础上，扩展机器人、智能穿戴设备等感知信息的接入，丰富监测手段。建设煤矿灾害精准预警系统，依托煤矿云计算数据中心，搭建报警智能判识模型，在煤矿云计算数据中心进行模型训练优化，通过报警智能判识模型，对其辐射范围、报警发展趋势进行判识、预测。建设专家决策平台，针对不同灾害类型和不同地质的矿井，汇聚各种突发问题处置方案，形成相应的专家库，应对突发问题处置。

三、典型案例

（一）生产执行系统

1. 井工煤矿生产执行系统案例

2013年，集团以锦界煤矿为试点建设了生产执行系统十大管理模块，构建了生产执行平台，实现了生产执行业务综合一体化管理，如图1-1-18所示。2014年，完成生产执行系统在国能神东煤炭集团有限责任公司(以下简称“神东公司”)上线推广。

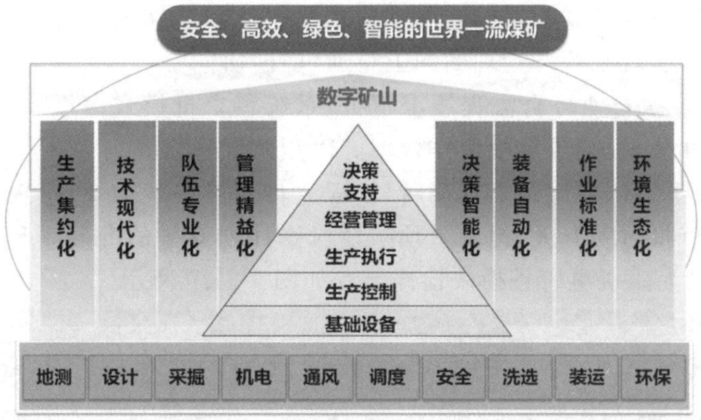

图 1-1-18　智能矿山 5 层架构图

通过生产执行系统建设,固化生产执行业务流程,改善生产组织管理模式,实现数据整合与业务贯通。以神东公司管理实践为参考,建立了统一的数字矿山标准和信息平台,实现了煤矿数据一体化、技术一体化、业务一体化,提升了企业竞争的能力。

(1) 实现了生产执行业务的全面覆盖和数据的全面采集,系统共覆盖了生产、调度、机电、“一通三防”、安全、设计、环保、煤质和应急全部业务流程,共计 326 项流程 1 495 个审核节点,全面支撑了生产执行业务管理工作。系统实现了生产执行业务全部 622 类业务数据的采集,为业务管理及分析决策提供了数据支持。

(2) 实现生产执行业务一体化管理,系统将生产执行业务整合在一个平台上,实现了从计划安排到计划执行再到结果反馈的闭环管理,实现了公司级、矿级、厂站级三级不同业务条线、不同层级间的业务一体化管理,如图 1-1-19 所示。

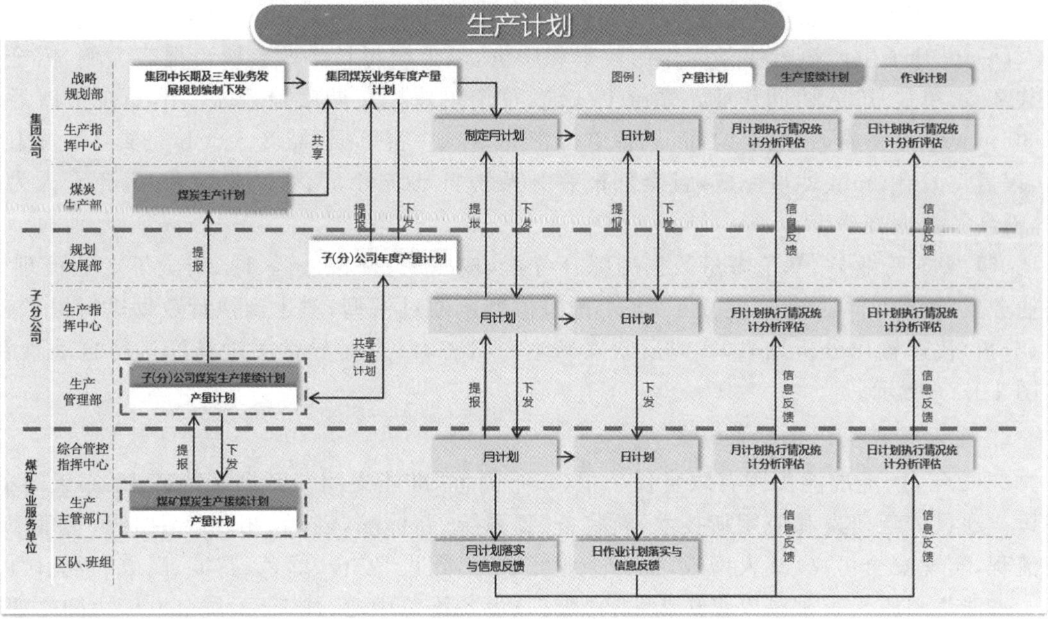

图 1-1-19　生产执行系统生产计划模块流程图

(3) 实现了数据互联互通及数据共享,通过建设生产执行系统,打通了煤矿生产各个环节的边界,实现了各业务条线数据的互联互通及数据共享,使得信息能够按照管理需要在不同业务间顺畅流转,实现了业务管理的向上贯通,横向协同。

(4) 实现了生产执行业务全流程线上审批,系统将审批模式由纸质审批改变为在线流转,实现了无纸化办公,提高了审批工作效率。以预防性检修计划为例,系统上线前,预防性检修计划需要在线下以纸质记录形式流转,流程流转完毕一般需 2~7 天,生产执行系统上线后,最多可缩短审批时间 5 天,提高了预防性检修计划安排的准确率和执行效率,目前实施准确率在 90%以上。机电管理模块检修流程如图 1-1-20 所示。

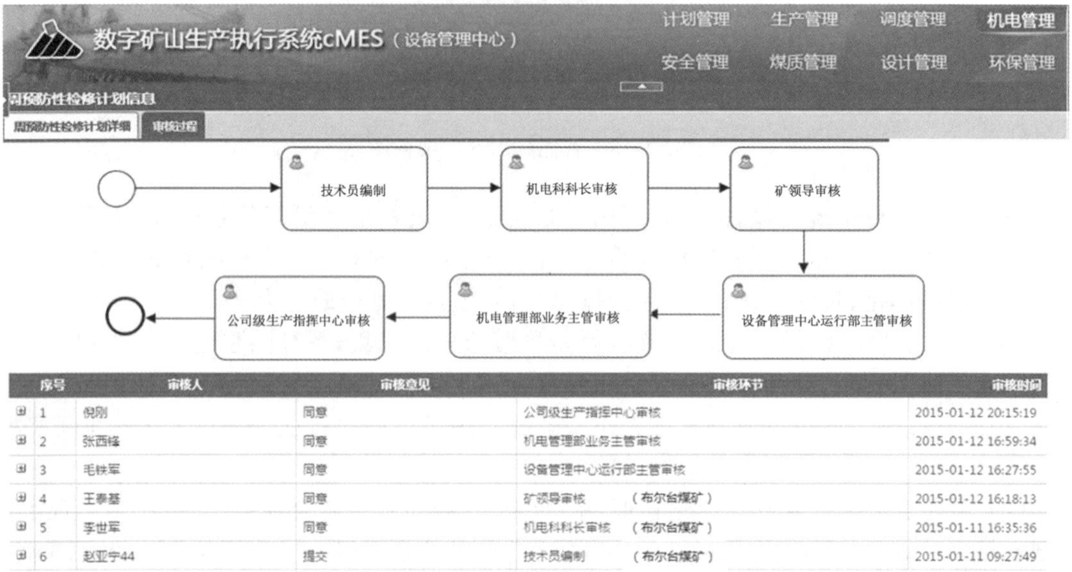

图 1-1-20 生产执行系统机电管理模块检修流程图

(5) 提升了生产执行业务工作的效率和质量,以公司每日早调会所需报表为例,需全公司共 28 家单位 56 人协同作业。系统上线前,每个单位提交调度报表需 2 h,系统上线后仅需 30 min 即可完成;系统上线前,从各单位汇总 8 000 项数据,需 2 人 4 h 完成,系统上线后,仅需 1 人 30 min 即可完成,且全部报表为系统自动统计,无须人工录入,避免了人为错误,提高了数据准确度。

(6) 实现跨业务、基于海量数据的综合分析,按照采、掘、机、运、通、安全等专业梳理 28 个业务主题共 205 项指标,建立了 28 个预警模型。通过模型,对生产执行数据进行提取、汇总、分析,快速输出分析结果,实时反映煤矿生产状态,以及对异常关键指标进行自动预警,如图 1-1-21 所示。

2. 露天煤矿生产执行系统案例

2016 年,国能准能集团有限责任公司(以下简称"准能集团")开展智能矿山(露天煤矿)建设。通过广泛研发和应用新技术、新装备、新系统、新标准,创新矿山生产、组织、管理模式和流程,实现安全可靠、减人增效,提升企业竞争力,建设"安全、绿色、智能、高效"智能矿山。

准能集团露天煤矿是以煤矿为主,选煤厂、设备维修中心、炸药厂、坑口电厂协同作业的一体化露天煤矿。智能矿山以生产数据为核心,以监控监测为基础,以生产执行为主体进行

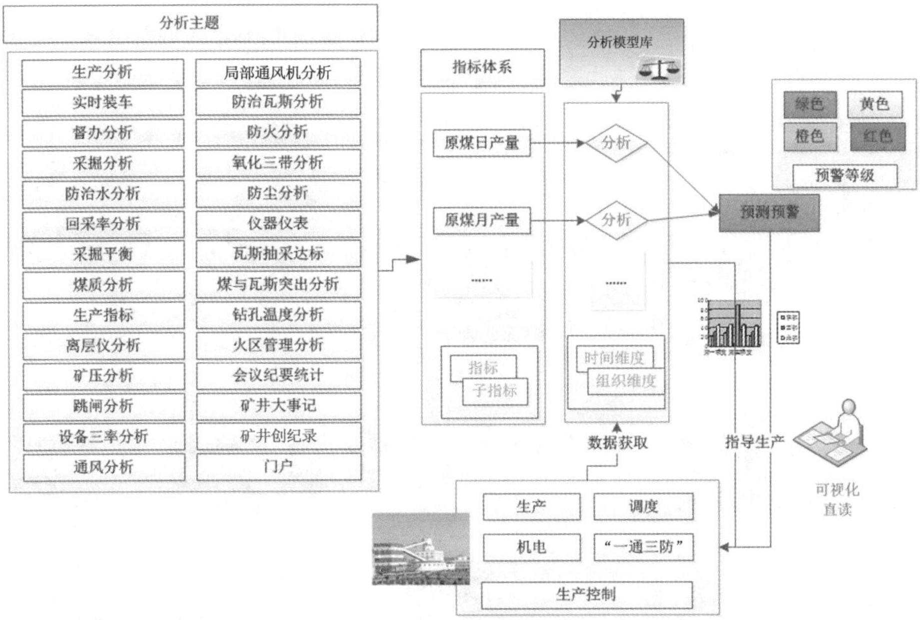

图 1-1-21　生产执行系统数据分析流程图

了建设，通过配套信息化技术改造和管理提升，有效降低物料消耗；通过设备管理的信息化、智能化，提高设备的利用效率和维护水平；通过生产现场实时监控，实现生产现场的无人或少人，提升煤炭生产作业效率；实现全面的数据采集和数据融合，实现全局闭环管理、动态监测和精细管理，全面提升煤矿的生产设计、计划编制、调度指挥和作业管理效率和水平，实现以效益为中心的煤炭生产科学化管理，如图 1-1-22 所示。

图 1-1-22　生产执行系统数据分析展示页面图

(1) 协同生产管理

从地质与采矿设计开始，把煤炭生产、装运洗、调度指挥与决策分析等环节的各个系统有机衔接起来支持协同生产，如图 1-1-23 所示，促进煤炭生产的科学化管理水平与效率的提升。

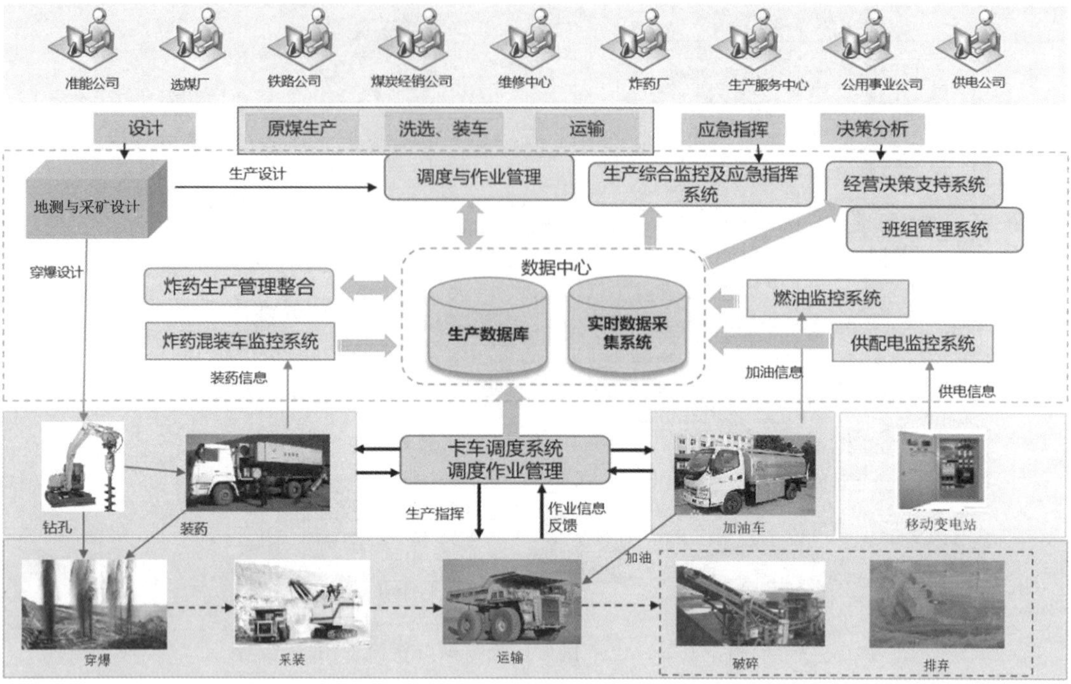

图 1-1-23 生产执行系统协同生产流程图

(2) 协同计划编制

以调度作业模块为核心实现煤炭生产的产运销、洗装运、煤质、维修、供水供电等计划的协同编制与执行管理,协同计划编制流程如图 1-1-24 所示。

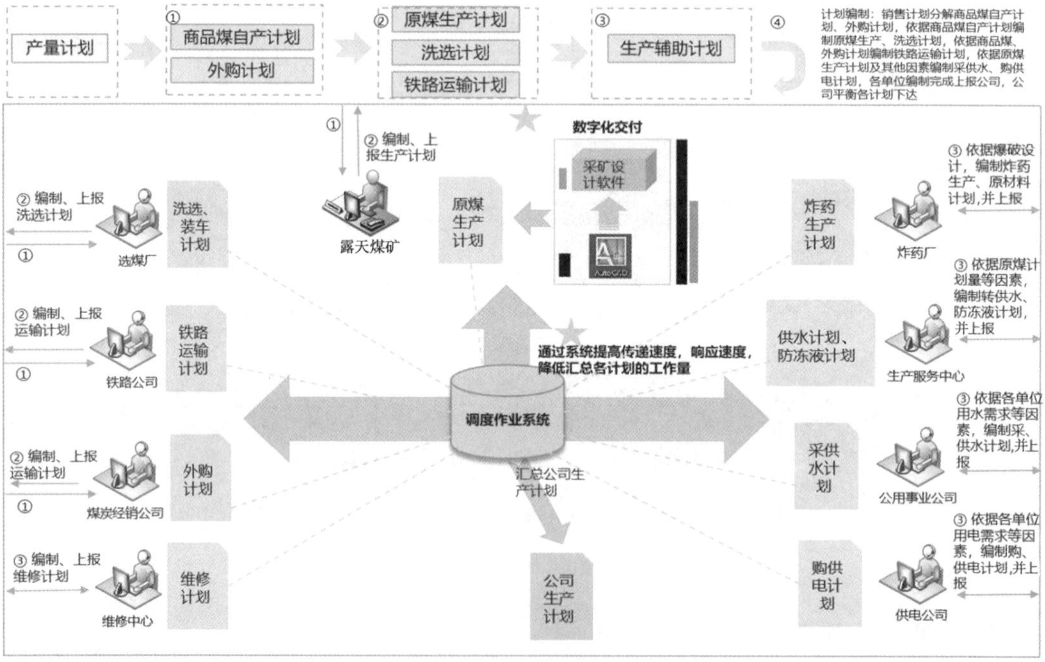

图 1-1-24 生产执行系统协同计划编制流程图

（3）多层级、多业务一体化调度

将生产指挥中心与各专业调度（矿调、洗选调度、铁路运输调度、煤销调度、电厂用煤调度等）实现过程、指令、信息等方面通畅流动衔接与管控，保障调度的整体性、有效性，提升调度效率，如图 1-1-25 所示。

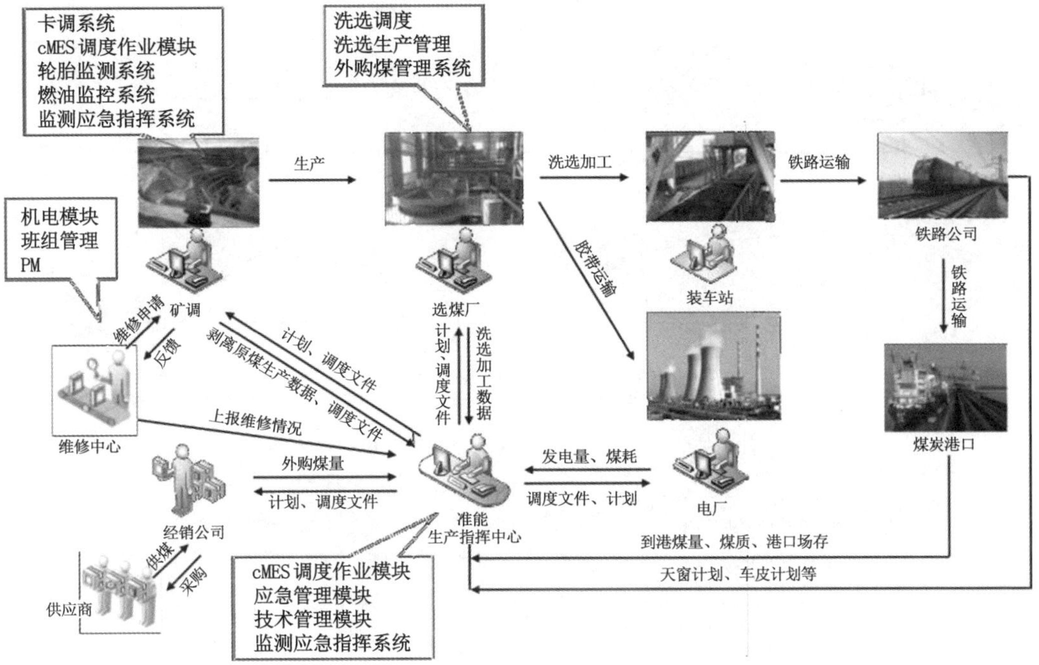

图 1-1-25　生产执行系统多层级、多业务一体化调度图

（4）单人核算与班组考核

基于 ERP 与班组管理系统的结合，通过任务分解执行过程的跟踪与管理，实现料工费按人管理，最终通过考核管理促进质量和效率的提升以及成本的降低，具体流程如图 1-1-26 所示。

（5）设备全生命周期管理

以机电设备管理为例，以标准管理为基础、以设备运行状态监控为核心，以缺陷故障闭环管理为主线，面向现场设备管理，通过采集设备运行参数、运行时间、耗用时间、现场照片、现场视频等动态信息以及设备点巡检、保养结果、缺陷故障过程数据，与设备静态基础信息相结合，形成设备运行知识库和缺陷故障知识库，有效指导维修预判、设备运行和预防性检修，提高了现场处理和解决问题的能力和效率，促进了设备的完好率和利用率，保障煤矿安全、高效生产，管理流程如图 1-1-27 所示。

（6）大型设备整合管理

通过将露天煤矿卡车、电铲、油槽车等大型设备的燃油、轮胎、电量进行现场数据的实时采集，获取设备运行的第一手资料，基于设备数据的综合分析，实现设备维修、保养、轮胎更换等的提前预告，从而进行及时准确的工作安排，管理流程如图 1-1-28 所示。

（7）运输安全生产监控

以“安全高效、绿色智能”为设计理念，对防碰撞预警、驾驶员行为分析、360°全景影像监

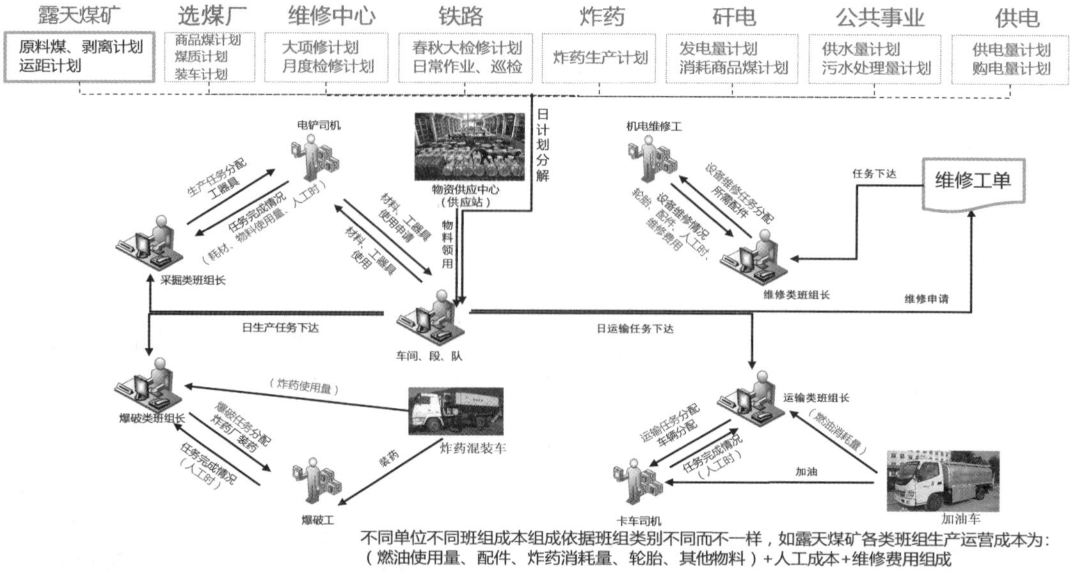

图 1-1-26　生产执行系统班组核算与考核流程图

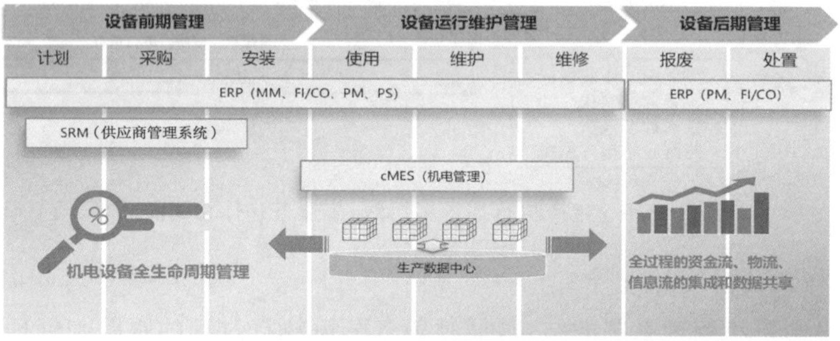

图 1-1-27　生产执行系统设备全生命周期管理流程图

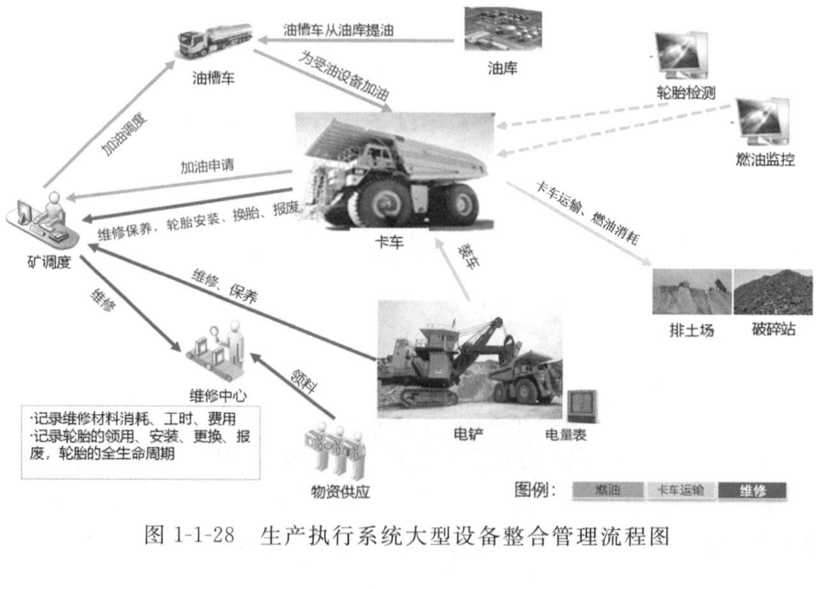

图 1-1-28　生产执行系统大型设备整合管理流程图

视、生产调度、盲区监测、应急制动、胎压监测、燃油监控等车载安保系统进行整合，同时围绕“智能调度＋运输安全”两大核心业务，实现生产优化、智能调度和安全大数据分析一体化管控，全面提升了露天煤矿的运输安全管理能力、调度指挥能力和生产监控能力。

（8）一体化数据管理

以数据应用和价值为驱动，依据集团和准能集团信息化建设成果，设计和编制准能集团生产数据标准化体系，提升数据管理和数据质量水平，促进准能集团生产数据的标准化，为准能集团后续的系统整合、数据共享和数据分析等方面建设提供依据和指导。生产执行系统数据管理架构如图 1-1-29 所示。

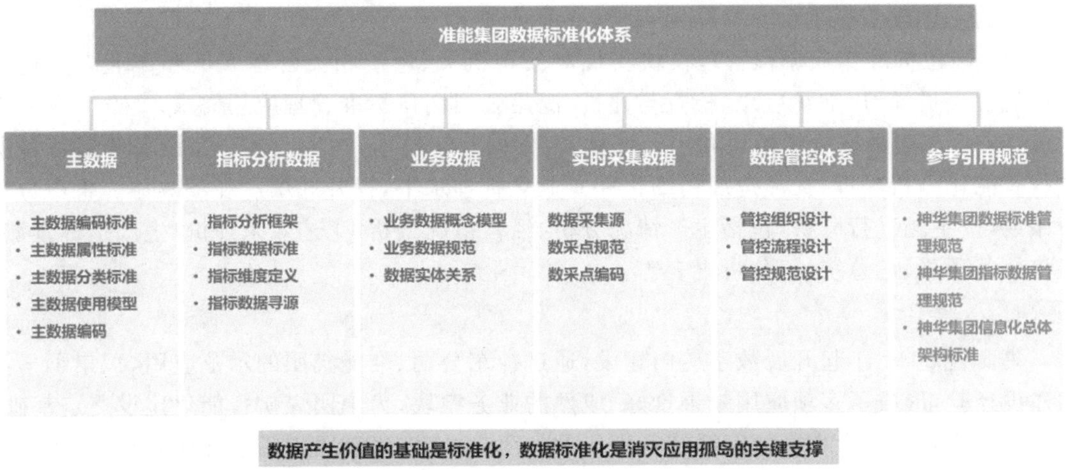

图 1-1-29　生产执行系统数据管理架构图

（9）一体化智能联动大数据分析

建立准能集团 8 家单位的 10 类生产联动大数据分析主题，达到业务横向贯通、纵向联动的效果。对准能集团的商品煤、剥离、电量和铁路运输的完成情况进行分析。准能集团生产联动大数据分析的数据分为煤炭板块、电力板块和运输板块 3 个分析板块，分别对煤炭、电力和运输进行详细分析。

3. 选煤厂生产执行系统案例

以神东公司上湾选煤厂为例介绍生产执行系统在选煤厂的应用情况。

洗选生产是煤炭生产过程中主要的生产环节，选煤厂所有管辖范围从原煤系统开始，至产品装车系统止。涉及原料煤上煤和储存、筛分和洗选、产品煤储存、煤质化验、装车外运等环节管理，以及各环节的设备管理、生产系统控制、经营管理、班组管理、技术管理、应急管理、环保管理等。

通过生产执行系统的建设，覆盖选煤厂的调度与作业管理、机电管理、煤质管理、技术管理、应急管理、安全管理、环保管理、班组管理、岗位标准作业流程、运营监测等业务，实现了信息共享，解决了线下信息传递不及时的问题；减少工作人员的重复处理工作，由基层单位数据录入，相关部门查询汇总，让工作人员有更多的精力进行业务处理和协调；规范生产业务数据，保障了数据的可分析，并实现业务数据的完整采集，为决策支持打好基础。建立一体化管理运营模式，实现选煤业务的智能协同管理，促进选煤业务安全高效生产、信息智能共享。

(1) 调度管理模块实现涉及选煤厂的生产计划管理、原料煤管理、原煤仓管理、筛分、洗选管理、产品仓管理、装车外运管理、综合报表、调度日常管理。

(2) 机电管理模块与 ERP 设备管理(PM)模块实现集成,对设备从购置、使用、维护、改造直至报废的全生命周期进行管理,进行设备数据的深度挖掘与分析,为设备选型、维护策略的制定提供依据。通过生产执行系统 cMES 机电管理模块的实施,进一步优化业务管理流程,实现机电管理的标准化、自动化、共享化和透明化,提升协同工作效率,提高设备可用性和实动率,降低设备维护成本,保障设备的安全、高效运行。

(3) 班组管理模块以"五型班组"建设为指导,对班组业务进行全面覆盖,为班组建立一套综合的一体化信息平台。

(4) 岗位标准作业流程管理模块实现对公司机关、煤矿相关管理人员和作业人员进行标准流程宣贯学习、细化应用、检查与评价,满足公司岗位标准管理应用需求。

(5) 生产大数据分析模块利用云计算、大数据等新技术,对生产、工艺、设备等运行情况进行智能化分析决策,提高选煤精细化和专业化管理水平,提升选煤厂经济效益。生产分析分条线,按主题进行分析,包括生产情况分析、经营情况分析、工艺效果评价、生产指标预测、经济效益预测、汇总统计、分析报表等。

4. 小结

集团自 2011 年起开展数字矿山建设,通过神东公司、准能集团的示范应用,积累了丰富的建设经验,形成了多项应用效果良好、成熟的业务模块,为集团煤矿智能化建设奠定基础。智能一体化管控平台生产执行系统各模块在集团 14 家涉煤公司应用情况如表 1-1-4 所列。

表 1-1-4　生产执行系统应用统计表

类型	子(分)公司	调度管理	生产接续	机电管理	应急管理	环保管理	安全管理	煤质管理	生产管理	"一通三防"	班组管理	岗位标准作业流程管理	生产运营	生产大数据分析	智能运输安全生产监控
井工煤矿	神东公司	√	√	√	√	√			√	√		√			—
	宁煤集团		√	√	√	√						√			—
	乌海能源公司		√	√	√	√						√			—
	榆神能源公司	√	√	√	√	√			√	√	√	√			—
	包头能源公司	√	√	√	√	√					√	√			—
	国电电力公司		√	√	√	√						√			—
	煤焦化公司		√		√	√						√			—
露天煤矿	准能集团	√	√	√	√	√				—	√	√	√	√	
	神延公司	√	√	√	√	√				—	√	√			
	胜利能源公司		√	√	√	√				—		√			
井工煤矿+露天煤矿	神宝能源公司	√	√	√	√	√						√			√
	新疆能源公司		√	√	√	√						√			
	国神集团	√	√	√	√	√						√			
	平庄煤业			√	√	√									

注:"√"表示已应用,"—"表示不涉及,空白表示即将覆盖。

（二）生产集中控制系统

1. 井工煤矿生产集中控制系统案例

2013 年，集团以锦界煤矿为试点建设了生产集中控制系统，实现了以生产综合控制为基础，对矿山全数字生命周期进行数字化表达，实现了安全、高效、绿色、智能。之后分别在塔然高勒煤矿、郭家湾煤矿、青龙寺煤矿、雁南煤矿、棋盘井煤矿、公务素煤矿、黄白茨煤矿、五虎山煤矿、老石旦煤矿、利民煤矿等进行了推广和应用。

通过生产集中控制系统在各煤矿的实施，实现信息采集全覆盖、数据资源全共享、人机状态全监控、生产过程全记录，提高了煤矿智能化管控水平。生产集中控制系统功能架构如图 1-1-30 所示。

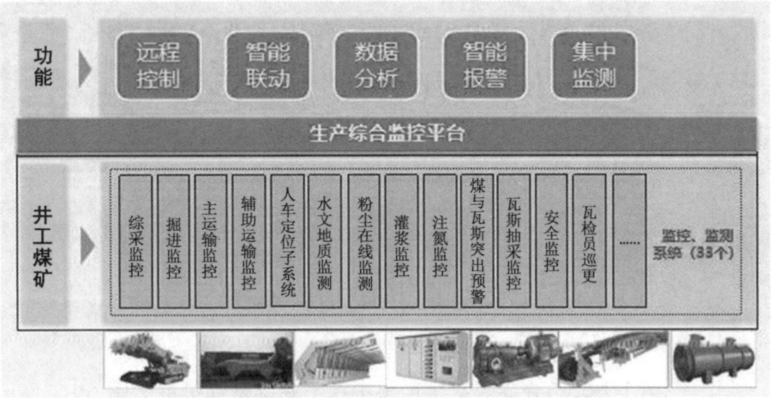

图 1-1-30　生产集中控制系统功能架构图

（1）集中监测

以锦界煤矿为例，实现了 15 个监控子系统（包括采、掘、机、运、通、洗选、装车等）和 12 个监测子系统（包括工业电视、矿压检测、水文监测等）的接入，如图 1-1-31 所示，信息采集点达 5.7 万个。井下主要生产环节设备可在地面远程集中控制，实现了多系统统一监控和展示，打破了各子系统间的信息孤岛，实现了煤矿分散系统的深度集成。

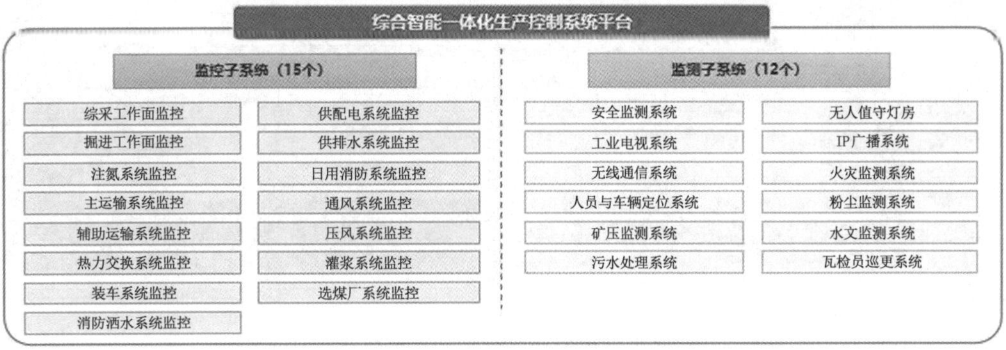

图 1-1-31　锦界煤矿生产集中控制系统应用架构图

(2) 数据分析

实现了数据分析,主要从多个维度实现对集成上来的数据进行展现分析,包括采煤机与支架回放分析、采煤机行走轨迹与刀数统计、工作面推进量分析。锦界煤矿生产集中控制系统采煤机和液压支架展示图分别如图 1-1-32 和图 1-1-33 所示。

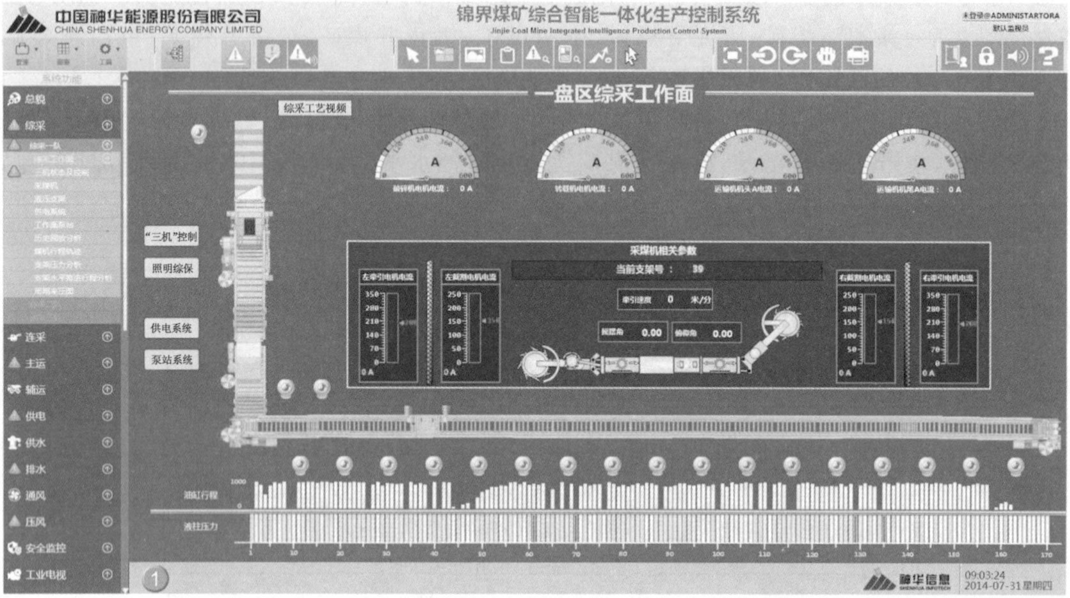

图 1-1-32　锦界煤矿生产集中控制系统采煤机展示图

图 1-1-33　锦界煤矿生产集中控制系统液压支架展示图

(3) 联动控制

实现了智能联动功能,包括通风机双机停机联动、设备故障联动、胶带保护动作联动,以及带式输送机基于煤量的自动闭环调速控制。其中胶带运输展示图如图 1-1-34 所示。

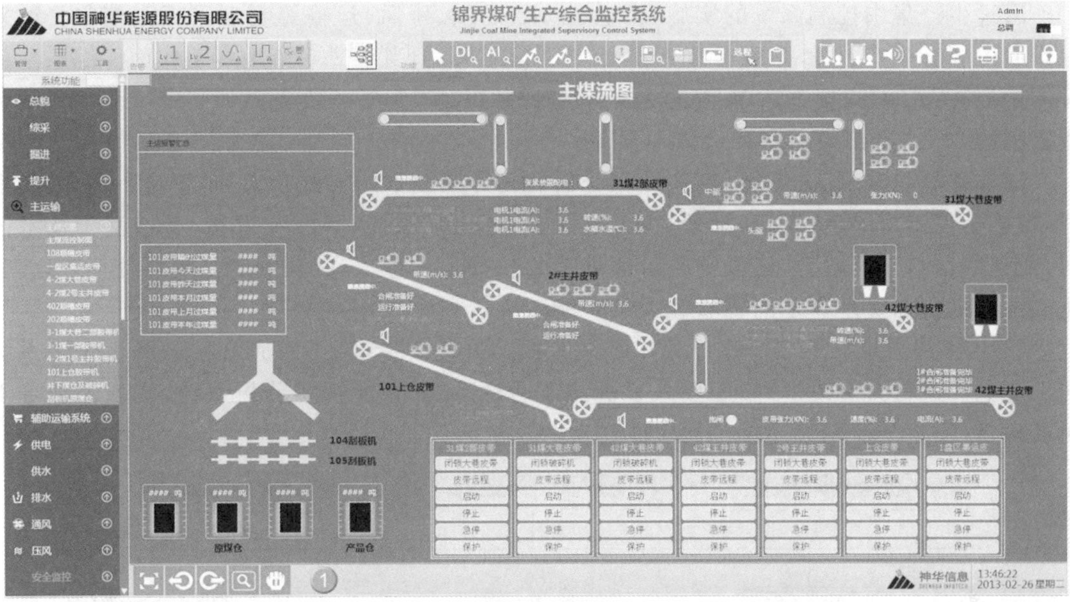

图 1-1-34　锦界煤矿生产集中控制系统胶带运输系统展示图

（4）视频监控

实现了远程视频监控，通过摄像头可以实时了解井下、井上环境状况，实现云台摄像机远程控制，如图 1-1-35 所示。

图 1-1-35　锦界煤矿生产集中控制系统视频监控展示图

（5）分级预警

实现分级报警，可实现按报警重要性将报警分成 3 级，也可支持按区域报警（按照报警发生的物理点)、按各专业报警(按子系统划分),以及多系统的联合报警。

通过生产集中控制系统的实施,供电、排水、通风、压风、运输等实现了无人值守。综采工作面由 3 套生产、1 套备用变为 2 套生产、1 套配采,相当于 2.5 个生产工作面。综采队单日产量提高约 10%,掘进队单日进尺提高约 12%以上,全员工效提高约 16%,设备利用效能提高约 5%。经济效益和社会效益显著。

随着移动物联网、人工智能、大数据分析和云计算技术的发展壮大和“智能+理念”的出现,煤矿不仅追求绿色、安全、高效、少人或无人,还追求敏捷、智能和智慧,希望基于技术创新、业务融合与数据融合,建设富于价值创造的“智能+煤矿”,实现生产控制系统平台化、云化、装备智能化,实现真正的物联和人工智能。

2020 年锦界煤矿开始了生产集中控制系统的升级改造,除了对原有接入的生产子系统和工业电视进行升级改造外,还接入了机器人巡检系统、智能视频分析系统,实现大屏幕主题展现,以及生产控制移动端 APP,如图 1-1-36 所示。

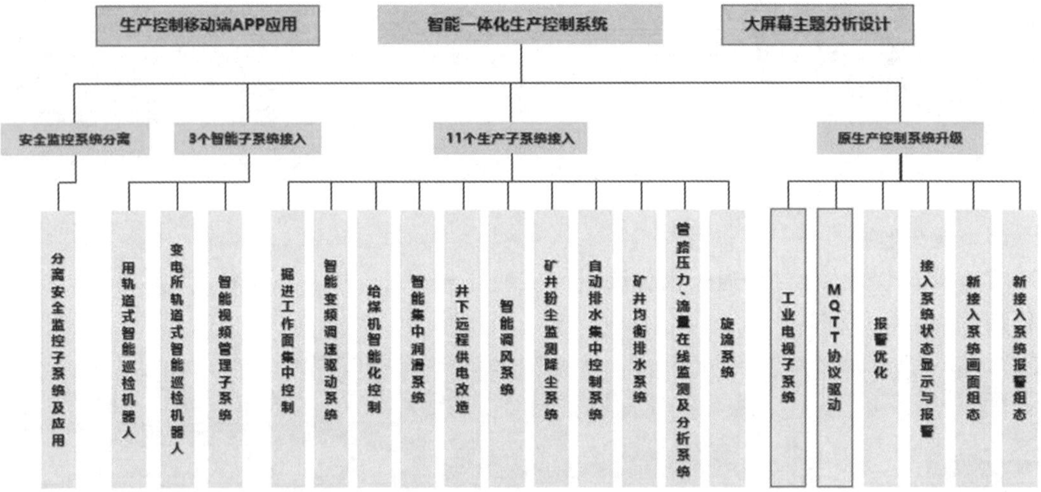

图 1-1-36　锦界煤矿升级改造后的生产集中控制系统接入概览图

(6) 主题展现

实现四个主题展示,主要内容如下。

生产综合分析:将各个生产系统和辅助生产系统,以合理的形式进行组态,并显示各生产系统的关键指标,使用户能够对各个生产系统有直观了解,如图 1-1-37 所示。

安全态势分析:以安全为主线,进行相关的统计分析与可视化呈现,内容主要包括环境安全、安全隐患、设备异常等关键安全信息,如图 1-1-38 所示。

工作面综合分析:以工作面为主线,展示与工作面相关的信息,包括工作面的重要设备信息、隐患情况、作业工序等内容,如图 1-1-39 所示。

运转综合分析:以输煤为主线,展示与输煤过程相关的信息,包括工作面的重要信息、主运输系统主要设备信息,以及选煤厂仓位信息和重要设备信息。

(7) 机器人应用

实现机器人应用,主要功能如下。

智能监视:通过机器人携带的各类传感设备获取指定监测对象或区域的运行状态、温

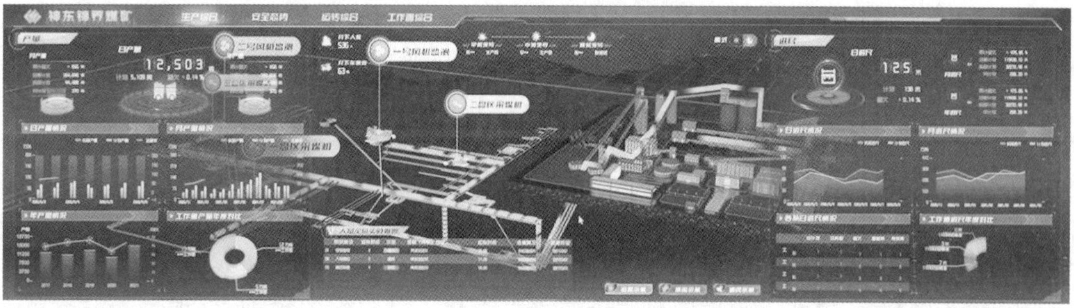

图 1-1-37　生产集中控制系统仿 3D(三维)展示图

图 1-1-38　生产集中控制系统主要通风机展示图

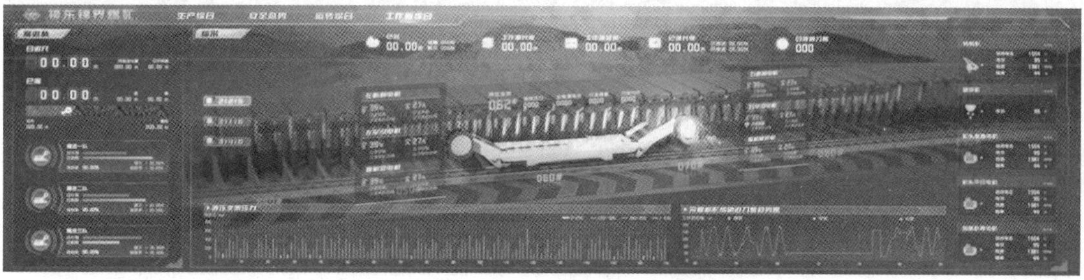

图 1-1-39　生产集中控制系统综采工作面数据综合分析展示图

度、湿度、水位等环境参数及视频图像,并基于分析结果进行及时预警和告警。

智能巡检:自动执行巡检计划,根据巡检结果异常变化情况自动调整设备的巡检频率。

智能预警:通过机器人系统,并结合其他系统实时数据,通过智能告警检测算法,实行智能预警。

智能分析:结合巡检对象特性建立巡检数据分析模型,全面掌握监测设备运行状况,有效提升智能化巡检管理水平。

智能联动:通过生产集中控制系统与其他系统协同控制,实现设备安全运行与异常处理的智能化联动控制。

(8) AI 视频应用

采用 AI 视频模式识别和智能分析技术,动态感知矿内重点场所、关键部位、特殊岗位的安全隐患,对人员违规违章行为、设备设施安全隐患等自动形成告警,实现重要工作场所行为安全管理,为锦界煤矿的安全生产、智能矿山建设提供有力支撑。

在人的不安全行为监测预警方面,视频智能管理系统主要是针对电子围栏区域进行入侵检测。比如,对综采工作面采煤机运行时人员架前作业、轨道间人员违规逗留、掘进过程中人员进入掘进机影响区域、井下人员未佩戴安全帽等人员不安全行为进行监测识别,发现异常通过声音及时报警,提示作业人员离开,并将识别结果推送给调度室的调度人员,驱动煤矿安全管理,降低煤矿安全事故,保证矿工生命安全。

在物的不安全状态监测预警方面,视频智能管理系统主要监视主运带式输送机、顺槽(平巷)带式输送机、破碎机、给煤机、除铁器处的安全状态,对胶带运输巷胶带跑偏,胶带上有大块煤、长矸异物、转载点胶带堆煤等物的不安全状态进行智能识别,发现异常通过声音进行语音报警,通知现场管理人员及时处理,并将识别结果推送给调度室的调度人员,驱动煤矿生产管理,降低煤矿生产事故,保证煤矿正常生产,如图 1-1-40 所示。

图 1-1-40　生产集中控制系统智能识别和告警展示图

2. 露天煤矿生产集中控制系统案例

2020 年 4 月,西湾露天煤矿建设了一套生产集中控制系统,系统接入 6 个监控子系统,包括地面生产控制系统、污水处理系统、生活污水处理系统、锅炉控制系统、采坑疏干水系统、供配电系统,如图 1-1-41 所示。共计 2 万个测点。

通过生产集中控制系统的实施,将西湾露天煤矿生产过程与新一代信息技术有机融合,完成了集中监测、远程控制、分级报警、智能联动等功能的部署,实现了矿区各子系统集中控制,优化生产,助力部分系统实现少人/无人值守,达到减员提效的目的。

2021 年,对生产辅助系统进行智能升级改造,智能选煤厂系统升级改造或新建智能化系统,共 14 个子系统接入已建成的生产集中控制系统中,如图 1-1-42 所示。

西湾露天煤矿升级改造后,在一期建设基础上实现视频监控、智能感知、AI 应用、机器人应用及智能联动等功能,使生产数据集中管理和深化应用,为现场无人值守提供一体化的技术支撑平台,全面提升生产智能化监控能力和安全生产管理水平,促进西湾露天煤矿生产

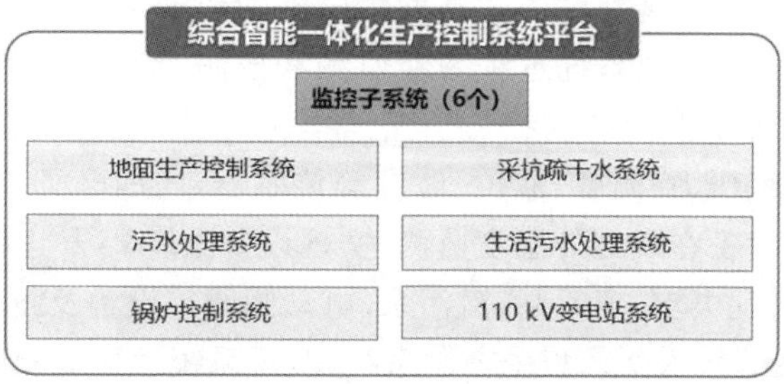

图 1-1-41　露天煤矿生产集中控制系统应用架构图

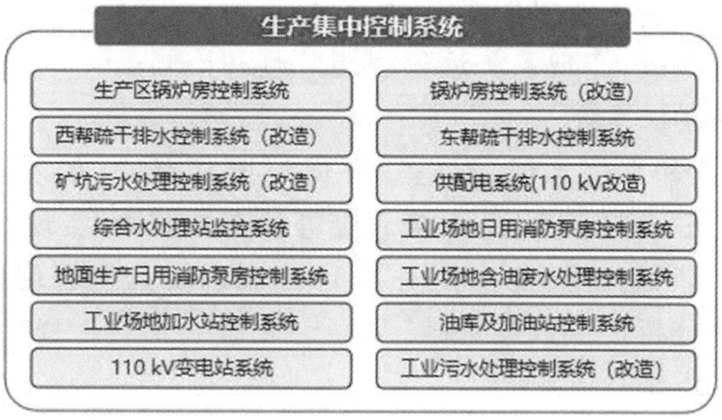

图 1-1-42　露天煤矿生产集中控制升级改造系统接入概览图

管控模式的转型升级。

（1）变电站监控系统

安装一套环境监测系统，接入生产集中控制系统，采集变电所环境温度、关键位置温度，实现与风机系统的联动，增加视频监控点，周边报警系统，减少人工巡检劳动强度、提高工作效率。

（2）工业场地锅炉房控制系统

更换电动阀 12 套，配备相应的闸阀控制箱，新增锅炉水箱水质在线监测系统，同时为满足环保要求，新增燃气锅炉排烟在线监测系统，实时监测过量空气系数、排烟处 CO 含量和排烟温度等。且增加变压器温度保护控制，与主设备配电柜多功能电能表全部接入锅炉集控 PLC 系统。锅炉集控系统接入生产集中控制系统，形成一体化的远程智能监测和控制。

（3）生产区锅炉房控制系统

新增锅炉炉水、软化水水质在线监测系统和锅炉加药装置，实现根据水质情况完成自动加药，实现水质监测和加药装置联动控制。锅炉房循环水泵、燃烧器等主要运行设备新增设备振动、温度传感设施，实时监测设备运行状态。接入天然气计量系统、新增系统及原有 3 套系统接入生产集中控制系统，由综合智能一体化生产控制系统进行多系统整合，形成一体化的远程智能监测和控制。

（4）东帮疏干排水控制系统

增加电动闸阀、电动球阀及真空泵。现场安装振动、流量、压力、温度、液位、浊度等传感器，接入 PLC 控制系统。增加电机及减速器自动润滑系统，减少设备停机率。安装设备在线红外温度监测，实现设备温度 24 h 连续监测。新建 PLC 控制系统，实现疏干排水泵房配电室、离心泵、潜污泵、电动闸阀等设备及新增传感器的数据采集和集中控制。新增 PLC 系统接入生产集中控制系统,实现系统远程智能监测和控制。

(5) 坑下西帮疏干排水控制系统

现场安装振动、流量、压力、温度、液位、浊度等传感器,增加电机及减速器自动润滑系统,减少设备停机率。安装设备在线红外温度监测,实现设备温度 24 h 连续监测。新建 PLC 控制系统,实现疏干排水泵房配电室、离心泵、潜污泵、电动闸阀等设备及新增传感器的数据采集和集中控制。新增 PLC 系统接入生产集中控制系统,实现系统远程智能监测和控制。

(6) 移动变、配电站系统改造

每个变电站新建 PLC 控制系统,与测控保护装置、多功能电能表进行通信。移动变、配电站室内和室外场地各安装 1 台摄像机,监控设备运行状态和室内外环境情况。新增 PLC 系统接入生产集中控制系统,实现系统远程智能监测和控制。

(7) 矿坑污水处理控制系统

实现管路流量、水池和水箱水位、配电室环境温度和湿度、水泵温度和振动、开关分合闸、加药设备启停、上药输送胶带启停、水泵启停等状态的监测,实现设备的远程控制及故障分级报警。同时自动存储工业场地矿坑污水处理控制系统运行管理所需的各类数据,为对设备运行参数进行趋势分析提供数据基础。

(8) 工业场地污水处理控制系统

实现管路流量、水池和水箱水位、甲烷和硫化氢气体参数、中水水质在线数据、水泵温度和振动参数、开关分合闸、加药设备启停、电动阀及电磁阀开关、水泵启停等状态的监测,实现设备的远程控制及故障分级报警,同时自动存储工业场地污水处理控制系统运行管理所需的各类数据,为对设备运行参数进行趋势分析提供数据基础。

(9) 综合水处理站监控系统

实现水泵、压滤机、加药装置、回转风机、药剂盛装设备及输送胶带等设备启停、电动阀及电磁阀开关、水池和水箱水位、管道压力和流量、配电柜电能表参数、开关分合闸等状态监测,实现设备的远程控制及故障分级报警,同时自动存储综合水处理站系统运行管理所需的各类数据,为对设备运行参数进行趋势分析提供数据基础。

(10) 工业场地日用消防泵房控制系统

实现水泵启停及故障状态、电动阀及电磁阀开关和故障状态、水泵温度和振动参数、管道压力和流量、水池水位等参数的监测和设备的远程控制及故障分级报警,同时自动存储工业场地日用消防泵房系统运行管理所需的各类数据,为对设备运行参数进行趋势分析提供数据基础。

(11) 地面生产日用消防泵房控制系统

实现水泵启停及故障状态、电动阀及电磁阀开关和故障状态、水泵温度和振动、管道压力和流量、水池水位、市政给水和消防水水质在线数据、配电柜电能表参数、开关分合闸等状态的监测,实现设备的远程控制及故障分级报警,同时自动存储地面生产系统日用消防水泵房系统运行管理所需的各类数据,为对设备运行参数进行趋势分析提供数据基础。

(12) 工业场地含油废水处理控制系统

接入含油废水处理系统配电柜多功能电能表,在室内、室外加装监控摄像头,在一级、二级提升泵冷却水管新增电磁阀,提升泵、油水分离器等主要设备,新增设备振动、温度传感设施，实时监测设备运行状态、实现设备远程控制和分级预警，同时自动存储工业场地含油废水处理控制系统运行管理所需的各类数据，为对设备运行参数进行趋势分析提供数据基础。

(13) 工业场地加水站控制系统

通过在加水站室外、室内加装摄像头，实现视频监控，同时实现液位集中显示、加水站自动识别车型、车辆停放入位及自动加水功能。

(14) 油库及加油站控制系统

实现输油管道瞬时流量与累计流量、油罐油位、加油机加油计量数值、油库环境数据以及油泵启停和电磁阀开合等状态监测。同时实现油泵及电动阀的远程控制和分级报警功能，并统计分析油量消耗情况。

3. 选煤厂生产集中控制系统案例

西湾露天煤矿被列为集团智能矿山示范工程之一，也是西湾露天煤矿唯一的示范工程。国家能源集团陕西神延煤炭有限责任公司(以下简称“神延公司”)和国能信息技术有限公司(以下简称“信息公司”)全面梳理西湾露天煤矿的生产工艺提升目标、生产装备可靠性改进方向和生产自动化、智能化应用现状及存在问题。在此基础上，结合新技术应用现状和行业内外部先进经验，构建智能矿山建设蓝图和实施路线，加快推进智能矿山建设。2021 年，对选煤厂和生产辅助系统进行智能升级改造，智能选煤厂系统升级改造或新建智能化系统共 12 个，并接入已建成的生产集中控制系统中，如图 1-1-43 所示。

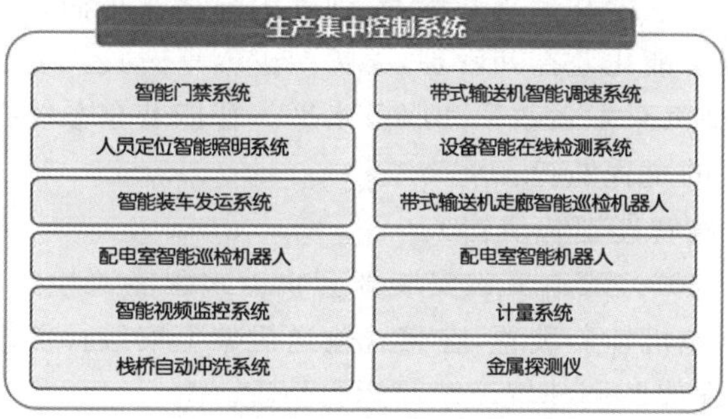

图 1-1-43　选煤厂生产集中控制系统应用架构图

智能选煤厂接入综合智能一体化生产控制系统后，实现生产集控中心的集中监测、远程控制、视频监控、分级报警、智能感知、AI 应用、机器人应用及智能联动等功能，使生产数据集中管理和深化应用，为现场无人值守提供一体化的技术支撑平台，全面提升生产智能化监控能力和安全生产管理水平，促进西湾露天煤矿生产管控模式的转型升级。接入的系统如下。

(1) 智能门禁系统

为有效规范配电室、生产车间的巡检管理过程，规避无关人员进入生产场所带来的安全风险，现设计在选煤厂初破变电所、筛分变电所、储煤仓变电所、装车站变电所、装车塔变电所、筛分车间大门、储煤仓大门及装车塔大门等 32 处增加智能门禁系统，接入生产集中控制系统，对这些关键出入口通道进行严格管制，通过主动地控制替代被动地监视，全面提升选煤厂的安全生产管控水平。

(2) 带式输送机智能调速系统

以选煤厂 201、301、302、303 带式输送机为实施对象，在带式输送机上安装摄像仪，在现有的变频控制系统的基础上,结合视频信号、人工智能算法,开发基于动态煤量的带式输送机智能感知矢量调速系统,根据逆煤流方向前级输送机空载时间、煤量大小来控制后级输送设备的启停和运行速度以及控制顺序,接入生产集中控制系统,实现带式输送机负载分布监测、视频识别和报警、单条带式输送机和整个运输系统的智能化动态运行控制。

(3) 人员定位智能照明系统

在选煤厂建设人员定位智能照明系统,接入生产集中控制系统,通过安装经纬时控开关、运用射频技术等方式控制照明灯具自动启停,实现人来灯亮、人走灯灭;建立人员定位系统,具备标准通信接口,具备三维精确定位功能,定位精度≤1 m,通过二维码定位、终端定位、Zigbee(紫蜂)等技术,实现监督人员巡岗管理和人员安全管理。

(4) 设备智能在线检测系统

在选煤厂设备监测点位不足的地方(如带式输送机电机、减速机、驱动滚筒轴承等)加装无线振动、温度传感器,4 台筛机加装无线振动、温度传感器。通过接收的全部设备运行状态参数,利用机器学习智能算法并分析设备内部潜在问题(如轴承损坏、润滑不够、安装松动、刮板输送机链条断裂等),在故障发生前提前预警,接入生产集中控制系统,进一步提升设备运行可靠性,减少故障停机检修时间,降低设备维护成本,实现安全高效生产。

(5) 智能装车发运系统

利用车牌识别、红外检测、视频监控、票据自动打票分拣盖章、智能自动装车等技术进一步改造完善现有汽车发运系统和装车系统,实现外销煤运输车辆无人干预下的自助入厂、过磅、装车、出厂的全过程智能化监控和管理,大幅减少入口、司磅、装车、出口等场所的现场作业与管理人员,全面提高汽车发运效率和服务水平。智能装车系统接入生产集中控制系统,实现整个选煤流程工艺的全程监控。

(6) 带式输送机走廊智能巡检机器人

在选煤厂 301、302(303)、353(354)安装 3 套轨道式智能巡检机器人。在其余带式输送机上加装矿用感温探测包机控制装置,在带式输送机架上安装探测模块和感温电缆,接入生产集中控制系统,24 h 在线监测托辊及滚筒运行情况。

(7) 配电室智能巡检机器人

在筛分配电室、储煤配电室、装车配电室的高、低压室分别配置 1 台轨道式智能巡检机器人,共计 6 台。在各箱式变电所与变压器室增设固定式摄像机,共计 8 台,具有红外成像功能、高温报警、图像识别报警等功能,接入生产集中控制系统。

(8) 配电室智能机器人

在各配电室高、低压室配置轮式智能分合闸机器人,实现机器人低压柜拉出与复位,高压柜小车摇出与摇入,共计 6 台,并接入生产集中控制系统。

(9) 智能视频监控系统

对西湾露天煤矿现有安防视频监控系统进行智能化升级,利用视频 AI 技术识别矿区办公场所和各出入口的当前视频图像,实现异常报警及安防联动。利用先进成熟的智能视频监控平台建设西湾露天煤矿一体化的生产智能视频监控系统,实现对各生产及辅助单位作业现场视频的集中统一管理。针对关键场所开展视频的智能分析,及时自主地发现异常情况,并实现与综合智能一体化生产控制系统的集成和联动,全面提升煤矿安全生产管控效率和智能化应用水平。

（10）计量系统

改造现有初破、11部带式输送机、5台高压刮板输送机、装车站高压柜，加装高精度电度表，使其精度能够满足电量统计要求；增加生产用水统计设备，并将用电、用水设备接入选煤厂各配电室已有PLC控制系统中，统计数据集成至生产集中控制系统。

（11）栈桥自动冲洗系统

在201、206、301、302(303)、351、352、441(442)栈桥走廊安装一套自动冲洗系统，利用现有冲洗水管道作为主管路（每条栈桥入水主管路安装流量计，便于计算冲洗用水量），每隔25 m距离安装分支冲洗管路，在各分支安装电磁阀，通过远程或就地控制电磁阀来实现自动冲洗栈桥走廊。电磁阀控制接入选煤厂各配电室已有PLC控制系统中，并集成至生产集中控制系统。

（12）金属探测仪

在选煤厂201、206、301、302、303、353、354带式输送机上安装金属探测仪。金属探测仪接入选煤厂各配电室已有PLC控制系统中，实现金属探测仪与除铁器、带式输送机联动，并集成至生产集中控制系统。

4. 小结

截至目前，信息公司建设的生产集中控制系统已覆盖神东公司、国家能源集团乌海能源有限责任公司（以下简称“乌海能源公司”）、国能榆林能源有限责任公司（以下简称“榆神能源公司”）、国家能源集团新疆能源有限责任公司（以下简称“新疆能源公司”）、国家能源集团煤焦化有限责任公司（以下简称“煤焦化公司”）、国能宝日希勒能源有限公司（以下简称“神宝能源公司”）、国家能源集团国源电力有限公司（以下简称“国神集团”）、神延公司等9家涉煤公司、14家煤矿。生产集中控制系统应用统计如表1-1-5所示。

表1-1-5　生产集中控制系统应用统计

类型	子(分)公司	矿井
井工煤矿	神东公司	锦界煤矿
	乌海能源公司	黄白茨煤矿
		五虎山煤矿
		老石旦煤矿
		公乌素煤矿
		利民煤矿
	榆神能源公司	郭家湾煤矿
		青龙寺煤矿
	新疆能源公司	乌东煤矿
	煤焦化公司	棋盘井(东区)煤矿
	神宝能源公司	雁南煤矿
	杭锦能源公司	塔然高勒煤矿
露天煤矿	国神集团	宝清露天煤矿
	神延公司	西湾露天煤矿

(三) 安全集中监测系统

1. 井工煤矿安全集中监测系统案例

以锦界煤矿为例介绍井工煤矿安全集中监测系统案例。

锦界煤矿安全集中监测系统实现各业务系统的充分融合、分级报警,提升报警监测的精准度;并根据应急联动策略,进行应急联动。

锦界煤矿安全集中监测系统主要服务于安全调度,完成安全监测、人员定位、矿井广播和GIS的井上融合,根据需要可扩展完成束管监测、水文监测、矿灯房监测的地面融合。

锦界煤矿安全集中监测系统实现从不同维度(类型、分站、区域)对井下设备采集到的数据和设备运行状态进行实时监测,对实时报警信息和故障信息进行显示、提醒。系统对业务系统的报警信息、故障信息、报警处理措施等,提供多系统融合可视化、直观立体的数据报警提示及分析,如车辆引起的CO浓度超限报警识别。

锦界煤矿安全集中监测系统接入了不少于18个业务系统,具体包括:① 安全监控系统;② 人员定位系统;③ 车辆管理系统;④ 应急广播;⑤ 扩播电话;⑥ 移动设备管理;⑦ 井下水安全及环境监测;⑧ 矿井水文监测;⑨ 噪声监测;⑩ 采空区密闭矿压监测;⑪ 顶板压力监测;⑫ 束管监测;⑬ 门禁管理;⑭ 智能充灯柜;⑮ 便携仪发放;⑯ 带式输送机防灭火;⑰ 电缆火灾监测;⑱ 通风网络仿真,以及煤炭计量类信息、生命体征类信息等。

锦界煤矿安全集中监测系统实现用户驾驶舱功能,对业务板块监控状态(报警、异常、故障、数据采集)进行实时监控,同时对井下人员实时情况、三班带班情况、24 h内报警故障异常情况,进行汇总统计、图形化展示,如图1-1-44至图1-1-46所示。

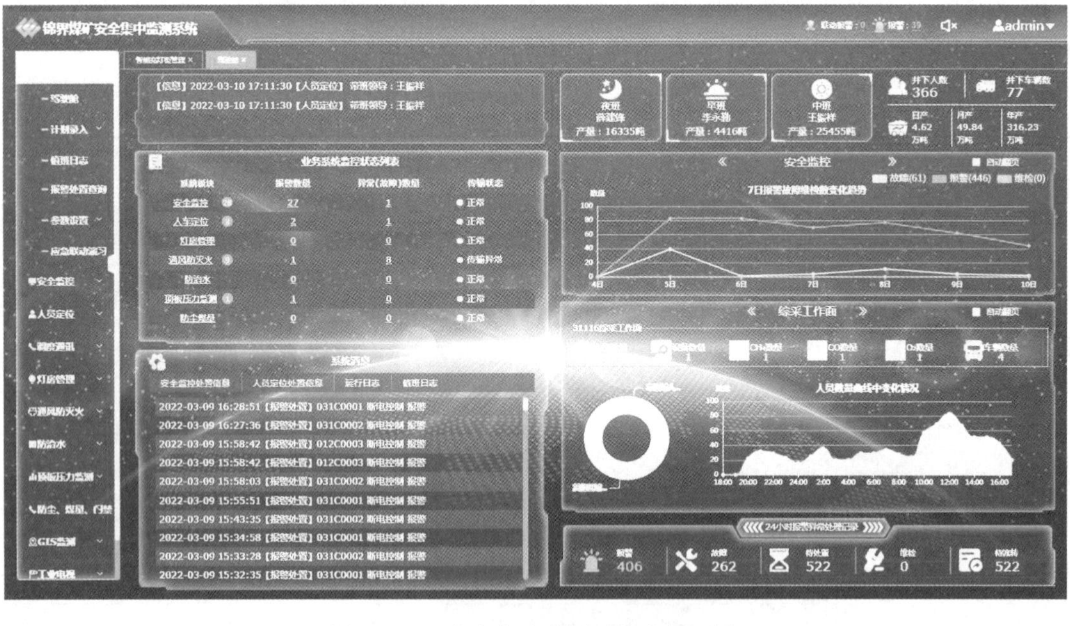

图1-1-44 安全集中监测系统主界面图

2. 小结

集团安监监测系统建设于2019年,系统覆盖了集团"矿—公司—集团"三级单位,实现了下属56家矿及11家选煤厂的安全监控系统的联网监测,系统包括实时监测、报警监测、

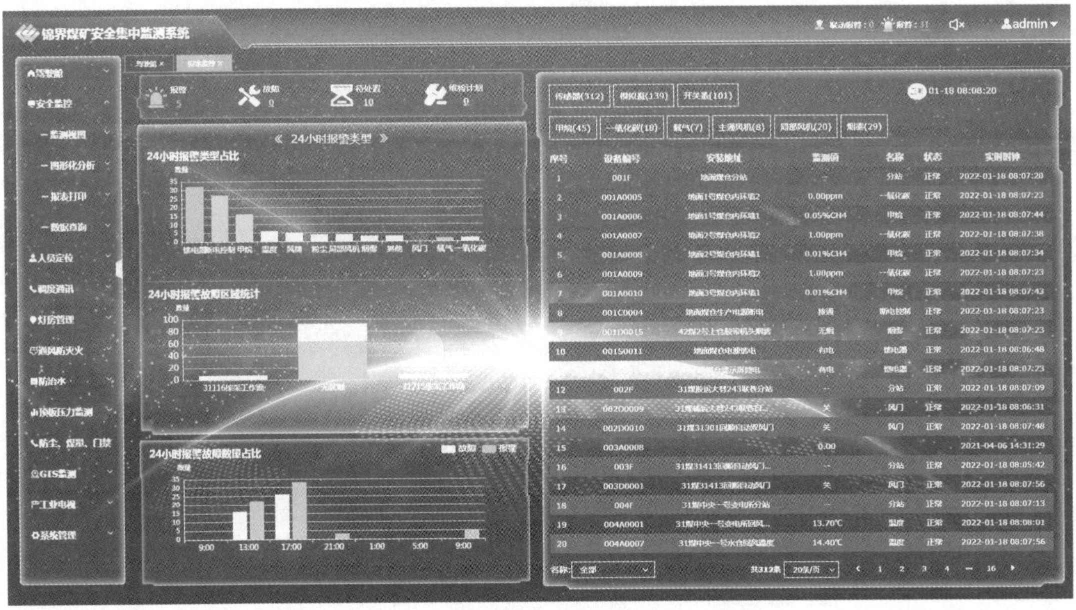

图 1-1-45　安全集中监测系统矿压界面图

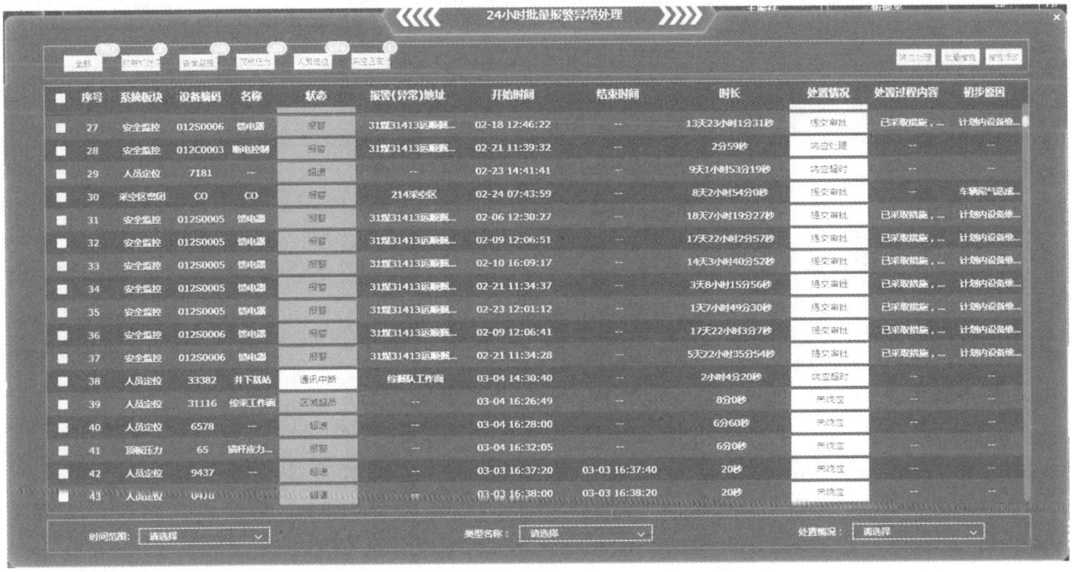

图 1-1-46　安全集中监测系统报警界面图

区域监测、分级管控、历时数据查询、数据统计分析、指标考核、报警异常闭环管理等多项功能，系统上线使用至今，有效实现了满足各级单位安全监测业务的使用需求，满足了上级单位对矿井业务的督促、监管的需求。

第二章　煤矿云计算数据中心

煤矿云计算数据中心接入来自集团统建系统、板块统建系统、子(分)公司自建系统业务数据,采集控制层及设备层的监测监控数据,构建煤炭板块全局数据视图,并提供实时数据计算分析功能。适用于井工煤矿、露天煤矿、选煤厂的智能化建设。

(1) 数据采集服务:具备多源异构数据接入、转换、清洗能力,源系统接入数据符合集团公司主数据标准和编码标准。

(2) 数据存储服务:具备矿区海量异构数据存储能力,包括关系型数据存储、空间数据存储、实时数据存储、非结构化数据存储等部分。

(3) 数据计算服务:具备批量计算和流式计算能力,提供批流一体的数据计算引擎。

(4) 数据管理服务:具备监控煤矿云计算数据中心整体运行状况的能力,为日常数据维护提供管理工具。

(5) 数据访问服务:具备对用户和系统提供授权可控数据共享和访问服务功能。

(6) 人工智能服务:具备大数据分析、机器学习、模式识别、语义分析等人工智能分析功能,为生产控制和运营管理提供高效决策支持。

一、解读

【原文】 煤矿云计算数据中心接入来自集团统建系统、板块统建系统、子(分)公司自建系统业务数据,采集控制层及设备层的监测监控数据,构建煤炭板块全局数据视图,并提供实时数据计算分析功能。

【条文解释】

煤矿云计算数据中心是集团数据湖的组成部分,遵循集团和板块主数据标准和编码标准,接入所有数据,实现数据资源化管理,支撑传统业务应用和智能化业务应用。

在《国家能源集团关于加快煤矿智能化建设的实施意见》(国家能源煤运〔2020〕389 号)的重点任务中提出"建设煤矿云计算数据中心。利用集团数据资源和平台,基于大数据、人工智能、机器学习、边缘计算等技术,结合煤矿开采机理,建设煤矿云计算数据中心,采集实时监测监控数据,集成共享煤矿系统数据,就近部署、按需供给,实现煤矿生产运营和大数据深度融合"。在《国家能源集团关于进一步加快煤矿智能化建设的通知》(国家能源煤运〔2020〕552 号)中指出信息公司负责开发建设煤矿云计算数据中心等软件平台。在《国家能源集团关于智能化矿山建设应用系统建设要求的通知》(国家能源信息〔2021〕105 号)中,明确指出"煤矿云计算数据中心及配套 IT 基础设施依集团数据架构由集团统一建设"和"厂矿自建的现场系统数据经标准化后上传至煤矿云计算数据中心。"

煤矿云计算数据中心遵循集团"六统一、大集中"原则,依托集团数据湖进行建设,在集团数据中心集中部署。煤矿数据中心由厂矿建设,在厂矿侧部署,实现厂矿数据标准化后,采集汇聚上传至集团煤矿云计算数据中心。

集团针对数据制定和发布了相关标准，煤矿云计算数据中心建设须遵循集团和板块数据标准。遵循集团和板块数据标准是指系统中传入云计算数据中心的数据须遵从集团和板块制定的编码标准、主数据标准以及其他相关标准，从而保证数据的可用性，确保来自不同系统的数据可基于时间、空间、物体关联。测点规范命名、部分主数据梳理等工作在实施过程中进行，子(分)公司及厂矿投入人员配合完成相关工作。

煤矿云计算数据中心构建煤炭板块全局数据视图，接入的数据范围涉及集团统建系统、煤炭板块统建系统、企业自建系统、现场系统，以及所需外部数据。集团统建系统数据需经集团批准后方可接入。原则上子(分)公司及所辖生产单位、生产辅助单位具有潜在业务价值的数据均应传入煤矿云计算数据中心。

煤矿云计算中心具备实时计算能力，提供监控监测类数据不断流入实时持续计算能力。

煤矿云计算数据中心首要目标是破除信息孤岛，贯彻数据标准，实现数据资源化，推进数据的共享使用，促进业务系统之间的数据互联互通、信息共享、业务协同的支撑，通过为集团、子(分)公司、厂矿提供所辖范围的数据视图，促进分析型应用开发。

【原文】 适用于井工煤矿、露天煤矿、选煤厂的智能化建设。

【条文解释】

煤矿云计算数据中心涵盖子(分)公司及其下辖的生产单位、生产辅助单位的数据，通过数据采集和集成共享实现跨部门、跨系统、跨层级的生产协同和运营协同，通过运用机理模型和人工智能模型，发挥数据价值，助力智能化矿山建设。

煤矿云计算数据中心是数字化转型的基础，是数据资源化的主要手段。煤矿云计算数据中心的目标是破除孤岛，促进数据源系统的完善；随着各系统智能化建设的深入，支撑各业务应用进行机理模型和人工智能模型的运用；通过数据积累和模型迭代优化，支撑实现精准分析和预测，以及管理模式的创新。

【原文】 (1) 数据采集服务：具备多源异构数据接入、转换、清洗能力，源系统接入数据符合集团公司主数据标准和编码标准。

【条文解释】

煤矿云计算数据中心提供异构数据采集集成的能力。对于实时数据采集，支持OPC-DA、OPC-UA、MQTT、JDBC、File、Restful等协议，并提供定制化接口开发能力。平台底座提供的融合集成服务功能适用于数据采集汇聚。对于业务系统数据接入，提供抽取、转换、加载及清洗工具。

煤矿云计算数据中心采集接入实施任务如下：

① 对于集团统建系统数据，申请获批后从集团数据湖获取数据。

② 对于板块统建系统数据，申请获批后从集团数据湖获取数据，或根据时效需求从系统直接获取数据。

③ 对于企业自建系统数据，利用融合集成机制、ETL(数据仓库技术)工具接入煤矿云计算数据中心。

④ 对于厂矿现场系统数据，从生产集中控制系统、安全集中监测系统等控制网集中系统接入数据；对于控制网尚未建设集中系统或是集中系统未覆盖的设备、仪表和系统，则通过数采机或边缘网关采集至煤矿云计算数据中心。

煤矿云计算数据中心遵循集团相关技术规范、数据规范。源系统应遵循规范进行建设和改造,确保快速、高效、稳定地接入煤矿云计算数据中心,确保接入数据的高质量和可用性。

数据标准是信息化、数字化、智能化的核心和基础,集团数据标准制定是集团数字化建设的重要基础性工作,集团发布了《国家能源集团全产业数据标准体系框架规范》(征求意见稿),为建立统一的、全面的、系统的全产业数据标准体系框架、开展企业数据标准化工作提供全方位指引和指导,支撑“智慧企业”数据标准建设与应用。其中规定的数据标准包括指标数据标准、交易数据标准、主数据标准、通用基础数据标准及生产数据标准。

在《国家能源集团全产业数据标准体系框架规范》指导下,集团在2021年6月18日发布了《关于集团公司板块流向数据标准征求意见的通知》,给出6项规范征求意见稿,具体包括:

① 国家能源集团煤炭生产经营基本指标集(井工煤矿);
② 国家能源集团煤炭生产经营基本指标集(露天煤矿);
③ 国家能源集团煤炭生产设备标识规范(井工煤矿);
④ 国家能源集团煤炭生产设备标识规范(露天煤矿);
⑤ 国家能源集团煤炭生产测点编码规范(井工煤矿);
⑤ 国家能源集团煤炭生产测点编码规范(露天煤矿)。

此外,《煤矿安全监控系统通用技术要求》规定了安全监测数据采集规范;《国家能源集团煤矿井下人员定位系统联网技术要求(2021版)》规定了人员定位系统数据采集规范;《国家能源集团生态环境监察系统在线监测模块考核指标说明》中规定了环保监测数据采集规范。

源系统厂商应对系统进行改造,接收相关主数据及编码标准,对于传出主数据应遵循这些数据标准。原则上,主数据及编码标准应该下发至控制层,控制系统进行遵循,例如,设备测点应与具体设备台账中的设备标识、功能位置等进行关联,人员信息应与员工主数据进行关联。

数据采集实施工作是一项工作量非常大的工作,涉及源系统数据标准化、数据采集实施等工作,子(分)公司、厂矿等单位和源系统厂商充分配合进行。新建系统时需要在招标文件中做出要求。遗留系统需要进行接口开发接入。

【原文】 (2) 数据存储服务:具备矿区海量异构数据存储能力,包括关系型数据存储、空间数据存储、实时数据存储、非结构化数据存储等部分。

【条文解释】

煤矿云计算数据中心应具备多种类型数据的存储能力,包括关系型业务数据、监控监测实时数据、空间信息数据以及其他结构化数据。

煤矿云计算数据中心数据存储的实施过程,也是对数据模型梳理的过程,须由源系统提供明确清晰的说明文档,确保数据可解析使用。这个过程也是明确数据责任主体的过程,通过明确数据质量的负责方,促进数据源的改进完善。同时,也是分析同一数据是否存在多个来源的过程,协助理顺应用系统间功能分布,实现“一数一源”。

【原文】 (3) 数据计算服务:具备批量计算和流式计算能力,提供批流一体的数据计算引擎。

【条文解释】

批处理计算是传统常用的计算模式，在实时数据不断产生，需要实时统计分析的场景下难以胜任。煤矿云计算数据中心提供批流一体的数据计算引擎，随着实时数据持续流入，实时进行计算。数据计算引擎可集成人工智能服务的程序库，实现实时模型训练和模型预测等功能，以近实时的方式对更新数据流进行复杂分析如趋势分析、预测、监控等，在更短的时间内挖掘数据中的价值。数据计算需要针对应用场景进行专项实施。

【原文】 (4) 数据管理服务：具备监控煤矿云计算数据中心整体运行状况的能力，为日常数据维护提供管理工具。

【条文解释】

数据管理服务提供实施数据测点配置维护、数据采集及共享作业管理、配置、调度及监控、数据访问授权等功能。

【原文】 (5) 数据访问服务：具备对用户和系统提供授权可控数据共享和访问服务功能。

【条文解释】

煤矿云计算数据中心汇聚子(分)公司及厂矿各类数据，对集团、子(分)公司、厂矿提供数据服务才能发挥数据价值，数据访问必须是可控的。数据服务的方式有以下几种：

① 按照主题抽取数据构建数据集市，进行数据挖掘分析。

② 通过交换共享，实现业务系统间数据畅通和业务协同。

③ 提供 API(应用程序界面)访问服务，支持系统直接访问数据。

④ 提供可控授权访问接口，支持数据分析人员访问数据，进行分析。

煤矿云计算数据中心既保证了集中统一的数据资源化，又为数据价值的发挥提供了多种实现途径。

【原文】 (6) 人工智能服务：具备大数据分析、机器学习、模式识别、语义分析等人工智能分析功能，为生产控制和运营管理提供高效决策支持。

【条文解释】

煤矿云计算数据中心的历史数据、实时流入数据和实时计算框架，为人工智能的应用奠定了基础。煤矿云计算数据中心的人工智能服务与其他专项实施的智能系统互为补充，智能系统侧重于某个专业方面的现场智能化，煤矿云计算数据中心侧重于模型训练、关联数据规律发现等。

人工智能服务需要针对特定应用场景实施，云计算数据中心提供了支撑机制，子(分)公司及厂矿在智能化建设中进行专项实施。

二、解决方案

1. 数据资源化

将现有系统数据标准化后接入，明确数据管理主体，实现应用系统间数据交换共享，建立数据规范共享机制，实现“一数一源、一源多用”，破除信息孤岛，提升数据利用效率和应用水平，实现数据多向赋能。

2. 模型应用

在具备一定数据的基础上，运用煤炭安全生产运营的机理模型和人工智能模型。支撑智能一体化管控平台中级智能化建设,随业务系统的中级建设引入机理模型、人工算法库和模型库,通过针对特定场景的项目实施。

3. 精准分析与预测

模型不断迭代优化,最终实现精准分析与预测。在日益完善的数据和模型基础上,进行数据驱动的应用创新和管理模式创新。

三、典型案例

1. 黑岱沟露天煤矿简介

黑岱沟露天煤矿位于准格尔煤田中部,井田面积为 50.33 km^2,境内可采原煤储量为 14.13 亿 t,煤层平均厚度为 28.8 m,属低硫、特低磷、高灰熔点、较高挥发分和较高发热量的长焰煤,发热量平均为 4 600 kcal/kg(1 cal=4.18 J,下同),是优质动力和化工用煤,被誉为“绿色煤炭”。

黑岱沟露天煤矿现采用综合开采工艺:采场上部黄土及岩石(约 165 m)采用松动爆破单斗卡车剥离工艺;煤层顶板以上约 45 m 厚岩石采用抛掷爆破吊斗铲倒堆工艺,剥离物通过吊斗铲直接倒堆至内排土场;下部煤炭采用“单斗—卡车—半固定破碎站”半连续工艺。

2. 智能化技术应用

(1) 数据交换共享

黑岱沟露天煤矿各系统遵循统一的技术接口规范和数据标准,实现与煤矿云计算数据中心的对接。煤矿云计算数据中心作为数据交换共享的枢纽,通过定时任务作业调度,接入各业务系统标准化后的数据,采集各系统实时数据。并通过定时作业调度,将数据分发到所需系统,从而保证了各个系统间数据的一致性,促进跨部门、跨系统的业务协同。

(2) 煤炭全产业链一体化智能联动分析

黑岱沟露天煤矿的一体化智能联动分析,数据来自卡调系统、燃油监控系统、胎压监测系统、破碎站系统、选煤厂集控系统、装车站系统、生产执行系统、铁路系统以及外部天气服务等多个系统。源自多个系统的数据实时汇聚到煤矿云计算数据中心,关联展现全景监测。

(3) 生产联动大数据分析

生产、经营、安全、设备、地质等数据全面融合,通过大数据分析,煤矿各级管理人员可横向分析选煤厂、维修中心、炸药厂的关联影响,也可纵向进行数据层层钻透,分析露天煤矿内部各节的影响,实现了生产任务的实时动态管理。

(4) 设备健康度分析及故障诊断

设备健康度分析及故障诊断涉及的数据包括 ERP PM 的设备台账、故障体系、维修信息,ERP 物料管理模块的物料信息,cMES 机电管理的保养、巡检、检测、维护信息,以及现场监控监测的运行、报警信息等。现场采集的设备运行实时数据需要和设备台账中的设备 ID 关联,以保证后续环节可以和设备关联使用,如图 1-2-1 所示。

在能看到环节,用以监控设备运行实况,查看历史回放,了解设备运行参数趋势,查看异常和统计分析异常。

在能看懂环节,建立设备状态评价模型,从数据质量、能效水平、运行工况、健康状态、运维质量等维度对设备状态进行全面评价。

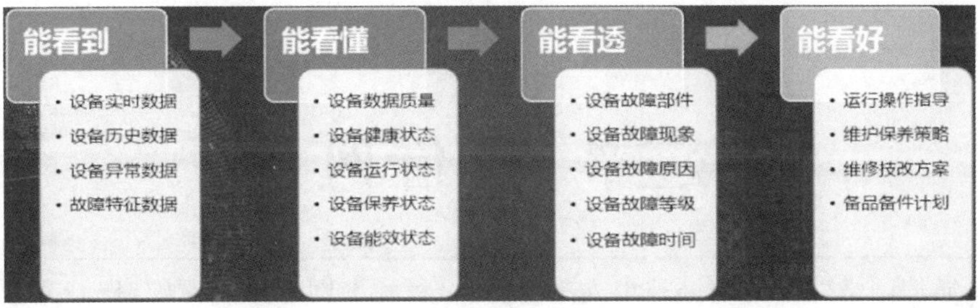

图 1-2-1　设备健康度分析及故障诊断功能图

在能看透环节，使用煤矿云计算数据中心的数据，运用 AI 模型、机理模型、故障知识库等，识别故障部件和原因、进行故障登记及改善，自动生成诊断报告，将原来依靠人的经验的部分由机器智能实现。

在能看好环节，通过设备状态评估模型和故障诊断的情况，结合生产计划安排，自动给出设备健康度和维修计划等，尽量减少对生产的影响，并给出备品备件需求预测，以便制订采购计划。

3. 应用效果

打破数据壁垒，将采矿设计、原煤生产、洗选装车、应急指挥、决策支持等业务数据整合，形成“露天煤矿数据标准化体系”，实现了生产、经营、安全、设备、地质等数据的全面集成。把数字信息技术融入生产、安全、设备管理各领域，实现生产单位和作业系统集成管理和可视化在线监控，达到了原煤生产、洗选装车、矸石发电、辅助生产全产业链的一体化管理。

第三章 通信网络

矿区通信网络建设需遵循技术先进、运行可靠和专网专用的原则,核心节点设备具备冗余结构和监控管理功能,保障有线、无线网络环境的稳定运行。适用于井工煤矿、露天煤矿、选煤厂的智能化建设。

一、初级

构建"万兆主干+局部无线"组网模式。结合VLAN(虚拟局域网)划分,建设矿区主干网络传输带宽不低于万兆,按需部署Wi-Fi等无线通信网络,划分工控网独立传输通道,满足基础数据传输和调度通信需要。

二、中级

构建"千兆接入+多种无线"组网模式。结合当前成熟的通信技术,矿区接入的网络传输带宽不低于千兆,核心节点实现冗余配置,部署Wi-Fi、4G/5G等无线通信网络,划分工控网独立传输通道,满足各种有线和无线通信需求以及调度通信需要。

三、高级

构建"有线网络全万兆+无线网络全覆盖"组网模式。结合当前先进的通信技术,建设信息通信无盲区矿区,全员、全设备、全环境实时感知、监控,整体网络满足设备远程控制和数据高吞吐量传输需要。

一、解读

【原文】 矿区通信网络建设需遵循技术先进、运行可靠和专网专用的原则,核心节点设备具备冗余结构和监控管理功能,保障有线、无线网络环境的稳定运行。适用于井工煤矿、露天煤矿、选煤厂的智能化建设。

【条文解释】

专网专用是指办公网、视频网、工业环网、安全监控网等的独立建设、专网专用。建议采用分层建设,核心主控冗余,具备监测、管理、维护等功能,各独立网络实现网关通信。满足子(分)公司和矿单位的通信传输功能。

(一) *初级*

【原文】 构建"万兆主干+局部无线"组网模式。结合VLAN(虚拟局域网)划分,建设矿区主干网络传输带宽不低于万兆,按需部署Wi-Fi等无线通信网络,划分工控网独立传输通道,满足基础数据传输和调度通信需要。

【条文解释】

初级矿井对专网专用要求不是很高、网络资源复用较为常见，建议网络核心、汇聚均万兆互联，形成万兆主干，满足网络复用的带宽要求；控制系统和设备可根据业务需要建设Wi-Fi 等接入网络，也可局部建设无线通信网络(4G)；工业环网、安全监控环网专网专用，实现煤矿、选煤厂等单位基础网络通信功能。

初级网通信建设建议：

① 办公网络万兆核心、万兆汇聚、千兆上联、百兆接入；根据规模和业务需求可裁剪汇聚层设备，核心层建议使用双主控，无线网络推荐建设不低于 802.1n 级别，可专用交换机承载无线网络，适用于井工煤矿、露天煤矿、选煤厂。

② 安防视频专网作为初级非必建项，安防视频较多(≥50 个)占用办公网络带宽较大时，则需要建设视频专网，适用于井工煤矿、露天煤矿、选煤厂。

③ 工控网络双核心、千兆骨干环网、愈合时间≤50 ms，适用于井工煤矿、露天煤矿、选煤厂。

④ 安全监控网络千兆骨干环网、愈合时间≤50 ms，适用于井工煤矿。

⑤ 工业视频专网作为初级非必建项，与安防视频一致，当矿单位建设智能视频或工业视频较多时，千兆工业环网带宽限制，需要建设视频专网，可星形组网，也可组环建设；适用于井工煤矿、露天煤矿、选煤厂。

⑥ 无线通信网络(4G)作为初级非必建项，如需要可区域覆盖；可环网接入，降低建设成本，适用于井工煤矿；露天煤矿采用电信级 4G 网络设备自组网建设；Wi-Fi 无线接入网络按需要建设，可环网接入，降低建设成本，适用于井工煤矿、露天煤矿、选煤厂。

⑦ 有线调度通信按照《煤矿安全规程》(以下简称《规程》)建设，行政电话对接具备出局对接，适用于井工煤矿、露天煤矿、选煤厂。

⑧ 应急广播系统按照《规程》建设，建议 IP 方式、环网接入，实现联动。

⑨ 4G 语音通信与 4G 网络同步建设，露天煤矿、选煤厂可建无线集群对讲系统。

(二) 中级

【原文】 构建"千兆接入＋多种无线"组网模式。结合当前成熟的通信技术，矿区接入的网络传输带宽不低于千兆，核心节点实现冗余配置，部署 Wi-Fi、4G/5G 等无线通信网络，划分工控网独立传输通道，满足各种有线和无线通信需求以及调度通信需要。

【条文解释】

有线网络骨干带宽不低于万兆、核心双主控、支持虚拟化、万兆汇聚(可裁剪)、万兆上联、千兆接入；为满足中级智能化矿山数据传输要求，工控环网骨干万兆、核心冗余；部署办公无线网络，可根据业务需要部署工业无线(Wi-Fi 等)接入网络，建设无线通信网络(4G)，可局部 5G 网络建设。实现煤矿、选煤厂等单位网络通信功能。

中级网通信建设建议：

① 办公网络万兆核心、万兆汇聚、万兆上联、千/百兆接入；核心层建设双主控，冗余电源、支持虚拟化集群，万兆汇聚支持虚拟化、冗余电源；无线网络建设不低于万兆＋POE Wi-Fi 802.1ac 级别，专网承载无线网络，支持安全准入、认证功能、配合安全部门准入设备纳管。适用于子(分)公司、井工煤矿、露天煤矿、选煤厂。

② 安防视频专网中级可选，根据实际情况可建设万兆骨干专网、推荐核心双主控、千/

百兆接入,适用于井工煤矿、露天煤矿、选煤厂。

③ 工控网络双核心、万兆骨干环网、千兆接入,井工煤矿井下地面双万兆网络,选煤厂、露天煤矿根据实际情况建设单环/双环、愈合时间≤50 ms。

④ 安全监控网络千兆骨干环网、愈合时间≤50 ms,适用于井工煤矿。

⑤ 工业视频专网建设采用万兆核心、万兆骨干网络,中级智能标准工业电视、智能视频安装使用较多,推荐核心双主控/双核心、组网方式不限制;适用于井工煤矿、露天煤矿、选煤厂。

⑥ 无线控制网络(4G)实现人员作业、流动区域、重点区域全覆盖;可环网接入,降低建设成本,也可以独立组网,能实现必要的数据接入;露天煤矿采用电信级4G设备独立组网;5G网络可在中级标准中建设,提供一定的基础通道功能,不作为中级强制性建设项。

⑦ 工业Wi-Fi网络按需覆盖区域,Wi-Fi 5/Wi-Fi 6建设均可、环网接入,降低建设成本;适用于井工煤矿、露天煤矿、选煤厂。

⑧ 有线调度通信按照《规程》建设,实现有线无线调度通信融合、建议实现应急广播的融合通信调度,适用于井工煤矿。

⑨ 应急广播系统按照《规程》建设,建议IP方式、环网接入,实现联动功能。

⑩ 4G语音通信与4G网络同步建设,实现有线无线融合调度。

(三) 高级

【原文】 构建"有线网络全万兆+无线网络全覆盖"组网模式。结合当前先进的通信技术,建设信息通信无盲区矿区,全员、全设备、全环境实时感知、监控,整体网络满足设备远程控制和数据高吞吐量传输需要。

【条文解释】

高级标准建设是在中级基础上升级,办公网增加相应网络准入认证系统、智能运维、网络分析、设备自诊断等功能。工控网络在中级基础上增加相应的核心/主干万兆接入端口,与5G/Wi-Fi 6/虚拟化平台做数据对接。在无线控制网中增加相应5G/Wi-Fi 6通道,扩展网络接入的灵活性。在原有调度系统中不仅实现有线无线调度通信,还能实现更多的语音(智能单兵等)、视频通话接入。对于安全隔离设备端口速率与整体保持一致。实现厂矿单位高级网络通信功能。

高级网通信建设建议:

① 在中级网络的基础上实现智能运维、网络分析结合网络安全实现更安全、更人性化的网络服务;办公无线网络建设不低于万兆+POE Wi-Fi 802.1ax级别,专网承载无线网络,支持安全准入、认证功能,并配合安全部门准入设备纳管。适用于子(分)公司、井工煤矿、露天煤矿、选煤厂。

② 安防视频专网,建设万兆核心双主控(汇聚)、万兆骨干网络、千/百兆接入,结合智能园区建设,适用于井工煤矿、露天煤矿、选煤厂。

③ 工控网络双核心、万兆骨干、万兆/千兆接入、愈合时间≤50 ms;增加核心设备万兆端口数量,实现与虚拟化平台/5G/出局级联等高级智能矿山需求。适用于井工煤矿、露天煤矿、选煤厂。

④ 安全监控网络千兆骨干环网、愈合时间≤50 ms,适用于井工煤矿。

⑤ 工业视频专网采用万兆核心双主控/双核心、万兆骨干网络;高级智能矿山工业视频和智能视频使用场景较多,对于智能视频业务相对依赖,建议分层建设、万兆骨干(组环),

万/千兆交换机接入。

⑥ 无线通信网络(4G)实现全区域覆盖;在 4G 网络基础上局域增加 5G 网络,对于特殊区域做数据覆盖;无 4G 网络和 5G SA(独立接入)组网时,5G 网络数据传输,4G 语音通话。露天煤矿无 4G 情况下建议 5G SA 组网。

⑦ 建有 5G 网络的情况下,Wi-Fi 5/Wi-Fi 6 作为 5G 网络的分项,不必单独建设;无 5G 网络的区域可在万兆环网中承载 Wi-Fi 5/Wi-Fi 6,降低建设成本;适用于井工煤矿、选煤厂。

⑧ 有线调度通信按照《规程》建设,实现融合调度通信。适用于井工煤矿、露天煤矿。

⑨ 应急广播系统按照《规程》建设,建议 IP 方式、环网接入,实现联动功能,建议实现语音对接。

⑩ 4G 语音通信与 4G 网络同步建设,5G 组网时增加 4GC(4G 核心网络设备)实现语音通信,实现有线无线融合调度。

二、解决方案

(一) 初级

1. 办公网络

办公网络初级解决方案:具备最基本的通信功能,可靠性不高,无法冗余,适用于对办公网络要求不太高的井工煤矿、选煤厂、露天煤矿办公组网方案,如图 1-3-1 所示。

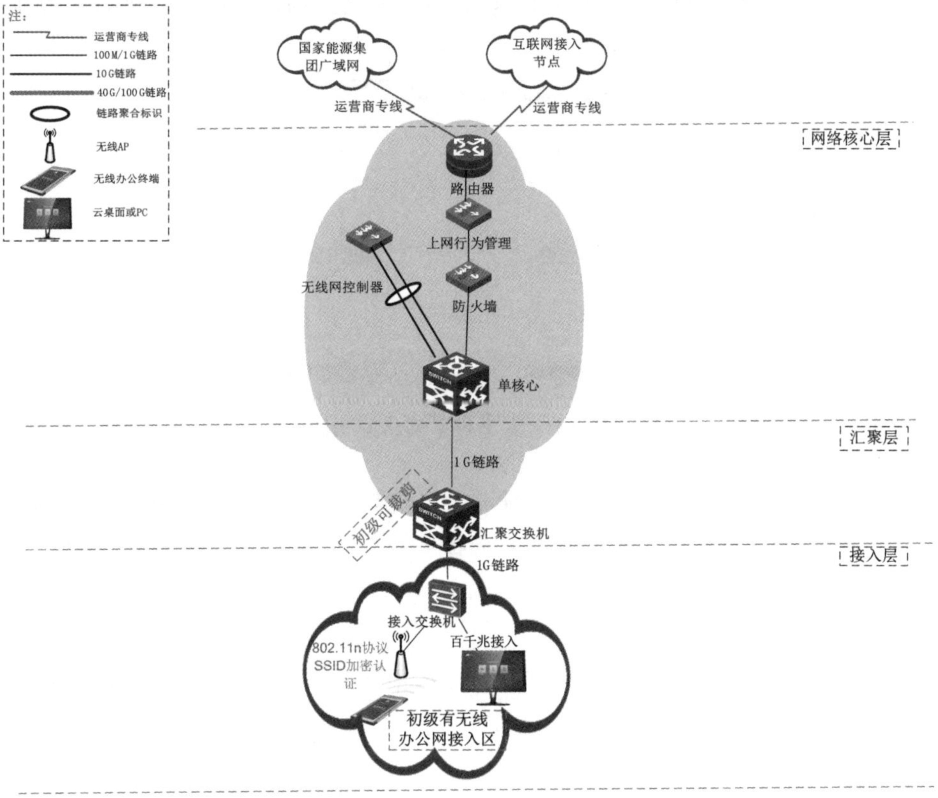

图 1-3-1　办公网络架构图

2. 工业环网

工业以太环网是煤矿控制网络的主干通道，承载煤矿控制系统的数据上传，初级推荐千兆环网、核心独立于环(条件允许)，存在多环时不会相互影响且核心也不参与节点计算，只用于数据转发减少环网收敛时间。当前环网设备都支持 Ethernet/IP 协议、IEEE1588 时钟协议，专用工业协议根据实际使用情况选择支持的工业交换机即可。

井工煤矿存在地面和井下之分，有些矿井存在多水平，对多环有要求，子环建设对设备型号有要求。其建设拓扑如图 1-3-2 所示。

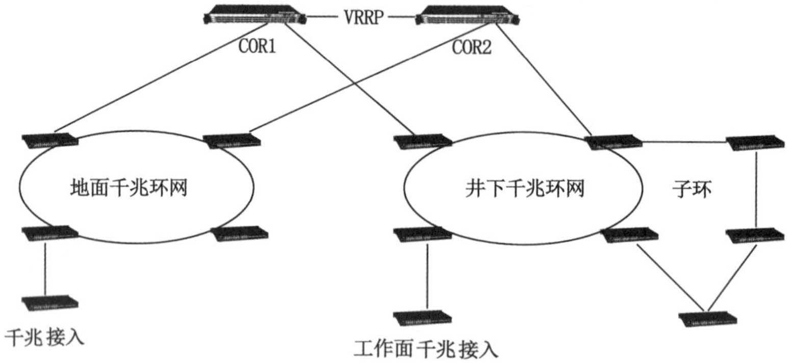

图 1-3-2 井下网络架构图

露天煤矿和洗选中心环网组网与井工煤矿不同，一般不需要进行多环组网，其他技术要求同井工煤矿一致。其建设拓扑如图 1-3-3 所示。

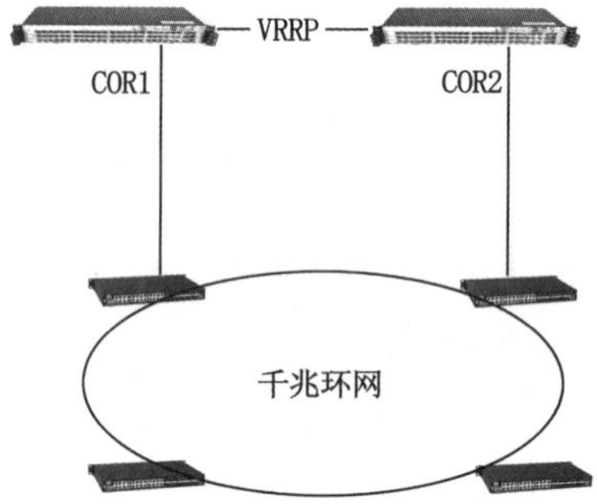

图 1-3-3 露天煤矿网络架构图

对于行政未独立的，且不存在明显运维分歧的选煤厂单位，环网建设时可考虑将其建设为一个子环，也可以作为环网接入点或者支线接入点。举例是按照将其设置为环网形式接入核心，其建设拓扑如图 1-3-4 所示。

3. 工业电视专网

工业电视系统初级智能矿井不强制单独建设，主要是考虑到工业电视数量级不够，第二对智能视频的依赖程度不高。对于矿井确实需要建设或者为增加评分项可以考虑建设星形工业电视专网，采用万兆单核心千兆骨干星形架构。井下工业电视专网也需要采用煤安认证的通信设备。其建设拓扑如图 1-3-5 所示。

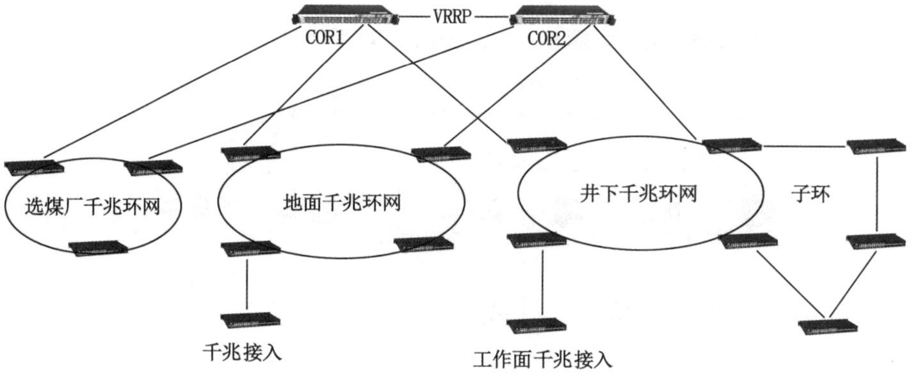

图 1-3-4　选煤厂网络架构图

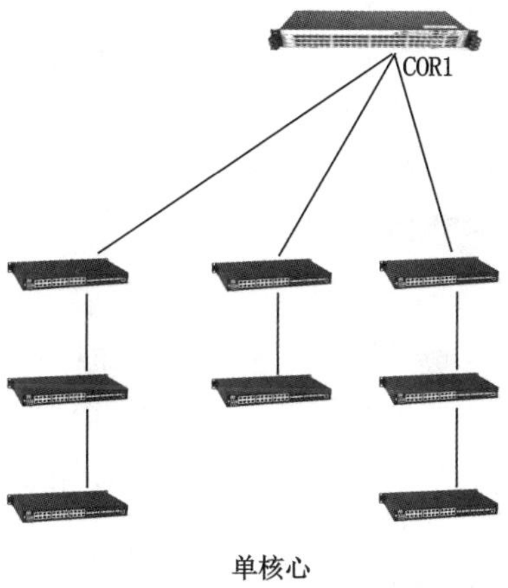

图 1-3-5　工业电视网络架构图

4. 无线控制网络

无线控制接入网络对网络制式不做要求，初级智能矿井根据需求覆盖无线网络。对于需要建设无线控制网络的矿井本方案推荐 4G 和 Wi-Fi 4/Wi-Fi 5 的建设方案。4G 无线控制主要是局点信号接入，不适合大规模连接，针对车辆调度、移动终端、掘进视频、远端个别控制系统的信息传输场景使用。井工煤矿推荐建设本安型 4G 基站，成本相对较低，同时可以接入工业环网中，更好实现局域部署。其建设拓扑如图 1-3-6 所示。

露天煤矿可采用电信级 4G 设备单独组网，环网对 TD 制式的 4G 网络传输存在延时和信令兼容，地面 4G 组网需要在当地的出线电管理委员会报备。其建设拓扑如图 1-3-7 所示。

Wi-Fi 控制网络主要是成本较低、接入条件更好实现、更有利于运营维护等，建议优先选择局部建设，同时也可以是 Wi-Fi 4/Wi-Fi 5 混建。其建设拓扑如图 1-3-8 所示。

5. 安全监控专网(井工)

安全监控系统为必建系统，系统对传输要求只是实现数字传输(以太网、RS485 等)；安全监控本身数据甚至不超过 10 MB 数据，千兆骨干带宽足够系统使用；传输分站支持以太

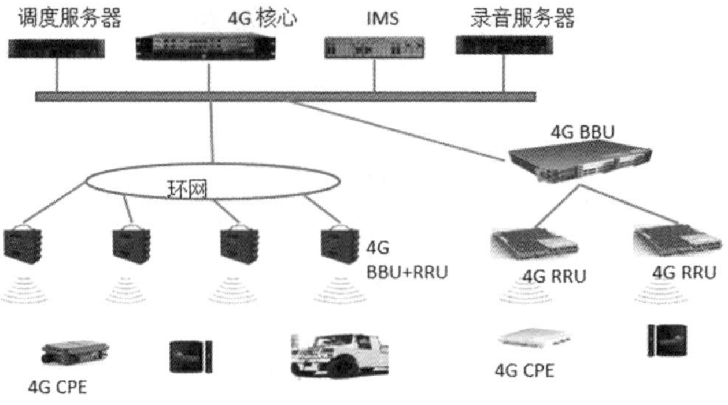

图 1-3-6　无线控制接入网络架构图

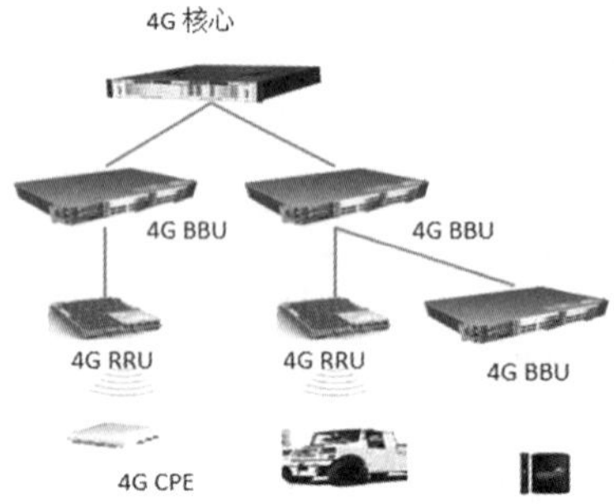

图 1-3-7　4G 网络架构图

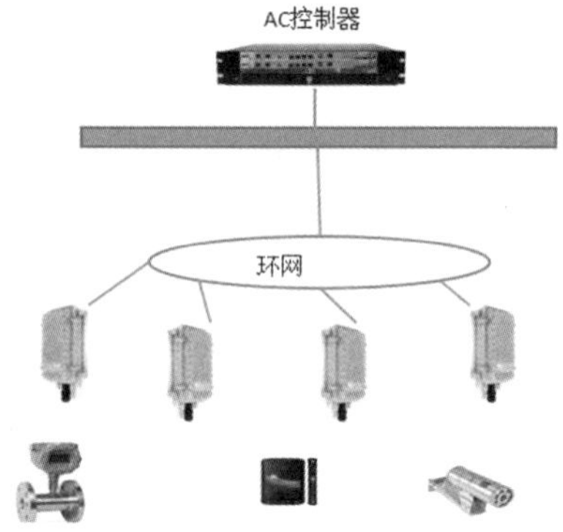

图 1-3-8　Wi-Fi 控制网络架构图

网和 RS485、传感器支持 RS485，在环网中增加相应的 RS485 传输模块，方便数传接入。拓扑给出两种结构，理想结构为第 1 种，根据安全监控专网的特点选第 2 种方式也可以。后期建设的安全监控专网推荐本安化网络设备。两种方式的建设拓扑如图 1-3-9 所示。

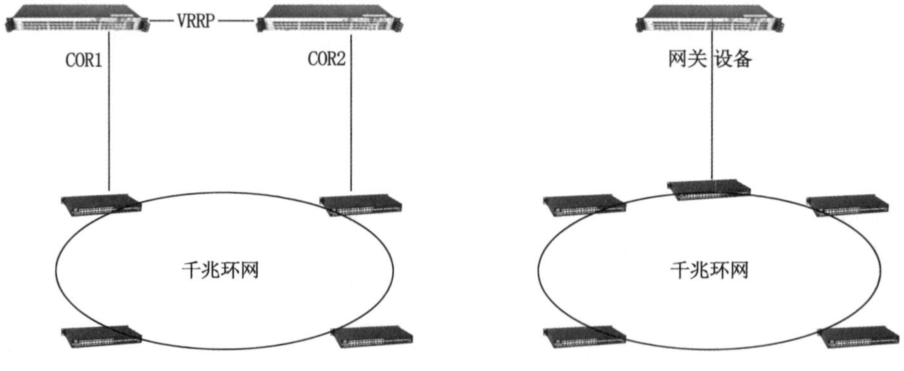

(a)　　(b)

图 1-3-9　两种方式的安全监控专网架构图

6. 调度通信系统

井工煤矿、露天煤矿、选煤厂按照《规程》的要求建设，不可用无线代替有线建设，如图 1-3-10 所示。

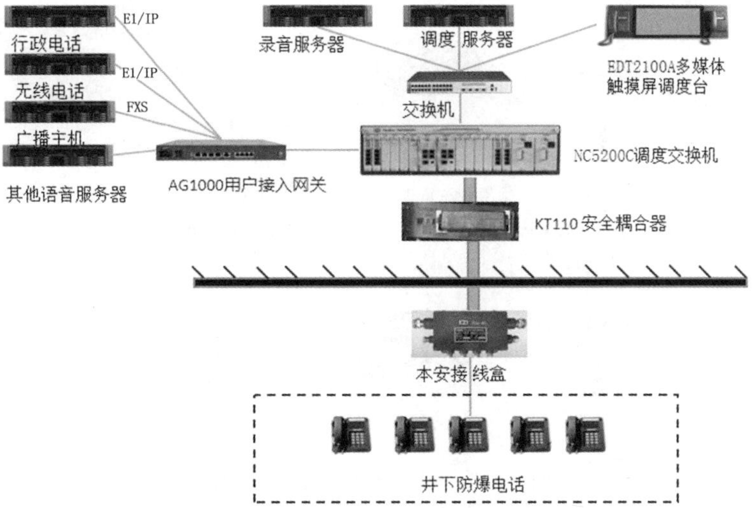

图 1-3-10　有线调度通信系统网络

《规程》对有线调度电话的要求：

① 有线调度通信系统的调度电话至调度交换机（含安全栅）必须采用矿用通信电缆直接连接，严禁利用大地作回路，严禁调度电话由井下就地供电，或者经有源中继器接调度交换机，调度电话至调度交换机的通信距离应当不小于 10 km。

② 根据《规程》以下地点必须设有直通矿调度室的有线调度电话：矿井地面变电所、地面主要通风机房、主副井提升机房、压风机房、井下主要水泵房、井下中央变电所、井底车场、运输调度室、采区变电所、上下山绞车房、水泵房、带式输送机集中控制硐室等主要机电设备硐室、采煤工作面、掘进工作面、突出煤层采掘工作面附近、爆破时撤离人员集中地点、突出矿井井下爆破起爆点、采区和水平最高点、避难硐室、瓦斯抽采泵房、爆炸物品库等。

③ 有线调度通信系统应当具有选呼、急呼、全呼、强插、强拆、监听、录音、直通电话、一键直呼内线或手机、任何分机发起全部紧急呼叫等功能。

7. 无线调度系统

初级智能矿井无线调度通信建设为可选项，根据实际情况结合 4G 无线控制网络同步建设。

初级智能化露天煤矿无线集群系统根据规模和实际情况建设，能够满足日常生产需求即可，推荐 800 MHz 数字集群系统，建设拓扑如图 1-3-11 所示。

8. 应急广播系统

应急广播系统为井工煤矿必建系统，推荐 IP 本安广播基站，可在环网中承载数据，能够与人员定位、安全监控实现融合，如图 1-3-12 所示。

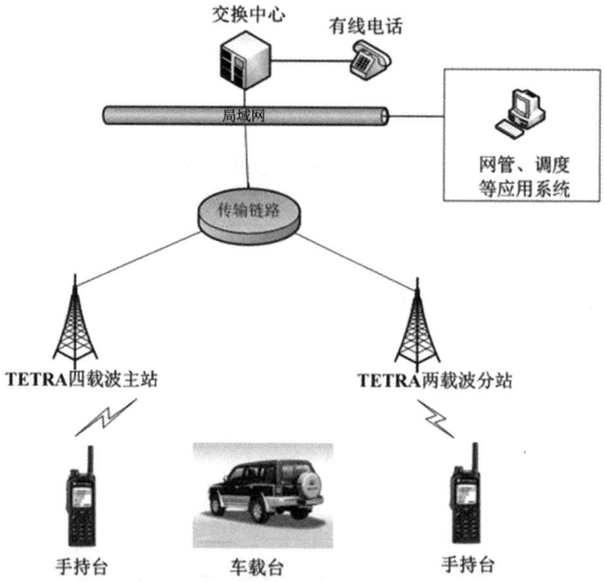

图 1-3-11　无线调度通信系统网络

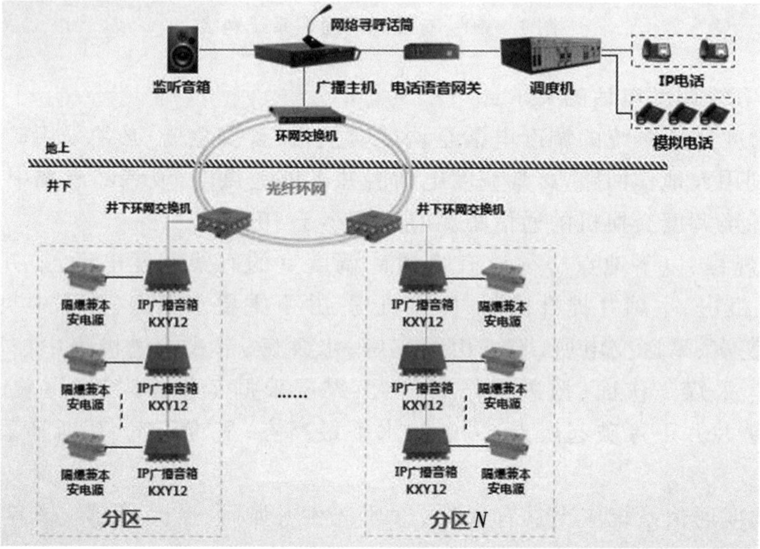

图 1-3-12　应急广播系统网络

（二）中级

1. 办公网络

办公网络中级解决方案：核心设备具有一定的冗余能力，并建设网络准入系统，网络健康系数也有所保障，适用于对办公网络要求比较高的井工煤矿、选煤厂、露天煤矿办公组网方案，如图 1-3-13 所示。

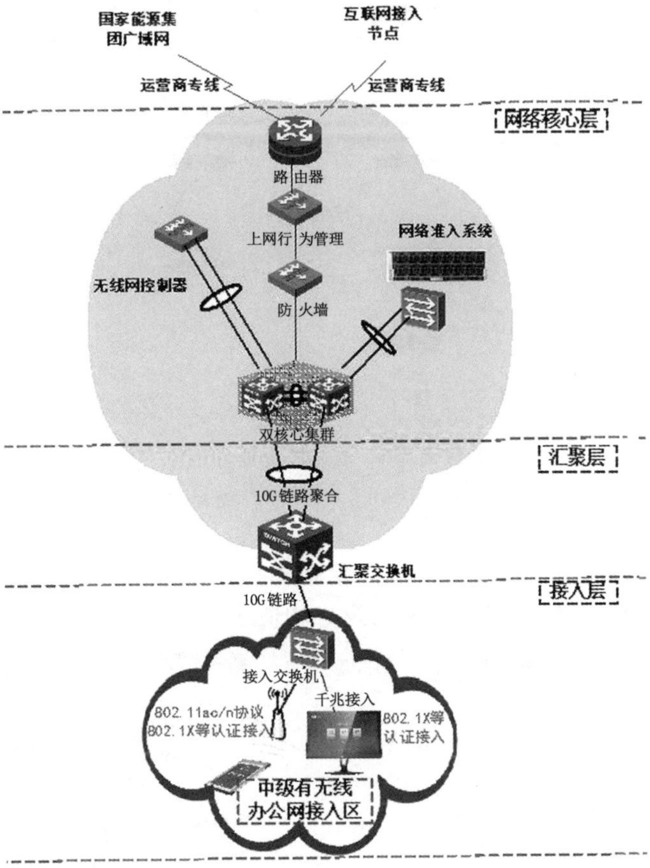

图 1-3-13 办公网络拓扑图

2. 工业环网

工业以太环网，其功能、技术原理和组环要求与初级相同，环网结构与其相同，将带宽从千兆升级到万兆。其网络拓扑如图 1-3-14 和图 1-3-15 所示。

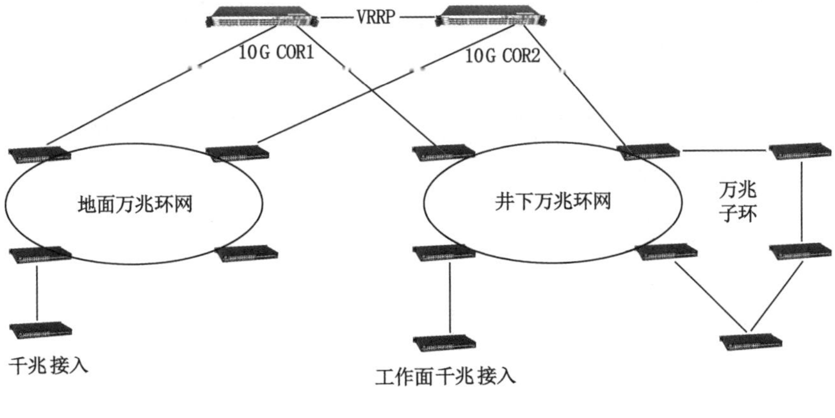

图 1-3-14 工业环网网络拓扑图

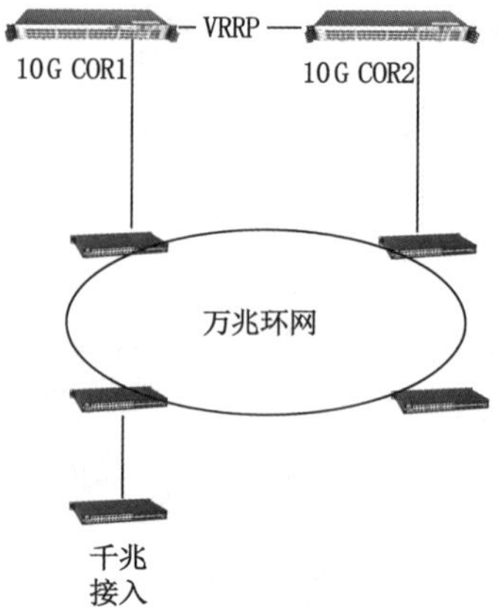

图 1-3-15 露天煤矿/选煤厂工业环网网络拓扑图

3. 工业电视专网

中级智能矿井工业电视专网,根据实际地理条件和预算选择建设架构。现推荐三种建设方式,均为万兆骨干网络,选煤厂和露天煤矿均适用,如图 1-3-16 所示。

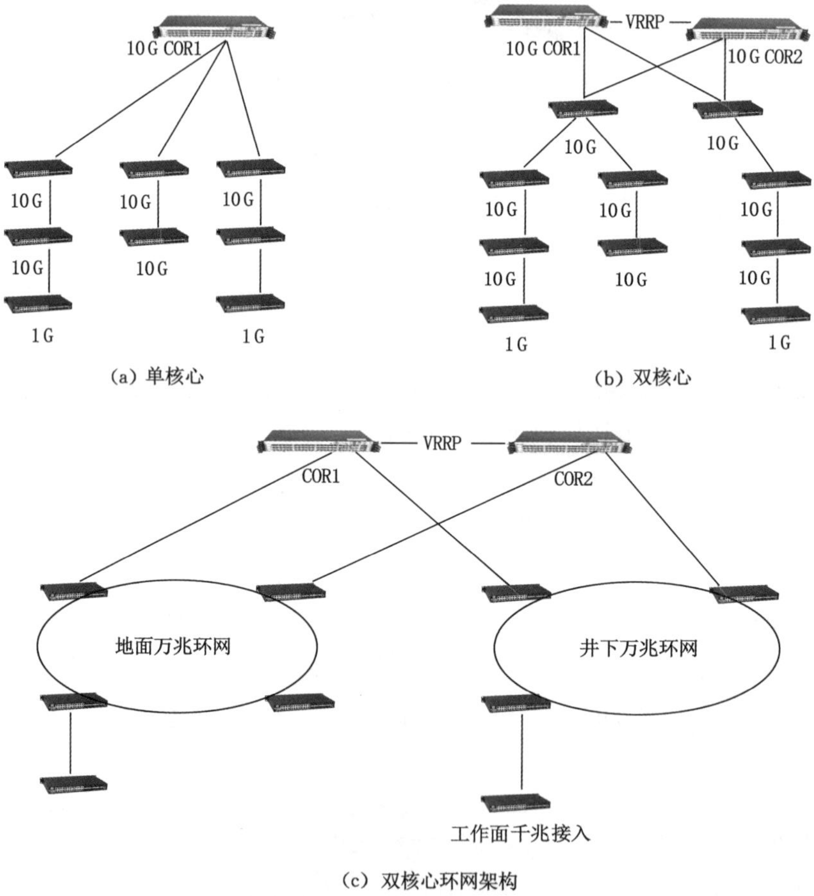

图 1-3-16 工业电视专网三种网络拓扑图

4. 无线控制网

中级智能矿井和中级智能露天煤矿，4G 网络必须覆盖，井工推荐本安型(隔爆也可)4G 网络覆盖，露天煤矿采用公网电信级模式覆盖。4G 无线控制主要是局点信号接入、不适合大规模连接，针对车辆调度、移动终端、掘进视频、远端个别控制系统的信息传输场景使用。井工煤矿建设使用本安型 4G 基站，成本相对较低、同时可以接入工业环网中，更好实现局域部署。但隔爆电信级设备从信号覆盖和系统稳定性上要好于本安型。其网络拓扑如图 1-3-17 和图 1-3-18 所示。

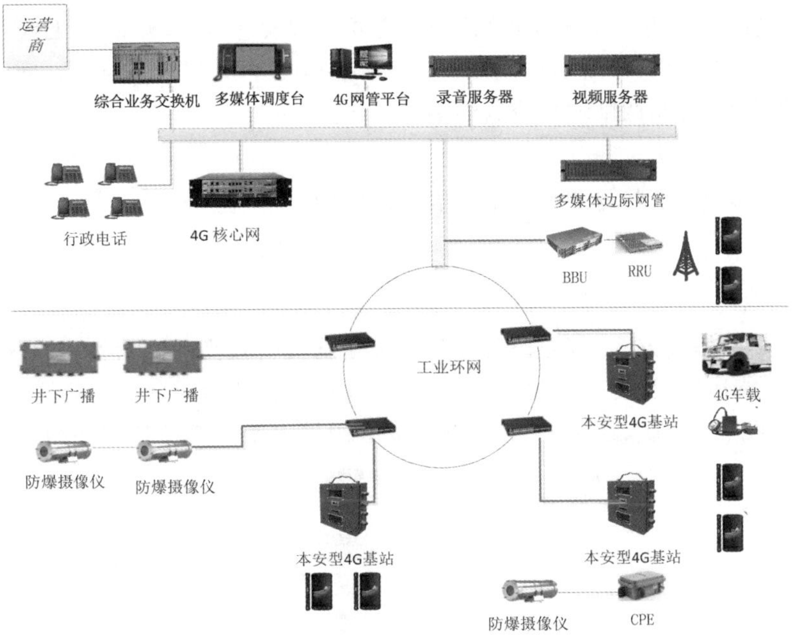

图 1-3-17　本安型 4G 组网网络拓扑图

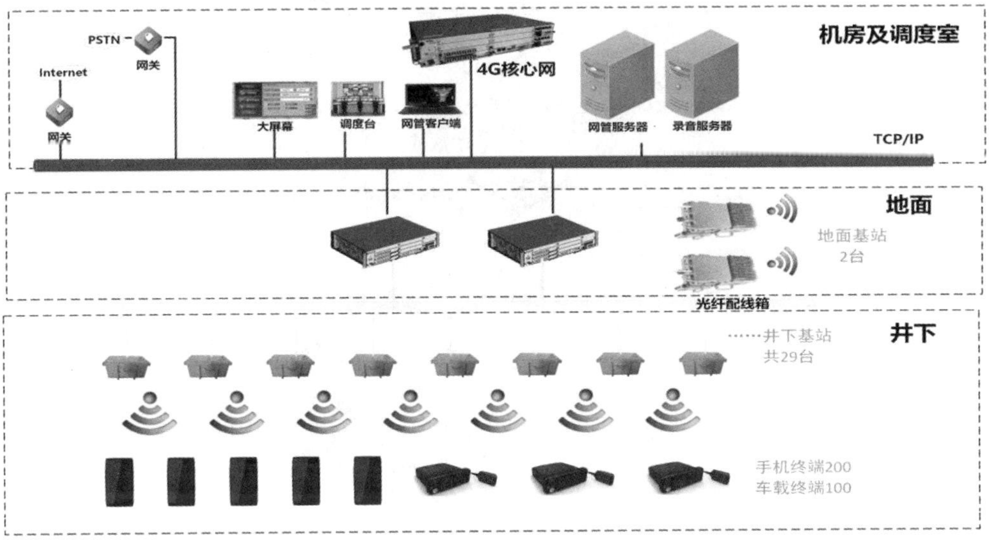

图 1-3-18　隔爆 4G 组网网络拓扑图

中级智能化标准工业环网主干升级为万兆，接入无线网络 Wi-Fi 可以根据实际情况建设 Wi-Fi 4/Wi-Fi 5/Wi-Fi 6，不推荐全覆盖。

5. 安全监控专网

安全监控环网与初级标准保持一致，推荐建设拓扑保持不变。

6. 有线调度通信

在初级的基础增加有线和无线系统的融合。

7. 无线调度通信系统

中级 4G 网络覆盖为工作面、顺槽、硐室、主要行人大巷等区域，满足无线终端在重点区域/大巷区域能正常通话，语音通信采用 4G 网络推荐的 VoLTE 模式通话，露天煤矿同时建设无线集群系统，与有线调度通信进行融合。

8. 应急广播系统

在初级的基础上，推荐与调度电话融合、无线调度电话融合。

（三）高级

1. 办公网络

办公网络高级解决方案：核心设备和汇聚设备均具备较高的冗余性，并建设网络准入系统，具备网络智能运维、智能分析等功能，是数字化向智能化迈进的重要标志，适用于智能化建设程度较高的井工煤矿、选煤厂、露天煤矿办公组网方案。其拓扑图如图 1-3-19 所示。

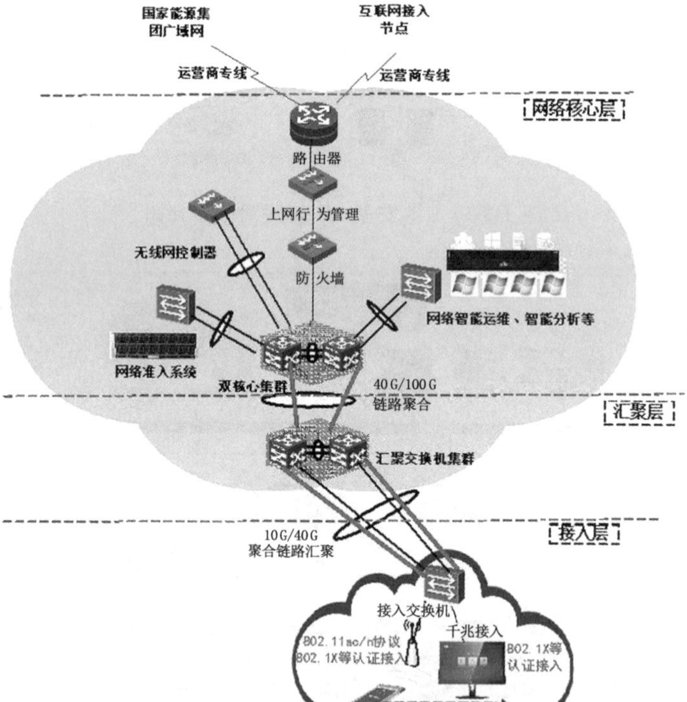

图 1-3-19　办公网络拓扑图

2. 安防视频专网

安防视频专网作为传输视频的专用网络，是高级建设标准的要求，实现专网专用，办公、视频、生产等流量分开传输，提升网络体验感，提高工作、生产效率。适用于视频监控流量比较大的井工煤矿、选煤厂、露天煤矿。其拓扑图如图 1-3-20 所示。

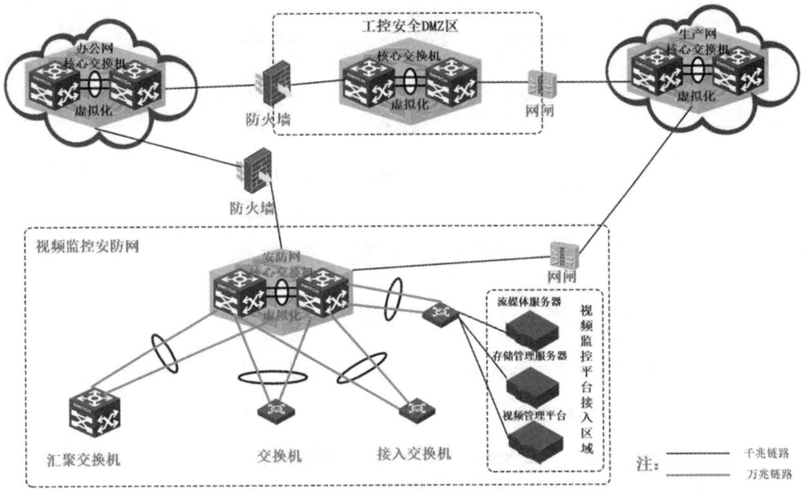

图 1-3-20　安防视频专网拓扑图

3. 工业环网

在中级的基础上将千兆接入升级到万兆，高级智能化标准系统多、平台业务数据量大、为满足工业环网与 5G、虚拟化、视频、数据安全对接，推荐将其核心万兆端口升级到 6 个，环网其他架构不变，如图 1-3-21 所示。

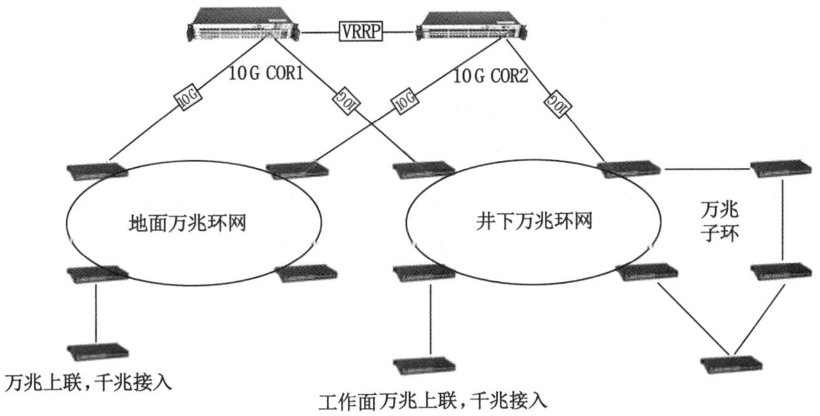

图 1-3-21　工业环网拓扑图

4. 工业电视专网

工业电视专网在中级基础上实现双核心（双主控），实现网络分层。推荐架构网如图 1-3-22 和图 1-3-23 所示。

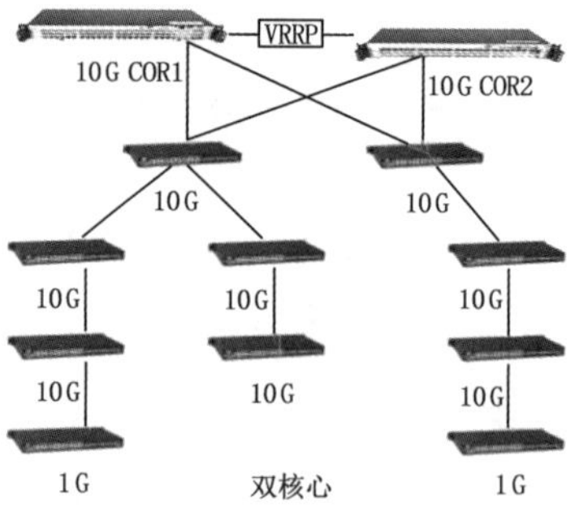

图 1-3-22　工业电视专网拓扑图 1

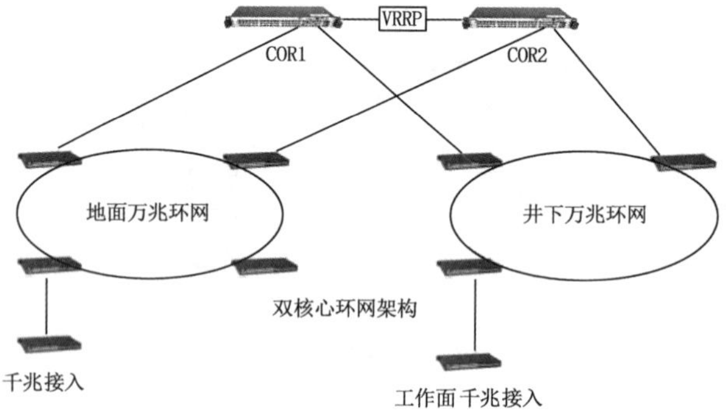

图 1-3-23　工业电视专网拓扑图 2

5. 无线控制网络

在中级的基础上实现重点区域的5G信号覆盖,实现4G通话、5G数据传输。高级标准推荐试点建设5G通道,覆盖区域由实际情况决定。5G SA组网的设备需要增加4GC实现语音通话。其拓扑图如图1-3-24所示。

无线接入网Wi-Fi等根据需求建设,在万兆环网中承载。推荐Wi-Fi 5/Wi-Fi 6,接口带宽性能不作为其高低区别。

5G SA基站组网,5G基站兼容TD-LTE、Wi-Fi 5/Wi-Fi 6功能,覆盖终端应用范围主要是基于5G模组、5Gcpe、支持Wi-Fi 5/Wi-Fi 6的无线设备系统。

6. 安全监控环网

与中级建设保持一致。

7. 调度电话

与中级融合调度保持一致,有更多其他融合方式,推荐尝试。有线调度电话网络拓扑图如图1-3-25所示。

8. 无线调度系统

与中级保持一致,即便是5G专网的语音通话,仍采用的是4G VoLTE,井下仍是有源设备,有线调度主导地位不可动。露天煤矿无线集群根据使用条件建设。其拓扑图如图1-3-26所示。

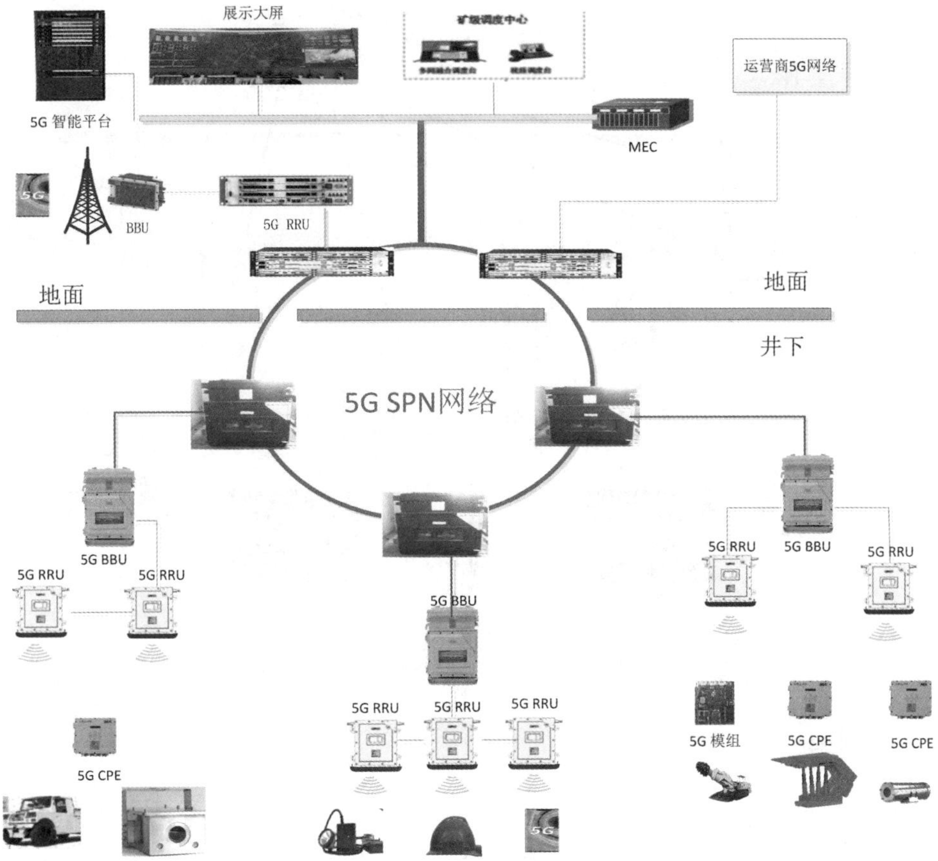

图 1-3-24　无线控制网络拓扑图

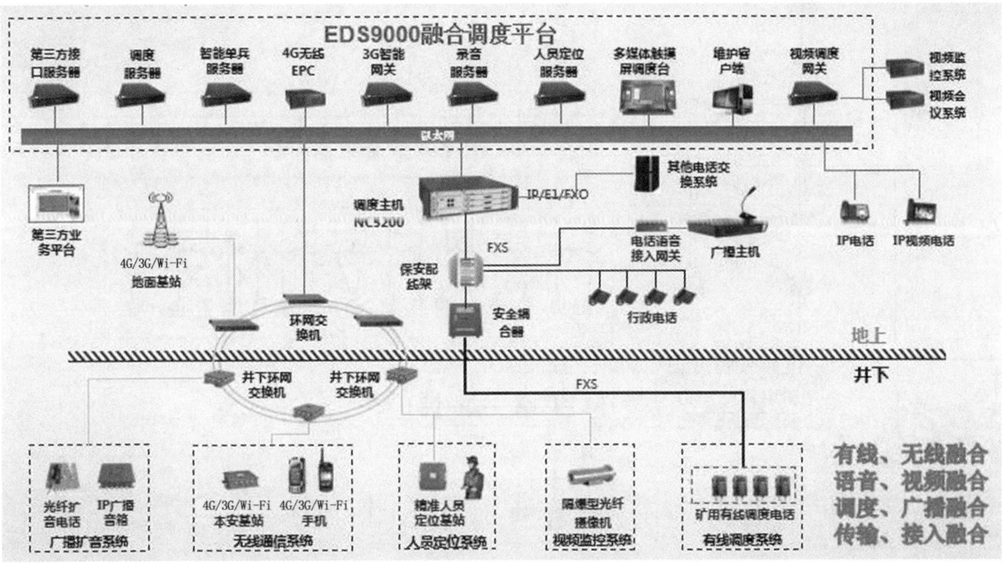

图 1-3-25　有线调度电话网络拓扑图

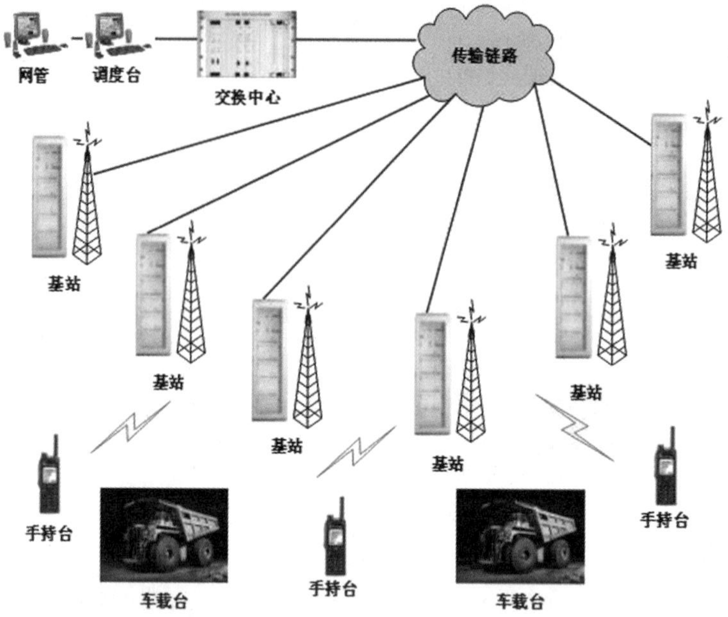

图 1-3-26　无线调度系统拓扑图

三、典型案例

（一）办公网组网案例

乌海能源公司办公网络分层建设:核心、汇聚、接入,视频专网独立建设、通过安全设备对接。其拓扑图如图 1-3-27 所示。

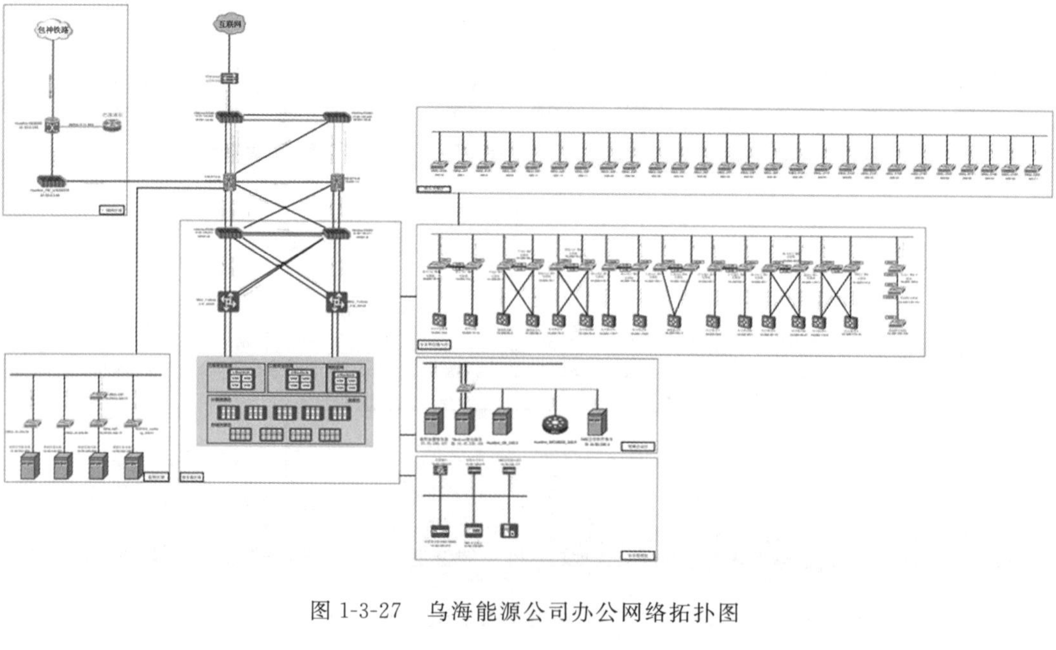

图 1-3-27　乌海能源公司办公网络拓扑图

案例特点：

① 公司到矿单位万兆互联、形成万兆主干园区网，万兆波分主干传输、千兆光链路备份，实现链路备份。

② 分层建设：核心、汇聚、接入，视频专网独立建设、通过安全设备对接。双核心、双主控、多汇聚主备，网络功能架构清晰。

③ 视频专网、办公网、无线接入网、工业专网独立建设，实现公司到矿单位数据直达各网络区。

④ 网络骨干区、网络安全防护区、网络视频区、数据中心区、网络运维区结构明确，运维便捷。

（二）工业环网组网案例

新疆能源公司乌东煤矿工业环网采用双万兆核心且核心独立地面、井下双万兆环网，环网愈合时间≤50 ms。核心和接入均采用 4 万兆端口交换机，骨干万兆、支线节点采用千兆接入方式。环网支持 IEEE1588 硬件对时协议，Ethernet/IP 协议。其拓扑图如图 1-3-28 所示。

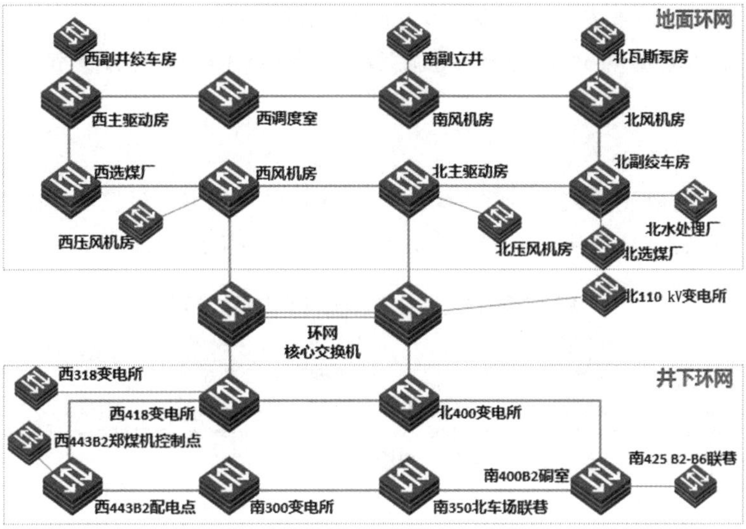

图 1-3-28　乌东煤矿工业环网拓扑图

案例特点：

① 双核万兆核心独立井下、地面环网，实现网络分层，减少核心层计算负载；

② 井下、地面均为万兆骨干环网，地面井下覆盖比较全面，标准矿井以太环网组环方式；

③ 环网承载控制数据，不涉及视频和安全监控网络，推荐数据承载模式。

（三）安全监控环网组网案例

国能包头能源有限责任公司李家壕煤矿安全监控专网为千兆骨干带宽网络，根据实际情况建设地面井下双环网、环网交换机增加 8 路 RS485 模块，因为光缆路由限制未采用分层建设。其拓扑图如图 1-3-29 所示。

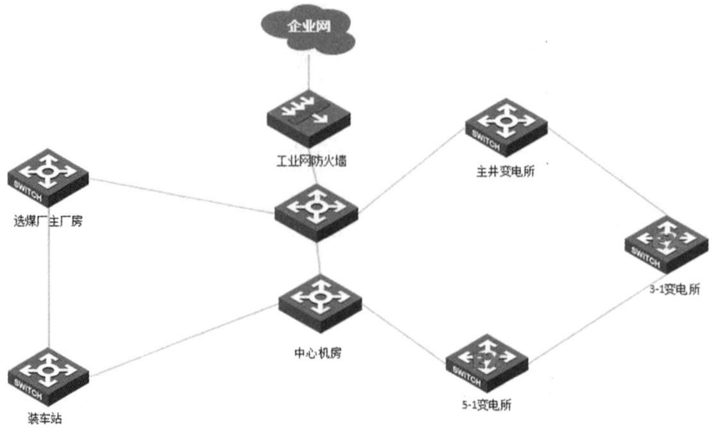

图 1-3-29　李家壕煤矿安全监控环网拓扑图

案例特点：

① 双核心主备网络，井下、地面双环网，全千兆安全监控环网；

② 井下环网设备为本安型网络设备，方便井下设备安装及维护；

③ 交换机及其电源可远程监控，配置多路 RS485 模块，具备光链路、以太网链路、RS485 链路接入设备。

（四）工业电视专网组网案例

乌东煤矿工业电视环网建设与工控网架构相同，采用分层、双核心、独立组环。核心和接入均采用 4 万兆端口交换机，愈合时间小于 50 ms。其拓扑图如图 1-3-30 所示。

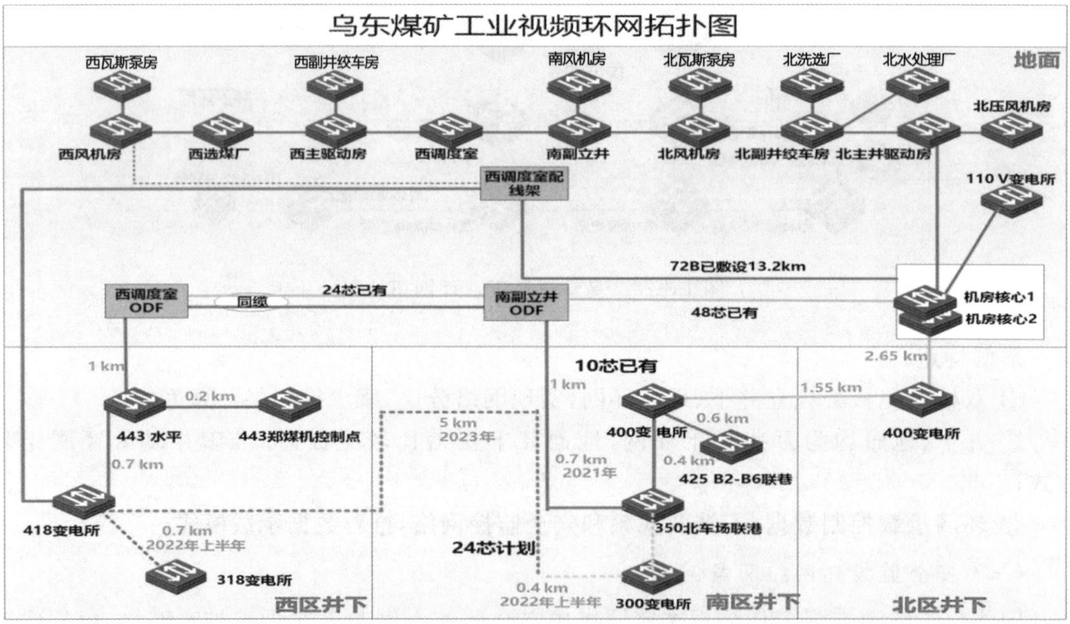

图 1-3-30　乌东煤矿工业视频环网拓扑图

案例特点：

① 视频专网采用双核心、万兆骨干、地面井下双环网；

② 链路与控制环网采用共缆不同芯方式组网，减少主干光缆的重复建设；

③ 视频组网采用了部分子环组网，增加了支线交换机的链路冗余。

（五）4G 无线网组网案例 1

棋盘井（东区）煤矿无线通信系统（内含 4G、Wi-Fi 4、有线调度电话），采用本安型 4G 基站、无线通信将 IMS 和有线调度 NC5200 双主控设备融合。形成无线控制网、无线调度、有线调度融合集成。其拓扑图如图 1-3-31 所示。

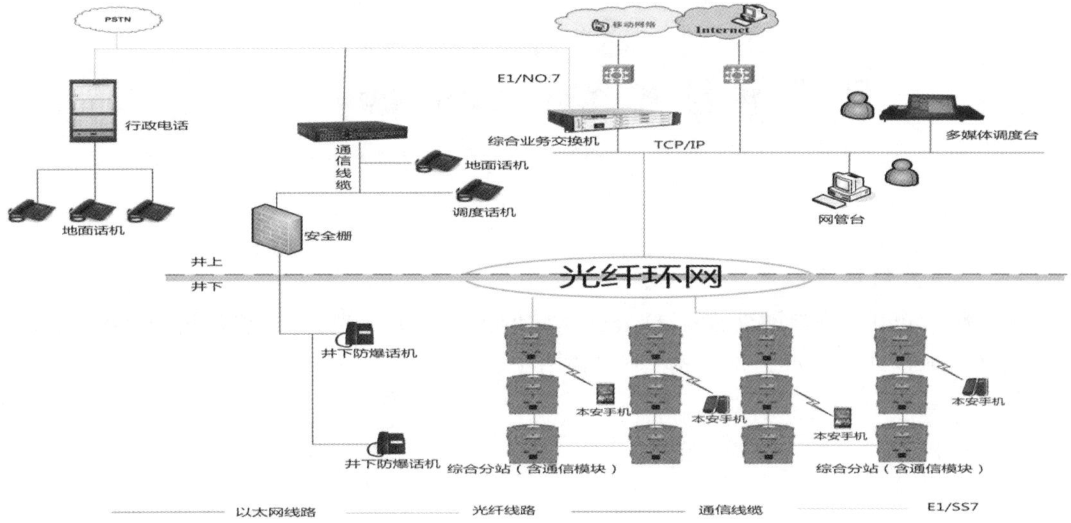

图 1-3-31　4G 无线网拓扑图 1

案例特点：

① 4G 无线通信系统采用本安型分站，分站为集成性，包含 4G 本安板卡、背板交换机、Wi-Fi 板卡等功能板卡；

② 分站在万兆环网中承载、部署方便、节约光缆敷设工作量；

③ IMS 和有线调度 NC5200 双主控设备融合，实现有线、无线融合调度，可实现强插、强拆等特殊功能；

④ 集成分站综合无线、有线以太网接入功能，增加环网覆盖面积；

⑤ 支持公网对接、基站支持公网频段。

（六）4G 无线网组网案例 2

李家壕煤矿/万利一矿 TDD 自组网 4G 无线网络，BBU 光纤直接到 RRU，主要是专网频段、专用手机、承载高清语音通话业务和局部 CPE 节点接入视频。其拓扑图如图 1-3-32 所示。

案例特点：

① 基站采用隔爆型、信号覆盖范围大，专网通信稳定；

② 支持以太网对接、专网频段组网、专网手机通信；

③ 设备自行组网。

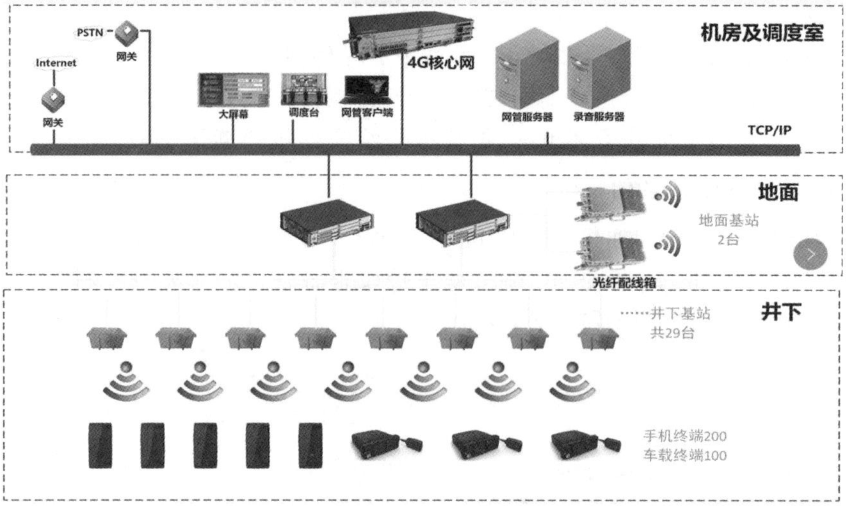

图 1-3-32　4G 无线网拓扑图 2

（七）4G 无线网组网案例 3

西湾露天煤矿 4G 专网建设、TD 公网基站的主要业务是视频、无线对讲，车载系统是通过公网基站地址映射到办公网，其拓扑图如图 1-3-33 所示。

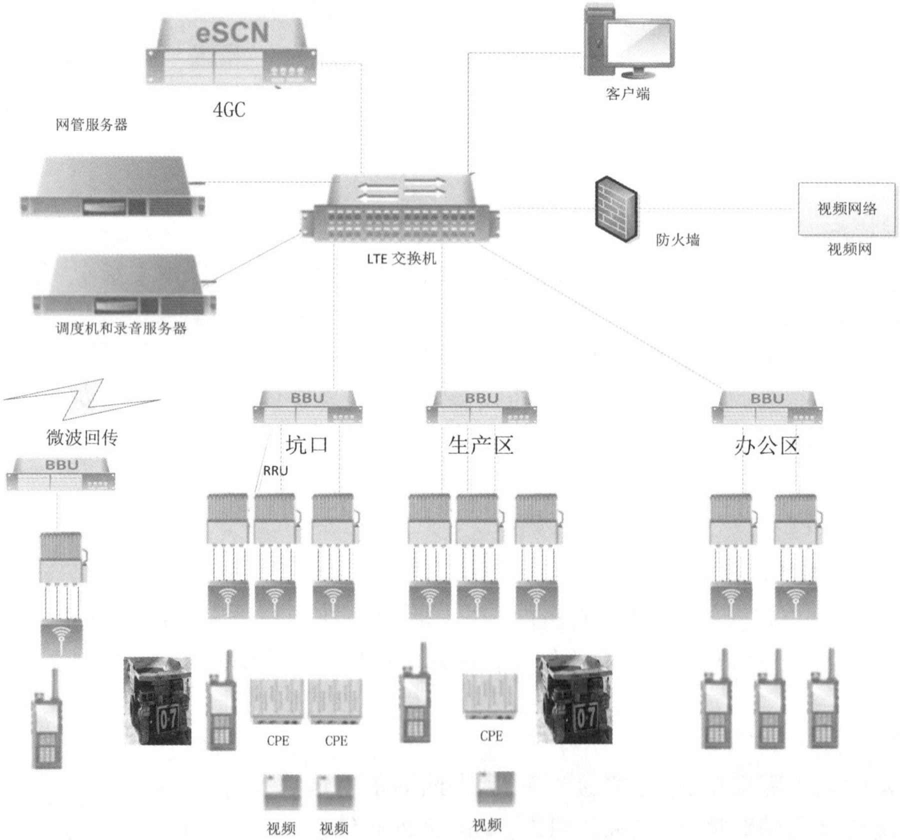

图 1-3-33　4G 无线网拓扑图 3

案例特点：

① 公网基站组网主要支持车载终端数据传输；

② 重要数据防火墙穿越实现内容数据采集。

（八）5G 组网案例

老石旦煤矿 5G 组网＋4GC，实现 5G 数据广连接、4G 语音通信；通过语音网关与有线调度通信对接，通过防火墙与工控网络对接实现端到端的数据互通，5G 基站兼容 TD-LTE、Wi-Fi 5/Wi-Fi 6，部分视频通过 Wi-Fi 接入基站，如图 1-3-34 所示。

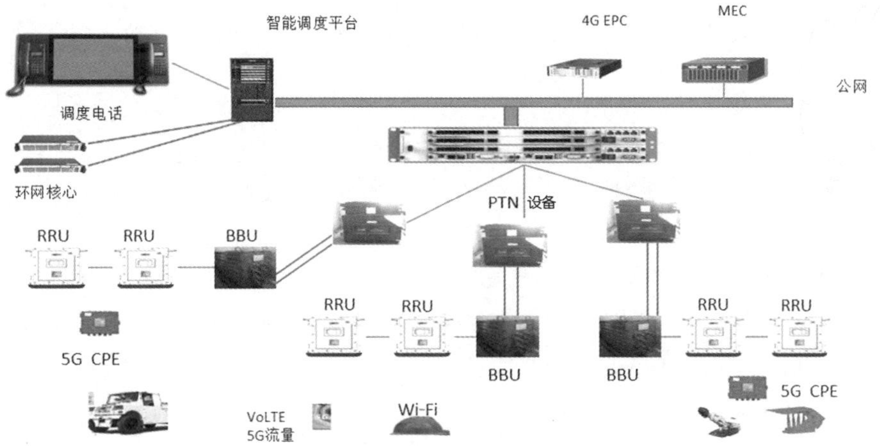

图 1-3-34　5G 无线网拓扑图

案例特点：

① 5G 典型组网案例，SPN/PTN 网络组网、二期网络建设完成形成 SPN/PTN 环网、电信级愈合时间≤50 ms；

② 电信公网 5G 核心控制、本地 MEC 数据下沉，实现园区网数据本地运行；

③ 支持 Wi-Fi 5/Wi-Fi 6 网络，实现 5G 视频 Wi-Fi 网络回传；

④ 通过 DCGV 与工业网安全设备对接，实现数据互通；

⑤ 采用 5G SA 组网，本地 4GC 部署实现 VoLTE 高清语音通话。

第四章　网络安全

煤矿智能化建设应按照《中华人民共和国网络安全法》中“同步规划、同步建设、同步使用”的“三同步”原则，同步考虑网络安全防护建设，大力提升煤矿智能化网络安全防御能力。适用于井工煤矿、露天煤矿、选煤厂的智能化建设。

一、初级

构建“安全分区、网络隔离、综合防护、主机监测、内部审计和统一管理”的基础网络安全防御体系。

(1) 满足《信息安全技术　网络安全等级保护基本要求》和《信息安全技术　网络安全等级保护安全设计技术要求》的相关规定。

(2) 满足《国家能源集团网络安全管理办法》和《国家能源集团工控系统网络安全管理办法(试行)》的相关规定。

(3) 煤矿地面与井下实现信息安全保障体系的全面覆盖。

二、中级

构建“网络攻击可视化、工控资产可视化和通信状态可视化”的网络安全防御体系。

(1) 通过网络安全态势感知系统，实现动态分析决策处置、核心主机精准防护、威胁情报共享联动等主动防御功能。

(2) 针对煤矿智能化建设过程中涉及的无线网络、人工智能、云计算、物联网等新技术的应用，采取专项网络安全防护技术。

(3) 具备网络安全攻防技术能力，定期开展渗透测试、风险评估等网络安全服务。

(4) 具备工控网络实时监测、事后审计等网络安全事件应急处置功能。

三、高级

构建“关键区域敏感数据自识别、数据风险自评估、数据保护策略自执行和数据泄露事件自审计”的网络安全防御体系。

(1) 具备数据库隔离防护、数据加密、数据脱敏、数据库审计、数据防泄露等数据安全防护能力。

(2) 具备设备身份标识、设备认证、设备接入、安全连接等可信接入能力。

(3) 具备身份鉴别、访问控制、资源管理、授权管理、行为审计等身份认证能力。

一、解读

【原文】 煤矿智能化建设应按照《中华人民共和国网络安全法》中“同步规划、同步建设、同步使用”的“三同步”原则，同步考虑网络安全防护建设，大力提升煤矿智能化网络安全防御能力。

【条文解释】

按照《中华人民共和国网络安全法》构建具备安全分区、网络隔离、综合防护、主机监测、内部审计和统一管理能力的基础网络安全防御体系，实现信息安全保障体系全面覆盖煤矿地面与井下区域。

（一）初级

【原文】 构建“安全分区、网络隔离、综合防护、主机监测、内部审计和统一管理”的基础网络安全防御体系。

【条文解释】

网络安全防护初级需满足下述文件要求：

①《信息安全技术　网络安全等级保护基本要求》；

②《信息安全技术　网络安全等级保护安全设计技术要求》；

③《国家能源集团网络安全管理办法》；

④《国家能源集团工控系统网络安全管理办法（试行）》等。

智能化煤矿按以下要求完成网络安全改造建设后，可基本满足《指南》所述网络安全管理要求，并认定为初级。

1. 安全通信网络

网络架构：

① 应保证网络设备的业务处理能力满足业务高峰期需要；

② 应保证网络各个部分的带宽满足业务高峰期需要；

③ 应划分不同的网络区域，并按照方便管理和控制的原则为各网络区域分配地址；

④ 应避免将重要网络区域部署在边界处，重要网络区域与其他网络区域之间应采取可靠的技术隔离手段；

⑤ 应提供通信线路、关键网络设备和关键计算设备的硬件冗余，保证系统的可用性。

2. 安全区域边界

边界防护：

① 应保证跨越边界的访问和数据流通过边界设备提供的受控接口进行通信；

② 应能够对非授权设备私自联到内部网络的行为进行检查或限制；

③ 应能够对内部用户非授权联到外部网络的行为进行检查或限制；

④ 应限制无线网络的使用，保证无线网络通过受控的边界设备接入内部网络。

3. 访问控制

① 应在网络边界或区域之间部署访问控制设备，配置访问控制策略，默认情况下除允许通信外受控接口拒绝所有通信；

② 应删除多余或无效的访问控制规则，优化访问控制列表，并保证访问控制数量最小化；

③ 应对源地址、目的地址、源端口、目的端口和协议等进行检查，以允许/拒绝数据包进出；

④ 应能根据会话状态信息为进出数据流提供明确的允许/拒绝访问的能力;

⑤ 应对进出网络的数据流实现基于应用协议和应用内容的访问控制。

4. 网络入侵防范

① 应在关键网络节点处检测、防止或限制从外部发起的网络攻击行为;

② 应在关键网络节点处检测、防止或限制从内部发起的网络攻击行为;

③ 应采取技术措施对网络行为进行分析,实现对网络攻击特别是新型网络攻击行为的分析;

④ 当检测到攻击行为时,记录攻击源IP、攻击类型、攻击目标、攻击时间,在发生严重入侵事件时应提供报警。

5. 网络安全审计

① 应在网络边界、重要网络节点进行安全审计,审计覆盖到每个用户,对重要的用户行为和重要安全事件进行审计;

② 审计记录应包括事件的日期和时间、用户、事件类型、事件是否成功及其他与审计相关的信息;

③ 应对审计记录进行保护和定期备份,避免受到未预期的删除、修改或覆盖等;

④ 应能对远程访问的用户行为、访问互联网的用户行为等进行行为审计和数据分析。

6. 无线使用控制

① 应对所有参与无线通信的用户(人员、软件进程或设备)提供唯一性标识和鉴别;

② 应对所有参与无线通信的用户(人员、软件进程或设备)进行授权以及执行使用进行限制。

7. 安全计算环境

身份鉴别:

① 应对登录的用户进行身份标识和鉴别,身份标识具有唯一性,身份鉴别信息具有复杂度要求并定期更换;

② 应具有登录失败处理能力,应配置并启用结束会话、限制非法登录次数和登录连续超时自动退出的相关措施。

8. 访问控制

① 应对登录的用户分配账户和权限;

② 应重命名或删除默认账户,修改默认账户的默认口令;

③ 应及时删除或停用多余的、过期的账户,避免共享账户的存在;

④ 应授予管理用户所需的最小权限,实现管理用户的权限分离。

9. 用户和数据的安全审计

① 应启用安全设计功能,审计覆盖到每个用户,对重要的用户行为或重要安全事件进行审计;

② 审计记录应包括事件的日期和时间、用户、事件类型、事件是否成功及其他与审计相关的信息;

③ 应对审计记录进行保护和定期备份,避免受到未预期的删除、修改或覆盖等;

④ 应对审计进程进行保护,防止未经授权的中断。

10. 应用软件的入侵防范

① 应遵循最小安装的原则，仅安装需要的组件和应用程序；

② 应关闭不需要的系统服务、默认共享和高危端口；

③ 应通过设定终端接入方式或网络地址范围对通过网络进行管理的管理终端进行限制；

④ 应提供数据有效性检验功能，保障通过人机接口输入或通过通信接口输入的内容符合系统设定要求；

⑤ 应能发现可能存在的已知漏洞，并在经过充分测试评估后，及时修补漏洞；

⑥ 应能够检测到对重要节点进行入侵的行为，并在发生严重入侵事件时提供报警。

11. 数据备份恢复

① 应提供重要数据的本地数据备份与恢复功能；

② 应提供重要数据处理系统的热冗余，保证系统的可用性。

12. 控制设备安全

应关闭或拆除控制设备的软盘驱动、光盘驱动、USB 接口、串行口或多余网口等，确需保留的应通过相关的技术措施实施严格的监控管理。

13. 安全管理中心

(1) 系统管理

① 应对系统管理员进行身份鉴别，只允许其通过特定的命令或操作界面进行系统管理操作，并对这些操作进行审计；

② 应通过系统管理员对系统的资源和运行进行配置、控制和管理，包括用户身份、系统资源配置、系统加载和启动、系统运行的异常处理、数据和设备的备份与恢复等。

(2) 审计管理

① 应对审计管理员进行身份鉴别，只允许通过其特定的命令或操作界面进行安全审计操作，并对这些操作进行审计；

② 应通过审计管理员对审计记录进行分析，并根据分析结果进行处理，包括根据安全审计策略对审计记录进行存储、管理和查询等。

(3) 安全管理制度

① 安全策略

应制定网络安全工作的总体方针和安全策略，阐明机构安全工作的总体目标、范围、原则和安全框架等。

② 管理制度

a. 应对安全管理活动中的各类管理内容建立安全管理制度；

b. 应对管理人员或操作人员执行的日常管理操作建立操作规程。

(4) 安全运维管理

① 环境管理

a. 应指定专门的部门或人员负责机房安全，对机房出入进行管理，定期对机房供配电、空调、温湿度控制、消防等设施进行维护管理；

b. 应不在重要区域接待来访人员，不随意放置含有敏感信息的纸档文件或移动介质。

② 资产管理

应编制保存与保护对象相关的资产清单,包括资产责任部门、重要程度和所处位置等内容。

③ 介质管理

a. 应将介质存放在安全的环境中,对各类介质进行控制和保护,实行存储环境专人管理,并根据存档介质的目录清单定期盘点;

b. 应对介质在物理传输过程中的人员选择、交付等情况进行控制,并对介质的归档和查询等进行登记记录。

④ 设备维护管理

a. 应对各种设备(包括备份和冗余设备)、线路等指定专门的部门或人员定期进行维护管理;

b. 建立配套设施、软硬件维护方面的管理制度,对其维护进行有效的管理,包括明确维护人员的责任、维修和服务的审批、维修过程的监督控制等。

⑤ 漏洞与风险管理

应采取必要的措施识别安全漏洞和隐患,对发现的安全漏洞和隐患及时进行修补或评估可能的影响后进行修补。

⑥ 应急预案管理

a. 应制定重要事件的应急预案,包括应急处理流程、系统恢复流程等内容;

b. 应定期对系统相关人员进行应急预案培训,并进行应急预案的演练。

⑦ 外包运维管理

a. 应确保外包运维服务商的选择符合国家的有关规定;

b. 应与选定的外包运维服务商签订相关的协议,明确约定外包运维的范围和工作内容。

(二) 中级

【原文】 构建"网络攻击可视化、工控资产可视化和通信状态可视化"的网络安全防御体系。

【条文解释】

智能化煤矿在完成初级网络安全改造建设后,应建设网络安全态势感知平台,实现情报共享、动态分析决策功能,针对生产类核心应用,系统服务器要采取精准安全的防护措施,以达到网络安全各项相关关键数据可视化分析与主动分析处置。

【原文】 (1) 通过网络安全态势感知系统,实现动态分析决策处置、核心主机精准防护、威胁情报共享联动等主动防御功能。

【条文解释】

网络安全态势感知系统是一种基于环境,可动态、整体地洞悉安全风险,以安全大数据为基础,具备从全局视角提升对安全威胁的发现识别、理解分析、响应处置能力的一种网络安全技术手段。核心主机精准防护是通过软件或硬件的形式,对主机进行整体性防御,以应对非授权访问、信息泄漏或丢失、破坏数据完整性、拒绝服务攻击和后门程序等主机安全风险。威胁情报共享联动是指各类防护设备间对可识别和检测的威胁失陷标识共享分析、联动处置的能力。

【原文】 (2) 针对煤矿智能化建设过程中涉及的无线网络、人工智能、云计算、物联网等新技术的应用,采取专项网络安全防护技术。

【条文解释】

当智能化煤矿建设过程中采用了5G、人工智能、云计算、物联网等新技术应用时,应出具相关网络安全防护设计报告,避免因新技术的应用产生网络安全风险。

【原文】 (3) 具备网络安全攻防技术能力,定期开展渗透测试、风险评估等网络安全服务。

【条文解释】

渗透测试是通过模拟恶意黑客的攻击方法,来评估计算机网络系统安全的一种评估方法。安全评估是指针对网络所存在的漏洞及漏洞披露方式进行的一种技术评估方式。

【原文】 (4) 具备工控网络实时监测、事后审计等网络安全事件应急处置功能。

【条文解释】 参照初级中的关于"构建'安全分区、网络隔离、综合防护、主机监测、内部审计和统一管理'的基础网络安全防御体系"的【条文解释】中的相关内容,此处不再赘述。

(三) 高级

【原文】 构建"关键区域敏感数据自识别、数据风险自评估、数据保护策略自执行和数据泄露事件自审计"的网络安全防御体系。

【条文解释】

敏感数据自识别+数据风险自评估+数据保护技术策略自执行+数据泄露事件自审计,即具备对关键业务系统敏感数据可实现自动识别;对数据区业务漏洞与潜在风险定期评估分析;对数据保护策略可依据各类触发条件自动执行;对数据安全类关键敏感业务数据的泄露事件可以自动分析与审计。

【原文】 (1) 具备数据库隔离防护、数据加密、数据脱敏、数据库审计、数据防泄露等数据安全防护能力。

【条文解释】

数据库隔离防护:具备实时检测攻击者对数据库进行的SQL注入和缓冲区溢出攻击的能力,可以报警或者阻止攻击行为,同时详细地审计下攻击操作发生的时间、来源IP、登录数据库的用户名、攻击代码等详细信息。

数据加密:具备对数据库中的敏感数据加密存储、访问控制增强、应用访问安全、安全审计等功能。

数据脱敏:对工控敏感信息通过脱敏规则进行数据变形,实现敏感隐私数据可靠保护的能力。

数据库审计:具备存储系统运行的相关数据、处理在线认证、配置系统相关参数及根据安全策略对主机进行安全保护的能力。

数据防泄露:具备核心数据加密存储、批量数据泄露的网络拦截和匿名化外发敏感数据等能力。

【原文】 (2) 具备设备身份标识、设备认证、设备接入、安全连接等可信接入能力。

【条文解释】

身份标识:指通过一定的手段,完成对用户身份的确认。

设备认证:接入网络的设备和产品应经过系统的安全认证和安全检测,符合安全要求可登记备案接入网络。

安全连接:建立一个信息安全通道,来保证数据传输的安全。

安全可信接入:采用PKI技术和VPN技术相结合,提供身份认证、数据保密传输和数据完整性保护。

【原文】 (3)具备身份鉴别、访问控制、资源管理、授权管理、行为审计等身份认证能力。

【条文解释】

身份鉴别:在计算机网络系统中确认操作者身份的过程,从而确定该用户是否具有对某种资源的访问和使用权限,进而使计算机和网络系统的访问策略能够可靠、有效地执行,防止攻击者假冒合法用户获得资源的访问权限,保证系统和数据的安全,以及授权访问者的合法利益。

访问控制:按用户身份及其所归属的某项定义组来限制用户对某些信息项的访问,或限制对某些控制功能的使用的一种技术。

行为审计:指对被审计单位的网络活动中的操作行为方式及其产生原因所进行的审计。

二、解决方案

(一)初级

神延公司工控安全解决方案。

1. 解决方案概述

以西湾露天煤矿原有网络为基础划分为管理信息区(办公网)、生产执行区(MES区)、生产控制区,如图1-4-1所示。在生产控制区上划分工业环网控制区和4G专网无线控制区;原4G公网基本不变,定义为4G公网无线监测区;在原办公网上构建生产执行区;在管理信息区和生产执行区之间构建DMZ区(工业安全隔离区),预留与数字矿山、生产执行系统的接口;在DMZ区与生产控制区之间部署工业安全隔离装置,在工业环网交换机与4G专网无线控制区之间部署工业安全隔离装置;管理信息区与DMZ区之间部署工控防火墙;在工业环网内部部署工业安全审计系统等设备。

2. 功能设计详述

(1)防火墙

防火墙使用网络串联的方式部署在DMZ区和管理信息区域区边界处,实现数据从DMZ区向管理信息区传输的逻辑隔离。防火墙不仅可以实现基于IP端口上的防护,更可对应用层的数据包进行深度检查,生成工业网络“白名单”,阻断非法操作及恶意攻击行为。

(2)安全隔离装置

① 工业安全隔离装置

使用网络串联的方式在生产控制区与生产执行区边界处部署,以实现高安全隔离。

② 工业安全隔离装置(无线监测系统接入)

使用网络串联方式,在无线接入交换机与生产控制区核心交换机之间部署,以实现安全区内网络边界物理隔离。

(3)日志审计

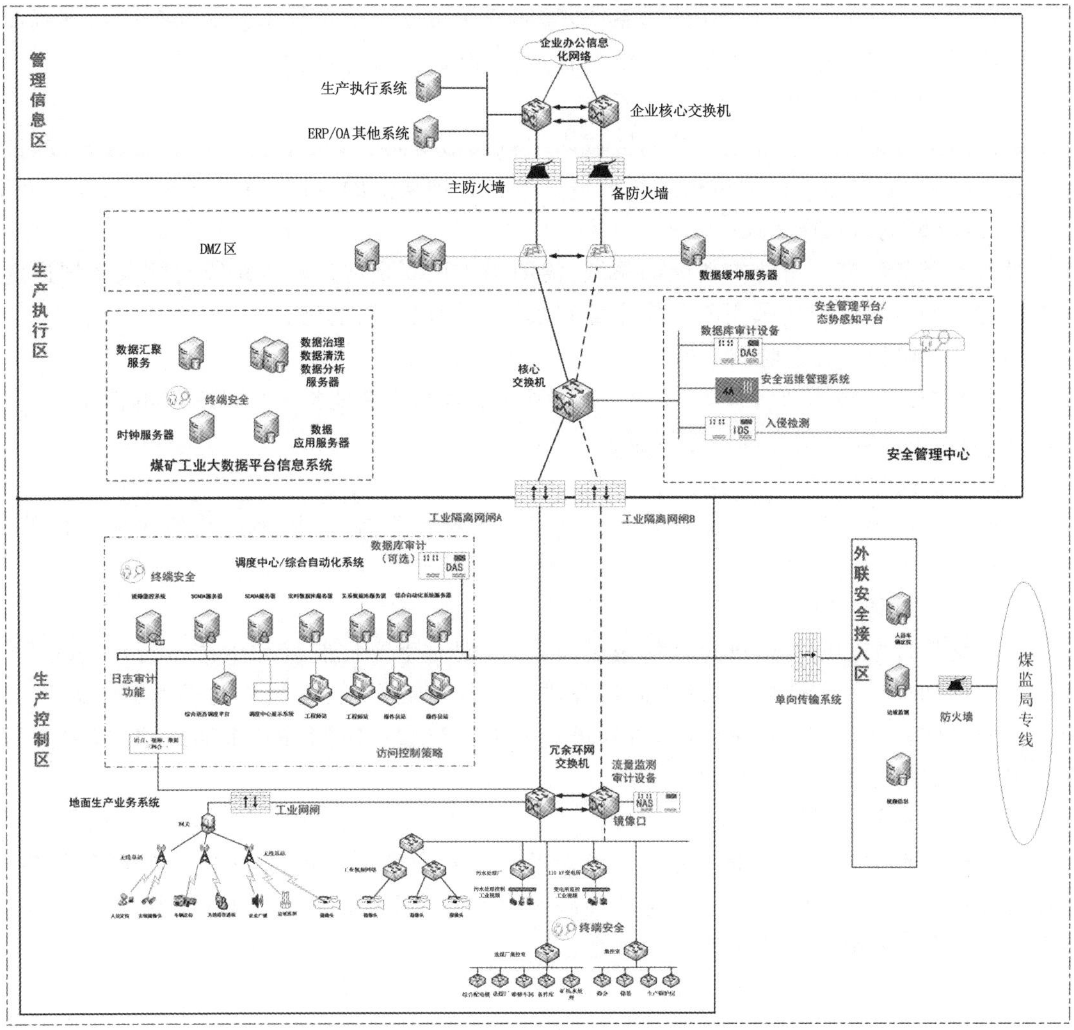

图 1-4-1　神延公司网络安全设备部署结构图

在调度中心区域内部署日志审计设备，对综合自动化系统及下级子系统的终端、网络交换设备、服务器等进行日志审计，并保留至少半年以上的日志数据。

（4）主机防护

① 主机防护功能（调度中心区域）

在煤矿基建期或对生产监控系统升级改造期，可对调度中心区域内的工程师站、操作员站以及服务器开展主机防护工作。

与生产控制系统相关的系统，须在相关检测机构测试环境中，进行各项功能的测试，通过全面测试并书面记录，确认没有影响后，方可正式上线。

② 主机防护（地面生产控制区域）

主机防护应部署在地面生产控制区域内主机及服务器上，根据业务需求确认需被防护的相关主机后，须在相关检测机构测试环境中进行各项功能的测试，通过全面测试并书面记录，确认没有影响后，方可正式上线。

对暂不具备配套主机防护功能的系统，需明确主机安全防护技术路线与整改计划进度；并采取适当的技术措施如采用手工安全配置加固和管理补偿措施。

③ 主机防护(井下生产控制业务区域)

主机防护应部署在井下生产控制区域内主机及服务器上，根据业务需求确认需被防护的相关主机后，须在相关检测机构测试环境中进行各项功能的测试，通过全面测试并书面记录，确认没有影响后，方可正式上线。

对暂不具备配套主机防护功能的系统，需明确主机安全防护技术路线与整改计划进度；并采取适当的技术措施如采用手工安全配置加固和管理补偿措施。

(5) 生产控制区流量监测审计

在生产控制区根据网络骨干、汇聚、接入情况部署相应性能指标(吞吐量)的流量监测审计系统，接入生产核心交换机镜像流量。

(6) 入侵检测

生产执行区核心交换机旁路部署1套网络入侵检测系统，检测来自其他区域或内部的非法入侵与攻击，及时告警。

(7) 安全运维管理系统

在安全管理中心部署运维审计堡垒机设备，实现对生产控制区和生产执行区网络设备运维的管理和审计，对运维人员的访问过程进行细粒度的授权、全过程的操作记录及控制、全方位的操作审计，并能对事后操作过程进行回放，实现运维过程的“事前预防、事中控制、事后审计”，提升运维安全管理水平。

(8) 统一安全监测装置

在安全管理中心部署1套工业态势感知平台或安全管理平台，通过安全专网收集各安全设备分析结果、日志等，以实现对生产控制区生产监控系统的主机、网络设备、工业控制设备及安全设备运行状态的集中监控和展示。

(二) 中级

新疆能源公司乌东煤矿工控安全解决方案。

1. 解决方案概述

按照“一个中心、三重防护”的技术要求，从安全通信网络、安全区域边界、安全计算环境、安全管理中心等层面进行安全防护。通过安全分区分域，在各区域之间分别以工控安全隔离网闸、工控防火墙等设备实现边界安全防护，通过在各业务系统服务器、上位机部署主机加固软件，实现主机计算环境安全，同时建设安全管理中心，通过部署统一安全管理平台、堡垒机、入侵检测、日志审计、工控网络态势感知等设备，从流量层面感知网络安全态势，建立从主机到网络再到应用的纵深防御体系。

2. 功能设计详述

(1) 安全通信网络

根据《信息安全技术　网络安全等级保护基本要求》中对工业控制系统的普渡模型，将乌东煤矿整个网络拓扑图划分为2层，分别为办公层和生产控制层，办公层与生产控制层之间设立DMZ区。

依据乌东煤矿业务需求，将井上环网、井下环网、安全监控专网、工业视频环网、4G专网划归于生产专网内部，并通过 DMZ 区实现与外部办公层的安全隔离。

DMZ 区作为安全防护建设的管理核心与综合大脑，中文名称为“非军事化区”，位于办公网和工控网络之间，是一个非安全系统与安全系统之间的缓冲区。通过在该区合理设置隔离措施、配置访问控制策略，可实现从工控网络到非工控网络数据的安全传输。

(2) 安全区域边界

智能矿山工控系统的边界防护应具有合理的防护区域划分，在各区域边界处进行有效隔离，确保各个区域之间设定清晰的边界，有助于保障边界和各区域内系统的安全。

在安全通信网络防护建设中，已划分办公层、生产控制层，已构建 DMZ 区。因此，边界防护建设中主要涉及的边界有：DMZ 区与办公层之间的边界，DMZ 区与生产控制层之间的边界。可利用防火墙、工业隔离网闸等边界隔离设备，配置访问控制规则，保证各区内服务器、网络设备、安全设备的安全。

DMZ 区与办公层之间边界采用主备冗余的防火墙进行逻辑隔离，支持访问控制、病毒防范和入侵防御等功能。

DMZ 区与生产控制层之间采用主备冗余的工业隔离网闸进行物理隔离，支持工业协议如 S7、Modbus、OPC 等协议的深度解析及访问控制。

(3) 安全计算环境

安全计算环境方面主要涉及乌东煤矿工业控制系统网络安全区域内部服务器、主机、网络设备等具备计算能力的上层环境。根据《信息安全技术　网络安全等级保护基本要求》，工业控制系统本身应具备足够健壮性，能够进行身份识别、权限管控、访问控制等操作，同时也应具备安全审计、恶意代码防范等能力。

结合乌东煤矿智能矿山建设安全需求及防护重点，具体安全防护包括：

① 采用工控安全主机防护系统对生产服务器、上位机等进行“白名单”加固防护；

② 重要业务服务器、主机安全日志统一由日志审计系统接管分析，集中上传安全管理中心。

根据要求，构建乌东煤矿的安全管理中心，建设部署安全运维管理系统、工控安全统一管理平台，工控内网态势感知平台、数据库审计、前置机服务器等设备，对乌东煤矿工控内网进行全局网络安全态势监控与分析，实现对控制区和 DMZ 区网络设备运维的管理和审计，实现运维过程的“事前预防、事中控制、事后审计”，提升运维安全管理水平，解决运维人员日常网络安全事件分析难的问题。

采用工控安全统一管理平台对所有网络内的安全设备进行集中管理，包括运行状态监测、告警查看及策略配置，从整体视角对全网的安全事件进行关联分析和攻击溯源。

各类安全设备、DMZ 区内服务器、主机等的运维操作统一由安全堡垒机接管，操作日志、维护日志并上传至安全管理中心。

采用数据库审计系统全程记录网络中一切对数据库的访问行为。经过对访问数据的分析、过滤和解析，记录用户访问数据库所做的所有操作以及返回的结果，形成审计日志，便于事后查询与追责。

采用工控安全态势感知平台，基于内置的“黑、白名单”规则、安全行为基线、AI 检测模型等进行安全分析与告警，对工控网络安全态势一体化展示，对威胁探测、威胁态势、脆弱性态势进行分析，对级联数据进行关联分析与查询审计、对网络安全态势进行大屏呈现。

采用工控入侵检测设备,通过镜像DMZ区核心交换机流量,实时监控、分析到达DMZ区的网络威胁并告警,流量审计分析设备部署控制区,对进出的工控协议(如OPC、Modbus TCP、Siemens S7、DNP3、IEC104等)进行深度解析。

(三)高级

网络安全和数据安全永无止境,所以不具备成型完美的安全方案和典型案例。

三、典型案例

暂无。

第二部分

井工煤矿

第一章 透明地质

一、初级

构建“静态探测＋三维地质几何模型”透明地质模式。

（1）应用煤矿井下地质、探放水的勘探技术与装备。

（2）利用各种探测、监测数据建立地质数据库。

（3）具备多源数据融合功能。

（4）具备地层、构造几何建模及模型剖切等功能。

（5）实现对煤矿隐蔽致灾地质因素的静态探测和三维地质信息的模型表达。

二、中级

构建“动态探测＋三维地质属性模型”透明地质模式。

（1）应用采掘工作面前方地质异常体动态探测的技术与装备。

（2）勘探设备具有数据自动采集、上传、存储与分析的功能。

（3）具备采掘工作面前方三维地质多属性信息动态建模能力。

（4）具备接入主要灾害监测数据的功能，在三维属性模型上同步映射显示，形成三维动态多属性模型。

（5）具备三维储量动态管理功能。

（6）实现对煤矿井下地质构造的精细探测和煤矿瓦斯、水文、火区等多属性信息的模型表达。

三、高级

构建“监测预警＋三维地质开采模型”透明地质模式。

（1）应用采掘工作面前方地质异常体的动态探测和实时监测的技术与装备。

（2）具备采掘工作面三维地质模型动态更新的能力。

（3）通过动态数据适时更新，形成三维透明地质模型，可对地质隐蔽属性进行透明表达。

（4）三维动态地质模型应与采掘工作面集控中心数据共享，实现基于透明地质模型的智能化采掘。

（5）实现煤矿隐蔽致灾地质因素的探测、监测和煤矿生产相关地质信息的预测预报。

一、解读

(一) 初级

【原文】

构建"静态探测+三维地质几何模型"透明地质模式。

(1) 应用煤矿井下地质、探放水的勘探技术与装备。

(2) 利用各种探测、监测数据建立地质数据库。

(3) 具备多源数据融合功能。

(4) 具备地层、构造几何建模及模型剖切等功能。

(5) 实现对煤矿隐蔽致灾地质因素的静态探测和三维地质信息的模型表达。

【条文解释】

① 静态探测:在开采初期,利用地球物理勘探法(以下简称"物探")(如三维地震、地面电磁法、井下电磁法、槽波地震等)对工作面开展的一次性勘探工作,勘探成果主要反映勘探当时工作面内部的地质构造、水文地质等情况,与之对应的是动态探测。

② 煤矿井下探放水的勘探技术与装备:以地球物理电磁法勘探技术与装备为主,包括矿井瞬变电磁、直流电法、音频电透视、无线电波透视(坑透)等。

③ 地质数据库:它是一种专业的数据库,用来存储地面钻探、三维地震、瞬变电磁、井下钻探、水情监测、采掘工程揭露等多源数据,满足数据查询和分析等功能。

④ 多源数据融合:通过对钻探、物探、矿井地质、水文监测等多源异构数据的综合分析、标定验证等处理,以提高煤岩层、断层、陷落柱等解释精度,丰富数据信息。

⑤ 地层、构造几何建模:基于地质写实数据和井上、井下地质勘探数据等信息,采用三维地质建模软件,构建三维地质几何模型,模型包含煤层赋存状态、断层、陷落柱、冲刷带等地质体的空间几何形态信息。

⑥ 模型剖切:选择任意垂直剖面、水平切平面,可以对三维地质模型进行剖切展示,其中剖切面可以移动编辑。

本条是对初级透明地质保障系统的规定。

初级透明地质保障系统适于地质条件简单的煤矿,初期开展地面采区综合探测和井下槽波、音频电透视、瞬变电磁等超前探测,探测成果可用于初始三维地质建模,配备专用的防治水钻机,符合相关规程、规范、细则的要求;后期重在利用前期的井上和井下地质、钻探、物探数据和采掘工程揭露信息,构建地下煤岩层的三维地质几何模型,后期随着煤矿生产实际揭露信息的融入,可适时动态更新几何模型。

(二) 中级

【原文】

构建"动态探测+三维地质属性模型"透明地质模式。

(1) 应用采掘工作面前方地质异常体动态探测的技术与装备。

(2) 勘探设备具有数据自动采集、上传、存储与分析的功能。

(3) 具备采掘工作面前方三维地质多属性信息动态建模能力。

(4) 具备接入主要灾害监测数据的功能,在三维属性模型上同步映射显示,形成三维动态多属性模型。

(5) 具备三维储量动态管理功能。

(6) 实现对煤矿井下地质构造的精细探测和煤矿瓦斯、水文、火区等多属性信息的模型表达。

【条文解释】

① 动态探测：相对于静态探测而言，动态探测是在同一地点、不同时间，采用同一方法，实现对地质探测目标的多回次、循环滚动的一种地球物理勘探方法，如随采随探、随掘随探、跟踪探测等。

② 采掘工作面前方地质异常体动态探测的技术与装备：配置远控操作智能钻机或长距离定向钻机，辅以孔中物探技术装备和随采随探地震、随掘随探地震，实现智能采掘工作面前方地质构造、富水异常区的超前精准探测，孔中物探技术装备包含钻孔瞬变电磁、钻孔雷达、钻孔测井和钻孔测量。

③ 属性模型：地质属性特征包括瓦斯含量、富水性等，相对几何模型而言，三维地质属性模型是指在传统的三维地质几何模型基础上，对于煤层及其围岩赋以特定的属性，形成专题的瓦斯地质模型、水文地质模型以及火区地质模型等。

④ 接入主要灾害监测数据：主要灾害监测数据是指瓦斯浓度、水位水压、涌水量、温度等与瓦斯、水、火相关的数据信息；数据接入是指数据可通过相应数据接口直接导入透明地质保障系统中，用于对前期的属性模型进行动态更新，形成动态多属性模型。

⑤ 三维储量动态管理：即利用地质模型测定和统计煤矿储量及开采损失量，并实现采掘引起的储量动态计算及三维可视化，用以指导监督合理地开采煤炭资源。其中储量计算包括开拓煤量、准备煤量和回采煤量，开采与损失计算主要包括采出量、损失量和损失率等。

本条是对中级透明地质保障系统的规定。

中级透明地质保障系统适于地质条件中等、中等～复杂的煤矿，重在通过动态探测的方式，实现对煤矿隐蔽致灾地质因素的滚动探测、超前远距离精准探测，将基础地质条件与开采地质条件相融合，构建三维地质属性模型，并能通过动态探测数据不断优化地质模型。此外，中级透明地质保障系统通过三维储量的动态管理，能够有效指导监督煤炭资源的开采。

(三) 高级

【原文】

构建“监测预警＋三维地质开采模型”透明地质模式。

(1) 应用采掘工作面前方地质异常体的动态探测和实时监测的技术与装备。

(2) 具备采掘工作面三维地质模型动态更新的能力。

(3) 通过动态数据适时更新，形成三维透明地质模型，可对地质隐蔽属性进行透明表达。

(4) 三维动态地质模型应与采掘工作面集控中心数据共享，实现基于透明地质模型的智能化采掘。

(5) 实现煤矿隐蔽致灾地质因素的探测、监测和煤矿生产相关地质信息的预测预报。

【条文解释】

① 监测预警技术与装备：是指在静态探测和动态探测的基础上，在同一地点、采用同一方法及参数，实现对地质探测目标的实时、在线、连续探测的一种地球物理勘探技术与装备，

例如水文监测、微震监测、电阻率监测等。

② 三维地质开采模型:是指在高精度三维地质几何模型、属性模型的基础上构建的地下三维透明地质模型,它能够有效转换为采掘设备的位姿信息,实现基于透明地质模型的数字采矿模拟功能,为规划截割提供地质参数。

③ 动态数据适时更新:动态数据包括煤矿生产实际揭露的煤(岩)层地质数据、采掘扰动下的实时监测数据、生产实时工况数据等,根据需要利用这些动态数据更新模型,从而提高三维地质模型的精度,更好地指导煤矿生产。

④ 地质隐蔽属性透明表达:通过三维可视化技术将工作面或矿井隐蔽致灾因素(例如断层、陷落柱、冲刷带、采空区、裂隙发育带、地下含水体等)的空间位置、几何特征和属性特征以模型的形式进行展示。

⑤ 预测预报:在高精度三维地质模型的基础上,通过三维实体空间与三维数字模型的同步映射、灾害推演、联动分析,以实现对隐蔽致灾地质因素的预测预报、监测预警,并与矿井通信系统联动,实时显示、查看、播报地质异常体的相关信息。

本条是对高级透明地质保障系统的规定。

高级透明地质保障系统适用于地质条件复杂和极复杂的煤矿,重在通过动态探测、实时监测的方式,具备煤矿隐蔽致灾地质因素的监测预警和预测预报功能,并能将三维地质模型与采掘生产活动相融合,实现基于透明地质模型的智能化协同开采。

二、解决方案

透明地质保障系统是煤矿绿色、安全、高效、智能开采的基础和前提,它在地质综合探测的基础上,借助于先进的钻探、物探和测量等技术与装备,并依托先进的计算机技术实现地质工作的动态管理。

2018 年之前,大多数针对约束采煤机自动化运行路径的方法主要以记忆割煤为主,或以参考当前采煤工作面的煤层顶底板线来设计和规划,但这些工艺都无法实现复杂地质条件下采煤机多刀自适应规划割煤。随着国家和各煤炭企业在智能开采各技术领域的大力投入和技术攻关,以透明地质保障系统为基础,基于采煤工作面高精度三维动态地质模型的采煤机自适应截割技术有了很大的突破和良好应用,利用透明地质保障系统与开采系统的结合互馈,实现工作面设备和地质环境的绝对定位,实现采煤机自适应连续规划截割路径,实现综采工作面连续常态化生产,并通过综合模型和隐蔽属性的可视化表达,为煤炭智能开采提供全生命周期地质导向服务。因此,透明地质保障系统在煤炭企业安全生产领域具有广阔的市场前景。

透明地质保障系统由两层结构组成。第一层级为数据中台,可对各专业数据进行集中治理和存储;第二层级为功能应用层。如图 2-1-1 所示。

(一) 初级

初级透明地质保障系统主要包含煤矿常规探测技术与装备模块、历史资料数字化模块、多源数据融合模块、动态数据适时更新模块、地层、构造几何建模及模型剖切模块。

1. 常规探测技术与装备

常规探测技术与装备主要采用静态探测方法。针对断层、陷落柱等地质异常体,主要利

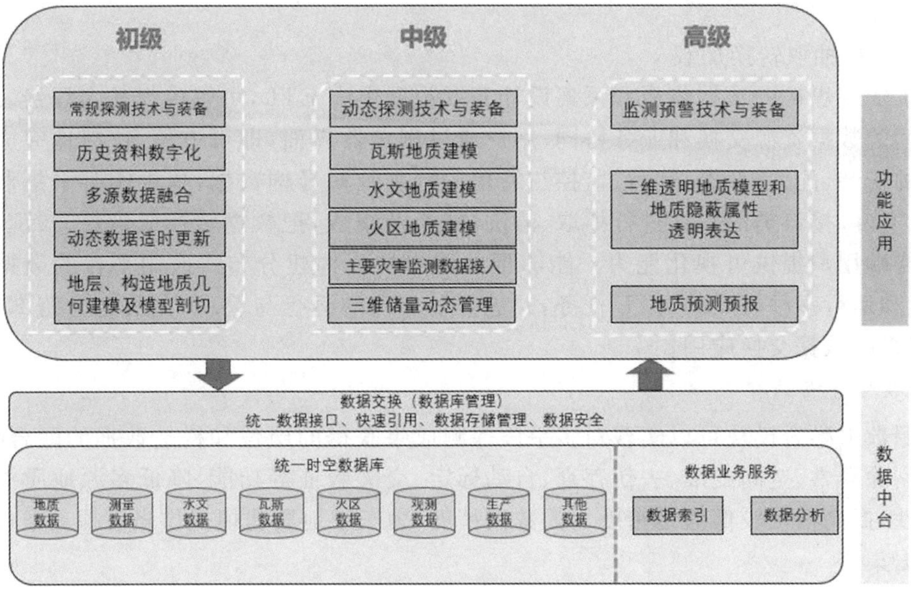

图 2-1-1　透明地质保障系统部署架构

用槽波地震探测技术，开展反射槽波或者透射槽波技术对工作面层析成像，探明工作面内部的断层、陷落柱等地质异常体的产状、分布范围、规模等参数，装备需配备槽波地震仪；针对含水异常体的探测，可选择电磁法类方法，如对工作面开展无线电波透视、音频电透视、孔间电磁法等探测，查明工作面顶（底）板的含水体分布，装备主要包括无线电波透视仪、音频电透视仪、孔间电磁法探测仪等。

地质条件简单的矿井，可选用上述各类方法中某一种方法开展探测；地质条件复杂的矿井，可根据实际情况，选用上述多种方法组合，开展联合探测。

2．历史资料数字化

历史资料数字化模块主要完成对各类数据（原始数据、图件等）的分类和数字化工作。

（1）数据分类

① 地质类数据：钻探、测井、三维地震、槽波地震、音频电透、直流电超前探、高密度电法、瞬变电磁探测、孔中物探、地质雷达等勘探数据；钻孔柱状图、底板等高线图、煤岩层剖面图、物探成果图等成果数据。

② 测量类数据：测量导线点、地质写实、采空区等测量数据；采掘工程平面图、巷道素描图、采空区分布图等成果数据。

③ 观测类数据：地表变形、位移、地表沉陷、岩层位移等观测数据；位移图、变形图、沉陷图等成果数据。

（2）图件数字化

① 数字化柱状图：可实现对柱状图的数字化，得到具体数据信息，且可进行添加、插入、删除等编辑工作，最后可将得到的数据化结果存储至数据库。

② 数字化平面图：文件操作界面加载 AutoCAD 格式的平面图文件后，在数字化平面图的界面中进行数字化，数字化的结果显示在数据管理器中，可将数字化结果进行编辑、删除、

提交数据库。

(3) 数据抽取转换加载

为了实现煤矿的数据集成和采集设计开发数据集成ETL,可解决煤矿多层级、跨地域、多部门间的数据资源交换和业务协同,用户通过浏览器界面,即可方便、快捷地完成数据交换平台的安装、配置、部署、运行、监控与管理。特别针对异构数据,提供实时采集器能方便将视频、文件、接口类的数据进行抓取、清洗、转换及集成,把数据转换成信息、知识,最终面向不同终端用户提供可视化能力。能够帮助用户快速构建分布式应用平台的数据交换网络,配置和运行多种模式的ETL任务,并进行全方位的运行与管理,尤其适合跨部门、跨地域、跨层级的数据交换应用。

3. 多源数据融合

多源数据融合模块可以实现对多手段探测成果获得的层位和构造数据的融合处理,能够实现剔除异常、空间配准、去伪存真、自动标定、交叉验证等功能,降低多源地质探测成果的多解性,提高精度较低但是密度大的数据精度,为三维地质建模提供当前探测条件下最高精度数据集。

针对钻探、测井、测量、孔中探测得到的地层数据,具有数据质量检查、异常值剔除、平面和空间形态展布、重复数据检查等功能;针对三维地震、槽波地震和电磁法探测得到的构造或异常数据,具有平面和空间形态展布、数据质量检查、异常值剔除、专家分析等功能,通过该功能实现构造解释的最优“唯一解”;针对时间域的三维地震解释层位数据密度高但精度低的问题,可利用系统中所有对应的地层解释数据进行自动标定,更新平均速度场,提高地震解释成果的精度。

煤炭开采是一个随时空变化的动态过程,在工作面开采过程中的地质认识也是一个不断深化和更新的过程,这就需要充分利用煤矿生产各个阶段的多源异构地质数据。因此,以采煤工作面为例介绍多源数据融合及其在透明工作面中的应用,通过数据提取出可利用于煤炭智能开采的地质信息,进而实现工作面地质透明化。

首先,通过多源异构数据配准标定、交叉验证、联合反演,整合安全可靠、高性能的数据预处理算法,聚合动态、静态、实时监测数据,将多种异构数据源一键接入,降低地质数据的多解性,提高数据的精度,逐级完成数据级融合、特征级融合、决策级融合。

其次,利用三维高密度地震数据体为基础地质构造框架,以钻探、采掘数据、钻孔雷达等进行模型动态标定,实现煤矿井下地质构造几何建模,并通过槽波地震勘探和电磁法探测的地质信息进行构造和含水体等属性填充,以多种智能在线监测手段同步实时映射更新工作面地质模型,实现动态逐级透明化建模。

最后,为了将融合建模后的统一数据体转化为服务于智能开采的信息和知识,需将新一代信息通信技术与传统地质勘探、煤炭开采深度融合,搭建“数据透明—信息透明—知识透明”三层全息透明架构,实现开采智能控制、数据智能服务和模块智能应用,打通地质与开采系统之间的壁垒,实现从地质到开采各个要素之间统一的规范化集成、系统化重构。

4. 动态数据适时更新

动态数据适时更新模块主要包括地质类数据更新、测量类数据更新、观测类数据更新和图件更新,以及利用实时数据对三维地质模型进行修正和更新。

(1) 地质类数据更新

适时更新煤层参数、围岩参数、富水区、断层、陷落柱、瓦斯富集区、应力集中区等数据。

(2) 测量类数据更新

适时更新掘进导线测量、回采进度等数据。

(3) 观测类数据更新

适地更新地表变形、位移、地表沉陷、岩层位移、发火区等数据。

(4) 图件更新

适时更新煤岩层的值线图、构造图、综合水文地质图、瓦斯地质图、采掘工程平面图、采空区等数据。

(5) 三维模型动态修正和更新

根据实时工况数据和监测数据，采用相应算法，对原三维地质模型进行动态修正和更新，以提供模型精度，更好地为煤炭智能开采服务。

5. 地层、构造地质几何建模及模型剖切

三维地质建模是地质分析和研究的结果通过计算机软件综合展示的可视化模型，具有全面、直观、立体的效果。三维地质建模通常包括以下几个步骤：① 输入数据，将探测数据分析后，导入到建模系统中，通常数据形式为点数据、线数据和面数据及 CAD 形式的数据格式；② 确定边界，边界的确定对于模型的建立至关重要，针对透明工作面，其截割曲线的获取与边界相对应，由于工作面的范围小于测点的范围，因此通常通过已知数据进行工作面的切割获取工作面的范围，此种方法目前仅适用于面，而不适用于体；③ 建立断层网格，通过输入的断层数据连接插值成面，并进行网格化，方便后面的断层面与地层面的切割；④ 建立地层面，通过导入的地层层位数据与断层数据进行插值计算生成地层层面，过程中需要考虑断层性质、地层间的接触关系等；⑤ 建立线框模型，根据地层面、边界、断层等要素，建立三维地质模型的线框模型，这一步是为了后面的网格化打下基础；⑥ 划分网格，至此步建模工作已基本完成，需要将已获得的层面线框进行网格剖面，此步是为了后续的属性建模打下基础，便于后续的属性分析；⑦ 模型的优化与展示，主要实现三维模型的可视化展示。

地层、构造地质几何建模包括一键建模、单一界面建模、复杂岩(煤)层建模、透镜体建模、覆盖层建模、断层建模、断层错动模拟、物探建模、冲刷带建模、褶曲建模、陷落柱建模等功能。模型剖切指可通过设置剖切面来剖切展示模型，剖切面可以移动编辑。

(二) 中级

在初级透明地质保障系统的基础上，中级透明地质保障系统主要包含动态探测技术与装备模块、瓦斯地质建模模块、水文地质建模模块、火区地质建模模块、主要灾害监测数据接入模块和三维储量动态管理模块。

1. 动态探测技术与装备

利用随采、随掘探测技术开展对采掘工作面前方地质异常体的动态探测，实现三维地质模型动态更新。配置远控操作智能钻机或长距离定向钻机，辅以孔中物探装备，实现智能采掘工作面前方地质构造、富水异常区的超前精准探测。

2. 瓦斯地质建模

瓦斯地质建模模块可对瓦斯含量进行测定分析并建立预测模型，绘制瓦斯含量等值线、压力等值线，并根据瓦斯含量不同等级，在瓦斯地质模型中以不同的颜色进行区域标注和划分。

3. 水文地质建模

水文地质建模模块主要包括对含(隔)水层建模、导水通道建模、富水区建模、水位建模等。

4. 火区地质建模

根据历史数据和实时数据进行反演,得到煤层的温度变化趋势以及可能存在的发火期,建立相应的火区地质数学模型,将数据反演结果填充到构建的三维地质模型中,并以颜色密度图或其他形式进行三维可视化展示。

5. 主要灾害监测数据接入

主要灾害监测数据接入模块是指将瓦斯浓度、水位水压、涌水量、温度等与瓦斯、水、火相关的数据信息直接导入透明地质保障系统中,采用三维可视化技术,在静态属性模型的基础上构建动态多属性模型。

6. 三维储量动态管理

三维储量动态管理模块主要实现煤矿开采过程中煤炭储量的动态管理,其主要功能包括数据库管理、储量计算、储量开采与损失计算、二维和三维可视化、报表输出、数据查询等功能。如图2-1-2所示。

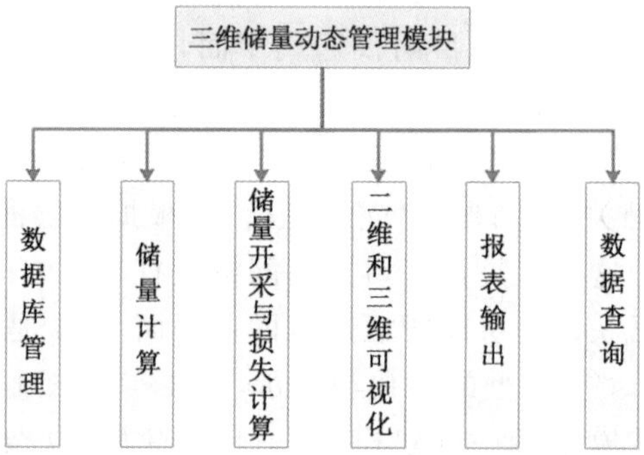

图2-1-2　三维储量动态管理模块

其中,数据库管理包括储量计算图、各类报表数据的管理;储量计算包括工作面、采区、块段和煤柱的储量计算;储量开采与损失计算包括矿井开采过程中的动用量、采出量、损失量和损失率的计算;成果展现包括各种报表的输出,储量二维和三维可视化的动态展示,以及数据查询等功能。

(三)高级

高级透明地质保障系统主要包含监测预警技术及装备、三维透明地质模型和地质隐蔽属性透明表达模块以及地质预测预报模块。

1. 监测预警技术及装备

在随采随探、随掘随探等智能探测技术基础上,采用水文、微震、电阻率等实时监测技术,结合瓦斯、火区等在线监测系统,用于实现智能采掘工作面隐蔽致灾地质因素的动态建模、监测预警以及基于透明地质模型的规划截割等。

2. 三维透明地质模型和地质隐蔽属性透明表达

三维透明地质模型是地层、构造地质几何模型以及属性模型的综合，该模块功能主要包括属性填充、模型透视化以及模型渲染等功能。

属性填充功能主要实现水文、瓦斯等属性信息与地层、构造地质几何模型的自动匹配，其原理是根据相应 X、Y 坐标匹配二维信息，将属性信息匹配到相应的不同高程的地质模型中，从而完成属性填充。此时，地质模型中既包含构造几何信息，也包含水文、瓦斯等属性信息。

模型透视化功能通过设置模型透明度，实现地质模型的透明化显示。除透视模式之外，透明地质保障系统还提供平行模式和漫游模式。其中透视模式体现视距对物体对象大小影响的视觉效果，对象越远时，视觉上显得尺寸越小；平行模式体现按照平行光线观察对象的视觉效果，对象在视觉上的大小不受距离影响；漫游模式在于方便用户沿着定义的路径进行模型三维漫游，包括沿着巷道模型进行漫游、工作面漫游等方面的应用。

模型渲染功能是指利用三维引擎对综合地质模型进行可视化渲染。隐蔽属性透明表达主要通过三维可视化技术将工作面或矿井隐蔽致灾因素的空间位置、几何特征和属性特征以模型的形式进行展示，结合矿井综合地质模型，服务于煤矿安全生产。

3. 地质预测预报

在矿井生产活动中，地质预测预报是建立在地质状况深入了解与认识的基础上，采掘活动是对地质空间结构与内部元素的人工改造，地质状况随时随地都有变化的可能，需要时刻关注地质在工程作用下的畸变与突变，地质预测预报即具备专业化多源监测数据实体空间与数字模型的同步映射、灾害推演、联动分析和预警功能。地质预测预报分为两个阶段，首先实现隐蔽致灾因素的可视化，利用三维可视化平台构建多维多角度三维模型，实现地质信息透明；其次，利用专家在线系统进行地质预测预报。

其中地质预测预报建议包含以下内容：

① 断层、褶皱、陷落柱、地层倾角和岩浆侵入体等特征，以及对煤(岩)层的影响等；

② 煤层厚度、煤层结构、煤体结构、煤质、煤层顶底板及其岩性等；

③ 煤层瓦斯赋存规律、煤(岩)与瓦斯突出危险性等；

④ 含水层、隔水层、构造体的含水性和导水性，最大涌水量和正常涌水量，老空区、老窑位置及其积水情况，封闭不良或封闭情况不明钻孔的位置及封孔情况等。

三、典型案例

(一) 建设条件

保德煤矿位于山西省忻州市保德县境内，井田面积为 55.9 km^2，核定生产能力为 5.0 Mt/a。

井田地层由老到新依次为奥陶系、石炭系、二叠系、三叠系、新近系、第四系，其中石炭系与二叠系为含煤地层。

井田位于河东煤田的北部，构造简单，呈平缓的单斜构造形态，并且发育有宽缓的波状起伏，地层产状总体走向为 350°，倾向为 260°，倾角为 3°～9°，一般为 5°左右，未见有大型断层、褶皱及陷落柱。

井田含煤地层为石炭系上统太原组和二叠系下统山西组。含可采煤层共计4层,其中稳定可采煤层3层,分别为8号、10号、11号煤层;不稳定部可采煤层1层,为13号煤层。主要可采煤层分布面积广,可采面积较大,赋存较稳定,连续性较好,厚度变化有一定规律,经济价值较高,结构简单,不含矸或常含1～2层夹矸。

根据2021年瓦斯等级鉴定结果,矿井绝对瓦斯涌出量为94.48 m^3/min,相对瓦斯涌出量为9.20 m^3/t,采煤工作面最大绝对瓦斯涌出量为15.21 m^3/min,掘进工作面最大绝对瓦斯涌出量为3.21 m^3/min,为高瓦斯矿井。

煤层自燃倾向性等级为Ⅱ类,属自燃煤层;煤尘有爆炸危险性。水文地质类型中等。

(二)建设内容

在该案例中,透明地质保障系统面向全矿井,正在建设之中,其建设目标是构建矿井上、下高精度三维地质模型,并服务于煤炭智能开采全生命周期。研究矿井构造、煤层赋存状态、矿井水文、瓦斯、火区等地质条件与评价预测方法,构建矿井三维地质综合模型,包含几何信息和属性信息;研究三维储量动态管理方法,指导矿方合理开发利用煤炭资源;研究无人机地质测量和数据处理方法,构建矿井工业广场三维实景模型;研究长距离智能定向钻进工艺和装备,实现矿井"从小区域到超大区域"的瓦斯综合治理,既保障煤矿安全生产,又达到减人增效的目的。

(三)应用效果

保德煤矿透明地质保障系统预计2022年年底建设完成,将具备历史资料数字化、动态数据适时更新、构造地质几何建模、瓦斯地质建模、水文地质建模、火区地质建模、三维透明地质模型和地质隐蔽属性透明表达、三维储量动态管理功能,并为矿方提供全矿井三维地质模型,达到中级要求,实现部分高级功能。

第二章 智能采煤

一、初级

构建“自主移架＋记忆割煤＋跟机干预＋集控”5人采煤模式。

（1）采煤机具备记忆割煤、在线监测及故障诊断等功能，并安设摇臂摆角、机身倾角等姿态监测传感器。

（2）液压支架具备自动跟机移架功能，能跟随采煤机自动完成伸收护帮、移架、推溜、喷雾降尘等动作。

（3）集控中心具备采煤机、液压支架、泵站、“三机”、供电系统等设备工况监测及“一键启停”控制功能，宜实现工作面及固定点视频监控。

（4）采煤工作面具有自动喷雾高效除尘系统。

（5）综放工作面具备遥控器或放煤键盘放煤等功能。

二、中级

构建“协同作业＋有人巡视＋远程干预”3人采煤模式。

（1）采煤机具备记忆割煤和人工远程干预割煤功能，满足远程集中操控的要求。

（2）液压支架具备姿态感知监测、工作面直线度自动监测及找直功能；两巷超前支架、转载机及带式输送机自移等设备具有自动化控制功能。

（3）集控中心具备采煤机、液压支架可视化远程监控功能；实现自动化使用率、干预率等数据报表自动生成功能。

（4）采煤工作面具备煤流负荷平衡、供液系统联动、安全系统联动等协同控制功能。

（5）综放工作面应具备跟机放煤功能。

三、高级

构建“自主割煤＋无人跟机＋智能决策”0人采煤模式。

（1）采煤机具备机身姿态自感知、截割自适应、自主割煤等功能，构建透明工作面数字模型、人工智能算法模型等。

（2）液压支架具备姿态自感知、自监测、自找直功能，按规划需求实现全工作面自动跟机控制功能。

（3）集控中心（井下、地面）具备工作面主要设备运行状态智能分析、智能决策、智能调控功能。

（4）采煤工作面具备设备与环境感知监测预警、智能视频识别、云巡视、人员接近防护等功能。

（5）综放工作面具备记忆放煤、远程放煤等智能化功能。

一、解读

(一)初级

【原文】 构建“自主移架+记忆割煤+跟机干预+集控”5人采煤模式。

【条文解释】

自主移架包括自动移架、中部跟机、三角煤跟机,功能可不依赖于上位机主机自主实现,避免通信对功能的实现产生影响。自动移架是单台支架控制系统,按照预先设定好的参数值,包括降柱时间、降柱压力下限、移架时间、移架目标行程、升柱时间、升柱初撑压力等参数值,依次对支架进行程序化自动控制,实现降柱、移架、升柱功能控制,并辅助以护帮板、伸缩梁、平衡、侧护、抬底等动作的自动控制。跟机移架是支架控制系统依据采煤机位置,按照采煤工艺,在采煤机后滚筒的后方一定距离和范围内执行单台或多台支架自动移架自动动作的过程。

记忆割煤是指人工控制采煤机沿工作面煤层先割一刀作为示范刀,采煤机控制系统将示范刀内采煤机位置及姿态信息进行记录与存储,在工作面正常开采期间,采煤机按照示范刀揭示的采煤机控制指令根据行程传感器和采集的采煤机位置进行对应的自动控制过程。

跟机干预是指在自动化生产过程中,以支架自主移架、采煤机记忆割煤功能为主,工作面支架工根据需要,可进行补架、三角煤区域手动拉架、推溜、运输机手动调直、支架顶梁调平、工作面上窜下滑调斜、采煤机速度和滚筒高度实时根据工作面信息修正的过程。

集控是指采煤系统的主要设备数据通过通信协议,与顺槽集控中心通信,集控中心实现对设备数据的监测和远程集中控制。

采煤工作面“5”人生产作业目标是指在理想化条件下,以工作面生产班最多5名生产作业人员为目标。初级阶段,因地质条件不同需适当调整,在特殊位置可安排1名工人人工巡视。在工作面地质构造稳定、斜度、角度、水、火、瓦斯等因素非影响生产的主要因素条件下,薄煤层工作面宜采用2名煤机司机、1名支架操作人员的生产模式;中厚及大采高煤层工作面宜采用2名煤机司机、2名支架操作人员的生产模式;放顶煤工作面、复杂地质条件工作面宜采用2名煤机司机、3名支架操作人员(跟机干预、放煤干预)的生产模式。

【原文】 (1)采煤机具备记忆割煤、在线监测及故障诊断等功能,并安设摇臂摆角、机身倾角等姿态监测传感器。

【条文解释】

在线监测是指针对采煤机电控系统中参数数据如最高限速、记忆截割参数等,实时截割传感数据如牵引方向和速度、摇臂滚筒高度或角度、位置里程等,系统工作状态数据如油温、油压、油量、系统工作模式、故障信息等,通过专用通信通道,分别可在集控中心煤机主控箱屏幕、集控系统屏幕、地面监控中心屏幕进行可视化展示,供操作人员实时监测。

故障诊断是指采煤机电控系统可对故障信息进行分类输出、展示,开机前对煤机系统进行自检测等。

姿态监测主要包括摇臂滚筒高度或角度、煤机机身俯仰角、倾斜角、航向角等。

【原文】 (2)液压支架具备自动跟机移架功能,能跟随采煤机自动完成伸收护帮、移架、推溜、喷雾降尘等动作。

【条文解释】

跟随采煤机自动完成伸收护帮、移架、推溜、喷雾降尘是指支架控制系统依据采煤机位置，按照采煤工艺，在采煤机前滚筒前方一定距离和范围内执行收护帮板、喷雾等动作；在后滚筒的后方一定距离和范围内执行单台或多台支架自动移架、推溜、伸护帮板等动作。

【原文】 （3）集控中心具备采煤机、液压支架、泵站、“三机”、供电系统等设备工况监测及“一键启停”控制功能，宜实现工作面及固定点视频监控。

【条文解释】

工况监测是指各类供电设备系统通过通信端口将数据集中传输至集控中心，集控平台系统将数据汇总后，通过矿井环网上传至地面调度中心显示。

“一键启停”是指在工作面单机设备远程控制的基础上，按照设备顺序启停建立一个流程，当按下集控中心一键启动按钮时，远程工作面设备有序进入工作状态；当按下集控中心一键停止按钮时，工作面设备有序停机。“一键启停”功能具备在启动前的启动条件检测功能。

工作面及固定点视频监控是利用视频监控技术，根据工作面实际情况，在工作面中部、两巷、设备列车等位置，设计并安装高清晰度视频监控摄像机，监控系统采集摄像机画面实现了在井下监控中心和地面指挥控制中心对整个综采工作面的视频显示。

【原文】 （4）采煤工作面具有自动喷雾高效除尘系统。

【条文解释】

高效除尘是指通过采煤机机身喷雾、支架跟机喷雾、工作面定点喷雾，保障采煤生产过程中，煤机前后滚筒周边粉尘浓度可控。

【原文】 （5）综放工作面具备遥控器或放煤键盘放煤等功能。

【条文解释】

遥控器或放煤键盘放煤是指工作面的每台支架可通过控制器键盘执行放煤控制，放煤动作执行不依赖上位机主机，可自主自动执行。同时配置单独放煤键盘，可执行放煤、放煤复位（尾插回高位）操作，放煤键盘通过有线方式接入控制器。如每台支架控制器配置无线接入器，可通过遥控器（全工作面可通用）替代有线式放煤键盘进行上述操作。

（二）中级

【原文】 构建“协同作业＋有人巡视＋远程干预”3 人采煤模式。

【条文解释】

采煤工作面的协同作业一般指采煤机与支架协同、采煤机与运输机协同、支架控制与供液系统协同、前部采煤与后部放煤系统协同、智能化系统与瓦斯或矿压等环境协同。采煤机与支架协同作业功能可不依赖于上位机独立联动。

有人巡视是指采煤工作面人员不直接操控生产设备，为确保生产过程正常，工作面人员巡视设备运行状态（如采煤机、支架、运输机），并处理紧急状况。

远程干预是指远程控制人员通过集控中心操作平台或地面分控中心操作台，在设备自动运行期，远程人员通过视频监控进行必要的设备远程控制操作。

采煤工作面“3”人生产作业是指在理想化条件下，通过提升设备自动化程度，设备间协同工作功能，以工作面生产班最多 3 名生产作业人员为目标。因地质条件不同需适当调整，在特殊位置可安排 1 名工人人工巡视。薄煤层工作面宜采用 1 名煤机巡视员、1 名支架巡视员生产模式；中厚及大采高煤层工作面宜采用 2 名煤机巡视员、1 名支架巡视员生产模式;放顶煤工作面宜采用 2 名支架巡视员(兼放煤巡视),2 名煤机巡视员生产模式;复杂地质条件工作面宜采用 2 名支架巡视员,2 名煤机巡视员模式。

【原文】 (1) 采煤机具备记忆割煤和人工远程干预割煤功能,满足远程集中操控的要求。

【条文解释】

"记忆割煤和人工远程干预"是指生产作业过程中,采煤机自动化以记忆割煤运行状态为主要作业模式,操作人员在集控中心或地面分控中心通过视频监控割煤效果,必要时通过采煤机操作台进行远程控制。

【原文】 (2) 液压支架具备姿态感知监测,工作面直线度自动监测及找直功能;两巷超前支架、转载机及带式输送机自移等设备具有自动化控制功能。

【条文解释】

姿态感知监测是指支架姿态感知应具备推移行程伸出姿态、顶梁角度姿态、底座角度姿态、支架高度姿态传感监测,同时宜具备平衡角度姿态、四连杆角度姿态、尾梁角度姿态、插板伸出姿态传感监测。

工作面直线度自动监测及找直是指通过惯性导航、视频、激光雷达等测量工作面刮板输送机、支架直线度,自动化系统根据测量结果自动执行找直控制,系统自动对自动找直结果进行修正干预。

两巷超前支架、转载机及带式输送机自移等设备具有自动化控制功能是指远程监控人员通过视频系统远程操作超前支架降、移、升等动作,以及远程操控转载机自移油缸伸收、带式输送机自移油缸伸收、支撑千斤顶伸收动作控制等。

【原文】 (3) 集控中心具备采煤机、液压支架可视化远程监控功能;实现自动化使用率、干预率等数据报表自动生成功能。

【条文解释】

数据报表自动生成是指集控系统根据定制需求,分析设备系统各项数据指标,定时生成不同模板报表,并将报表存储、上传至服务器,供不同需求用户下载使用。

【原文】 (4) 采煤工作面具备煤流负荷平衡、供液系统联动、安全系统联动等协同控制功能。

【条文解释】

煤流负荷平衡是指在生产作业过程中,根据刮板运输机、带式输送机等运输系统负载信息反馈,设定多个级别档位,自动化系统可在不同级别下发出多级预警信息,协同煤机系统、电液控系统,自动下发多级煤机加减速指令、调整推溜支架数量等参数。

供液系统联动是指在生产作业过程中,根据工作面支架单动、成组、跟机动作情况,自动化系统自动判断液压系统供液流量、压力,远程自动控制泵站启停、出口压力参数。

安全系统联动是指在生产作业过程中,根据工作面瓦斯、粉尘等环境系统数据、人员定位系统数据,自动化系统按设定规则分析判断,自动下发煤机加减速指令、支架喷雾开启(或关闭)指令、指定支架区域闭锁(解锁)指令等。

【原文】 (5) 综放工作面应具备跟机放煤功能。

【条文解释】

跟机放煤是指在工作面前端采煤过程中,距离采煤机一定距离和范围内,支架自动启动

“收插板—降尾梁—升尾梁—伸插板”的自动化放煤流程。

（三）高级

【原文】 构建“自主割煤＋无人跟机＋智能决策”0 人采煤模式。

【条文解释】

自主割煤是指通过物探、钻孔、雷达等技术手段，构建采煤工作面三维地质模型，描绘煤岩属性，划分煤岩分界线，通过惯性导航、视频、激光雷达等技术手段进行采煤设备精确定位，测量三维空间坐标，构建三维模型，统一地质坐标和设备坐标系。采煤机可存储规划数据，实现采煤机依据地质规划或存储的截割路径以及开采工艺模板自动化割煤。

无人跟机是指工作面内采煤机、支架不需巡视人员，可适当放置 1 名应急人员随时预备处置突发状况，远程监控人员通过视频显示、机器人巡检、红外热成像等技术多维度跟踪设备运行情况，采煤设备自主运行。

智能决策是指通过构建采煤工作面模型，系统自动规划截割路径，自动优化生产流程、设备间协同工艺，生成并优化设备自动化生产参数，提供并辅助操作人员远程干预指令。

【原文】 （1）采煤机具备机身姿态自感知、截割自适应、自主割煤等功能，构建透明工作面数字模型、人工智能算法模型等。

【条文解释】

姿态自感知是指采煤机系统可根据机身传感数据和三维地质数据进行融合，自主计算并定位当前煤机滚筒、机身在工作面三维空间中坐标位置，预测未来滚筒适应的截割高度。

截割自适应是指采煤机系统根据大数据平台，自主规划滚筒高度、煤机速度、煤机截割工艺牵引折返位置点，接收并存储未来规划数据，不持续依赖上位机实时干预，自动控制采煤机滚筒调高。

透明工作面数字模型是根据矿井工作面形成的过程，经物探、钻探、地测等数据融合，将采煤工作面的煤层厚度、走向、倾斜角度、顶底板曲线进行数字化，并统一地质坐标，可随采随探，实时修正开采的数字模型。

人工智能算法模型是面向煤矿智能化采煤的专业数据样本集合与深度学习训练模型，以及针对自动化、智能化开采的文本语音视频多维度机器学习算法，包括视频智能识别，可精准识别开采装备并与控制系统智能联动；具备设备故障诊断与专家决策智能辅助功能，可精准预判设备健康状态；具备超融合服务集群与大数据智能分析功能，服务集群全部实现云平台虚拟化存储计算，在此基础上支持大数据分析与实时数据流计算。全部智能算法模型可支持采煤工作面全部设备自动化自适应控制。

【原文】 （2）液压支架具备姿态自感知、自监测、自找直功能，按规划需求实现全工作面自动跟机控制功能。

【条文解释】

自找直是指根据工作面直线度检测，支架在跟机过程自动调整移架行程或推溜行程，无须人工干预修订控制参数，从而达到找直控制效果。

全工作面自动跟机控制是指工作面中部跟机、三角煤区域跟机均由控制系统自动化控制，工艺参数由透明地质模型、大数据平台、自主规划系统自动优化生成，配合采煤机截割模板，并协同控制支架自动跟机。

【原文】 (3) 集控中心(井下、地面)具备工作面主要设备运行状态智能分析、智能决策、智能调控功能。

【条文解释】

智能分析是指依托大数据分析平台,运用人工智能、模式识别等技术手段,建立故障诊断模型。不仅能够实时地进行设备的故障预警,也能够通过对历史数据的综合分析,提供预判设备的故障及其他辅助信息的功能。

【原文】 (4) 采煤工作面具备设备与环境感知监测预警、智能视频识别、云巡视、人员接近防护等功能。

【条文解释】

智能视频识别是在原有监控画面中增加视频识别算法,可在视频画面明显标注画面中人员、护帮姿态、运输机姿态、支架姿态,辅助远程操控人员决策。

云巡视是非人工巡视手段的统称,例如通过摄像仪进行远程视频巡检、通过巡检机器人进行远程近距巡检等。

【原文】 (5) 综放工作面具备记忆放煤、远程放煤等智能化功能。

【条文解释】

记忆放煤是指电液控制系统可记录人工放煤指令顺序,系统可"一键式"启动并按照记录指令时序,重复下发指令集合,支架自动执行相关动作。

远程放煤是指操作人员在集控中心或地面分控中心,依据工作面视频监控系统及支架尾梁、插板等传感数据,通过支架控制软件或操作平台对工作面液压支架放煤部件进行远程控制操作。远程放煤可对第三方开放数据接口,执行第三方自动放煤动作。

二、解决方案

(一) 初级

煤矿开采的初级智能化方案设计,是以"可视化远程干预"为最终目标,在井下工业环网、工业现场通信技术、工作面视频可视化的平台上,实现采煤机记忆截割、支架自动跟机移动、综采设备集中控制等初级智能工艺。

上述工艺的实现需要依赖各个综采设备及辅助设备的初级智能化功能,如支架电液控制系统、集成供液系统、采煤机监测及远程干预、刮板运输机智能感知及报警、供电系统远控、地质保障等。

1. 初级智能开采平台

(1) 网络平台

① 工作面工业以太网

建立工作面千兆以太网,利用工作面综合接入器和交换机,使工作面的以太网连接到巷道监控中心和地面网络,实现工作面设备和综采工作面自动化控制系统在同一个网络平台的信息传输,从而实现工作面数字语音、视频和数据的三网合一。同时,将 Wi-Fi 技术和工作面以太网有机结合起来,有效解决矿井无线通信问题,使一些通信比较困难的区域设备能够实现无线接入,从而为煤矿的安全生产提供有力保障。工作面网络结构图如图 2-2-1 所示。

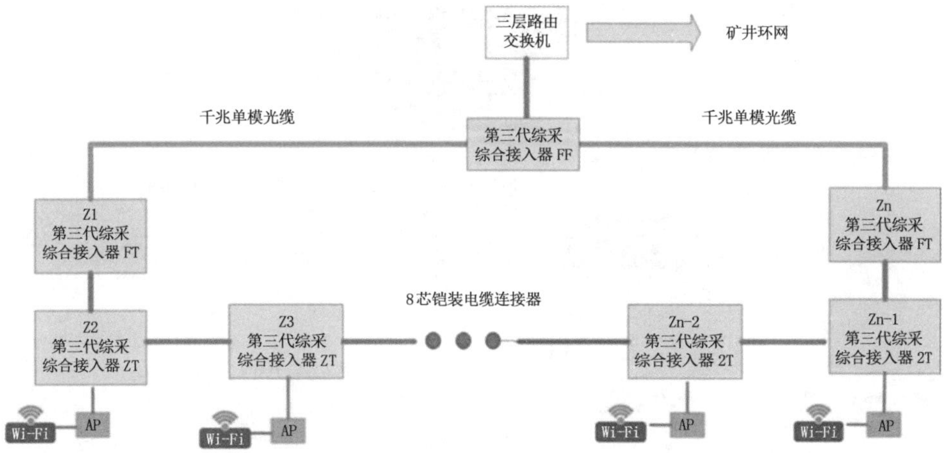

图 2-2-1　工作面网络结构图

a. 每 6 个支架配备 1 台网络接入设备，通过以太网连接器连接，通过 1 台稳压电源供电。

b. 监控中心至工作面端头之间和监控中心至工作面端尾之间通过光缆连接，形成工业以太环网。

c. 每台接入器作为一个以太网节点，可接入以太网信息，包括视频信息与数据信息，还可进行模拟量与数字量的采集。

d. 以太网通信速率为 1 000 Mb/s，通信协议为 TCP/IP。

e. 工作面内部连接方式为铠装电缆（有线方式）。

② 集中控制通信技术

集控中心配置采煤机远程控制主机、液压支架远程控制主机、支架操作台、集控操作台、工作面视频监控显示器、交换机等设备。采用工业以太网、现场总线等通信方式与工作面视频设备和控制设备进行通信，实现工作面生产的远程监视与远程干预控制。

集中控制通信技术研究基于有线和无线 Wi-Fi 冗余双通道传输方式设计整个系统架构。集成工作面视频、巡检、惯导、三维点云、采煤机、支架、“三机”、泵站、移变、组合开关、馈电、综保等设备传感数据，最终实现整个综采工作面的集中控制。综采工作面集中控制通信网络架构如图 2-2-2 所示。

集中控制网络通信传输技术的控制系统支持 EIP、Modbus 等协议，可以直接接入到顺槽的集中控制系统，减少了顺槽通信控制计算机，减少了控制层级，提高了系统的可靠性和实时性，如图 2-2-3 所示。

(2) 视频平台

要实现工作面无人化的远程干预控制，必须要看得见工作面设备的生产场景，因此必须搭建一套由摄像、传输、控制、显示等部分组成的视频监视系统。摄像机通过同轴视频电缆、网线、光纤将视频图像传输到控制主机，控制主机再将视频信号分配到各监视器及录像设备，同时可将需要传输的语音信号同步录入到录像机内。通过控制主机，操作人员可发出指令，对云台的上、下、左、右的动作进行控制及对镜头进行调焦变倍的操作，并可通过控制主机实现在多路摄像机及云台之间的切换。摄像仪接入方法如图 2-2-4 所示。

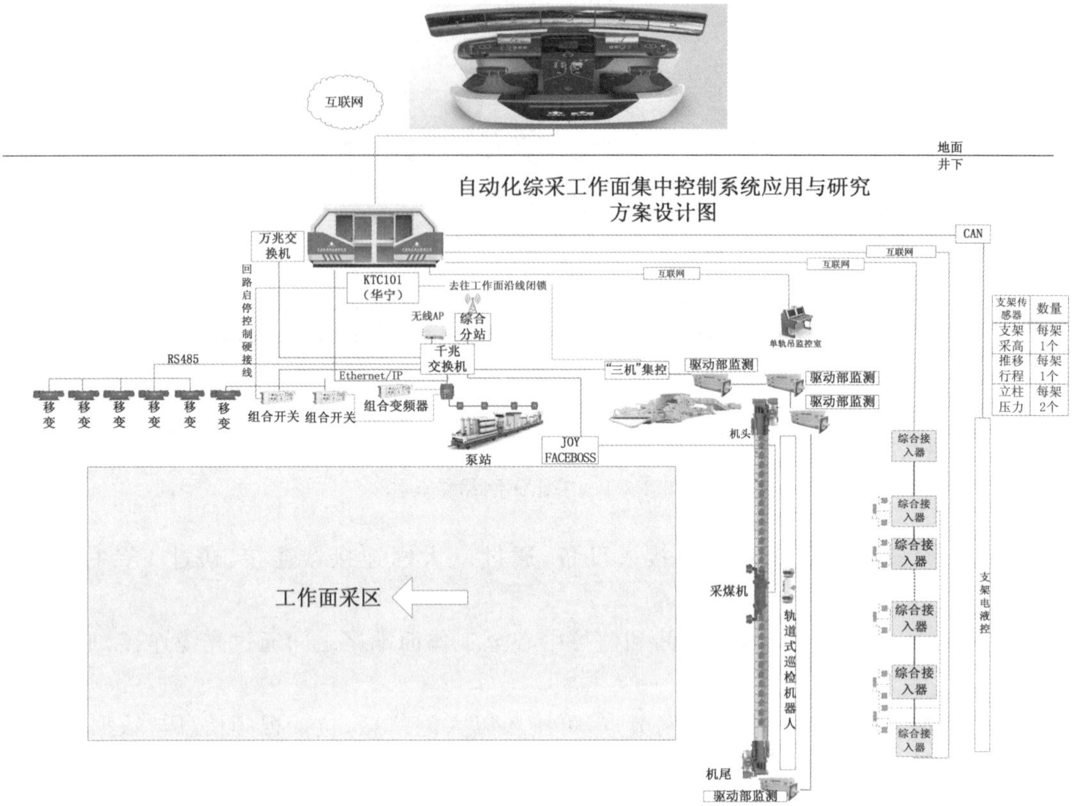

图 2-2-2 综采工作面集中控制通信网络架构

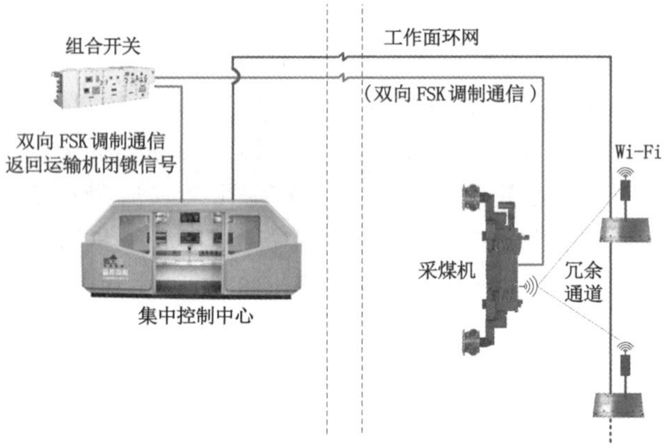

图 2-2-3 工作面网络传输设计图

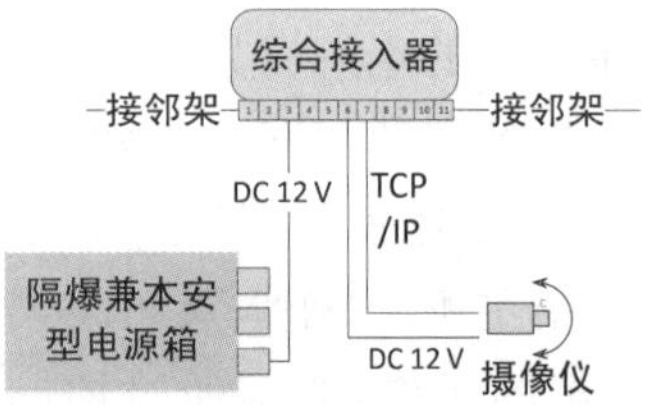

图 2-2-4 摄像仪接入视频平台

工作面视频监视技术主要研究视频图像采集、传输、展示等内容,采集图像应具有较高的分辨率,能够看得清楚工作面设备及其生产场景,传输系统具有较高的带宽,具有较少的延时,以确保视频图像的实时性,可以通过视频画面的集成进行综合展示。视频画面如图 2-2-5 所示。

基于摄像仪的视频监控系统已经成为标准化配置。在

图 2-2-5 视频监控画面

自动化程度高、少人或者无人采煤的工作条件下，视频监控系统主要负责工作面设备或环境的图像采集、传输，并在监控中心视频主机显示，供操作人员对重点区域进行的观察和自动化干预。

2. 初级智能开采设备

（1）采煤机

在初级智能化工作面，采煤机具备以下功能：

① 配备行程编码器，实现对采煤机行走距离数据的监测；

② 配备滚筒测高传感器，实现对采煤机滚筒采高数据的监测；

③ 配备机身倾角传感器，实现对采煤机机身倾角、俯仰角数据的监测；

④ 具备远程干预功能，实现采煤机对外开放滚筒升降、左右牵引、牵引调速等控制功能，接受第三方控制指令；

⑤ 采煤机向工作面智能集控中心提供控制接口，将运行状态实时上传到工作面智能集控中心，实现在工作面智能集控中心和地面监控中心对采煤机实时远程监测与控制；

⑥ 具备喷雾除尘功能，采煤机可通过机载喷雾系统人工/自动进行喷雾，实现降尘功能；

⑦ 具备记忆截割功能，采煤机可以通过割煤示范刀对采煤机滚筒采高、机身姿态等数据的学习、记录，实现记忆截割。记忆截割所需传感设备安装如图 2-2-6 所示。

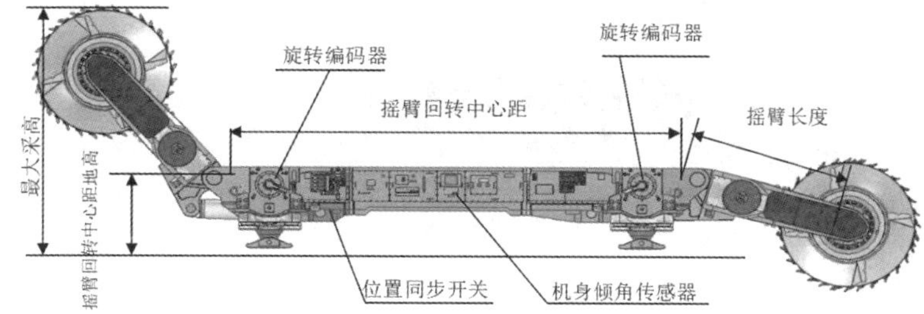

图 2-2-6 记忆截割设备安装位置

(2) 液压支架(电液控制系统)

① 具有本架操作支架伸收护帮、降柱、移架、升柱、推溜、闭锁等功能；

② 具有邻架单动作控制功能，可以对左右邻架或隔架进行单动作控制，实现本架电磁阀按钮的手动操作；

③ 具有单架自动控制功能，可以按照既定的控制程序，实现支架的降、移、升等动作的自动控制；

④ 具有成组自动控制功能，具有成组自动移架控制功能、成组自动伸缩护帮功能、成组自动推溜控制功能、成组自动喷雾控制功能；

⑤ 具备初撑力自动保持功能，补偿初撑力可调(不超过泵压)，具有带压移架功能；

⑥ 能够进行任意截深自动推溜；

⑦ 具有对立柱的工作压力、推移千斤顶的行程、煤机的位置、煤机的方向进行监测的功能，能够在井下电液控制主机上对上述信息进行显示和存储；

⑧ 电液控制系统设有声音报警、急停、本架闭锁及故障自诊断显示功能，并能方便地进行人工手动操作，能够在线进行参数调整设定和现场程序安装；

⑨ 系统通过对采煤机位置及运行方向的识别，可以实现工作面液压支架跟随采煤机作业的自动化控制功能，实现跟机自动移架、自动推溜控制及跟机喷雾控制功能；

⑩ 综放工作面具备无线遥控(人工操作)功能，无线遥控功能主要包括单架动作和成组动作，无线遥控能够控制的支架数为 10 架左右，并且可根据现场实际情况自由选择和设定。

支架传感器接入电液控制器，如图 2-2-7 所示。

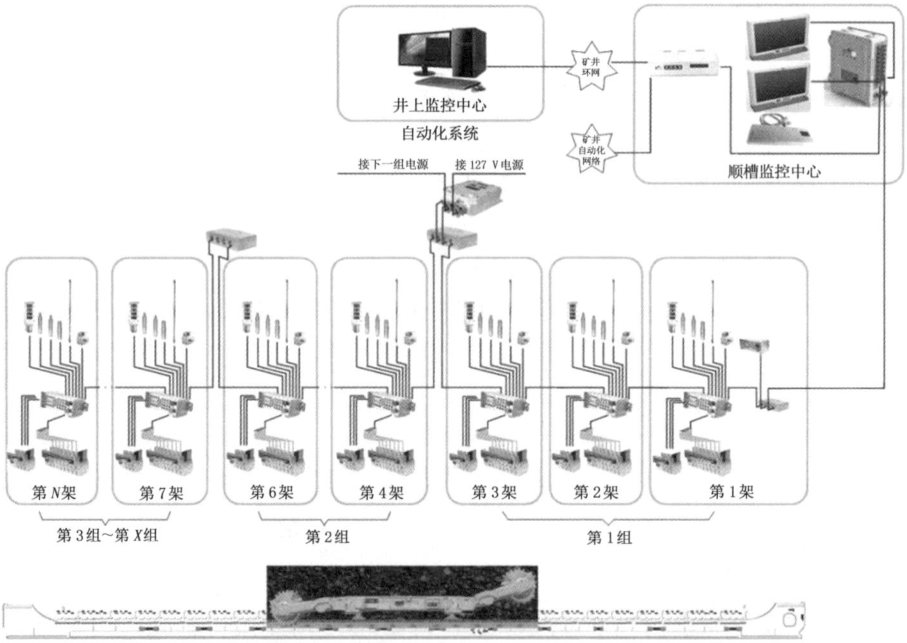

图 2-2-7　支架传感设备接入图

(3) “三机”(刮板运输机、转载机、破碎机)

配置了输送设备运行状态感知装置，实现了减速器轴承温度、润滑油温度/油位、冷却水温度/压力/流量、电动机轴承温度、绕组温度的工况运行数据的实时感知和超限报警功能，并可显示、查询和存储相关数据，以及由集控系统实现手动、自动、就地及远程等集成监控功能。“三机”设备及传感器接入系统如图 2-2-8 所示。

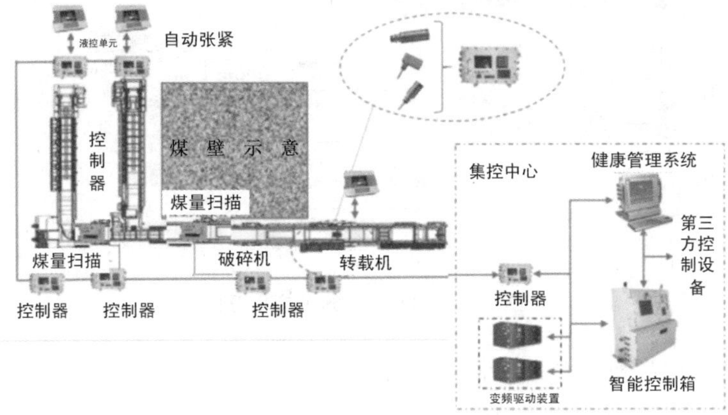

图 2-2-8　“三机”设备接入图

① 轴承实时感知。具有对动力部减速器轴承温度、润滑油温度、润滑油油位、冷却水温度、冷却水流量、冷却水压力、振动的传感器信号；

② 电机实时感知。具有对动力部电动机电压、电流、功率、转速、轴承温度、绕组温度的监测信号；

③ 链轮实时感知。具有对链轮轴组轴承温度的传感器信号；

④ 油缸工况实时感知。具备刮板输送机机尾伸缩油缸的缸底压力和活塞伸出位移的实时感知功能；

⑤ 对外通信。对外提供以太网接口，采用 Ethernet IP/Modbus TCP/IP 协议，将设备信息上传给集控系统，满足煤矿井下自动化诊断需求。

(4) 泵站(集成供液)

配置成套乳化液泵站、喷雾泵站及控制系统，实现乳化液泵站联动控制、电磁卸荷控制、恒压供液、供液设备的状态预警与保护。将泵站的多级过滤、自动补液、乳化液自动配比、乳化液浓度在线检测、系统运行信息检测与上传等功能集成一体，为工作面支架液压系统提供一套完整的供液系统。连接图如图 2-2-9 所示。

① 监测监控

具有乳化液液位、乳化液液温、乳化油油位、喷雾水箱液位传感器；具有乳化泵曲轴箱油位、油温、油压，以及泵站出口压力等传感器，实现主要设备的状态检测、预警与保护功能。

控制系统具有防吸空保护功能。控制系统通过液位传感器监测液箱和水箱的液位值，当达到预警值(在主机软件中设定)时在主机画面中提示报警，当达到警戒值(在主机软件中设定)时停机保护。

控制系统具有故障诊断、浓度在线监测、自动配液、低油位、低液位、管路失压、油位及油温等保护功能。通过泵站主机显示压力、液位、温度、浓度及泵站系统运行状态等数据，主机具备以太网接口可通过其他设备将显示数据上传到地面控制中心，可传输给第三方使用。

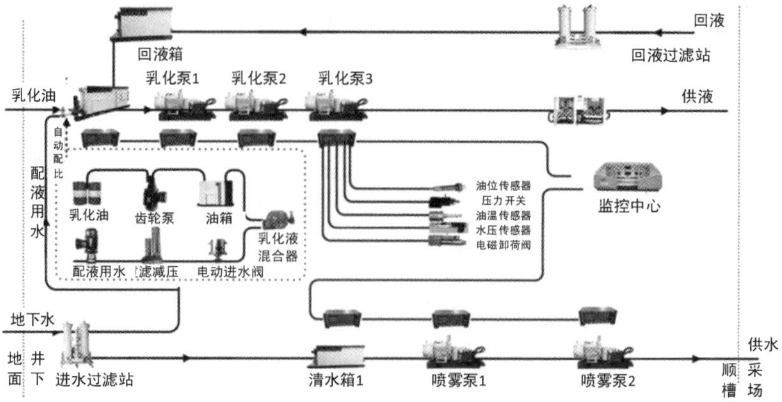

图 2-2-9　供液系统连接示意图

泵体上配备必要的监测仪表和监控装置,如压力表、矿用本质安全型变送接线盒等,用于采集温度、液位、水位等传感器数据。

② 电磁卸荷恒压

各泵站均具有液控及电控双控卸荷阀,可实现泵站空载启动及空载停机功能,其解决了在泵站启动瞬间电机电流过大,对电网冲击的问题;实现了空载启动、空载停泵过程与高压系统隔离,避免高压系统的振动。该电磁卸荷阀具有电控、液控双卸荷功能,即当电控卸荷失效时可以自动转为液控卸荷,同时可以根据实际需求调整泵站出口压力波动范围。卸载恢复压力达到调定压力的 90%以上,从而实现工作面恒压供液控制。可根据工作面需要,通过控制软件设定乳化液泵输出压力。

③ 远控功能

实现泵站的远程控制可以对乳化液泵站和喷雾泵站进行合理的调度,提高泵站系统的运行效率,减少井下作业人数,提升煤矿的安全保障能力。工作面集控中心自动控制系统软件可实现对泵站系统相关运行数据的采集,并对泵站系统的运行状态进行集中显示。该系统也可以实现对泵站系统的单启或单停,甚至是多台泵站顺序联动启动或停止,控制延时不超过 200 ms。

(5) 供电(移变、组合开关)

① 移变

a. 控制功能

移动变电站应具有就地、远控、通信三种控制方式。就地方式时,通过设备门盖的合分闸按钮控制断路器的合分闸;远控方式时,通过本安先导控制合分闸,同时输出断路器辅助触点信号以供外部控制设备监测;通信方式时,通过通信接口接受外部控制设备合分闸、故障复位、参数整定等控制指令,实现远程控制、参数整定功能。三种控制方式,起停控制相对独立,为满足现场应急情况下的停机需要,在远控、通信控制方式时,通过就地停止按钮可分断断路器。控制方式切换可通过移动变电站用高压开关的人机界面和通信两种方式设置。

移动变电站用高压开关通过 RS485 或以太网接收上位机合闸、分闸、复位等控制指令,控制高压断路器的合闸、分闸或系统故障复位。通过寄存器数据读写,实现远程参数整定。

移动变电站用低压保护箱可经 CAN(控制器域网)总线将数据传输至高压开关,再通过高压开关RS485或以太网上传数据；低压保护箱也可独立通过RS485或以太网上传数据，实现低压保护箱远程复位、参数整定。

b. 通信功能

移动变电站具有RS485或以太网通信接口，通信协议满足Modbus/RTU、Modbus/TCP、Ethernet/IP，并开放协议和数据典表。

移动变电站是由高压开关、干式变压器和低压保护箱三台设备组合而成，可通过高压开关、低压保护箱自有通信接口分别上传数据，也可通过CAN总线，将低压保护箱数据传输至高压开关，整合成移动变电站统一数据格式，通过高压开关RS485或以太网上传。

上传数据应包括移动变电站一次侧的电压、电流、断路器合分闸状态、当前故障等，包括移动变电站二次侧的电压、电流、绝缘阻值、零序电压、当前故障等数据，并接受上位机的合分闸、漏电试验、参数整定、复位等控制指令。

② 组合开关

a. 控制功能

组合开关具有就地、远控、通信三种控制方式。就地控制方式时，通过组合开关按钮或按键实现各回路接触器的合分闸控制；远控控制方式时，通过外部本安先导信号的通断实现接触器合分闸控制，同时输出接触器合分闸状态信号，供外部控制类设备监测；通信控制方式时，开放相关远程操作权限，使其具有合分闸、故障复位的通信控制功能。三种控制方式，起停控制相对独立，为满足现场应急情况下的停机需要，在远控、通信控制方式时，通过就地停止按钮可分断接触器。控制方式切换可通过组合开关的人机界面、通信两种方式设置。

组合开关通过RS485（Modbus/RTU）或以太网（Modbus/TCP）接收上位机合闸、分闸、复位等控制指令，控制各回路接触器的合闸、分闸或系统故障复位。

b. 通信功能

组合开关具有RS485、以太网通信接口，通信协议满足Modbus/RTU、Modbus/TCP、Ethernet/IP，并开放协议和数据典表。上传数据应包括电网电压、回路电流、绝缘阻值、隔离开关合分闸状态、接触器合分闸状态、先导状态、当前故障等信息和数据。并接受上位机的合分闸、复位、漏电试验等控制指令。

(6) 通信控制

① 控制模式

a. 自动模式：刮板输送机与转载机、破碎机具有联锁关系，用于正常生产模式；

b. 检修模式：刮板输送机与转载机、破碎机无联锁关系，用于设备检修；

c. 点动模式：设备控制按钮按下，设备启动，设备控制按钮复位，设备停止，用于刮板输送机、转载机紧链。

② 设备集中控制

在控制机上对转载机、破碎机、刮板输送机按流程实现“一键启停”，当放顶煤工作面时，分为两个流程，分别为破碎机、转载机、前部刮板输送机和破碎机、转载机、后部刮板输送机。

③ 设备就地控制

在转载机机头和刮板输送机头尾各安装一台扩音电话，通过在转载机机头的急停扩音电话上的两个旋钮控制破碎机和转载机，在刮板输送机头尾的扩音电话上的两个旋钮控制前部刮板输送机和后部刮板输送机。

④ 设备急停控制

在工作面沿线任意的一台扩音电话上的急停,可实现对刮板输送机、转载机、破碎机急停闭锁控制。

⑤ 语音告警

转载机、刮板运输机、破碎机、泵等设备启动前,有超过 15 s 的语音预警声音,在设备停止后有提示语音;沿线急停闭锁时有闭锁位置语音告警。

⑥ 通信扩播

系统任意两台扩音电话之间,可进行语音对讲和打点操作,其他扩音电话都进行扩播,扩音响度不小于 100 dB。

⑦ 电池续航

装置供给的交流电停电后,扩音电话内部的蓄电池可继续实现语音对讲和打点功能,且连续扩音时间不小于 4 h。

⑧ 运行记录和查询

系统可记录设备运行、启停、故障等信息,沿线设备、线缆等故障信息,记录时间不少于 1 个月,并按时间、设备等分类查询。

⑨ 自诊断及定位功能

能够自动判断出系统电压过低故障,同时可自动检测线缆内的断芯位置,并作出语音提示。

⑩ 语音接入

可与矿井扩播电话对接,实现井上下语音对讲。

⑪ 通信接口

控制机具有以太网电口、光电,RS485 及 CAN 总线接口,可直接接入其他系统或矿井工业以太网,实现对其他系统的数据接入和接入矿井自动化网络。

3. 初级智能开采工艺

(1) 采煤机记忆截割

① 记忆截割简介

自动化截割技术为滚筒采煤机按照预定的截割轨迹进行自动割煤并完成截割任务的自动化技术,是自动化采煤工艺的核心技术。随着自动化开采的广泛应用,自动化截割技术也取得了长足的发展,记忆截割技术适用于地质条件相对简单的薄煤层采煤工作面。

② 记忆截割原理

记忆截割为人工控制采煤机沿工作面煤层先割一刀作为示范刀,控制中心将示范刀内采煤机位置及姿态信息进行记录与存储,在工作面正常开采期间,截割流程由示范刀揭示的采煤机控制指令根据行程传感器采集的采煤机位置进行自动控制,当遇煤岩界面异常点时,采煤机司机根据工作面视频监控系统反馈的信息进行煤岩界面的识别,并对采煤机工况参数进行及时修正,经修正完善的采煤循环,作为记忆截割自动化开采新的示范刀,如图 2-2-10 所示,其中(a)为示范刀,学习记忆;(b)为自动割煤、人工修正并记忆。

记忆截割技术实施过程中,记忆参数是由示范刀信息揭露获得的,薄煤层采煤工作面地质条件复杂多变,需要频繁更新示范刀的信息实现记忆截割,因此记忆截割技术对地质条件的适应性相对较差,仅适用于煤层顶底板相对平整、煤层倾角、煤层厚度变化小的薄煤层工作面。

记忆截割过程中,采煤机远程控制中心根据采煤机行程传感器采集的采煤机行程,对应

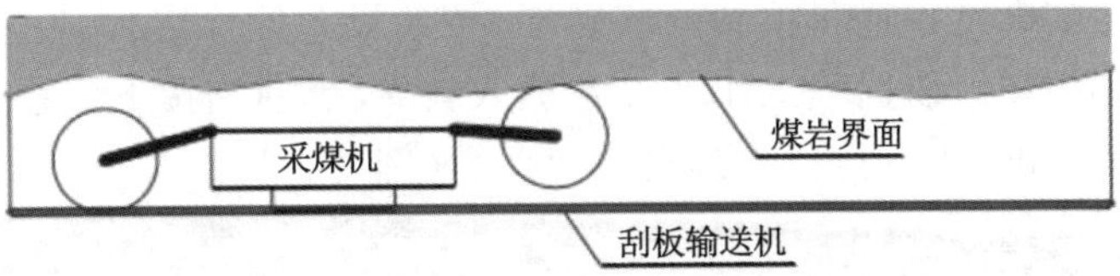

(a) 示范刀，学习记忆

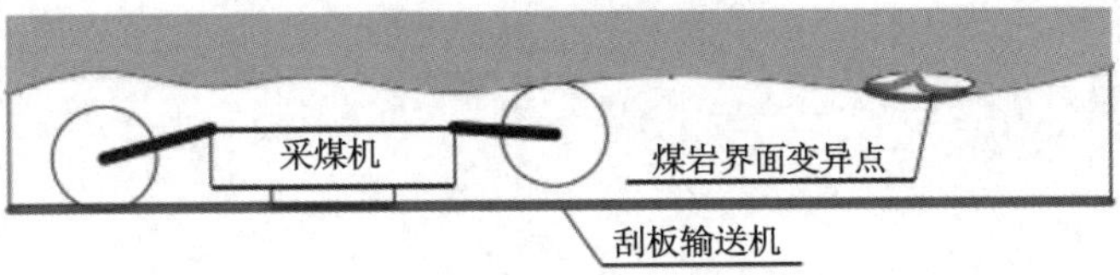

(b) 自动割煤、人工修正并记忆

图 2-2-10 采煤机记忆截割技术示意图

示范刀中的采煤机工况信息对采煤机前后滚筒的参数进行记忆调整，同时，借助工作面采煤机定位定姿系统及视频监控系统对记忆截割自动化截割参数进行必要的辅助决策。

智能记忆截割系统由配套传感器(左右滚筒截割高度传感器、采煤机牵引速度与工作面位置传感器、机身倾斜传感器和位置同步传感器)、传感检测与截割控制模块、记忆截割软件包等几部分组成。

(2) 支架跟机移架

通过液压支架的电液程序控制，实现了单个支架的单动作控制、成组支架动作的顺序程序控制和液压支架跟随采煤机位置的自动控制(亦称跟机控制)等功能。

跟机自动化功能依据人工采煤工艺方法、操作过程、支架动作流程等，形成电液控制系统跟机自动化控制功能的标准化程序，具体实现过程如下：

液压支架自动化控制是依据采煤机位置，按照采煤工艺，在采煤机前滚筒的前方收回煤壁支护的支架护帮板，方便采煤机割煤。在采煤机割煤后应及时伸出伸缩梁进行顶板支护，在采煤机后滚筒的后方执行跟机移架动作，实现对割煤后的悬空顶板及煤壁的支护。在完成移架后的支架，进行推、移刮板输送机控制，将落下的煤块装载到刮板输送机上，同时为下一刀割煤做好准备工作。整个跟机自动化程序可以将操作人员在不同部位的操作动作形成标准化流程，编入程序进行支架的自动控制，同时依据接近传感器进行护帮板动作执行情况的跟踪，依据压力传感器控制支架降、升动作，依据行程传感器控制支架推、移动作等。液压支架跟机自动化控制的目标是实现工作面采煤设备的自动迁移，并保证采煤机与液压支架互不干涉，刮板输送机应保持良好的运行姿态，并保证其直线度，对工作面顶板、煤壁进行有效管理，保证支护强度达到设定的初撑力。

(3) 一键启停

采煤工作面设备主要由采煤机、液压支架、刮板运输机、转载机、破碎机、泵站、带式输送机等组成。每种设备都具有独立的一套单机控制系统且不能协同控制，无法形成一套包含采煤工作面所有设备的远程控制体系。

为了提高采煤工作面设备的启动效率及构建出一套完整的工作面设备远程控制体系，引入"一键式"的启停工作面全部设备方案，结合数据通信协议，构建"一键启停"控制技术，实现采煤工作面设备单机启动或停止、多机顺序联动启动或停止的远程控制功能。"一键启停”技术是在工作面单机设备远程控制的基础下，按照设备顺序启停建立一个流程，当按下集控中心一键启动按钮时，使远程工作面设备进入就绪状态；当按下集控中心一键停止按钮时，工作面设备立即停机。上位机“一键启停”页面如图 2-2-11 所示。

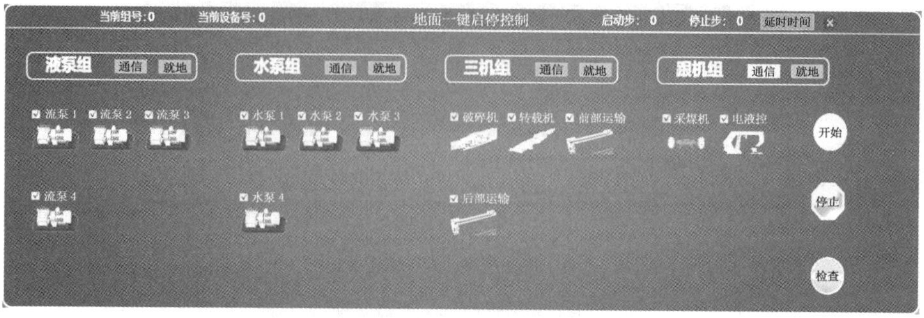

图 2-2-11 “一键启停”软件展示

4. 小结

初级智能化开采能够达到“自主移架＋记忆截割＋跟机干预＋集中控制”的工艺要求，可在薄煤层、中厚煤层、大采高、放顶煤、充填、复杂地质等煤层厚度及地质条件下实践应用，实现工作面不多于 5 人作业的目标。如表 2-2-1 所列。

表 2-2-1 智能采煤(初级)工艺特征

煤层条件	主要工艺				
	自主移架	记忆割煤	跟机干预	集中控制	预期效果
薄煤层	立柱压力、推移行程、红外、自移机尾	里程计传感器、机身倾角传感器、滚筒测高传感器、喷雾除尘、记忆割煤功能、远程控制功能	跟机移架、推溜到位干预、跟机工艺干预、跟机巡视电缆干预、工作面找直调整干预、采煤机滚筒调高干预	“三机”监测＋控制、供电监测＋控制、供液监测＋控制、支架视频、煤壁视频、两巷端头视频	工作面 3 人：采煤机 2 人，支架 1 人
中厚煤层	立柱压力、推移行程、红外、自移机尾、护帮伸收到位监测				工作面 4 人：采煤机 2 人，支架 2 人
大采高	立柱压力、推移行程、红外、自移机尾、高度传感、一二级护帮监测		跟机护帮姿态干预、支架高度干预、大块煤干预	云台摄像仪、跟机随动视频、机载视频	工作面 4 人：采煤机 2 人，支架 2 人
放顶煤	立柱压力、推移行程、红外、放煤键盘		自动放煤干预	放煤视频、后部运输机机头机尾视频	工作面 5 人：采煤机 2 人，支架 3 人(移架干预、放煤干预)
充填	立柱压力、推移行程、红外、放煤键盘		自动充填干预		工作面 5 人：采煤机 2 人，支架 3 人(移架干预、充填干预)
复杂地质	立柱压力、推移行程、红外、瓦斯监测、支架倾角监测		上窜下滑干预、支架姿态干预		工作面 5 人：采煤机 2 人，支架 3 人(移架干预、调架干预)

（二）中级

随着技术发展，煤矿综采设备、辅助设备、井下网络平台等均在智能化方面有了提升。在初级智能化采煤方案的基础上进行提升，提出了以“工艺协同”为核心的中级智能化方案要求，重新设立了“自主移架＋记忆割煤＋跟机干预＋集控”的智能化工艺目标。

在中级智能化方案中，依靠设备姿态控制、超前支架自移、运输机自动张紧、供电系统自保护、智能通信控制等技术升级，设计出机架协同、煤流负荷平衡、瓦斯联动、人员与支架安全协同、采放协同等新的采煤工艺，人工介入程度降低，采煤工作面智能化程度进一步提升。

1. 中级智能开采设备

(1) 采煤机

① 在线监测

采煤机应具有运行参数监测功能，主要包括：

a. 各工作电机运行电流、温度的显示、报警和保护；

b. 摇臂轴温、牵引箱轴温、泵箱温度的显示、报警和保护；

c. 液压系统压力、泵箱油位的显示、报警和保护；

d. 水路压力、冷却水流量的显示、报警和保护；

e. 滚筒高度及卧底量的实时显示及采高、卧底限制功能；

f. 检测并显示采煤机的行走速度和定位采煤机位置，并提供与支架联动、区域限速、端头限制功能；

g. 实时检测采煤机的俯、仰采角度及采煤机行走方向的工作面倾角，并可以实现仰、俯采限制。

② 远程控制

主要由两大部分实现：电液控系统软件和液压支架操作台。控制命令从地面调度监控中心经矿井以太网传送至井下集控中心计算机电液控系统软件，或直接从井下集控中心发出控制命令，再通过以太网将控制命令发送至采煤工作面液压支架控制器设备。控制器设备将电信号转化为电磁信号，电磁信号控制驱动阀口开启和关闭，从而控制乳化液流量大小，完成液压支架动作和姿态调整。

a. 采煤机具备就机操作、端头操作、离机遥控操作、应急近控操作等常规操作手段，也可实现顺槽远端操作和自动运行等操作方式。

b. 可以通过顺槽控制台远程启动和控制采煤机。

c. 具备记忆截割功能，满足不同工作面的采煤工艺要求，记忆截割的示范刀可以修改。

d. 通过远程操作台，在工作面视频系统的辅助下，操作采煤机运行。

e. 通过顺槽控制台可实现采煤机自动运行记忆截割模式，并可以随时进行人工干预。

f. 采煤机具备记忆截割功能，与自动化系统集成商配合满足不同工作面的斜切进刀、割三角煤、倒退扫底等工艺，并可以根据用户的工艺要求进行修正。

g. 可以在顺槽控制台观察采煤机的完整工作数据，并将这些数据上传给自动化系统集成商主控计算机。

③ 预测割煤

控制系统可分析历史截割数据，识别煤层变化规律，预测下一刀的截割轨迹。先预测，后截割，自学习后再预测、再截割，循环往复。根据历史实现工作面顶(底)板三维界面展示，展示上刀工作面割煤后的顶板线位置、底板线位置，预测下刀截割顶板线位置、底板线位置，工作面相应位置滚筒高度按照预测曲线调整。

(2) 液压支架(电液控制系统)

① 支架姿态

支架姿态监测。倾角传感器是测量支架姿态的主要使用的传感器，用于检测液压支架水平面 X 轴和 Y 轴的倾斜角度值；测高传感器是测量支架高度主要使用的传感器，可集成倾角测量功能，如图 2-2-12 所示。

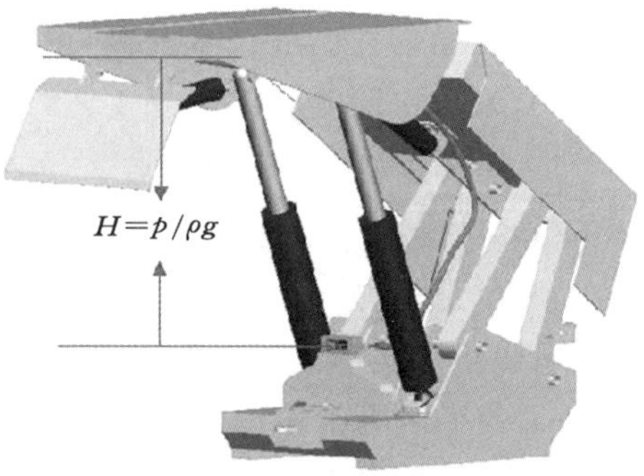

图 2-2-12 传感器安装位置

支架姿态控制。通过对液压支架姿态与受力状态监测信息分析，实现对支架可能出现的“顶梁抬头、底座低头”“顶梁抬头、底座抬头”“顶梁低头、底座低头”“顶梁低头、底座抬头”四种姿态进行感知，防止液压支架出现“低头”“高射炮”状态，避免支架支护失效的情况出现。同时依据液压支架与顶煤围岩耦合控制模型，指导支架电液控制系统在支架降柱—移架—升柱的推进过程中进行姿态自适应调整，保证支架始终处于良好的支护状态。

② 超前支架自动控制

超前支架具备远程、遥控及自动控制，超前支架具备视频监视功能和遥控功能。超前支架上配置视频摄像仪，通过摄像仪观察超前支架的动作情况，超前支架视频监视系统如图 2-2-13 所示。

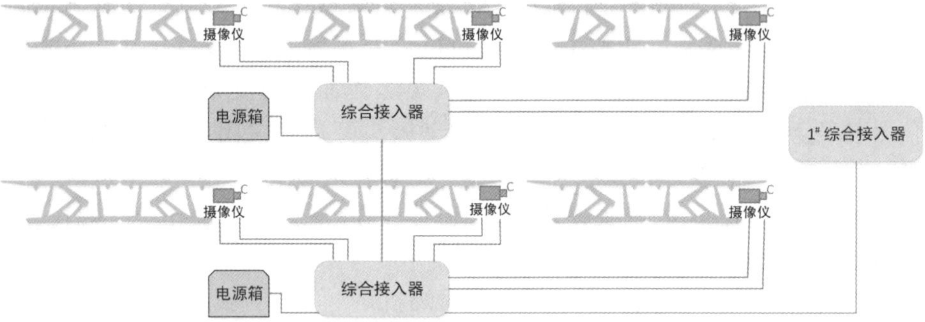

图 2-2-13 超前支架控制原理图

a. 状态监测

压力传感器用来检测立柱压力状态，通过压力数据能够支持远程操作及超前支架自动补压功能；行程传感器用来检测推移千斤顶的行程，通过行程监测迈步距离；测高传感器用来检测支架的高度和姿态。

b. 超前架自移

超前架自移控制可分为遥控控制和远程控制两种控制方式。在控制系统中配备无线接收器和遥控发射器，实现遥控控制；超前支架电液控制系统与监控中心连接，通过视频监控，实现在集控中心远程控制超前支架。

c. 带式输送机机尾自移

在集控中心，通过顺槽超前支架电液控制系统，也可实现带式输送机机尾自移电液控制系统的集控。带式输送机机尾自移具有就地人工手动伸缩及遥控功能，可实现带式输送机机尾的立柱缸降/升、推移缸收/伸等动作，电液控制软件根据现场实际工序编制；带式输送机自移机尾电液控制系统可实现对相关部件工作状态监测，检测推移缸行程、立柱缸压力等，并可在控制器界面进行显示、查询；带式输送机自移机尾电液控制系统可实现带式输送机自移机尾全自动控制功能，即带式输送机尾的自动推移控制，相关动作控制方式可由参数进行设定；带式输送机自移机尾电液控制系统可实现带式输送机自移机尾遥控控制功能。

(3) “三机”(刮板输送机、转载机、破碎机)

① 远程集中控制

远程集中控制系统总体技术方案以工业专线以太网连接地面调度监控中心和井下集控中心，形成数据互联互通。集控中心接入语音视频集中控制系统、采煤机集中控制系统、“三机”集中控制系统、带式输送机集中控制系统、集成供液系统和电液控制系统，形成井下监控中心对采煤设备的监测和控制，实现对采煤设备的自动化过程控制和环境、设备工况参数的实时监测传输。技术框架如图 2-2-14 所示。

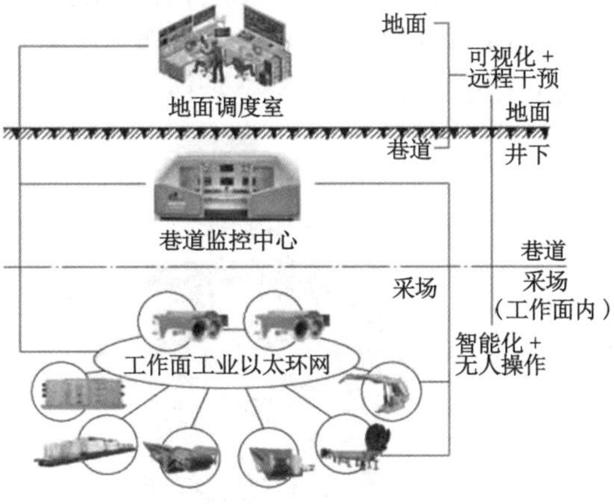

图 2-2-14　远程控制技术框架

集控中心配置采煤机远程控制主机、液压支架远程控制主机、支架操作台和采煤机操作台、工作面视频监控显示器等设备，组成具备强大计算能力、分析能力的开采大脑。通过使用智能化系统软件及远程控制操作台，协调采煤设备智能化运行，建立整套开采决策系统，保证采煤设备自动化运行。

② “三机”远程控制技术

刮板输送机、转载机、破碎机，构成了工作面运输系统。每一种设备对其自身的控制都各由一套完整的单机控制系统实现，然而每一个单机控制系统不能代表整个工作面运输设备的控制系统，因此“三机”远程控制技术将“三机”设备的控制集成起来，构建一个协同运输控制体系，才能保证工作面运输系统正常作业。

采煤工人在集控中心对工作面生产过程中的“三机”设备工况进行实时监控，并可通过语音通信功能与工作面操作人员之间进行通信。采用稳定、高速的通信技术，实现“三机”远程控制功能，在安全的情况下，使用“一键启停”功能对“三机”设备进行顺序启动或停止，也可以通过远程控制技术对单个设备进行重启或停止，实现工作面无人化作业目标。

③ 集中加油系统

集中加油系统主要由矿用注液泵、防爆电机、矿用隔爆兼本质安全型电磁启动器以及管路组成。如图 2-2-15 所示。

图 2-2-15　集中加油系统示意图

可以实现“三机”减速器集中加油。设置好加注的油量，按下“启动”按钮，集中加油系统开始工作，加注完成后，系统自动停止。

④ 集中润滑系统

定时控制润滑定量泵输出油脂，再由分配器将润滑油脂按比例输送到设备润滑部位。当系统中某个润滑点堵塞不能通过分配器得到润滑时，整个系统压力升高，这时安全阀就会自动打开喷油泄压，从而确保系统的安全。如图 2-2-16 所示。

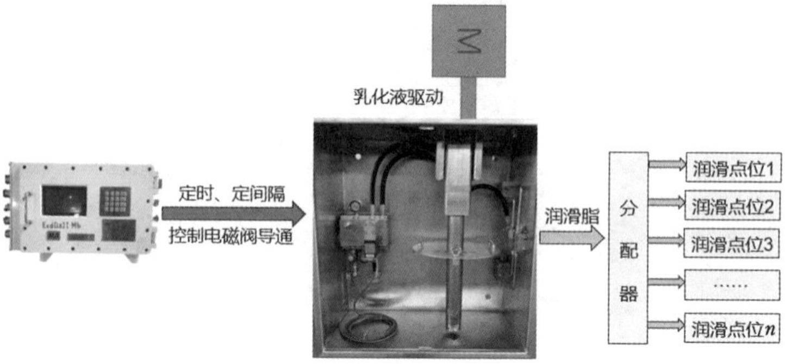

图 2-2-16　润滑系统示意图

(4) 泵站(集成供液)

① 变频控制—电磁卸荷联动

将乳化液泵站变频控制与电磁卸荷结合，充分发挥变频控制和电磁卸载的优势，提高泵的有效利用率，降低不必要的功率损耗和磨损，实现节能高效。实现泵站变频与电磁卸载智能联动控制技术，避免了普通泵站变频控制技术存在的低速重载、运动部件磨损剧烈等问题；泵站变频与电磁卸载智能联动控制技术，提高了泵站的响应速度，能够根据工作面要求实现快速恒压供液。

② 智能安全保护

智能集成供液系统具备性能可靠的爆管保护功能，在胶管爆裂等突发情况下，能够迅速停泵，确保井下设备及操作人员的安全。操作台设置急停按钮，当工作面或顺槽出现紧急情况时，拍下急停按钮实现工作面所有泵站停机。矿用本质安全型变送接线盒独立安装于每台乳化液泵站，左右均可安装，具有急停、闭锁保护和信号采集传输功能。

系统中配备大容量蓄能器，用于稳定系统压力。

实现对乳化液泵、喷雾泵的集中自动化控制，通过泵站操作台可以实现对整个系统的集中控制。具有单泵控制和多泵智能联动控制等多种模式控制，该系统具有手动和自动两种操作模式，在集中控制系统故障的情况下可以手动开启泵站，保证井下正常生产。

③ 反渗透水处理

a. 原水箱自动补水功能。原水箱配置有液位传感器和进水矿用电动阀门，当原水箱液位达到中液位时自动打开进水电动阀门补水，保证原水箱持续供水。

b. 纯水箱自动补水功能。反渗透装置的启停受纯水箱液位控制，纯水箱中低液位时自动启动反渗透装置补水，高液位时自动停机反渗透装置。

c. 纯水恒压供水功能。纯水泵箱模块内置稳压罐和压力传感器，稳压管道可直接接入乳化液泵箱或自动配比装置进水管并保压，当乳化液泵箱或自动配比装置进水阀打开时，可随时保证有足压足流纯水供给，可无须电信号。

d. 膜组件自动冲洗功能。反渗透膜组件在运行一段时间后，系统可自动打开冲洗电动阀对膜组件进行冲洗。

e. 精确计量加药功能。采用精确计量投加技术，实现阻垢剂投加量(0～2)L/h 高精度投加量无级可调，同时采用脉冲阻尼技术，使投加过程流量和压力恒定至最佳值。

f. 过滤器自动反冲洗功能。粗过滤器和机械过滤器组具有定时自动反冲洗功能。

g. 故障报警和记录功能。当系统中传感器、电动阀门等设备发生故障时，报警并记录故障时间和故障信息，以供查询。

h. 系统出水自诊断功能。实时在线监测系统出水电导率自诊断系统运行状态，当出水电导率不合格时，系统预警。

i. 系统远程操控功能。预留有 RS485 通信接口和以太网口，可上传系统内压力、流量、液位等参数数据及运行状态数据，同时开放操作控制权限，可远程启动/停止该系统并可进行参数设置。

j. 系统运行自适应调整功能。系统增加深度学习功能，可根据进水水质，自动调整系统的过滤器反冲洗周期、纯水回收率、阻垢剂投加量、膜组件冲洗周期等系统内运行参数，实现运行参数的自动调整和动态调整。

(5) 供电(移变、组合开关)

① 移变

不少矿井要求巡检员每天或每周对电气设备进行一次漏电保护检查，井下供电点多、距离远，日常巡检工作繁重，移动变电站应具备远程漏电或漏电闭锁试验操作功能，并自动保存检查记录，实现移动变电站、组合开关的远程巡检，减少人工巡视工作量。

如图 2-2-17 所示，在低压保护箱进行日常巡检，通过低压保护箱漏电试验按钮控制漏电试验继电器 K1，继电器触点闭合接通保护箱负荷侧与辅地之间的漏电试验电路，保护箱综合保护器检测到绝缘阻值低于动作值，漏电保护或漏电闭锁动作，完成漏电保护功能试验。

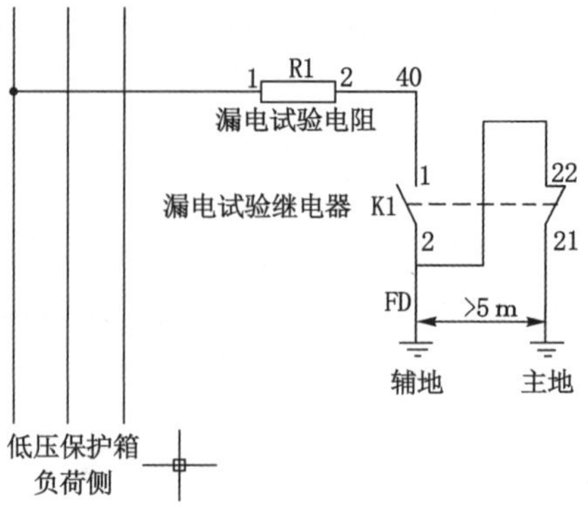

图 2-2-17　移变漏电保护

远程巡检,低压保护箱通过通信接口接收上位机漏电试验控制指令,综合保护器控制试验继电器 K1 吸合,接通漏电试验电路,保护箱漏电保护或漏电闭锁动作,故障信息实时上传,远程操作人员巡检正常后,发出复位指令清除漏电故障,完成漏电保护远程检查。

高压真空开关和低压保护箱综合保护器采用嵌入式微处理器作为核心控制器件,零序信号处理模块中使用专业芯片作为信号采集单元。保护器负责参数及状态监控上传,完成各种保护和试验,如漏电闭锁、漏电保护、过载、短路、缺相、欠压、过压等保护和短路、过载、漏电等模拟试验。综合保护器原理如图 2-2-18 所示。

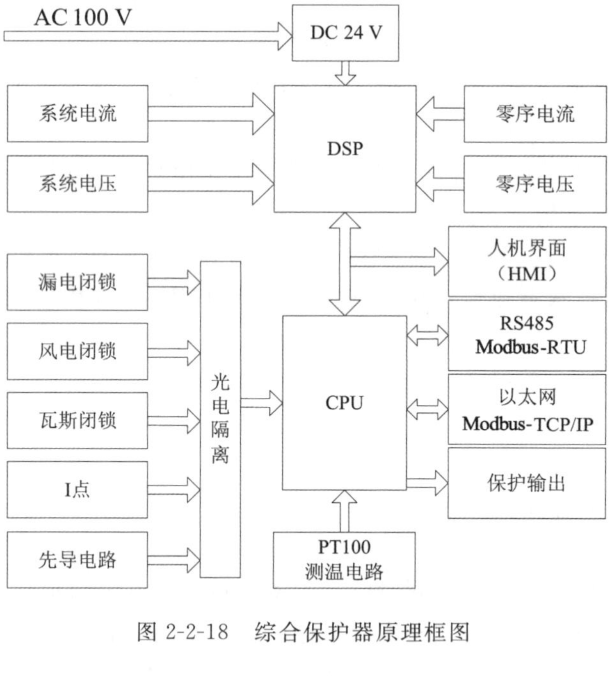

图 2-2-18　综合保护器原理框图

移变设备具有如下技术特点:

a. 控制保护系统 CPU 采用 32 位 ARM 微处理器,对电流、电压、绝缘阻值等信号采样处理并进行故障保护,处理能力强、采样精度高、可靠性高;

b. 配置彩色液晶显示器,显示运行参数、状态、故障信息等内容;

c. 三段式过流保护，保护电流且动作时间可整定，便于系统上下级保护配合，提升了防越级跳闸可靠性；

d. 漏电保护采用软件滤波和电流自适应算法，解决了负载侧变频干扰造成的漏电保护误动问题；

e. 高、低压开关的保护器和显控组件通用可互换，减少了用户备件储备数量和成本，现场出现问题后可应急调配，提高了设备维护效率。

② 组合开关

组合开关在就地和远控两种通信方式下均具有漏电试验功能。

就地方式时，通过设备面板上按钮或人机界面就地操作实现设备日常人工巡检操作。在所有接触器分断状态下，通过按钮或人机界面控制漏电试验继电器吸合，接通接触器负载侧与地之间的漏电试验电路，回路综合保护器检测到绝缘阻值低于漏电闭锁动作值，漏电闭锁动作检查无误后按复位键清除漏电故障，完成漏电闭锁功能就地试验。

远程通信方式时，通过上位机远程操作漏电闭锁试验，上位机自动保存检查记录，完成组合开关的远程巡检。组合开关通过通信接口接收上位机漏电试验控制指令，在所有接触器分断状态下，控制系统控制漏电试验继电器吸合，接通接触器负载侧与地之间的漏电试验电路，回路综合保护器检测到绝缘阻值低于漏电闭锁动作值，漏电闭锁动作，检查结果实时上传，远程操作人员巡检正常后，发出复位指令清除漏电故障，组合开关和上位机分别保存检查记录，完成漏电闭锁远程检查。

(6) 通信控制

在中级智能化工作面，通信控制系统具有流程控制功能、联锁保护功能以及设备自动排序功能。

① 流程控制

系统针对控制对象，将转载机、破碎机、刮板输送机按流程实现"一键启停"，当放顶煤工作面时，分为两个流程，分别为破碎机、转载机、前部刮板输送机和破碎机、转载机、后部刮板输送机，流程启动按逆煤流启动，停止按顺煤流停止。

② 联锁保护

上述放顶煤工艺中，两流程中的公共设备，任意流程启动都启动，停止一个流程而另一流程在运行时，公共设备不停机，但当任意公共设备停机后，两流程都联锁停机。

③ 相对位置自动排序

系统沿线设备具有设备相对位置自动排序功能，系统可通过专用总线，以控制机为首，将系统所有设备相对于控制机的位置及设备类型自动识别。当系统上电或接收到排序命令后，所有设备断开与后级设备连接的总线，控制机向总线发送寻址命令，第一个设备接收到命令后答复设备状态，并闭合后级开关，控制机再次向总线发送排序命令，依次类推，完成系统所有产品的位置和类型查找。

2. 中级智能开采协同工艺

(1) 采煤机—支架协同

按照综采工作面生产作业工艺，将采煤机和液压支架的作业工序分别详细划分成子工序，重新匹配采煤机和液压支架作业子工序，使两类设备的作业工序对应统一。机架协同示意如图 2-2-19 所示。

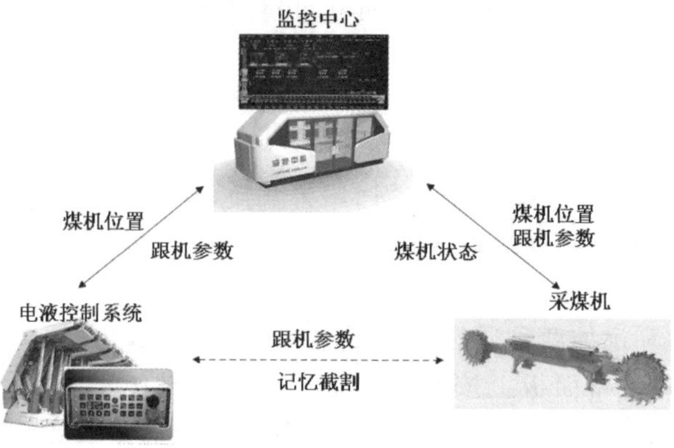

图 2-2-19　机架协调

根据机架协同工序，生产作业过程中仍会出现采煤机速率与支架动作效率不同步、刮板输送机姿态制约采煤机牵引方向改变的及时性等控制问题（例如：中部跟机时，采煤机速率过快容易造成支架跟机移架区域与跟机推刮板输送机区域重合；三角煤区跟机时，刮板输送机在斜切进刀段的姿态完全形成后才允许采煤机进刀割煤；当采煤机斜切进刀完成后，三角煤区域的刮板输送机完全推直后才允许采煤机割三角煤），因此机架协同工序中需增加协同控制逻辑。本书提出的协同控制逻辑由工序中的采煤机牵引方向限定条件、支架跟机动作情况、判定规则三部分组成。

（2）采煤机—运输机协同

① 煤流负荷平衡

大数据平台通过决策刮板输送机负荷情况，实现根据刮板输送机负荷对刮板输送机、转载机的运行状态进行自动控制的功能；通过采集的“三机”负荷信息，由大数据中心根据负载及自身数据分析运算，实现刮板输送机智能控制功能及生产均衡控制；通过决策的刮板输送机与煤机速度负荷阈值参数，对采煤机运行速度进行调节或实施闭锁控制，确保生产的连续或运输设备负荷不超限。

② 协同作业

采煤机速度设定值受运输机负荷状态的影响，当运输机空载时，适当提高速度设定值，当运输机过载时，适当降低速度设定值，同时为了防止刮板输送机堆煤，还应该在刮板输送机低速时，降低采煤机速度设定值。采煤机速度上限值主要依据液压支架的追机速度而定，当追机速度小于采煤机速度时，适当降低速度上限值，当追机速度大于采煤机速度时，适当提高速度上限值。上位机实时监测刮板输送机电流值，当运输机负荷超限以后，控制采煤机速度，超限到设定值后，停止牵引采煤机，达到刮板输送机和采煤机联动控制的效果。

综采设备负荷平衡控制模型如图 2-2-20 所示。

（3）支架—供液系统协同

液压支架跟机自动化所用的降移升组合动作、成组推溜动作和成组伸（收）护帮动作的液压特性，不同动作对流量、压力有着很大不同，不同的需求影响供液系统与液压支架的配合关系。

结合工程实践中遇到的支架跟机问题，得出不同跟机自动化逻辑下液压支架和供液系

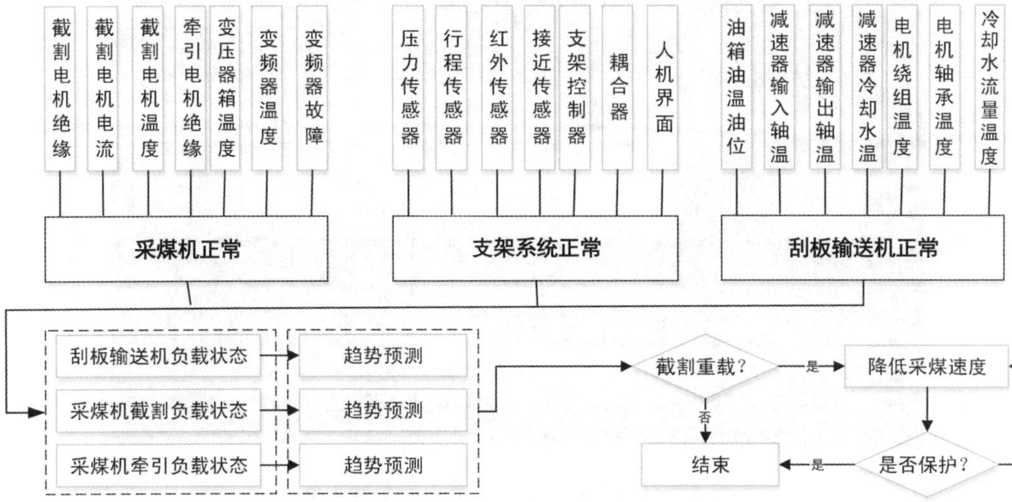

图 2-2-20 综采设备负荷平衡控制模型

统的相互关系,提出液压支架跟机自动化逻辑应考虑实现“特性互补动作有机组合”。

根据采煤机、刮板输送机和液压支架自动跟机参数条件,计算液压支架动作时所需流量,依据电液控制系统程序提前预知液压支架的动作次序,在液压支架执行动作前,根据总流量需求函数转化为控制信息传达给综采供液系统,实现工作面用液需求的预知预判,供液系统提前进行变频调节。

(4) 人员感知—支架安全协同

当前煤矿井下越来越多自动化设备投入使用,如何为自动化采煤工作面操作人员提供安全保障成为迫切需要研究的课题。采煤工作面易发生采煤机、支架、转载机、破碎机设备的伤人事故,避免上述事故发生首先需要部署安全感知器件,对人员和设备的未知位置、运行状态进行监控。研制工作面安全感知与定位技术,保护人员的安全对于煤矿综采工作面的安全运行具有重要意义。

① 人员定位功能原理

a. 实施人员工作面安装的人员感知装置可以识别到携带人员定位卡的人员姓名及人员所在支架号,获取到工作面人员定位信息后,控制系统将相关的人员定位数据通过通信协议发送到指定的上位机 IP 及端口号。

b. 上位机系统将实时接收人员定位数据后在软件界面进行显示,并将接收到的数据存储在本地数据库中。上位机人员定位与电液控制系统关联如图 2-2-21 所示。

c. 上位机系统将人员定位支架号发送给信号转换器,信号转换器将接收到的支架号信息转发给对应的支架控制器,控制器接收到信号后闭锁所在支架,从而实现人员安全保护,避免伤人事故发生。

d. 若控制器在一定时间内没有收到上位机系统发来的信号,表示人员已离开当前支架,则自行将控制器解锁。

② 位置识别系统

人员位置识别系统主要由信号接收器(识别卡)和发射基站组成,识别卡由工作面巡视

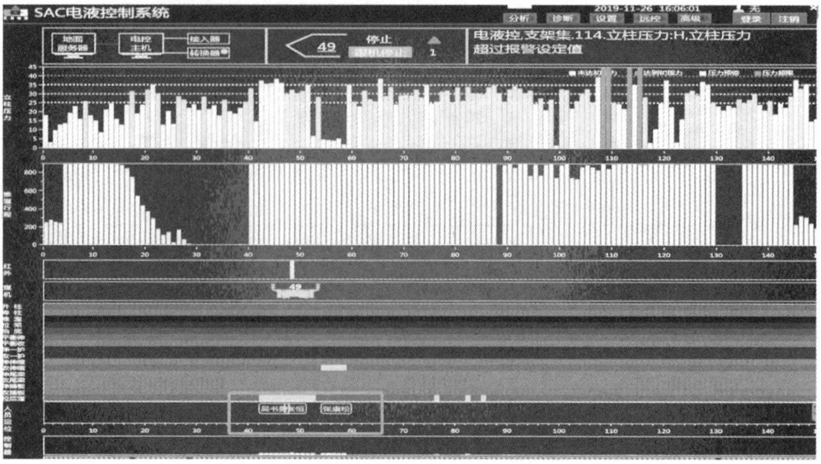

图 2-2-21　人员定位与电液控制系统关联

人员携带,发射基站集成在电液控制器内。具体功能及要求如下：

a. 工作面人员携带识别卡,确定工作面内每一个人员的精确位置,定位误差不大于 50 cm；

b. 人员位置在控制器和上位机上显示；

c. 可在软件上灵活设置识别区域,即安全区域和危险区域；

d. 具备工作面自动化区域识别的功能,当判断巡视人员出现在危险区域时,闭锁巡视人员所在支架,如有必要可停止采煤机运行、运输机推溜等动作；

e. 具备与自动喷雾系统联动功能,实现喷雾系统人员识别功能；

f. 人员识别系统相关装置均采用精小化设计；

g. 具备与工作面智能控制系统双向通信的各类通信接口。

(5) 瓦斯联动

瓦斯联动控制技术主要是通过监控系统及装置感知并预测瓦斯浓度变化、监测采煤机生产状态,通过瓦斯传感器实时采集工作面上隅角的瓦斯浓度值,并且通过上位机逻辑控制系统将瓦斯浓度值与采煤机速度实时关联,实现瓦斯浓度与煤机的联动控制功能,当瓦斯浓度小于低位阈值时,提高采煤机割煤速度;当瓦斯浓度大于低位阈值小于高位阈值时,降低采煤机速度,当瓦斯浓度大于高位阈值时,停止采煤机割煤。在设置采煤机高位阈值和低位阈值时,应设计足够的安全余度,实现采煤机、液压支架等关键设备联合协同控制。

采煤工作面机头和机尾的上下隅角处、工作面中部均匀布置安装瓦斯传感器,并把瓦斯传感器数据通过综合接入器传送到顺槽监控系统主机,再通过以太网将瓦斯浓度据传送到采煤机集控主机。采煤机集控系统依据工作面瓦斯浓度的大小进行采煤机速度策略计算,并控制采煤机生产过程中的速率。瓦斯浓度实时数据分析如图 2-2-22 所示。

(6) 自动放煤

① 跟机放煤

跟机放煤区域支架可设置多架顺序执行或奇偶架号隔架执行。当采煤机上行跟机放煤区域内奇数架号支架执行时,采煤机下行跟机放煤区域内偶数架号支架执行。当采煤机上行跟机放煤区域内偶数架号支架执行时,采煤机下行跟机放煤区域内奇数架号支架执行。集控主

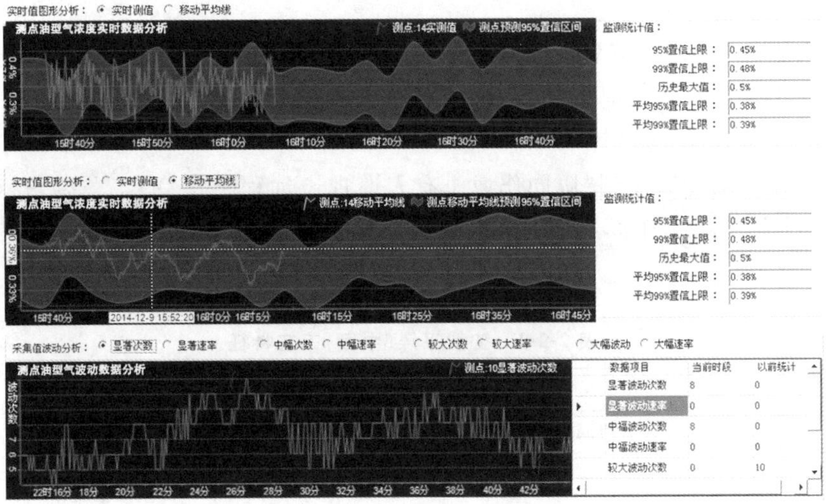

图 2-2-22　瓦斯联动控制流程

机实时读取后部运输机电流值 I 和采煤机实时速率 V，主机内设置后溜电流限定最大值 I_{max}、后溜电流限定最小值 I_{min}，采煤机最大匹配速率 V_{max}，相关控制逻辑如图 2-2-23 所示。

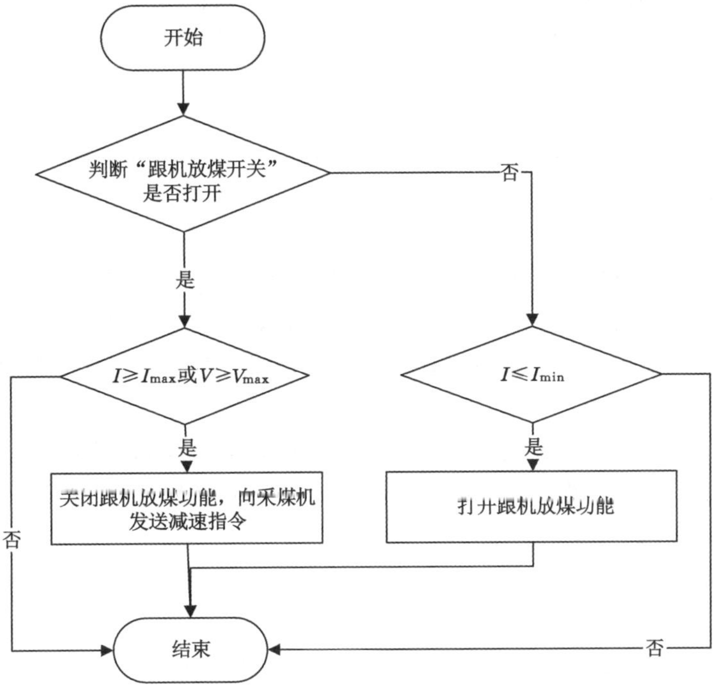

图 2-2-23　跟机放煤逻辑图

② 成组放煤

单架放煤动作预警后，动作执行顺序如下：收插板→收尾梁→伸尾梁→伸插板→放煤动作结束。尾梁与插板的动作时间根据各自传感器的数据和时间确定。用传感器来监测动作是否到位。伸尾梁阶段结束后，可以进行增强放煤控制，即循环执行收尾梁和伸尾梁动作，循环次数可设定。

在单架放煤的基础上，将支架按照实际需求分组，实现成组放煤。在放煤作业时，控制同组内的所有支架同时执行放煤动作，提高放煤效率。

3. 小结

中级智能化开采能够达到“协同作业+有人巡视+远程干预”的工艺要求，建议在薄煤层、中厚煤层及大采高工作面实践应用，实现工作面不多于3人作业的目标。如表2-2-2所列。

表2-2-2 智能采煤(中级)工艺特征

<table>
<tr><th rowspan="2">煤层条件</th><th colspan="4">主要工艺</th></tr>
<tr><th>协同作业</th><th>有人巡视</th><th>远程干预</th><th>预期效果</th></tr>
<tr><td>薄煤层</td><td rowspan="3">采煤机：在线监测系统；预测割煤系统。
支架：顶梁、掩护梁、底座角度精确姿态监测；工作面自动找直；超前支架、自移机尾监测+控制。
协同：煤机—支架协同；煤机—运输机协同；支架—供液协同；人员—支架安全协同</td><td rowspan="3">工作面支架状态巡视；采煤机工作状态巡视；两巷端头超前支架巡视</td><td rowspan="2">微型摄像仪；
无线通信网络；
在线监测、自动化率、开机率；
语音、可视化通信系统</td><td>工作面2人：
煤机1人；
支架1人</td></tr>
<tr><td>中厚煤层</td><td>工作面3人：
煤机2人；
支架1人</td></tr>
<tr><td>大采高</td><td>高清、自清洗摄像仪</td><td>工作面3人：
煤机2人；
支架1人</td></tr>
</table>

(三) 高级

地质探测技术让煤矿环境变得透明，计算机三维技术让煤矿环境呈现在眼前，人工智能技术让采煤设备具备高级思维，5G高速通信技术将煤矿工人的手延伸至百米井下，一系列高新技术在煤矿开采领域的实施应用让井下“无人化采煤”的目标有了科学的根据。

煤矿开采的高级智能化方案，以井下“0人”开采为最终目标，探索和研究三维地质建模技术、数字孪生技术、井下精确定位技术、机器人技术、自主规划割煤技术、5G高速通信技术等新型课题，构建“自主割煤+无人跟机+智能决策”的高级智能化采煤模式。

1. 高级智能开采技术

(1) 采煤机智能控制

工作面智能化控制需要处理设备在多维度的感知与决策，涉及巨量子状态、子过程之间的交互融合，以及各子系统间的耦合机理。针对智能化工作面需求，研发更加具有针对性的新型分布式智能控制技术。

改进控制模块的硬件及分布式系统架构，使其更加适应井下智能化应用情况，满足更高效率的开采任务；针对俯仰采、大倾角、大采高与薄煤层等情况下智能化采煤机开展工作效率优化理论及关键技术研究，提高采煤机工作的控制策略适应性。研究采用新架构、新算法、新技术保证各控制的精准高效，并不断丰富控制功能，提升系统稳定性、扩展性和易用性。

同时结合物联网技术，实现了智能管控平台、5G融合网络、大数据企业云、应用子中心等的智慧矿山建设目标。实现了远程控制采煤、一键启停、记忆截割等智慧开采功能。工作面减员，生产效率提升，实现智能开采、少人则安的预期目的。

① 机器视觉

研究基于多目摄像头的采煤机机载成像系统，应用辅助光源的目标对比度提升技术，结合背景杂散光抑制技术、目标特征识别技术、微光成像技术等后端图像增强技术，提升采煤机机载视频在边缘端的成像质量。进一步的，通过高可靠的视频压缩技术及采煤机专用视频信号通信技术，可在顺槽计算机或其他网络终端上实时监测工作面状态，并具有远程在线操控采煤机功能。

通过工作面视频模式识别，可快速检测出工作面偏帮、危险位置人员介入、煤机过煤空间堵塞等异常工况，通过监视设备发出预警信号，及时提醒工作人员处理，防止可能的危险状况扩大化。

② 多路复用的交互通信

研究采煤机智能装备被多个终端控制下的感知网络自主决策机制，确保在采煤机边缘端具有自主安全防护机制，不因优先级冲突或指令逻辑错误等异常工况而产生误动作。模型的通信方式包括频分复用、时分复用、码分复用等网络编码及调制解调手段，结合矿井实际条件，通过主电缆芯线、光纤等介质或无线设备，将煤机的监视数据和控制数据可靠高效地传输在各个网络设备之间。

采煤机至巷道的通信，支持EIP、工业以太网TCP/IP、CAN通信协议，支持工作面4G通信功能。采煤机无线设备可通过时分复用对多个对象实现数据分发及控制请求，使用窄带低延时频段，在多干扰源的复杂电磁空间中实现无线设备的可靠通信交互。

③ 精确定位

采煤机精准定位是实现割煤滚筒自动调高、刮板输送机自动调直、截割滚筒自适应调速的重要基础，在没有外部参照源（如GPS、UWB基站）的情况下，通过煤机内部独立的器件，检测自身状态数据变化，通过某一时间间隔对比两个状态的姿态信息，得到自身的多个方向位移变化矢量，采用预测、拟合和后验估计等手段消除部分误差，结合矢量方向的时间累积，进而得出该器件的整体空间相对位移。

采煤机配置冗余传感系统，通过改进采煤机传感器安装结构，优化检测方式，增加采煤机状态检测手段等方式，提升采煤机状态检测的准确性与检测寿命。针对摇臂高度的检测，通过在原有基础上增加油缸行程检测装置，推算采煤机截割高度，提升截割曲线分辨率，实现精准截割。针对采煤机位置的准确检测，通过使用绝对型位置编码器实现采煤机在工作面的位置准确检测，同时消除测量误差，保证煤机位置的准确。

通过安装在采煤机机身内部的惯导装置，可实时监测采煤机三维姿态，检测运输机空间姿态，实现工作面自动调直，在300 m长工作面可实现位置定位测量，其误差小于10 cm。

④ 多传感器融合的故障自诊断技术

采煤机故障在线监测系统，通过采煤机机载状态传感技术、多源数据融合分析技术及人机交互技术，为采煤机状态检测及预测性运维提供数据支撑。采煤机具有电压、电流、温度等基本参数的在线监测，并具有对这些参数的阈值保护功能，包括过载、过温、漏电保护等，但存在保护范围不全面，保护不够及时且数据未充分利用的问题。采煤机故障在线监测系统主要由采煤机运行状态监测系统、采煤机机载数据分析系统和人机交互系统组成。通过新研发的人机交互系统、信号处理系统及新添加的增强型传感装置,在采煤机机身上新添加采煤机故障在线监测系统,实现在采煤工作面自动化作业状态下,对采煤机机身各执行机构及电气系统自身的状态监测及预测性运维工作。

采煤机故障自诊断通过传感网络采集目标对象的运行数据,为避免单一感知参数受检测误差、环境噪声影响导致特征信息不可靠,在采煤机被测部件上布置多物理类别的传感网络,通过对数量巨大、来源分散、格式多样的数据进行采集、存储和关联分析,完成特征信息的提取。再结合目标部件的状态模型,利用归一化、差异化、分类加权评分、模式识别等决策机制,完成异常状态的识别诊断。

该技术在采煤机装备应用上可针对采煤机摇臂机械传动系统、牵引部机械传动系统等重负载机械系统的拟合状态、磨损情况及断齿等故障状态进行识别诊断,提高装备维护效率和使用效率。

(2) 支架找直

通过工作面支架找直控制技术周期性的校准调节,可以间接解决工作面推进过程中一系列设备协同造成的累计误差。工作面支架找直控制技术分为两方面,一方面为工作面直线度检测技术,通过检测计算出累计误差数据;另一方面为工作面直线度控制技术,当累计误差检测超限或预警后,启动直线度精准控制来调节工作面直线度。

(3) 刮板输送机智能控制

在高级智能化工作面,刮板输送机需要具备断链监测技术、故障诊断技术、智能调速控制技术,具体技术功能描述如下。

① 工作面输送设备断链监测技术

工作面输送设备在运行过程中,刮板链由于疲劳、刮卡等原因,难以避免会发生断链。断链监测技术是通过监测工作面输送设备的刮板和链条,当链条出现断点时,传感器监测到的连续信号发生变化,即可判断出链条发生断链故障。系统基于传感器采集的链条运行状态信号,采用了专用的冗余断链判断策略,实现刮板输送机的断链监测功能,即能就地发出报警提示信号,也可以将报警信号传输至上位控制器进行集中处理。

② 刮板输送机故障诊断技术

以矿用防爆计算机作为硬件平台,集成了简洁明了的前端界面和专业的后台数据库管理软件,与煤矿井下刮板输送设备工况监测系统配套使用。系统实时感知基于时间轴和载荷轴的工作面输送设备运行状态的矢量信息,对工况数据进行记录存储和分析处理,采用基于多信息互检/融合技术,通过集成的经验数据和故障推理算法的数学模型运算,为用户提供故障解决处理意见和设备维护保养建议,用户可以此为依据,更快、更合理地处理现场故障,同时根据设备健康状态分析结果实现关键零部件库存的动态管理。

③ 刮板输送设备智能调速控制技术

在满足设计运量的前提下,可以实现启动阶段的软启动、工作工程中对设备运行速度的智能控制,还具备工况记忆和自学习模式。通过采集工况监测系统,实时不间断的采集驱动部在不同工况下的主要运行数据,不断完善优化积累后,可以对设备的运行状态进行实时分析,给出更合理的设备运行解决方案。同时解决设备启动冲击大和重型设备运行时能耗高的问题,还能为同类设备提供更好的运行解决方案,进一步提升刮板输送设备的综合性能和自我调控能力。

④ 链条自动张紧

在中级智能工作面，刮板输送机具备基于采煤机位置的链条自动张紧功能。通过获取刮板输送机启停状态、采煤机位置、电机状态以及刮板输送机机尾伸缩油缸压力、位移等实时数据，采用多参数优化、闭环控制逻辑，对刮板输送机链条张力进行综合判断和分析，自动匹配合适的油缸目标位移，实现刮板输送机链条自动张紧功能。

(4) 供电系统自诊断

① 移动变电站

故障自诊断功能。移动变电站应具有故障自诊断功能，通过监测主要部件状态、相关接口电量参数和信号等信息，基于相关故障诊断方法，自动定位设备内部主要部件故障位置，输出故障排除办法，并将诊断结果实时上传。

故障自诊断技术实现。故障自诊断采用电力系统应用较多的专家系统，诊断原理是在故障发生时，根据当前开关各监测点的实时状态和历史状态，结合预存的专家系统知识库，推测出可能出现故障的节点。

② 组合开关

故障自诊断功能。组合开关应具有故障自诊断功能，通过监测隔离开关、接触器、继电器的合分状态，监测母线电压、回路电压、回路电流、绝缘阻值、先导等数据，在组合开关无法正常合闸、分闸或其他故障报警时，触发故障自诊断机制，判断是负载故障还是设备内部故障。如是内部故障，应可自动定位设备内部主要部件故障位置，可诊断范围包括(不局限于)隔离开关、驱动单元、控制系统模块、行程开关、继电器等，输出故障排除办法，并将诊断结果实时上传。

故障自诊断技术实现。故障自诊断采用电力系统应用较多的专家系统，诊断原理是在故障发生时，根据当前开关各监测点的实时状态和历史状态，结合预存的专家系统知识库，推测出可能出现故障的节点。

(5) 数据传输技术

① 采煤工作面工业互联网

采煤工作面工业互联网分为设备感知层、基础设施层、平台层、软件层 4 个层次。采煤工作面工业物联网应用，需要开发出具备一定通用性的高性能通信与数据交换机等系统集成模块，实时控制通信为多频段冗余通信系统，控制系统指令下发，定位信息、状态信息与故障信息上传等数据采用该系统传输，采用中低速率大链路预算传输模式，实现远程控制的稳定性与可靠性。

② 采煤工作面无线通信协议

适用于采煤工作面物联网的主流技术是窄带无线通信协议，通过线性调频扩频技术有效降低信号在采煤工作面半金属包围环境中的多径效应，其中的 LoRa 技术在低功耗状态下的视距通信距离可达 10 km 以上，实现 −140 dBm 的超高灵敏度，非常适合在采煤工作面及巷道的复杂环境中实现传感设备互联，建立的采煤工作面工业物联网，如图 2-2-24 所示。

③ 第五代移动通信

将 5G 技术引入采煤工作面，以云计算和人工智能为工具，深度挖掘大数据知识，以 5G

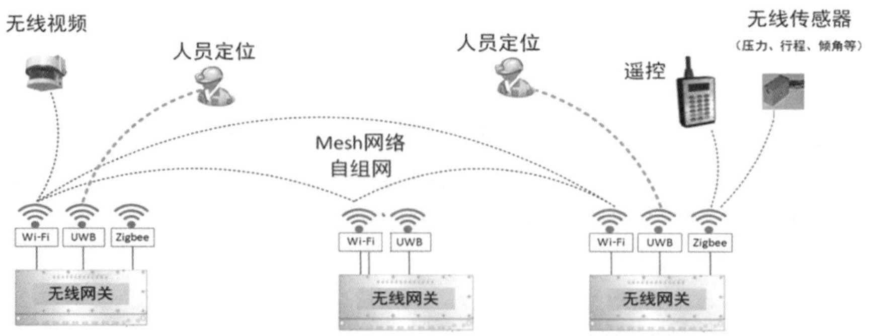

图 2-2-24　采煤工作面物联网架构

技术为高速通道,实现采煤工作面万物智能互联互通,与云计算、大数据、人工智能等技术深度融合,将成为采煤工作面高性能通信系统的关键基础设施。专网布置如图 2-2-25 所示。

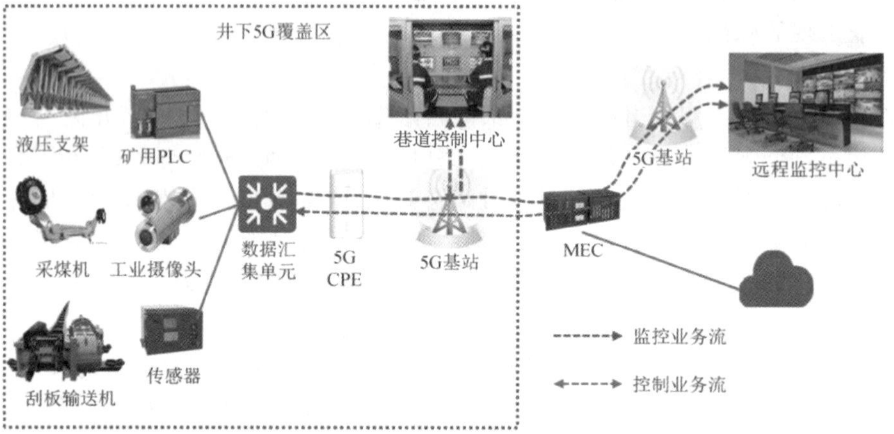

图 2-2-25　煤矿采煤工作面 5G 专网

煤矿 5G 应用研究还处于初级阶段,局限于视频应用场景,5G 技术需要与云计算、大数据、人工智能等技术结合,充分为采煤工作面智能化赋能,未来 5G 发展方向:

a. 采煤工作面 5G 移动接入终端通信设备实现本安化,这是在采煤工作面普及 5G 技术的关键;

b. 采煤工作面环境复采、各种装备对 5G 波段无线信号遮挡的问题,实现 5G 信号在工作面内和两端巷道的完全覆盖;

c. 5G 技术与采煤工作面自动化系统联合部署采煤工作面现场的边缘计算网关/服务器,引入地面公有云资源,形成井上、井下的边云结合的大数据处理平台,实现采煤工作面视频识别、数据云计算、故障云诊断和设备云控制等高级智能化功能。

(6) 智能放煤

结合综放工作面前部生产工艺与后部放煤流程,实现工作面内分区域采煤、放煤平行作业,达到采放协同控制,提高工作面生产效率。如图 2-2-26 所示。

① 记忆放煤

综放工作对放煤工人操作方式和工艺进行跟踪、提炼,构建记忆放煤控制模型,即通过

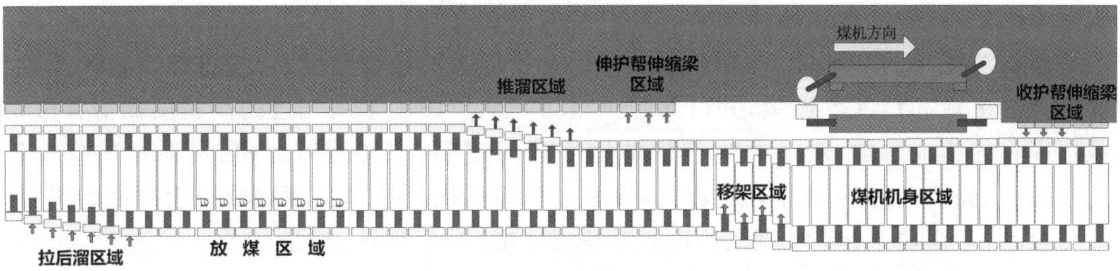

图 2-2-26　采放协同

智能放煤监控中心和“放煤动作架＋采煤机位置架”进行数据分析融合，实现采煤机位置信息、移架位置信息、放煤口位置信息等的记录，以记忆放煤工艺顺序为核心。采用的技术路线是“录制”模式，通过关键控制器来记忆标准模式，在后续的生产中“录制”标准模式，达到记忆放煤的目的。

在回放过程中，远程智能放煤监控中心以监测记忆参数为主，工作面控制器已回放调度放煤支架顺序为主，监控中心可远程干预放煤。具体记忆放煤工艺模型分为记忆放煤标准刀（学习模式）和记忆放煤生产刀（回放模式）两个步骤。记忆放煤如图 2-2-27 所示。

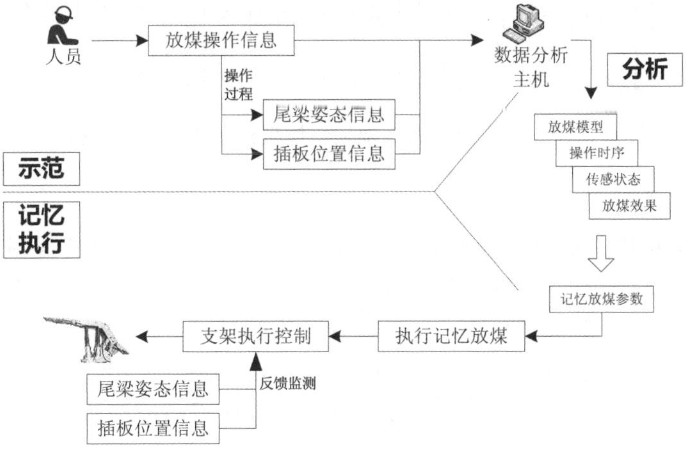

图 2-2-27　记忆放煤示意图

② 远程放煤

综放工作面远程放煤控制系统是将电液控制系统主控计算机软件、顺槽集中控制主控计算机软件、数据集成软件、数据通信软件等集成到统一平台下，通过隔爆计算机硬件平台，实现远程放煤控制。包括尾梁伸收、插板伸收、拉后溜的手动或自动动作控制。

2. 自主割煤实现

（1）地质建模

三维高精地质模型建设基于矿井历史所有钻探、物探、补充勘探数据及矿井当前的生产数据等（钻孔信息、煤层信息、地层信息、巷道开拓信息）信息构建。

① 三维高精地质模型构建

充分利用已有数据，通过数据解释融合分析后，依托数字化手段，将数据统一为标准模型构建空间信息,能够达到剔除异常、空间配准、去伪存真、自动标定、交叉验证等功能,降低多源地质探测成果的多解性,提高精度较低但是密度大的数据精度,为三维地质建模提供当前探测条件下最高精度数据集,并可对数据进行平面成图。采用先进的高精度插值算法,提取数据库里的集成数据,对矿井进行构造地质几何建模、水文地质建模、瓦斯地质建模等。在此基础上,完成矿井的综合地质建模,且通过相应可视化技术实现地质隐蔽属性的可视化表达与显示,本模块共包含7部分,分别为基础功能、插值算法、构造地质几何建模、水文地质建模、瓦斯地质建模、综合地质建模、地质隐蔽属性可视化。如图2-2-28所示。

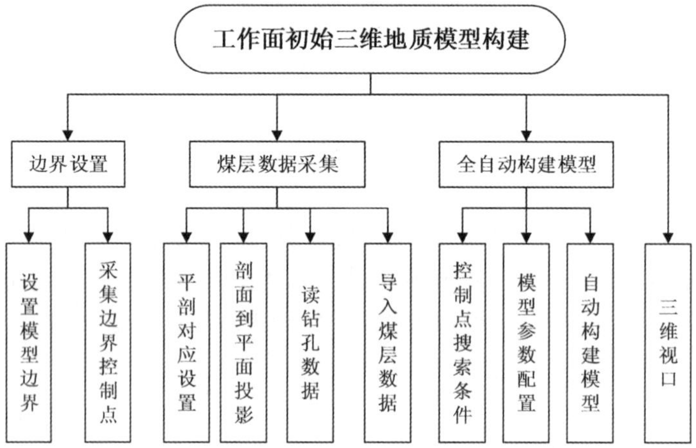

图2-2-28　工作面初始三维地质模型构建功能模块结构图

② 三维模型修正

利用已有层位和构造数据进行自动网格成图,自动进行时深转换得到深度域构造图,并保存备份。当新的层位数据(如新钻孔数据、新测量数据、新的钻孔雷达成果数据)传输并更新时,软件自动对原构造图进行修正,每更新一次数据便对上一次修正并保存的图件进行修正并再次保存备份,每次更新的图件都会被保存,利用等值图对比功能,可进行等值图动态对比,浏览等值图在更新数据前后的变化,以快速适应现场研究或初步决策的需要。若有三维地震解释煤层底板T0层位,则以当前所有可用于求取平均速度的所有层位点数据,能够自动更新速度场、时深转换和对应底板等高线,煤层顶板和厚度根据已有散点数据进行内插更新;若无三维地震资料,则根据最新获得的煤层顶底板海拔高度、煤层厚度,结合已有地质信息,进行等值线图更新。三维地质模型动态修正成果展示如图2-2-29所示。

(2) 数字孪生

数字孪生技术充分利用物理模型、传感器数据、运行历史数据,集成多学科、多物理量、多尺度、多概率的仿真过程,在虚拟空间中完成映射,从而反映相对应的实体的全生命周期过程。

综采工作面数字孪生主要包括虚拟综采工作面和数字孪生系统仿真,并协同全工作面。

① 虚拟综采工作面

通过研究综采工作面关键设备的空间位置关系、运动学模型,建立综采工作面三维设备模型库,实现常见综采工作面三维场景的组态配置,快速构建特定工作面类型的三维模型场景,与集控系统实时数据交互,实现综采工作面数据驱动的三维可视化,逼真再现生产作业

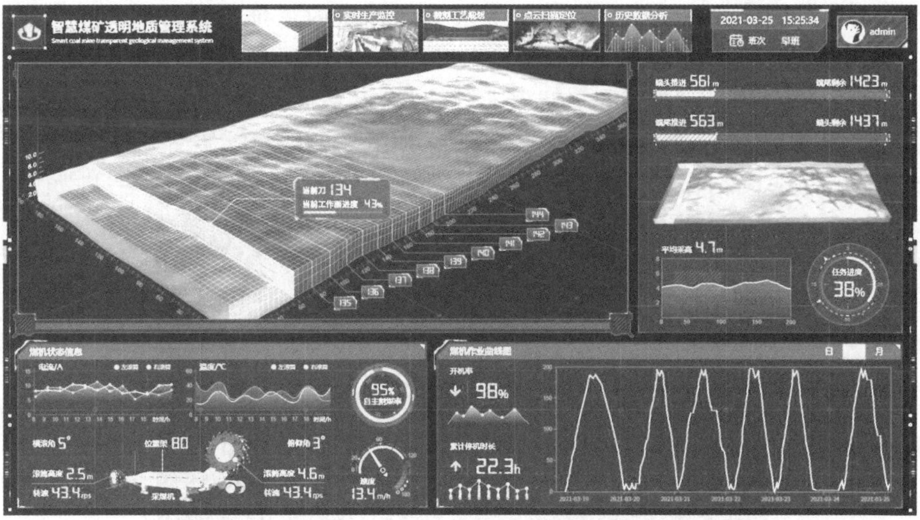

图 2-2-29　工作面三维地质模型动态修正成果三维展示图

场景，指导操作人员进行工作面远程智能化开采，同时，通过历史数据进行开采过程的三维回放，辅助进行工艺分析和优化；通过地质模型数据进行开采过程推演，辅助优化数字化截割模板，也具备三维仿真培训，开采工艺流程三维可视化等功能。

三维虚拟现实服务器利用三维技术可视化实现整个无人化开采推进过程。它依据被测单元或控制器的信号输出，在三维场景中展示设备的空间位置、姿态形状，辅助试验人员检验控制系统的有效性，仿真关键技术包括数据通信、三维建模、软件设计。

数据通信。为了真实再现井下综采工作面的实际工作状态，三维虚拟现实软件系统需要与综采主要设备建立数据通信，进行数据交互，实时获取设备的工作状态，例如液压支架姿态动作、采煤机牵引方向、速度等，进而构建整个综采工作面生产场景。

三维建模。在三维建模阶段主要是对煤炭的开采环境与开采过程中所使用的设备进行三维仿真建模，是三维虚拟仿真系统的基础环节。其中场景包括综采工作面、巷道等，所使用的设备则包括采煤工作面上的液压支架、采煤机和刮板输送机等。以下是建立的关键设备三维模型，如图 2-2-30 所示。

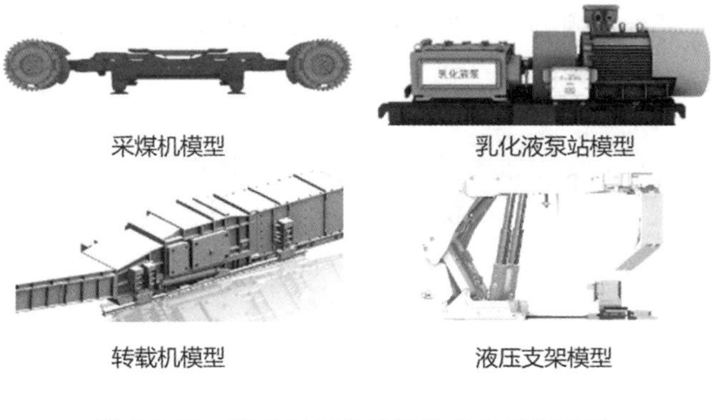

图 2-2-30　综采工作面关键设备虚拟模型图

软件设计。三维虚拟现实软件的关键是通过对设备的三维建模,以及通过采集到的数据驱动三维模型能够执行相应的动作,真实再现工作面设备工作状态。为了提高三维展示的逼真度,在设备建模时,不是对设备进行整体建模,而是将设备按照机械组成进行拆分,例如在建立支架模型时,分别创建一级护帮板、二级护帮板、平衡杆、伸缩梁等,共计 32 个子模型,以保证支架的各个部件动作能够单独驱动,如图 2-2-31 所示,工作面"三机"虚拟系统。

图 2-2-31　综采工作面虚拟效果图

② 数字孪生系统仿真并协同全工作面

a. 跟机自动化程序测试

试验平台支架数量多,支架可实装传感器、可模拟不同条件下的采煤工艺和支架跟机工艺;可对接监控中心模拟测试,进行智能化数据分析试验,通过实际操作模拟测试提升智能化数据分析和协同操作提示预警信息对远程自动化控制的辅助效果。

b. 自动移架测试

通过巡检机器人装载惯性导航装置,实现工作面直线度检测;提出了基于单次全行程量、单次半行程量的找直控制方式,通过多轮次控制实现工作面自动找直;实现在长度 350 m 工作面,直线度测量最大误差<0.155 m,均方根误差为 0.077 m,接近任务目标长度 300 m 工作面,均方根误差为 0.05 m。

c. 工作面找直测试

按照综采工作面管理规范,工作面"三平两直"要求直线度小于 50 mm,考虑到实验室的现场环境要优于煤矿现场,将直线度测试指标定为:检测直线度小于 20 mm,控制直线度小于 30 mm,如图 2-2-32 所示。

(3) 两巷定位

通过在工作面及两巷上设置激光设备能够识别的标识物,使用激光扫描仪,进行工作面及两巷的扫描并生成局部点云,经过拼接形成全工作面及两巷点云数据,对其进行绝对定位,结合高精三维地质模型,确定采煤机位置。标识物悬挂位置布局见图 2-2-33 所示。

(4) 电缆拖拽

① 问题现状

综采工作面生产作业时,采煤机牵引的电缆夹在运输机电缆槽内做往复运动。由于薄煤层工作面受高度限制,电缆槽深度一般按放置两层电缆夹设计。当采煤机在机头或机尾处作业时,受采煤工艺的影响,电缆夹会出现 3～4 层叠加。

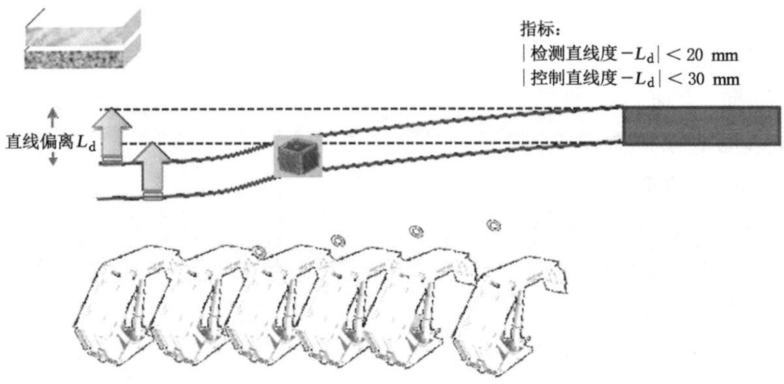

图 2-2-32　综采工作面自动找直测试

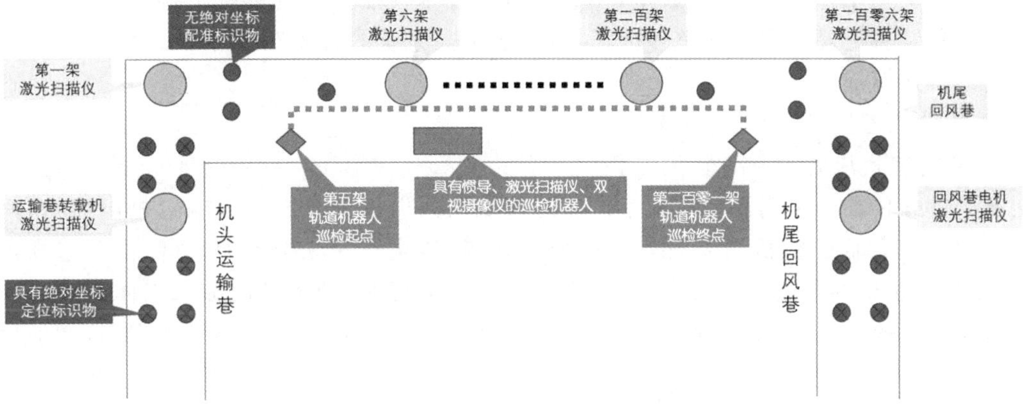

图 2-2-33　两巷及工作面内标识物悬挂位置布局

② 电缆拖拽原理

采煤机电缆智能拖动系统通过在刮板输送机机尾安装驱动部，使用链牵引的方式带动拖揽小车与采煤机电缆同步运行。设备布置于电缆槽内，通过链条形成闭环回转运动，链条拖动拖揽小车在刮板输送机电缆槽中往复运动，通过与采煤机行走同步控制实现电缆的同步拖拽，保证采煤机电缆在折返时没有叠层。

③ 电缆拖拽实现

采煤机电缆智能拖动系统是利用动滑轮的特性，通过控制系统控制拖缆装置和采煤机实时同步跟随，二者之间始终保持方向一致，托缆速度是采煤机速度大小的 1/2。当采煤机向输送机机头运行时，拖缆架在驱动链的作用下带动电缆夹以采煤机速度的 1/2 向输送机机头运行，当采煤机反向运行时，拖缆架在驱动链的作用下以采煤机速度的 1/2 反向运行，采煤机电缆始终保持两层，不会因为多次往复运动而使电缆层数堆叠，避免电缆高度过高而引发各种事故。

④ 电缆拖拽控制

PLC 通过实时采集煤机速度、方向和拉力传感器等数据，由 PLC 程序控制变频器输出，对牵引电机进行调速，以达到跟机运行的目的，正向运行时，PLC 根据拉力大小调整速度，小车牵引电缆主动运行；反向运行时，煤机牵引电缆行走，小车在 PLC 控制下从动跟机运行。

⑤ 电缆拖拽功能

a. 拖缆架同向、半速自动跟随采煤机运行;

b. 自动校正拖缆架位置;

c. 尾轮可实时张紧拖缆链条。

(5) 云巡视

云巡视包含初级智能化解决方案具备的视频巡视在内的线上巡视手段,在高级智能工作面具备机器人巡检手段。

工作面巡检机器人是在工作面刮板输送机的电缆槽外侧,重新布置一套柔性双钢管轨道,实现巡检机构的行走功能,为工作面监测与数据采集提供快速移动的巡检平台。工作面巡检机器人主要针对工作面巡检应用,相比传统监测方式,该技术降低了对工作面大范围监测设备覆盖的要求,减少了设备数量,在满足监控技术性能要求的前提下,降低了综采工作面监控设备装置的复杂程度和整体成本,有助于提高系统的可靠性和可维护性,降低综采智能化的系统运营成本。

① 柔性轨道技术

a. 基于链式传动的窄刮板型技术

基于链式传动的窄刮板型综采工作面巡检机器人轨道安设在刮板输送机电缆槽外侧,对应的综采工作面巡检机器人设备采用分布式布置,全长为9架支架长度,覆盖采煤机长度,设备与刮板链通过立杆连接在一起,当该窄刮板运行时,链条带动综采工作面巡检机器人设备运行,每个设备底部安装有两个聚氨酯橡胶轮和防震弹簧,减小平台震动,增加设备运行稳定性。

b. 基于电力驱动的刚柔一体化单轨轨道技术

基于电力驱动的刚柔一体化综采工作面巡检机构单轨轨道同样安设于刮板输送机电缆槽外侧,基本形式采用工字钢附带柔性连接件的形式,针对工作面液压动支架宽度,巡检轨道采用单节长度为1 600 mm拼接而成,拼接处留有100 mm的缝隙,轨道上方整体铺设橡胶皮套,可以适应输送机相邻两节之间水平和高度方向的5°夹角变化和50 mm错位变化,便于轨道移动弯曲时不会出现轨道挤压现象,防止巡检机器人轨道连接处时出现颠簸震荡现象,从而达到柔性轨道安装的目的。

c. 基于电力驱动的刚柔一体化双轨轨道技术

基于电力驱动的刚柔一体化综采工作面巡检机构双轨轨道安设在刮板输送机电缆槽外侧,与基于电力驱动的刚柔一体化单轨轨道技术相似,但基本形式采用略短于刮板槽长度的两根空心圆柱钢管。

② 电池技术

电池技术为一套软件管理系统可编程电压、电流、容量、温度等各种参数,内置电池电化学特性模型和内阻跟踪技术,实现电池电量的准确计量;具有电池平衡技术,高效实现电池平衡,延长电池寿命,增加电池组可用容量;智能保护算法实现电池的过充、过放、过温、过流、短路、内阻突变、温升突变等各种保护;电池闭锁控制,满足煤矿井下环境的安全逻辑要求;24 in(1 in=2.54 cm)彩色液晶显示器,电池信息实时采集显示,内置有RS485通信总线,实现与上位机远程数据。

③ 巡检通信技术

巡检通信技术主要由综合接入器、不同频段的无线接入器等构成。无线控制网络基站与无线视频传输基站将巡检机器人传感器的信息同步至集控中心计算机软件平台，实现数据交互。实时控制通信为多频段冗余通信系统，控制系统指令下发，定位信息、状态信息与故障信息上传等数据采用该系统传输。物联网无线通信采用 LPWAN(低功耗广域网络)技术，实现扩频技术的超远距离无线传输。通信技术结构如图 2-2-34 所示。

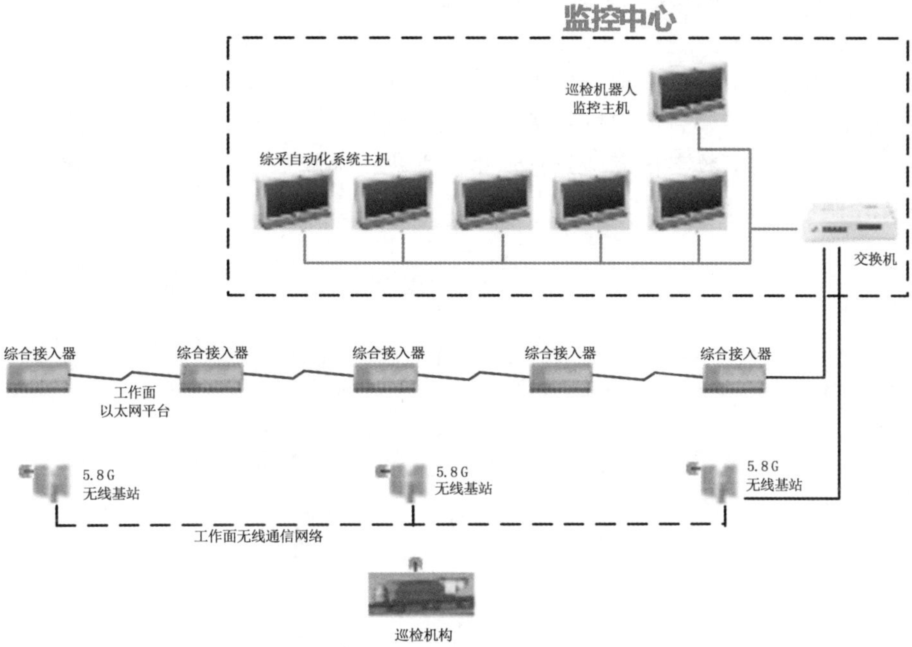

图 2-2-34 通信技术结构图

④ 信息采集技术

a. 可见光图像技术

巡检机构搭载有两类可见光相机，包含机头与机尾各一个微型摄像仪机芯，机头与机尾侧微型摄像仪可完成对轨道行进的实时监控与工作面设备和环境的状态信息；另一类为云台摄像仪，云台摄像仪具有一定的灵活性，能够快速巡视工作面的设备和环境状态，可快速运行观察工作面运行情况，协助工作人员对工作面出现的问题进行及时判断，跟机状态时，云台能够跟随采煤机转动，通过云台摄像仪更近、更直观的监视开采过程。

b. 红外热成像技术

红外热成像采集装置面向煤壁侧安装，并且进行温度标注与滚筒定位。设备可以实现图像捕捉与快速运动事件的同步，配备网络接口及多种应用接口，当巡检平台正常工作后，在跟机状态下，利用热成像仪监控煤机滚筒拍摄的图像。

c. 三维激光扫描技术

三维激光扫描技术通过机载 ExScan 三维扫描装置实现，三维激光扫描仪做二维切面扫描并结合综采工作面机构惯性导航装置可生成工作面中部区域的三维点云。三维激光扫描技术需要配合固定点的三维激光扫描仪进行，同时需要设置坐标系统配准标识物，以便于综采工作面扫描点云的拼接与扫描精度验证。

d. 声音检测技术

该技术采用高灵敏度全指向性防水防尘咪头，全向拾音、声音清晰自然，采用专业音频处理技术，有效防止语音信号失真及衰减，内置雷击保护、电源极性反接保护和静电保护。该技术在跟机的过程中完成声音提取，通过图像与声音的融合判断是否截割到岩石，并在快速巡检过程中通过声音的检测，判断设备故障。

(6) 自主规划割煤

基于三维地质模型的自主截割主要针对工作面采煤机截割模板修正技术、工作面多源信息融合的采煤机智能调高控制技术展开。在三维透明地质模型技术、采煤机滚筒测高技术以及煤岩界面顶底板数字化模型分析及建模方法技术的基础上进行深入的综合集成技术应用，系统控制流程如图 2-2-35 所示。

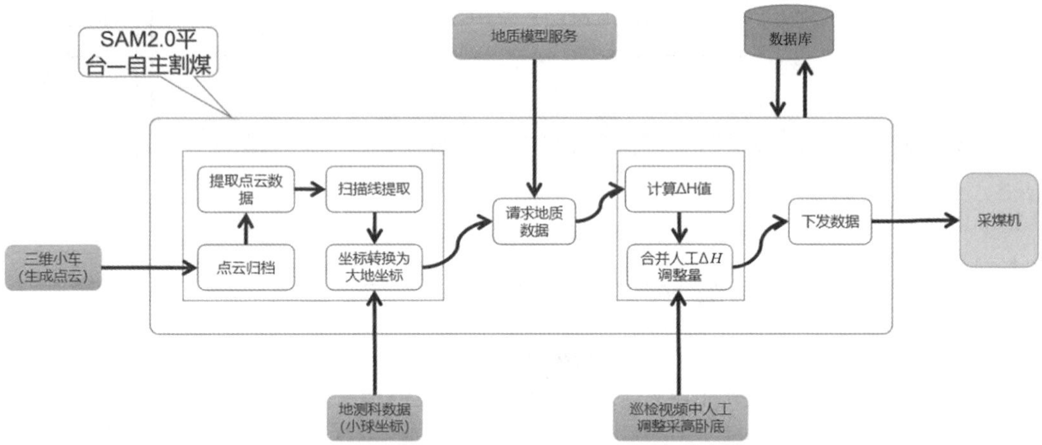

图 2-2-35　系统控制流程

自主割煤系统功能包括：优化三维地质模型主动请求切片、动态自优化的工作面精确三维地质模型功能、综采工作面设备绝对坐标系转换功能、采煤机滚筒智能调高功能。自主割煤系统部署后，可实现平均每天(多刀)、每刀截割下发操作一次，下发流程可人工操作，也可自动定时下发。其中主要模块由采煤机截割模板修正模块、采煤机智能调高控制模块两部分构成。

① 采煤机截割模板修正

采煤机截割模板修正模块主要实现控制采煤机滚筒智能调高的截割模板请求功能。基于机械结构约束和开采工艺约束、三维场景碰撞引擎、优化计算截割模板和人工干预方法。软件界面如图 2-2-36 所示。

② 采煤机智能调高控制模块

采煤机智能调高控制模块主要是依据截割模板对采煤机滚筒割煤过程实时控制。基于工作面地质探测数据以及惯性导航和三维激光扫描，建立对工作面开采条件的预先感知，采用工作面俯仰采阶变过程的平滑阶梯多级调整控制策略，并利用可见光视频监控图像相互融合的方法，实现对工作面顶板和底板采高数据的实时更新。平滑阶梯多级调整控制技术

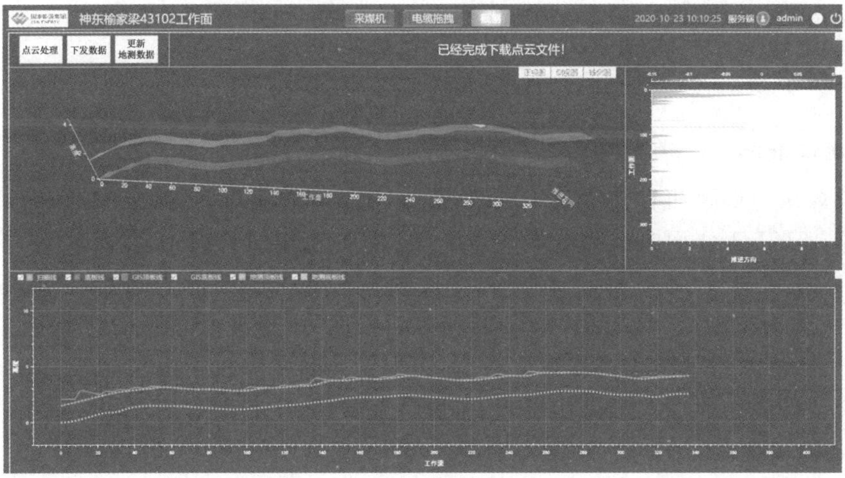

图 2-2-36　截割模板软件界面图

以工作面煤厚变化和地质条件变化的超前勘探信息为基础，通过建立工作面煤厚分布的特征函数，为截割轨迹调整提供基础参数。如图 2-2-37 所示。

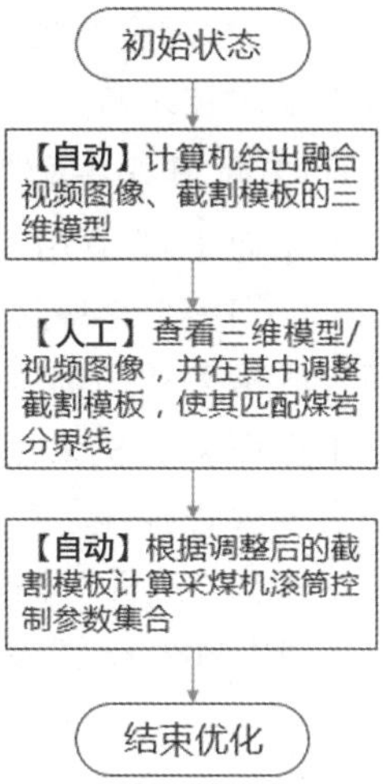

图 2-2-37　智能调高流程

③ 工作面多源信息融合

将工作面煤厚变化带三维信息传递给采煤机截割高度控制器，截割高度控制器是采煤机截割轨迹预设的控制设备，负责控制采煤机截割高度的远程控制及就地控制。沿工作面倾向及走向两个方向上，随着工作面的推进，依据煤层煤厚变化分区域进行预设采高，截割高度控制器根据预设的截割高度实时调整采煤机滚筒达到采煤机自动化截割的目的。

控制系统界面（如图 2-2-38 所示）可实现工作面顶底板三维界面展示，展示上刀工作面割煤后的顶板线位置和底板线位置，预测下刀截割顶板线位置和底板线位置，工作面相应位置滚筒高度调整量曲线。

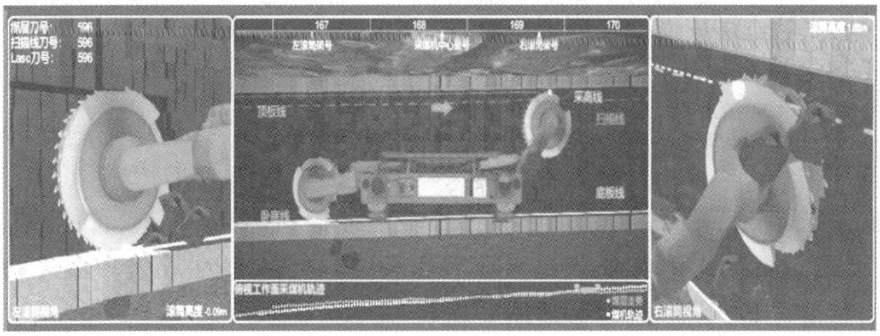

图 2-2-38　自主割煤实时控制

3. 小结

高级智能化开采能够达到“自主割煤＋无人跟机＋智能决策”的工艺要求，建议在薄煤层及中厚煤层工作面实践应用，实现工作面无人作业的目标。

三、典型案例

(一) 建设条件

榆家梁煤矿地处陕西省神木市店塔镇，是神东公司的重点矿井之一。该矿智能化控制系统应用于43101工作面，位于43煤一盘区。43101工作面长度为351.42 m，推进长度为1 809.4 m，煤层厚度为1.0～1.7 m，平均厚度为1.47 m，工作面采高为1.4 m，倾角为1°～3°。43101工作面采高低、空间小，采煤工人劳动强度大，作业环境差。工作面采用双向全截深割煤工艺，在人工就地生产作业方式下，需配置多名采煤机司机与支架工跟随采煤机穿行工作面交替往返作业。人工操作模式下，最高单班(8 h)生产2.5刀。

(二) 建设内容

针对该工作面低采高的特殊性，并兼顾采区煤层地质条件，在设备选型之初就着眼于建设薄煤层智能化采煤工作面。在实现工作面支架自动跟机、采煤机记忆截割、设备远程集中控制基础上，配套智能巡检系统与地面太空舱，应用透明工作面技术，针对薄煤层开采进行了多项重大技术攻关。

1. 工作面设备配备

工作面中部采用ZY9200/09/18型中部液压支架(共196架)，过渡液压支架采用ZYG9200/10/200型过渡支架(共3架)，端头采用ZYT7200/13/26型液压支架(共6架)，进回风顺槽采用单体支架进行超前支护，配套天玛智控电液控制系统。

工作面采煤机采用1台MG2×200/890-W天地上海煤机，配套远程控制分站接入集控中心实现远程控制。

工作面“三机”设备采用1台SGZ800/1400型刮板输送机，1台SZZ1000/400型转载机，1台PLM2000型破碎机。配套“三机”控制器可实现集中控制，接入集控中心实现远程控制。

工作面供液系统采用6泵3箱配置，即3台K35055M型乳化液泵站(工作压力为37.5 MPa，额定流量为439 L/min)，3台K16065M喷雾泵站(工作压力为14.3 MPa，额定流量为522 L/min)，1台容积为6 400 L水箱和2台容积为12 000 L乳化液箱。配套集成供液系统，实现泵站集中控制与数据上传功能，接入集控中心实现远程控制。

控制系统配套情况。工作面配套天玛智控电液控制系统，针对薄煤层空间小的特点，在支架控制器内部集成了红外接收器，分别在电源箱和综合接入器内部集成了隔离耦合器。每台支架配备压力、行程、高度传感器，两端头支架上配备激光扫描传感器。

智能巡检系统情况。工作面配套三维扫描智能巡检机器人和视频智能巡检机器人两种巡检设备，主要搭载可见光—红外双视融合摄像头、拾音器、惯性导航和激光扫描装置等设备。该工作面智能巡检机器人实景，如图2-2-39所示。

太空舱式地面分控中心配套情况。地面分控中心采用太空舱的设计理念，配套太空舱式地面分控中心，作为工作面设备远程控制的平台。为操作人员提供一个沉浸式的工作环境。

图 2-2-39　工作面智能巡检机器人

2. 智能化技术应用

透明工作面技术。实现了煤层的超前勘探感知，形成了精细化的三维地理模型。根据不断更新的数字化开采模型，提前预判下一开采循环中采煤机运行轨迹，指导下一刀的实际生产。将透明工作面技术应用于生产实践，让采煤机主动找煤。

智能巡检机器人技术。将三维激光扫描和惯性导航技术，应用于轨道式巡检机器人，通过视频巡检机器人搭载红外及可见光双视摄像仪、拾音器，完成工作面无人巡检。扫描巡检机器人增加惯性导航装置和激光扫描装置，完成工作面三维形状检测、点云模型构建等功能，其最大巡检速度为 60 m/min，10 min 内可完成全工作面扫描。结合导入的绝对坐标，构建出了工作面实际模型。43101 工作面激光扫描点云切片如图 2-2-40 所示。

图 2-2-40　工作面激光扫描点云切片

智能自主割煤工艺。机头、机尾割三角煤时，巡检机器人快速扫描工作面，构建实际扫描模型；控制系统比对工作面三维地质模型和实际扫描模型，综合分析煤层变化趋势、工作面平直度、当前割顶底情况等，通过算法制定未来 10 刀的割煤策略，并给出采煤机下一刀滚筒调整曲线，采煤机依据曲线实现自主智能割煤。

设备小型化集成技术应用。神东矿区成功应用的第一套全部国产化的薄煤层成套综采技术与装备,是国内一流的高度集中控制、高自动化水平、高安全级别运行的智能化综采成套技术与装备。针对薄煤层空间狭窄的特点,融合红外接收传感器与控制器,深度集成隔离耦合器与电源箱、综合接入器,小型化摄像仪尺寸到常规本安型摄像仪产品的1/4以下。精简的系统更适合薄煤层安装。

(三)应用效果

该工作面作为行业重点无人化技术推进项目,完成相关技术攻关,实现常态化无人进入连续生产示范,成功打造了“无人进入开采”示范项目。

实现减人少人。该工作面成功应用基于精确三维地质模型和激光扫描构建工作面绝对坐标数字模型的自主智能割煤技术体系。实现了“无人跟机、有人巡视,自主割煤为主、远程干预为辅”的生产模式。仅1名工人进入支架覆盖区巡视即可完成全部组织生产任务,工作面作业人数减少50%。

提高生产效率。随着智能化开采工艺的完善、生产模式的优化、人机协同作业的磨合,生产效率有所提高,生产能力在原有人工就地生产模式下单班(8 h)2.5刀的基础上得到很大程度地提升,单班生产能力可达3刀以上,月生产能力达到10.5万t以上,年生产能力达到126万t。

提升矿井安全。应用太空舱式地面分控中心,实现在矿调度室甚至异地远程实时监测并控制工作面主要生产设备。通过应用信息化技术,形成融合“人、机、环、管”的矿井安全监控,助力矿井安全提升。

第三章 智能掘进

一、初级

构建"掘进设备远控＋运输设备集控"9人掘进模式。

(1) 超前探测设备应实现机械化作业。

(2) 掘进设备具备遥控操作、状态监测、故障诊断、声光报警等功能。

(3) 钻锚设备具备定位、钻孔、锚固、自锁等环节液压操控功能。

(4) 多部带式输送机实现集中控制。

(5) 集控中心具备掘进作业视频监控、掘进设备远程操控等功能。

二、中级

构建"掘支平行＋远程集控"7人掘进模式。

(1) 超前探测设备具备自动接卸钻杆、自动钻进、远程操控等功能，实现自动化作业。

(2) 掘进设备具备自动导航、自适应截割功能，实现信息自动采集存储、远程集中操控等功能。

(3) 钻锚设备具有锚固质量自动检测、自适应钻进、电液控操作等功能，并配置便携式遥控器。

(4) 带式输送机具有自动张紧、机尾自移等功能，实现远程集控、连续运输、无人值守。

(5) 工作面具有人员精确定位、设备危险区域人员接近识别及报警停机功能。

(6) 集控中心具备掘支运设备可视化远程操控、各设备工况在线监测和故障诊断等功能，并具有工作面场景再现功能。

三、高级

构建"自主掘进＋协同作业＋远程监控"5人掘进模式。

(1) 超前探测设备具有工况自动识别和停钻、视频监控、测斜及数据处理、煤岩识别等功能。

(2) 掘进设备具有自主定位、定姿、定向、自主截割功能，实现自动导航、自主纠偏、自主掘进和协同作业。

(3) 钻锚装置具备自动铺网、自动定位、自动钻孔、自适应进给等功能，实现锚杆(索)作业流程自动化。

(4) 运输设备具备状态实时监测及多设备的信号交互联控的功能，转载机组具有自动纠偏、过载保护和远程控制的功能。

(5) 集控中心(井下、地面)具备环境三维建模、矿山数字孪生等功能，实现成套设备"一键启停"和多机协同控制。

一、解读

(一)初级

【原文】 构建“掘进设备远控+运输设备集控”9人掘进模式。

【条文解释】

在掘进过程中,掘进设备以远程可视化控制为主要控制模式,操作人员在远离工作面迎头相对安全的区域,通过机身上安装的监控设备进行可视化操作。掘进工作面从迎头开始,运输环节复杂,接续紧密。通过对运输胶带的集中控制,减少维护工作人员,降低工人劳动强度,为后续系统的智能化提升打下基础。

【原文】 (1)超前探测设备应实现机械化作业。

【条文解释】

机械化作业是指通过液压操作手柄或者遥控等操作设备进行动作实现探测,全采用机械结构实现探测动作。

【原文】 (2)掘进设备具备遥控操作、状态监测、故障诊断、声光报警等功能。

【条文解释】

遥控操作是通过遥控系统实现对掘进设备的截割机构、装载机构、运输机构、行走机构、液压系统、喷雾冷却系统的控制。

状态监测是指对掘进设备运行情况的视频监测;对掘进设备油箱温度、油箱油位的状态指示;对电气系统中系统电压、各工作电机运行电流、温度的显示及监测各电机的故障信息;对液压系统中截割部、装载部、行走部、运输部等关键位置压力值的显示;对锚固系统中升降部等关键位置压力值的显示;对截割系统中悬臂俯仰角、偏航角、伸缩量的显示。

故障诊断是指对掘进设备液压油、装载机构、运输机构、行走机构运行状况以及各运行电机和关键电气元件故障状况进行统计,预先设定定期检修报警时间,到达设置时间后,工控机自动报警提示更换检修部件。

声光报警是指掘进设备开机、运行和停机时具有声光报警提示功能。如油泵电机启动时,语音提示“油泵电机启动,请注意”等。

【原文】 (3)钻锚设备具备定位、钻孔、锚固、自锁等环节液压操控功能。

【条文解释】

液压操控是指掘进工作面锚护人员可以通过钻锚设备来完成钻机对孔定位、钻孔、上锚杆、紧固锚杆等锚杆支护作业工序的机械化作业,钻锚设备主要通过液压操作手柄来完成操控功能,可以提高煤矿井下锚杆支护作业的效率,减轻锚杆支护人员的工作强度。

【原文】 (4)多部带式输送机实现集中控制。

【条文解释】

操作人员可以在远离工作面的区域内通过监控平台实现工作面运输胶带及转载机的远程可视化集中控制,在监控平台实现运输胶带和转载机的启停控制和运行状态监测,减少工作面的操作人员数量,提高操作人员的安全性和运输系统的运行效率,降低人员工作强度。

【原文】 (5)集控中心具备掘进作业视频监控、掘进设备远程操控等功能。

【条文解释】

操作人员在工作面集控中心通过视频监控系统可实时观察掘进工作面关键场景,同时操作人员根据监控画面可远程操控设备。

（二）中级

【原文】 构建“掘支平行＋远程集控”7人掘进模式。

【条文解释】

高效掘进与支护技术是保证矿井实现高产高效的必要条件，也是巷道掘进技术的发展方向。多数矿区采掘衔接紧张，掘进无法满足采煤工作面快速推进的要求。掘支装备协作工艺及支护装备智能化水平会显著影响作业效率。所以针对不同矿井条件，以及相应掘支装备空间布置形式和巷道掘进、支护作业的时间关系，设计掘、支、锚、运全过程平行作业工艺。同时，由于掘进工作面掘、支、锚、运作业环节多，设备与设备之间的联动紧密，传统方式需要配备多名操作工。通过构建数据传输网络，可实现在集中控制中心对多个设备的集中控制。

【原文】 （1）超前探测设备具备自动接卸钻杆、自动钻进、远程操控等功能，实现自动化作业。

【条文解释】

自动化是指超前探测设备的所有单步动作按照探测工艺集成，不再需要单独操控各个机械结构动作，需配备相关传感器进行压力等参数监测作为自动化过程到位的判断条件，所述的自动化过程即包括“自动接卸钻杆、自动钻进”；自动记录钻机运行参数主要包括硬件设备和界面展示。

【原文】 （2）掘进设备具备自动导航、自适应截割功能，实现信息自动采集存储、远程集中操控等功能。

【条文解释】

自动导航是指掘进装备配置智能导航装备，可以实现掘进机作业过程中的位置和姿态状态获取。

自适应截割是指掘进机装备在截割过程中无人参与，依靠环境数据和原始指令完成截割过程。

掘进信息自动采集存储是对以上智能定形截割、自适应截割等掘进信息完成自动采集与存储。在启动相应的行走与截割指令后，掘进设备调用存储信息完成指令动作。

远程集中操控是远程集中控制台上提供人机界面以及启停设备、急停按钮等必要的操控装置，人机界面具备掘进机状态监测以及通信状态、截割模式、截割边界、截割路径等参数的配置功能。操作人员通过实时观察人机界面上的状态监测信息完成掘进设备的远程可视化操控。

【原文】 （3）钻锚设备具有锚固质量自动检测、自适应钻进、电液控操作等功能，并配置便携式遥控器。

【条文解释】

掘进工作面锚杆支护作业人员可以在安全距离内通过电液控制系统的操作按键完成钻锚设备的找孔定位、钻孔、装药卷、上锚杆、紧固锚杆、锚杆连续供给等锚杆支护作业流程，也可以通过便携式遥控器完成锚杆支护的所有操作，使工作人员远离作业区域，减少锚护作业人员，并提高工作人员的安全性。锚杆钻机还应具有自适应钻进、工况在线监测、锚护数据分析、设备故障诊断及锚固质量自动检测功能，通过钻机自适应钻进可以实现较少锚杆支护作业时间,提高巷道支护效率,同时可以提高钻机的使用寿命。操作人员可以通过人机界面实现钻机工况数据的实时监测,降低操作人员的工作强度,钻锚设备还应具有故障诊断与报警、锚护数据分析、锚固质量自动检测功能,提高工作人员的工作效率,提升锚杆支护的安全性。

【原文】 (4) 带式输送机具有自动张紧、机尾自移等功能,实现远程集控、连续运输、无人值守。

【条文解释】

掘进工作面集中控制平台对运输设备及转载机组实现集中控制。运输设备及转载机组具有智能感知和完善的保护功能,实现连续运输和无人值守。

自动张紧及机尾自移是指具有根据过煤量进行自动张紧的功能,带式转载机机尾具有液压动力系统,实现机尾自移。

【原文】 (5) 工作面具有人员精确定位、设备危险区域人员接近识别及报警停机功能。

【条文解释】

工作面具有人员精准定位功能,掘进工作面人员定位精度应满足生产区域人员位置监测的需要。

设备危险区域是由于掘进工作面采掘设备、梭车、铲车、锚杆机等设备在作业过程中需交替循环作业,以及生产区域粉尘浓度大、视线差,导致设备周边存在视觉盲区及危险区域,易发生人员挤伤事故。

人员接近识别及报警停机是指掘进工作面在生产过程中,当有工作人员误入设备危险区域时,设备可自动识别人员并进行声光报警;当人员进入设备停机区域时,设备可自动停机,保障人员安全。

【原文】 (6) 集控中心具备掘支运设备可视化远程操控、各设备工况在线监测和故障诊断等功能,并具有工作面场景再现功能。

【条文解释】

集控中心是实现掘进系统集中控制的载体,主要由远程操控面板和人机交互界面组成。操作人员根据界面参数和信息提示操作远程控制面板不仅可以完成大部分掘进成套设备基础功能,还可实现自动化和协同控制等多种智能化功能。集控中心可容纳 2～3 人操作,根据配套形式可安装于运输设备或硐室。

工况在线监测是指通过安装于设备相应位置的传感器、摄像头等数据采集设备,实现对设备运行过程中的电压、电流、压力、温度、油位等状态进行监测,以及对悬臂、铲板、支撑部等姿态和系统运行状态环境进行实时在线监测,使操作人员可以全面了解设备运行状态和周围环境等信息。

场景再现是指通过在虚拟空间内对实体空间的还原,实现装备工作状态、运行数据、动作位姿的远程实时监控。

(三) 高级

【原文】 构建"自主掘进+协同作业+远程监控"5 人掘进模式。

【条文解释】

考虑到掘进工作面受限空间内人员避让、机体避碰、环境安全等问题,掘进系统应自主进行掘进系统的多任务行为的优先级执行排序规划方法,形成掘进系统中多设备的多任务动作执行顺序排序与协调决策机制，保障掘进过程的高效和安全。

【原文】 (1) 超前探测设备具有工况自动识别和停钻、视频监控、测斜及数据处理、煤岩识别等功能。

【条文解释】

自动识别和停钻是指通过集成压力、瓦斯等传感器，实时监测压力和瓦斯浓度等参数，并与控制系统关联，达到限制要求时停止钻进。

测斜及数据处理是指对测斜仪数据处理后通过具体可视化曲线实现滑面位置的直观判断，能够计算得出变形方向，变形速率等参数。

煤岩识别是指通过当前的超前物探设备，能够提供作为掘进作业时煤岩判断可靠的依据参数。

【原文】 (2) 掘进设备具有自主定位、定姿、定向、自主截割功能，实现自动导航、自主纠偏、自主掘进和协同作业。

【条文解释】

巷道的质量包括巷道走向位置偏差和断面的形状轮廓。巷道形状取决于截割头的空间位姿，最终由掘进机机身位姿参数及截割臂的机构运动参数决定，所以掘进机的位姿检测最为关键。通过掘进机传感器获得掘进机中心位置和机身相对空间的姿态等数据，可保证掘进过程中的自主截割、自主行走等动作。

【原文】 (3) 钻锚装置具备自动铺网、自动定位、自动钻孔、自适应进给等功能，实现锚杆(索)作业流程自动化。

【条文解释】

钻锚设备可以在工作面实现定步距自主行走、设备位姿控制功能，可以在完成当前断面支护后，设备自动移动到下一断面进行巷道支护作业。钻锚设备应具有自动铺网、自动找孔定位、自动喷药、自动钻孔、自动装卸锚杆、自动紧固锚杆、锚杆连续供给等工序的全自动作业，并且具有全自动模式、半自动模式和遥控手动模式。全自动模式下，操作人员将机器开至合适位置并将网片放到网架上以后，能实现自动铺网、自动定位、自动完成整个断面锚杆支护；半自动模式下，能实现一键自动铺网、一键自动定位、一键支护单根锚杆；遥控手动模式下，所有动作均可通过遥控器实现动作。

【原文】 (4) 运输设备具备状态实时监测及多设备的信号交互联控的功能，转载机组具有自动纠偏、过载保护和远程控制的功能。

【条文解释】

实时监测、信号交互、联控功能是通过高速工业以太网构建各级运输系统数据交互网络，实现信息共享，协同控制。

自动纠偏、过载保护和远程控制是通过雷达测距传感器检测转载机组与掘进设备距离，自动跟随掘进设备，同时具有过载保护功能，集控中心实现远程控制。

【原文】 (5) 集控中心(井下、地面)具有环境三维建模、矿山数字孪生等功能，实现成套设备“一件启停”和多机协同控制。

【条文解释】

三维建模是通过三维激光扫描仪等装置，扫描巷道外形轮廓，构建巷道点云数据，以此来构建随掘巷道的三维模型，使远程操作人员对巷道掘进情况有立体的认知，保障远程操作的准确性。

二、解决方案

(一)以悬臂式掘进机为龙头的智能化解决方案

1. 装备配套

该系统由两臂锚杆钻车、前探掘进机、带式转载机、迈步式自移机尾以及远程集控平台等组成,整体布置如图 2-3-1 所示。

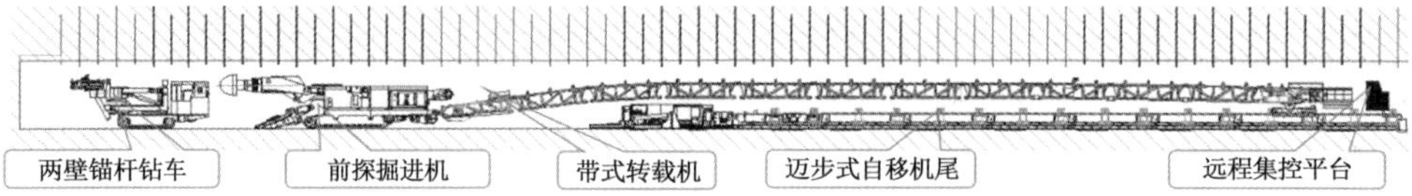

图 2-3-1 悬臂式掘进机设备配套

2. 控制系统概述

掘进装备智能控制系统立足于整个掘进工作面,以提高掘进工作面安全性、降低工人劳动强度、提高掘进施工效率和施工质量为出发点,结合当前掘进工艺和掘进装备的特点,最终将工作面环境、设备和人员共融和谐地统一起来,实现综掘工作面多设备自主、平行、安全作业。

系统主要由掘进工作面工况监控和故障诊断系统、工作面数据远程传输系统、掘进工作面设备远程控制系统、断面截割成形控制系统和智能化软件系统五部分组成,系统采用"无线+有线"的组合方式实现数据的远程传输。

3. 功能设计详述

(1) 初级方案

① 超前探测设备应实现机械化作业。

根据矿井实际条件,采用适应型号钻机。钻机为电控自动钻机,能够实现钻孔的自动钻进施工。钻机采用分体式结构,运输尺寸小;液压系统采用负载敏感及恒压变量泵控液压系统,具有减少能耗、操作方便的特点;变幅装置灵活可靠,能够实现主轴倾角和方位角调节,配合不同的钻具能够满足煤矿井下本煤层顺层钻孔、穿层钻孔、探放水、冲击地压治理等诸多钻孔的施工要求。

② 掘进设备具备遥控操作、状态监测、故障诊断、声光报警等功能。

根据观察视频角度等环境因数,选用不同成像原理的摄像仪进行掘进机以及后配套装备运行状态的视频监控,实现掘进工作面的可视化,并具有集控中心和掘进机工作面实时语音对讲功能。

掘进机油箱安装油温、油位传感器,液压系统中行走部、装载部、运输部等关键位置加装压力传感器;掘进机悬臂、回转台、铲板、后支撑安装外置高精度角度传感器测量悬臂俯仰、偏航、横滚姿态和铲板、后支撑相对地面的姿态,数据画面显示各传感器实时数据,并在醒目位置显示预警信息,同时各姿态信息与三维模型进行关联,实时显示掘进机各个执行机构的状态。

自移机尾液压系统中架体升降油缸回路、架体(轨道)推移油缸回路、机尾左右摆动油缸回路都加装压力传感器,在架体(轨道)推移油缸内部加装位移传感器实现油缸行程测量。自移机尾前端和后端分别安装接近开关,防止掘进机带着转载机自主行走时转载机碰撞自移机尾前后限制装置和组合开关。

采用测距技术实现机身与左右两帮测距,当机身与两帮距离达到设置参数时,语音报警装置语音提示,同时上位机画面预警提示。

可实现对掘进机悬臂升降、悬臂摆动、铲板升降和后支撑升降所有位置运动机构实时状态的准确测量及视野盲区的自动安全预警。

③ 钻锚设备具备定位、钻孔、锚固等环节液压操控功能。

双锚掘进机和两臂锚杆钻车通过液压操作手柄来完成操控功能,实现机载钻锚设备对孔定位、钻孔、上锚杆、紧固锚杆等锚杆支护作业工序的机械化作业,双锚掘进机和两臂锚杆钻车相互配合完成巷道全断面锚杆(锚索)支护,可以提高煤矿井下锚杆支护作业的效率,提高掘进速度和工作人员的工作效率,减轻锚杆支护人员的工作强度。

④ 运输设备具备可视化集中控制功能。

带式转载机和迈步式自移机尾可以通过机载摄像机将煤流运行状态在远程集中控制平台上进行可视化监控,并将带式输送机和迈步式自移机尾上的胶带启停控制信号传送至远程集中控制平台,不仅可以实现掘进工作面运输设备的单机启停,而且还能通过“逆煤流启动,顺煤流停车”的控制方式对运输设备进行顺序联动控制,从而实现工作面运输设备的可视化集中控制功能。

⑤ 工作面集控中心具备掘进作业视频监控、掘进设备远程操控等功能。

集控中心可机载于自移机尾,实现随掘移动;也可放置于硐室或风门处,借助于网络通信信号实现工作面所有设备的远程集中控制。

通过集控中心显示箱实现远程人机智能交互。显示箱具备显示工作面视频画面且具有抓图、录像、回放、存储和拷贝等功能,以及实现掘进机及后配套工况参数和故障信息且具有历史故障查询、历史数据拷贝等功能。

(2) 中级方案

在初级基础上满足以下要求:

① 超前探测设备具备自动接卸钻杆、自动钻进、远程操控等功能,实现自动化作业。

超前探测设备能够实现自动钻孔作业,自动化程度高、运行可靠性强。具有一键自动钻进、一键自动起钻和施工状态一键启停功能。钻机集成自动补杆杆仓,配置容量为 45 根 0.75 m 钻杆,后期可升级。钻机主要功能均采用遥控器控制,包括履带行走、变幅调角、钻进功能等。施钻人员可以远离孔口,在瓦斯突出、高冲击地压矿井的钻孔施工安全性高。

② 掘进设备具备智能定形截割和自适应截割功能,实现信息自动采集存储、远程集中操控等功能。

通过在截割系统安装传感器实现截割头相对于机身的位姿检测,通过机身安装传感器实现机身俯仰角检测。系统利用位姿解算软件实现截割头位姿数据和机身位姿数据融合,经控制单元计算出机身坐标下截割头的实时位置,在误差范围内准确的实现截割位置轨迹监测。

远程集中控制台上提供人机界面以及启停设备和急停按钮等必要的操控装置,人机界面具备掘进机状态监测以及通信状态、截割模式、截割边界、截割路径等参数的配置功能。操作人员根据巷道实际条件,通过实时观察人机界面上的状态监测信息,对操作面板和上位机进行巷道边界标定、截割轨迹示教并存储截割路径及控制工艺,实现巷道掘进断面定形截割和自适应截割,保证巷道成形标准化。

③ 钻锚设备具有锚固质量自动检测、自适应钻进、电液控操作等功能,宜配置便携式遥控器。

双锚掘进机和两臂锚杆钻车上的钻锚单元通过转速传感器、编码器、压力传感器等装置,对钻机的运行工况进行实时在线监测,通过这些传感器信息对钻机进行故障诊断,钻机通过压力、流量等传感器对钻机的锚固力进行自动监测,并进行报警,提高钻机的锚固质量。

钻机控制器根据流量、压力转速等传感器采集到的钻机信息,控制进给流量阀等电气液压装置对钻机的进给力。实现钻机的自适应钻进,提高钻机进给效率,减少钻机的故障率,并且每套钻机都配有电液控制系统,通过控制面板可以对钻机进行操作,为钻机的远程控制提供基础,同时配置有便携式遥控器,实现远程无线操作,提高钻机操作的灵活性,减轻操作工人的劳动强度。

④ 运输设备及转载机组实现集中控制、连续运输、无人值守等功能,带式输送机能够实现智能调速及机尾自移功能。

实现本机手动控制、视距无线遥控操作(≥50 m)、井下任意距离超视距遥控操作(≥1 000 m)和地面调度室四种控制方式。四种控制方式都可对掘进机及后配套进行独立控制并相互闭锁,且能够实现一键紧急停机。运输系统自动前进时,能够实现带式输送机、除尘风机、带式转载机、掘进机运输机和左右装载机顺序自动启动;自动后退时左右装载机、掘进机运输机、带式转载机、除尘风机和带式输送机顺序自动停止。

⑤ 工作面具有人员精确定位和设备危险区域人员接近识别及报警停机功能。

系统可实现人与设备、设备与设备之间防碰撞报警,以解决井下采掘设备对人员挤压碰撞的实际问题。该系统可同时设置报警区与停机区,在不同的区域报警器发出不同的声光报警信号,人员佩戴的标识卡通过震动和声音发出报警提示信息,同时输出对应的开关触点信号,控制设备停止行走或停机。采用超带宽无线定位技术和人员红外防入侵技术实现未佩戴标识卡人员进入工作面安全预警及保护停机功能,报警距离可设置,可自动统计工作面工作人数,对工作面人员数量实现精确、严格管控。

⑥ 工作面集控中心具备掘支运设备可视化远程操控、各设备工况在线监测、故障诊断等功能,宜具有工作面场景再现功能。

工作面集控中心可机载于自移机尾实现随掘移动,也可放置于硐室或风门处。集控中心作为载体,内部集成控制主机、宽屏显示箱、嵌入式操作面板、键鼠一体式不锈钢键盘、音箱、麦克风、照明灯、摄像仪和急停按钮等。集控中心远程人机智能交互显示工作面视频画面且具有抓图、录像、回放、存储和拷贝等功能,显示掘进机三维动态画面、整机工况参数和故障信息且具有历史故障查询、历史数据拷贝等功能,显示掘进机截割头位姿参数、巷道边界数据以及悬臂运动轨迹等信息,显示故障诊断画面等。操作人员根据界面参数和信息提示操作远程控制面板,不仅可以完成掘进成套设备远程控制,还可实现自动化和协同控制等多种智能化功能。

(3) 高级方案

在中级基础上满足以下要求：

① 掘进设备具有自主定位、自主定姿、自主定向和自主截割功能，实现自动导航、自主纠偏、自主掘进和协同作业。

掘进设备采用组合导航方式实现机身定位，巷道悬挂全站仪，通过无线通信与机载导航控制箱进行实时数据交互，实现惯导定位数据实时补偿。通过测距传感器与导航控制箱实现机身距侧帮和机身距迎头的实时距离检测。导航控制箱同时配备 UPS(不间断电源)电源箱，保证掘进机频繁停送电状态下不用频繁初始化惯导系统。系统利用位姿解算软件实现截割头位姿数据和机身位姿数据融合，经控制单元计算出巷道空间下截割头实时位置，在误差范围内准确的实现截割位置轨迹监测。掘进设备根据截割头的位姿信息实现自主定位、自主定向、自动导航、自主截割功能，实现位置自主感知、姿态自动调整、方向自主决策、位姿自动纠偏功能。

② 钻锚装置具备自动铺网、自动定位、自动钻孔、自适应进给等功能，实现锚杆(索)全断面自动化支护。

双锚掘进机和两臂锚杆钻车上的钻锚单元具有全自动模式、半自动模式和遥控手动模式。全自动模式下，操作人员将掘进机开至合适位置后，掘进机能实现自动铺网、自动定位、自适应进给、自动钻孔、自动装卸钻杆、自动喷药、自动安装紧固锚杆等功能，自动完成断面锚杆支护；半自动模式下，能实现一键自动铺网、一键自动定位、一键支护单根锚杆；遥控手动模式下，所有动作均可通过遥控器实现动作。液压锚杆钻车上的全自动钻锚装置将自动完成剩余位置的锚杆支护，与掘进机相互配合完成锚杆(索)的全断面自动化支护，提高掘进工作面的锚杆支护速度，进而提高巷道的掘进速度，打破采掘失衡的局面，实现煤矿巷道的快速掘进。

③ 运输设备具备状态实时监测及多设备的信号交互联控功能，转载机组具有自动纠偏、过载保护和远程控制功能。

自移机尾上安装掘进工作面用智能组合开关，实现对掘进机、带式转载机、自移机尾等设备的集中供电。自移机尾上机载显示箱实现设备运行状态实时监测，带式转载机配备完善的胶带控制保护系统，具有自动纠偏、过载保护功能，并且具有远程控制功能。

④ 工作面具备井下、地面集控中心，具备环境三维建模、数字孪生等功能，工作面实现成套设备“一键启停”和多机协同控制。

控制系统结合实际作业时的工艺，将割煤作业时设备的启停按照煤流顺序进行集合，通过集控中心控制器算法进行集中控制，通过操作面板实现一键操作。操作人员根据界面参数和设备三维信息提示在井下集控中心或地面操作后，设备启动时按照逆煤流逻辑启动防止积煤，算法中包含严格闭锁机制，若设备遭遇故障，前级自动停机闭锁。设备启动后，操作人员可进行自动截割开始割煤，割煤作业完成后可一键操作停机，设备按照逆煤流顺序停机，并对此次流程数据进行分析记录，实现掘进工作面装备间自动化和协同控制等多种智能化功能。

（二）以掘锚一体机为龙头的智能化解决方案

1. 装备配套

该系统由掘锚一体机、煤矿用液压锚杆钻车、带式转载机、迈步式自移机尾、工作面供电中心以及远程集中控制平台等组成。

2. 控制系统概述

掘锚工作面智能控制系统立足于整个掘锚工作面,以提高工作面安全性、降低工人劳动强度、提高掘进施工效率和施工质量为出发点,结合当前掘进工艺和掘进装备的特点,最终将工作面环境、设备和人员共融和谐地统一起来,实现掘锚工作面多设备自主、平行、安全作业。

系统主要由掘锚工作面工况监控和故障诊断系统、工作面数据远程传输系统、掘锚工作面设备远程控制系统、断面截割成形控制系统和智能化软件系统五部分组成,系统采用“无线+有线”的组合方式实现数据的远程传输。

3. 功能设计详述

(1) 初级方案

① 超前探测设备应实现机械化作业。

根据矿井实际条件,采用适应型号钻机。钻机为电控自动钻机,能够实现钻孔的自动钻进施工,钻机采用分体式结构,运输尺寸小;液压系统采用负载敏感及恒压变量泵控液压系统,具有减少能耗、操作方便的特点;变幅装置灵活可靠,能够实现主轴倾角和方位角调节;配合不同的钻具能够满足煤矿井下本煤层顺层钻孔、穿层钻孔、探放水、冲击地压治理等诸多钻孔的施工要求。

② 掘进设备具备遥控操作、状态监测、故障诊断、声光报警等功能。

掘锚工作面的设备可以通过遥控器在安全范围内进行可视化遥控操作,提高工作人员的工作效率,减轻工作人员的操作难度,提高系统的安全性。

掘锚工作面设备的油温传感器、油位传感器、位移传感器、倾角传感器、角度传感器、截割齿轮箱温度传感器、油液污染度传感器、截割齿轮箱润滑油流量传感器、编码器、瓦斯传感器以及主回路运行状态、运行电流、系统电压、电机温度等传感器,将这些传感器的数据传送至主控系统,主控系统通过人机显示界面对成套设备的整机运行状态进行实时监测,通过传感器采集到的数据对系统进行故障诊断,并进行故障预警。

掘锚工作面设备的电机在启动和整机移动的过程中,语音报警装置会进行声光报警,警告周围工作人员,避免安全事故的发生。

③ 钻锚设备具备定位、钻孔、锚固等环节液压操控功能。

掘锚一体机和液压锚杆钻车通过液压操作手柄来完成操控功能,实现机载钻锚设备对孔定位、钻孔、上锚杆、紧固锚杆等锚杆支护作业工序的机械化作业,掘锚一体机和液压锚杆钻车相互配合完成巷道全断面锚杆(锚索)支护,可以提高煤矿井下支护作业的效率,提高掘进速度和工作人员的工作效率,减轻支护人员的工作强度。

④ 运输设备具备可视化集中控制功能。

带式转载机和迈步式自移机尾可以通过机载摄像机将煤流运行状态在远程集中控制平台上进行监控,并将带式输送机和迈步式自移机尾上的胶带启停控制信号传送至远程集中控制平台,不仅可以实现掘进工作面运输设备的单机启停,而且还能通过“逆煤流启动,顺煤流停车”的控制方式对运输设备进行顺序联动控制,从而实现工作面运输设备的可视化集中控制功能。

⑤ 工作面集控中心具备掘进作业视频监控、掘进设备远程操控等功能。

掘锚一体机、液压锚杆钻车、带式转载机和迈步式自移机尾上的机载摄像机将视频信号传送至工作面集控中心，实时监控掘进工作面成套装备的掘进作业状态，实现工作面掘进作业的实时视频监控。

通过集控中心与掘锚一体机进行远程人机智能交互，在集控中心可以对掘锚一体机进行远程控制，并且具有掘锚工作面成套设备的工况参数、故障信息、历史故障查询、历史数据拷贝等功能。

(2) 中级方案

在初级基础上满足以下要求：

① 超前探测设备具备自动接卸钻杆、自动钻进、远程操控等功能，实现自动化作业。

超前探测设备能够实现自动钻孔作业，自动化程度高、运行可靠性强。具有一键自动钻进、一键自动起钻和施工状态“一键启停”功能。钻机集成自动补杆杆仓；配置容量为45根0.75 m钻杆，后期可升级。钻机主要功能均采用遥控器控制，包括履带行走、变幅调角、钻进功能等；施钻人员可以远离孔口，在瓦斯突出、高冲击地压矿井的钻孔施工安全性高。

② 掘进设备具备智能定形截割和自适应截割功能，实现信息自动采集存储、远程集中操控等功能。

掘锚一体机通过在截割系统安装位移、角度、压力等传感器实现截割头相对于机身的位姿检测，通过机身安装倾角传感器实现机身俯仰角检测。控制系统通过传感器采集到的实时位置数据，通过相关智能控制算法可以控制截割滚筒的运行位置，进而控制截割断面的形状，并且可以通过截割电机电流、红外热成像仪、油缸压力、比例电磁阀等装置结合自适应控制算法对截割断面进行自适应截割，提高系统的截割效率和稳定性，提升截割部件的使用寿命。

远程集中控制平台上提供人机界面以及启停设备和急停按钮等必要的操控装置，人机界面具备掘锚工作面成套设备状态监测以及通信状态、截割模式、截割边界、截割路径等参数的配置功能。操作人员根据掘锚工作面巷道实际掘进工艺，对掘锚一体机的截割参数进行设置，通过观察远程集控平台上人机界面上掘锚工作面成套装备的实时状态信息，在集控平台上的操作面板对掘锚工作面设备进行远程集中操控。

③ 钻锚设备具有锚固质量自动检测、自适应钻进、电液控操作等功能，宜配置便携式遥控器。

掘锚一体机和液压锚杆钻车上的钻锚单元通过转速传感器、编码器、压力传感器等装置，对钻机的运行工况进行实时在线监测，通过这些传感器信息对钻机进行故障诊断，钻机通过压力、流量等传感器对锚杆的锚固力进行自动监测，并进行报警，提高锚杆的锚固质量。

通过钻机进给系统上的流量、压力、转速等传感器以及进给溢流阀等电气液压装置对钻机的进给力进行控制，实现钻机的自适应钻进，提高钻机进给效率，减少钻机的故障率，并且每套钻机都配有电液控制系统，通过控制面板可以对钻机进行操作，为钻机的远程控制提供基础，同时配置有便携式遥控器，实现远程无线操作，提高钻机操作的灵活性，减轻操作工人的劳动强度。

④ 运输设备及转载机组实现集中控制、连续运输、无人值守等功能，带式输送机能够实现智能调速及机尾自移功能。

掘锚一体机、液压锚杆钻车、带式转载机、迈步式自移机尾的运输单元可以通过工作面局域网或者远程集控平台对煤流运输系统进行集中管控，实现“逆煤流启动、顺煤流停车”的连续运输方式。

带式转载机可以通过检测运输系统上的煤量信息以及胶带滚筒的运行数据，通过变频控制系统对带式转载机进行智能变频调速，提高带式转载机的运行效率和可靠性。

迈步式自移机尾可以通过位移传感器、测距传感器等传感器监测自移机尾的运行姿态，通过遥控器或者液压手柄控制液压油缸实现机尾自移功能。

⑤ 工作面具有人员精确定位和设备危险区域人员接近识别及报警停机功能。

系统可实现人与设备、设备与设备之间防碰撞报警，以解决井下采掘设备对人员挤压碰撞的实际问题。该系统可同时设置报警区与停机区，在不同的区域报警器发出不同的声光报警信号，人员佩戴的标识卡通过震动和声音发出报警提示信息，同时输出对应的开关触点信号，控制设备停止行走或停机。采用超带宽无线定位技术和人员红外防入侵技术实现未佩戴标识卡人员进入工作面安全预警及保护停机功能，报警距离可设置，可自动统计工作面工作人数，对工作面人员数量实现精确、严格管控。

⑥ 工作面集控中心具备掘支运设备可视化远程操控、设备工况在线监测等功能，宜具有工作面场景再现功能。

工作面集控中心内部集成控制主机、宽屏显示箱、嵌入式操作面板、键鼠一体式不锈钢键盘、音箱、麦克风、照明灯、摄像仪和急停按钮等。集控中心远程人机智能交互显示工作面视频画面且具有抓图、录像、回放、存储和拷贝等功能，显示掘锚一体机三维动态画面、整机工况参数和故障信息且具有历史故障查询、历史数据拷贝等功能，显示掘锚一体机截割头位姿参数、巷道边界数据以及截割臂运动轨迹等信息，显示故障诊断画面等。集控中心操作人员可以根据界面参数、视频监控画面和信息提示，操作集控中心控制面板，完成掘锚工作面成套设备的远程单机控制、多机协同控制等多种智能化功能。

(3) 高级方案

在中级基础上满足以下要求：

① 掘进设备具有自主定位、自主定姿、自主定向和自主截割功能，实现自动导航、自主纠偏、自主掘进和协同作业。

掘进设备采用组合导航方式实现机身定位，巷道悬挂全站仪，通过无线通信与机载导航控制箱进行实时数据交互，实现惯导定位数据实时补偿。通过测距传感器与导航控制箱实现机身距侧帮和机身距迎头的实时距离检测。导航控制箱同时配备UPS电源箱，保证掘进机频繁停送电状态下不用频繁初始化惯导系统。系统利用位姿解算软件实现截割头位姿数据和机身位姿数据融合，经控制单元计算出巷道空间下截割头实时位置，在误差范围内准确的实现截割位置轨迹监测。掘进设备根据截割头的位姿信息实现自主定位、自主定向、自动导航、自主截割功能，实现位置自主感知、姿态自动调整、方向自主决策、位姿自动纠偏功能。

② 钻锚装置具备自动铺网、自动定位、自动钻孔、自适应进给等功能，实现锚杆(索)全断面自动化支护。

液压锚杆钻车可以进行自主行走、位姿控制等功能，在对掘锚一体机的行走速度辨识的基础上可以跟随掘锚一体机进行自主行走，液压锚杆钻车通过机身倾角传感器、编码器、测距传感器、视觉识别系统等装置，根据锚杆支护工艺和与掘锚一体机的相对位置，对其位姿进行控制。

液压锚杆钻车和掘锚一体机上的钻锚单元具有全自动模式、半自动模式和遥控手动模式。全自动模式下，操作人员将掘锚一体机开至合适位置后，掘锚一体机能实现自动铺网、自动定位、自适应进给、自动钻孔、自动装卸钻杆、自动喷药、自动安装紧固锚杆等功能，自动完成断面锚杆支护；半自动模式下，能实现一键自动铺网、一键自动定位、一键支护单根锚杆；遥控手动模式下，所有动作均可通过遥控器实现动作。液压锚杆钻车上的全自动钻锚装置将自动完成剩余位置的锚杆支护，与掘锚一体机相互配合完成锚杆(索)的全断面自动化支护，提高掘锚工作面的锚杆支护速度，进而提高巷道的掘进速度，打破采掘失衡的局面，实现煤矿巷道的快速掘进。

③ 运输设备具备设备运行状态实时监测以及多设备间的信号交互和联控功能，转载机组具有自动纠偏、过载保护和远程控制功能。

带式转载机、迈步式自移机尾可以通过远程集控中心或者工作面局域网进行多设备间的信息交互和协同控制功能，运输设备还可以在本地和远控中心的人机界面上进行运行状态实时监测，带式转载机配备完善的胶带控制保护系统，具有自动纠偏、过载保护功能，并具有远程控制功能。

④ 工作面具备井下、地面集控中心，具备环境三维建模、数字孪生等功能，工作面实现成套设备“一键启停”和多机协同控制。

掘锚工作面成套控制系统结合工作面实际作业工艺，工作面掘、支、运、通风、除尘等系统在井下、地面集控中心可以进行远程集中控制，实现远程将割煤作业时设备的启停按照煤流顺序进行集中控制，通过操作面板实现一键操作。操作人员根据界面参数和设备三维信息提示在井下集控中心或地面操作，运输系统按照“逆煤流启动、顺煤流停车”的控制方式运行，工作面成套设备实现“一键启停”，实现掘锚工作面成套装备自动化和协同控制等多种智能化功能。

(三) 以连续采煤机为龙头的智能化解决方案

1. 装备配套

连采掘进作为井工煤矿三大类掘进形式之一，在地质条件允许的情况下，有着掘进速度快、可双巷掘进等独特的优势，因此在地质条件相对较好的矿区，得到了大面积的推广和应用，也正是连采采掘工艺的独特优势，面对矿用采掘装备智能化的浪潮，连采采掘装备在智能化方面得到了一定的发展。连采采掘装备是一个系统化的装备集群，针对不同的巷道或者采掘特点，装备的组成也相对不同，但其基本的装备配置主要包括连续采煤机、梭车、给料破碎机、锚杆钻车、带式输送机以及铲车等，图 2-3-2 为连采掘进工作面装备配置图。

2. 控制系统概述

连采掘进工作面智能控制是以连续采煤机为掘进龙头的控制系统，它以连采工作面装备的单机智能化为基础，通过无线通信技术、计算机技术、智能感知技术、定向定位技术、激光扫描技术、机器视觉技术等技术的应用与融合，以提高连采掘进工作面安全高效、降低工人劳动强度、改善工人作业环境为目的，实现连采掘进工作面井下作业的集中控制和协调管理，从而推动连采掘进工作面的智能化发展。

连采掘进工作面智能化控制系统依据其功能级别分为初、中、高三个级别，针对每个级别有着特定的功能要求，而实现特定的功能要求也有着特定的系统组成。

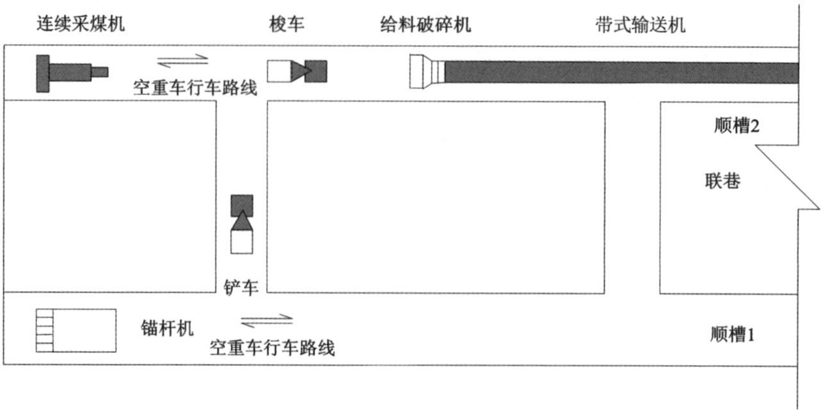

图 2-3-2　连采掘进工作面设备布置图

3. 功能设计详述

(1) 初级方案

① 超前探测设备应实现机械化作业。

根据矿井实际条件,采用适应型号钻机。钻机为电控自动钻机,能够实现钻孔的自动钻进施工,钻机采用分体式结构,运输尺寸小;液压系统采用负载敏感及恒压变量泵控液压系统,具有减少能耗、操作方便的特点;变幅装置灵活可靠,能够实现主轴倾角和方位角调节;配合不同的钻具能够满足煤矿井下本煤层顺层钻孔、穿层钻孔、探放水、冲击地压治理等诸多钻孔的施工要求。

② 连续采煤机具有状态监测、故障诊断、声光报警等功能。

连续采煤机设计环境视频采集以及音频采集装置,可实现连续采煤机全作业过程的音视频采集,并利用音视频录像机实现音视频的存储,且采用工控机及显示器实现音视频数据的调取及再现。

连续采煤机油箱安装油温、油位传感器,牵引系统采用变频调速装置,装载部、运输部等驱动电机设计电流状态监控装置,且设计采高掏槽等传感器,实施采集连续采煤机作业过程中的状态及数据。

连续采煤机具有故障诊断功能,可依据连续采煤机的状态信息实时判断运行过程中的各种故障,并通过人机界面实现故障预警及处理方法。

连续采煤机设计声光语音报警装置,可以根据系统运行的不同状态,进行选择性的语音播报。

③ 钻锚钻车具备定位、钻孔、锚固等环节液压操控功能。

锚杆钻车通过液压操作手柄来完成操控功能,实现对孔定位、钻孔、上锚杆、紧固锚杆等锚杆支护作业工序的机械化作业,可以提高煤矿井下锚杆支护作业的效率,减轻锚杆支护人员的工作强度。

④ 给料破碎机及带式输送机运输设备具备可视化集中控制功能。

给料破碎机及带式输送机通过以太网或者无线传输实现本机与集控中心的信息交互,且给料破碎机以及带式输送机设计图像采集装置,通过数据传输及视频显示实现给料破碎机与带式输送机作业的可视化。

集控中心设计给料破碎机及带式输送机远程控制平台，可通过集控中心的操作平台实现对给料破碎机及带式输送机的集中控制。

⑤ 工作面集控中心具备掘进作业视频监控、掘进设备远程操控等功能。

连采工作面设计集控中心，且集控中心设置于带式输送机的上部或者远离工作面的安全硐室或地面调度中心，借助于网络通信信号实现连采工作面连续采煤机的远程集中控制。

连续采煤机机身设计不同成像原理的摄像仪，通过摄像仪的视频采集，实现连续采煤机作业时的视频画面，并将该视频信息通过无线或者有线通信技术传输至井下集控中心或者地面调度中心。

(2) 中级方案

在初级基础上满足以下要求：

① 超前探测设备具备自动接卸钻杆、自动钻进、远程操控等功能，实现自动化作业。

超前探测设备能够实现自动钻孔作业，自动化程度高、运行可靠性强。具有一键自动钻进、一键自动起钻和施工状态“一键启停”功能。钻机集成自动补杆杆仓；配置容量为 45 根 0.75 m 钻杆，后期可升级。钻机主要功能均采用遥控器控制，包括履带行走、变幅调角、钻进功能等；施钻人员可以远离孔口，在瓦斯突出、高冲击地压矿井的钻孔施工安全性高。

② 连续采煤机宜具备智能定形截割、自适应截割、掘进信息自动采集、存储、回放、远程集中操控等功能。

连续采煤机可以通过集控中心接收工作面其他设备的状态信息，并通过接收的数据调整自身作业参数。

连续采煤机以自身感知设备为基础，通过对人工操作方式及作业过程中所有参数的存储比对及修正，对人工操作方式进行记忆从而自动生成相同的操作方式，实现连续采煤机的记忆截割。

连续采煤机依据截割电流与牵引速度，建立连续采煤机截割状态时牵引速度的数学模型，设计连续采煤机自适应截割算法，提高截割效率。

连采掘进工作面远程集控中心控制台上提供人机界面以及启停设备和急停按钮等必要的操控装置，人机界面具备连续采煤机状态监测以及通信状态和截割方式等参数的配置功能。操作人员根据巷道实际条件，通过实时观察人机界面上的状态监测信息，在操作面板和上位机进行巷道边界标定、截割轨迹示教并存储截割路径及控制工艺，实现巷道掘进断面定形截割和自适应截割，保证巷道成形标准化。

③ 锚杆钻车具有钻机工况在线监测、故障诊断及锚固质量自动检测功能，实现自适应钻进和电液控操作，宜配置便携式遥控器。

锚杆钻车采用电液控，具有压力、流量等变量转化为数字信号控制，按键式操作替代过去手柄操作，实现定位、钻孔、锚固等环节电液操控，实现钻机单人多机远程控制和健康诊断，提高操作安全性和舒适性。

④ 梭车及给料破碎机实现煤流集中和连续运输等功能，带式输送机能够实现智能调速及机尾自移功能。

给料破碎机可实现煤流的集中，并可以依据煤量的多少自主启动破碎机。

梭车依靠车载视频采集及自身位置感知设备，通过集控中心实现梭车的可视化远程操作，同时实现卷缆的自主监控与预警，装卸料状态的监控以及人员接近停机功能。

带式输送机采用变频调速装置,通过对煤量的判断自主调整带式输送机速度。

⑤ 工作面具有人员精确定位和设备危险区域人员接近识别及报警停机功能。

连采掘进工作面所有设备、装备、人员接近防碰撞系统,可实现人与设备、设备与设备之间防碰撞报警,以解决连采工作面采掘设备对人员挤压碰撞的实际问题。

人员接近防碰撞该系统可同时设置报警区与停机区,在不同的区域报警器发出不同的声光报警信号,人员佩戴的标识卡通过震动和声音发出报警提示信息,同时输出对应的开关触点信号,控制设备停止行走或停机。采用超带宽无线定位技术和人员红外防入侵技术实现未佩戴标识卡人员进入工作面安全预警及保护停机功能,报警距离可设置,可自动统计工作面工作人数,对工作面人员数量实现精确、严格管控。

⑥ 工作面集控中心具备掘支运设备可视化远程操控、设备工况在线监测等功能,宜具有工作面场景再现功能。

连采掘进工作面集控中心可机载于工作面的运输系统,同样也可放置于安全硐室或地面调度中心。集控中心作为载体,内部集成控制主机、宽屏显示箱、嵌入式操作面板、键鼠一体式不锈钢键盘、音箱、麦克风、照明灯、摄像仪和急停按钮等。集控中心远程人机智能交互显示工作面视频画面且具有抓图、录像、回放、存储和拷贝等功能,显示连续采煤机、梭车、给料破碎机、锚杆钻车、带式输送机的三维动态画面以及所有设备工况参数和故障信息且具有历史故障查询、历史数据拷贝等功能。

(3) 高级方案

在中级基础上满足以下要求:

① 连续采煤机具有自主定位、自主定向、自动导航、自主截割等功能,实现位置自主感知、姿态自动调整、方向自主决策、位姿自动纠偏等功能。

连续采煤机采用组合导航系统实现连续采煤机的定向定位,其由激光发射器、激光接收标靶、测距传感器、捷联惯性导航组成。其中激光发射器安装在巷道的固定位置,激光接收标靶和捷联惯性导航安装在设备上,激光发射器工作时发射激光束,激光接收标靶把方位和距离信息反射给激光发射器,惯性导航系统根据激光在标靶上的位置信息和测距传感器输送信息,计算出设备的三维姿态参数和车前距,实现连续采煤机的定位和定向。

连续采煤机依据自身的位置,结合激光导向仪、姿态传感器以及机身两侧的测距传感器,实现连续采煤机作业时的姿态自动调整、方向自主决策,位姿自主纠偏等功能。

② 给料破碎机、带式输送机、梭车具备运行状态实时监测以及多设备间的信号交互和联控功能,转载机组具有自动纠偏、过载保护和远程控制功能。

给料破碎机配置距离及位置感知系统,当梭车来料时,实现自动启动;当梭车远离时,实现运输完毕自动停机。

梭车依据其位置感知及自主导航系统,实现梭车的无人驾驶自主运行功能,梭车可以依据巷道情况自主规划运行路径,自主发现障碍物并自主避障,自主识别路标并规划转弯路线等。

给料破碎机具有过载保护及远程控制功能。

③ 工作面应有井下、地面集控中心,宜具备三维建模、"一键启停"、远程操控功能,工作面实现高效智能协同作业。

连采掘进工作面智能化控制系统设计井下及地面集控制中心,设计整个连采掘进工作面的协同控制系统，实现连续采煤机的"一键启停"功能，实现连续采煤机的单刀自主截割，自主采剁。梭车实现自主装料泊位、路径自主规划及运行、自主泊车卸料。给料破碎机依据梭车距离实现自主启动及停机等，实现整个连采掘进工作面的智能协同作业。

依据整个连采掘进工作面的集控中心实现整个工作面所有设备的远程操控功能。

三、典型案例

【案例一】

（一）建设条件

补连塔煤矿是国家能源集团神东公司 13 个主力矿井之一，位于内蒙古自治区鄂尔多斯市伊金霍洛旗境内。矿井核定生产能力为 2 800 万 t/a，是世界上单井生产能力最大的井工煤矿。

为大采高综采工作面准备的 22405 回风顺槽和 22406 主运顺槽两条掘进巷道，掘进方位角均为 330°，22405 回风顺槽掘进工作面巷道断面为 5.4 m×4.4 m（宽×高），采掘工人劳动强度大。为了降低劳动强度，提高掘进效率且满足大断面矩形巷道快速成型和短掘短支的要求。补连塔煤矿首次配套应用快速掘进系统，实现"掘、支、运、锚、破"平行作业。掘锚一体机快速掘进工作面设备配套示意如图 2-3-3 所示。

图 2-3-3　掘锚一体机快速掘进工作面设备配套示意

（二）建设内容

针对补连塔煤矿 22405 工作面大采高的特殊性，在设备选型之初就着眼于建设智能化采掘工作面。实现"掘、支、锚、破、运"全机械化作业，集成电压、电流、温度、机身姿态等多种类型的传感器，实时感知设备运行状态；采用先进的主控制器，实现单系统、单设备的工况在线监测和故障自诊断功能；利用人机交互界面以图形的方式清晰准确地显示故障现象、故障点、故障原因等，方便快速排除故障；配置惯性导航系统，使其具有自主定位功能；通过预设相关参数，实现自动截割功能，同时可通过远程集控中心人为干预巷道掘进。

1. 记忆割煤技术应用

将激光扫描和惯性导航技术，应用于掘锚一体中，采用数控技术与机器人技术，能自动定位、无人驾驶、自动开采，在截割臂上升降油缸及回转油缸加装位移传感器，通过采集这些传感器信号进行计算后即可知道掘进机的运行姿态，后配套设备全方位视频监控，画面实时传送透明化掘进。有效地提高断面掘进质量，减少无用的掘进量和充填量，降低巷道掘进成本，减轻司机劳动强度，保障掘进施工高效、安全。为实现煤矿井下工作面综掘自动化提供借鉴,为未来实现煤矿的少人甚至无人掘进奠定基础。

2. 智能集控中心

配套建设的掘进智能集控中心实现对掘进设备、后配套设备和供电设备的远程集控监控。同时集控中心实时显示掘进工作面各作业地点的工业视频监控画面,便于操作人员掌握设备周围环境。如图 2-3-4 所示。

图 2-3-4 智能集控中心监控画面及实物图

3. 设备安全防护应用

360°全息影像系统:在设备周围安装多个广角摄像头,可以对同一时刻采集到的多路视频影像处理成一幅车辆周边 360°的车身俯视图,显示在屏幕上,能让掘锚机驾驶员实时观测和监控车外前、后、左、右视频画面的情况,避免意外事件发生,能更为直观、更为安全地操作设备。

防人员接近系统:研制的人员接近移动设备保护系统有效防止移动设备误动作、误操作挤伤人员,保护系统采用先进的 UWB 和红外识别技术,准确判断移动设备周围人员情况并及时告警或闭锁移动设备。

(三) 应用效果

补连塔煤矿 22405 工作面作为行业重点中级智能化进行队伍推进项目,完成相关技术攻关,实现常态化快速掘进队伍,成功打造了月产 1 500 m 的快速掘进队伍。22405 工作面成功应用快速掘进系统。实现了"自主割煤为主,远程干预为辅"的生产模式。全工作面仅 6 名工人即可完成全部组织生产任务,工作面作业人数减少 20%。

【案例二】

(一) 建设条件

大柳塔煤矿地处陕西省神木市大柳塔试验区,由大柳塔井和活鸡兔井组成,两井拥有井田面积 189.9 km^2,煤炭地质储量23.2 亿 t,可采储量 15.3 亿 t,核定产能 3 300 万 t/a,是世界上最大的井工煤矿。

该矿智能化掘进工作面控制系统应用于 52507 工作面,位于 5-2 煤五盘区,52507 工作面长度为 3 800 m(双巷掘进),平均煤厚为 4.2 m,工作面巷道宽为 5.5 m,倾角为 1°~3°。工作面采煤工人劳动强度大,作业环境差,每月进尺 1 500 m,配置多名采煤机及其他作业人员作业,存在安全隐患。

(二) 建设内容

大柳塔煤矿 52507 智能化掘进工作面配套久益 12CM15-10D 型连续采煤机,廊坊景隆重工机械有限公司 CMM2-15 型两臂锚杆机和 CMM6-25Y 型六臂锚杆机，久益 10SC32-48C-5 型梭车，中国煤炭科工集团太原研究院有限公司 GP460/150 型破碎机，2019 年 11 月对久益 12CM15-10D 型连续采煤机进行智能化改造，实现智能化远程控制、自主割煤、人工干预的生产模式，同时配套 1 台矿用卷电缆车对连续采煤机跟机电缆进行自动管理，与连续采煤机协同作业，实现自动收放电缆功能，有效缩短辅助工时，节省人力，为作业人员的安全提供保障。

1. 智能化连续采煤机情况

智能化连续采煤机控制系统是国家能源集团 2020 年第三批科研项目，由山东邦迈智能科技有限公司研发实施，系统包括连续采煤机电气控制系统 1 套、连续采煤机航向、姿态、位置测量系统 1 套，连采机器人智能控制系统 1 套，数据传输及视频监控系统 1 套，工作面集控中心 1 套，地面控制台 1 套，设计配套控制软件，实现连续采煤机参数设定、“一键启停”，智能化远程控制、自主割煤、人工干预的生产模式。

2. 自动卷缆车情况

自动卷电缆车是连采工作面智能化配套设备，主要用于连续采煤机电缆无人收放和定位激光仪自动跟踪、校准；也可用于掘锚机、掘进机等设备进线电缆收放工作，替换连续采煤机跟机电缆，使其具备通信功能，采用内部 4 芯控制线利用载波通信方式，实现连续采煤机与自动卷缆车通信，最后连续采煤机 PLC 控制箱收集自动卷车信号，通过跟机电缆 4 芯控制线接入连续采煤机馈电开关进入工业环网，实现自动卷缆车与连续采煤机无缝对接并完成跟机电缆自动收放功能。现场应用如图 2-3-5 所示。

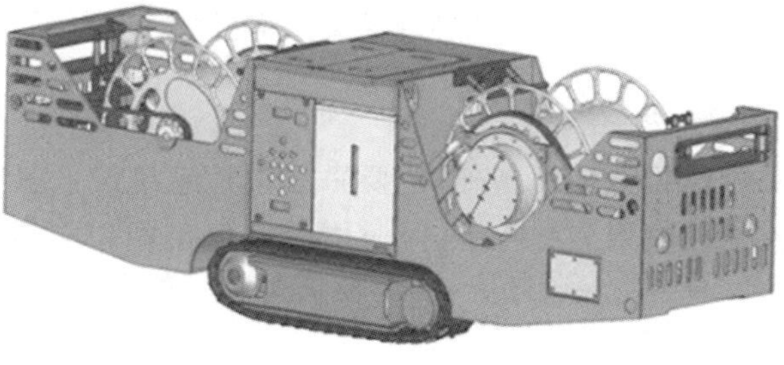

图 2-3-5 自动卷缆车现场应用

3. 工作面集控中心

借助 5G 无线通信技术，采用传感器实时采集并显示连续采煤机运行参数、工作状态等信息，工作人员通过视频、监控软件所提供的信息，从工作面撤离至离工作面较远的安全区域进行自动截割作业，实现工作面的无人化与少人化，从而开启全新的掘进方式。井下集控中心如图 2-3-6 所示。

4. 地面分控中心

通过工业以太网将工作面集控中心数据传送至地面数据中心，工作人员可控制距离地面 14 km 的井下智能连续采煤机远程记忆截割、定位截割、自主截割控制模式，完全摆脱作业人员强度大、风险高、条件差的作业环境，能够真正地将作业人员从井下艰苦复杂的环境中解放出来，我们的作业人员坐在办公室就能实现对井下生产全过程的干预及控制，实现工作面的无人化与少人化，开启全新的掘进方式。地面调度中心如图 2-3-7 所示。

图 2-3-6　井下集控中心应用情况

图 2-3-7　地面调度中心实际情况

5. 连续采煤机自动控制情况

自动控制系统也是智能化掘进的基础,主要采取电控系统改造、增设传感器、PLC控制箱实现连续采煤机动作机构的检测和控制,同时增设4组摄像仪多角度全方位监控连续采煤机,增加系统的安全性。

6. 设备的定位定姿情况

依靠"激光导引+组合惯导"进行精确测量,激光导引装置实时追踪定位连续采煤机,组合惯导系统实时提供精确的角度和位置,两者互为基准,连续测量,为自动控制提供位置基础。其中惯导具备实时修正功能,"三标 X、Y、Z"坐标提供连续采煤机位置信息"三角"俯仰角、航向角、横滚角实时定位连续采煤机姿态。

7. 数据传输情况

采用"无线+有线"通信方式,无线采用5G通信传输视频,解决视频传输卡顿延时问题,实时监控工作面周围情况,达到身临其境的感觉;有线采用载波传输控制信号,将煤机跟机电缆替换为带4芯控制线电缆,解决控制信号传输的稳定性,实现远程集控。

(三) 应用效果

安全无价,实现连续采煤机自主行走、自动截割、视频监控和远程干预控制等功能,可将连续采煤机司机从掘进工作面恶劣的工作环境中解放出来,提高连续采煤机司机的岗位幸福指数,实现跟机电缆自动收放功能,智能连续采煤机自动卷缆车的引入,可以将工作面收放电缆的工人从繁重的体力劳动中解放出来，减轻了作业人员的劳动强度，也有效降低了人工跟机拉电缆存在的安全风险，意味着工作面人工收放电缆将成为历史，对建设安全、高效、绿色、智能的掘进工作面奠定了基础，填补煤矿掘进设备自动化技术的行业空白。

【案例三】

（一）建设条件

察哈素煤矿隶属于国家能源集团国电电力发展股份有限公司，矿区地处鄂尔多斯盆地南沿，煤层埋深大、瓦斯低，属典型的较稳定围岩地质条件。察哈素煤矿煤层厚度为 3.2～5.5 m，该矿煤层层状或块状构造明显，条带状节理结构，存在层状构造和内生裂隙发育。煤层直接顶为 13.9～25 m 厚的细粒砂岩，基本顶为 5.0～7.5 m 深灰色粉砂岩，直接底为粉砂岩、泥岩。煤层为单斜构造，地层倾角 1°～3°。掘进巷道为矩形巷道，规格为 5.8 m×3.6 m，最大走向长度为 5 000 m。允许单件最大下井尺寸为长×宽×高≤6 000 m×3 500 m×2 m。

（二）建设内容

1. 智能化设备配套

察哈素煤矿智能快速掘进系统主要组成包括掘锚一体机全宽截割，机载 6 台钻机；锚杆转载机破碎均匀转载，机载 2 台钻机；可弯曲带式输送机和迈步式自移机尾组成柔性连续运输系统，完成截割落煤的连续转载，具体参数如下：

① 适应巷道宽度为 5.4 m；

② 胶带搭接行程为 50 m；

③ 适应巷道高度为 2.8～4.0 m；

④ 系统总长为 135 m；

⑤ 最小空顶距为 0.5 m；

⑥ 总功率为 1 200 kW；

⑦ 适应巷道倾角为±12°；

⑧ 输送能力为 1 200 t/h。

2. 智能化技术应用

察哈素煤矿智能快掘控制系统的应用使掘进工作面整个工艺流程实现了地面远程集中控制，同时具备工作面设备视频、故障综合分析及工况远程再现等功能。采用应用层设备自组网—井下数据交互中心—地面管控平台的硬件搭接架构，实现地面对井下设备的实时控制以及数据、图像、故障的远程监控，提升了矿井的智能化水平。

(1) 地面远程集中控制

察哈素煤矿的智能快掘控制系统的核心是井下数据交互中心，其是连接井下快掘设备与地面管控平台的桥梁。井下数据交互中心内含超强运算能力的嵌入式控制器 1 台。井下快掘设备以自组以太网的形式与交互中心控制器网络连接，构成通信链路。交互中心在完成数据的中转与存储的同时，又与地面管控平台经工业环网建立实时连接，形成了一种“井下有人值守、地面有人操作”的掘运一体化设备的全新作业模式。

地面管控平台以性能稳定、运算能力超强的工控机为载体，设计了简洁明了、可操作性强的人机交互操作界面，按照多机控制“一张图”的设计思路，实现了掘锚一体机远程截割、整套快掘系统的运输远控等集中控制功能。

(2) 工况监测与故障诊断系统

工况监测与故障诊断系统是智能控制中辅助干预不可或缺的环节。察哈素煤矿快掘工况监测与故障诊断系统包括视频交互系统和故障远程再现系统,视频交互系统实现了视频的全线覆盖,使得视频信息从地面延伸至工作面。配置4组网络高清摄像头,对整套快掘系统的运行状况实现了全覆盖视频监控。此外,地面操作人员根据故障远程再现系统,可实时了解设备当前运行状态及故障信息。

(三) 应用效果

智能快掘控制系统是应用于以掘锚机为截割龙头,以运锚机辅助运输锚护,以可弯曲胶带和迈步式自移机尾接续运输的掘支运一体化成套设备的新一代控制系统。此次在察哈素煤矿的应用是在对机械化采煤的全新升级。

该系统的成功应用,使得井下跟机作业模式被地面操作基本取代,相比传统综掘模式,除支护以外,减少了井下其他作业人数50%以上,是一次颠覆传统作业模式的全新探索。为早日实现智能化掘进机器人群无人作业的目标积累了一定的现场经验。

本案例智能化系统可达国家能源集团智能化掘进工作面初级要求。

【案例四】

(一) 建设条件

石圪台煤矿是神东公司的主力生产矿井之一,位于陕西省神木市境内,井田面积65.25 km^2,地质储量8.93亿t,可采储量6.57亿t,主要以1-2号及2-2号低灰/低硫/低磷和中高发热量为主,属高挥发分的长焰煤和不黏结煤,是优质动力煤/化工和冶金用煤。石圪台煤矿生产布局为一井一面,采用斜井—平硐联合开拓布置方式,连续采煤机掘进,长壁后退式综合机械化开采。

石圪台煤矿连采队采用山西天地煤机装备有限公司薄煤层短壁连采设备一套,该套设备主要由薄煤层连续采煤机、薄煤层10 t梭车、给料破碎机、四臂锚杆机、10 t薄煤层铅酸蓄电池铲车以及与铲车配套使用的隔爆型智能充电装置组成,此套设备自2021年1月1日投入使用,目前已连续使用6个月,设备整体运行正常。

(二) 建设内容

石圪台煤矿连采队使用的薄煤层短壁开采设备的智能化主要体现在单机设备以及短距离运输的协同作业上,另外薄煤层铅酸蓄电池铲车也具备故障诊断、数据存储及Wi-Fi/4G无线传输等功能,大大提高整个短壁设备的智能化水平。

1. 薄煤层连续采煤机智能化应用

(1) 操作方式

薄煤层连续采煤机具备遥控操作和本地操作两种控制方式,控制功能包括各电机启停和油缸动作等。薄煤层连续采煤机具备遥控和本地切换功能,当掘进工作面监控系统出现故障或工作面地质条件变化时,可随时切换到就地操作模式,确保生产不受到影响。

(2) 人机交互界面

在连续采煤机上安装的电压、电流、温度、压力、位移等传感器,实时监测设备的工况参数,为工作面集中自动化控制系统提供基础数据,并在井下防爆计算机上显示。薄煤层连续采煤机采用工业级计算机进行设备运行数据的实时显示。工业级计算机安装专业版操作系统和组态软件。连续采煤机各零部件图册资料可用计算机进行查询显示，且不影响煤机数据正常传输速度。人机界面采用友好的中文交互画面，彩色显示器可显示连续采煤机各个部件运行情况，包括电机电流、电压、开关状态、频率、温度、运行时间、采煤高度、倾角、牵引速度、报警值等信息，并可通过屏幕完成相应的参数设置与操作。连续采煤机安装有采高传感器，监测连续采煤机的采高和卧底量。

（3）人员防碰撞系统

在连续采煤机上安装有人员防碰撞装置，具有人员精确定位和设备危险区域人员接近识别及报警停机功能。

（4）视频监控系统

利用连续采煤机身上安装的多路高清摄像机，实时采集移动设备工作现场关键视角的视频图像和音频信息，通过通信网络传输到工作面的监控中心。

（5）通信网络

连续采煤机上安装有通信转换设备，把数据由有线转换为无线，由电口转换为光口。通信转换设备自动连接工作面通信网络，与其他设备进行数据的交互和视频的传输。由于控制的实时性和可靠性，采用不同的网络传输数据和视频，保证控制的时效性。

（6）故障判断及预警

薄煤层连续采煤机装备具有自诊断、预报警的功能，能通过图形方式精确显示故障点或故障原因，快速判断故障位置。采掘设备在井下工作时，各传感器采集到的信号、电机工作电流、电压、温度变化以及设备故障信息等数据至少可存储 1 个月，通过分析采集到的数据并应用专用软件对相关数据进行曲线拟合，真实还原采掘设备在不同工况下各电机协同出力、系统温度变化以及电机启动时电流电压波动情况。提前预知可能存在的故障点，早发现、早排除、早备件、早解决，有效减少设备故障停机时间，提高生产效率。

薄煤层连续采煤机智能掘进工作面系统配置如图 2-3-8 所示。

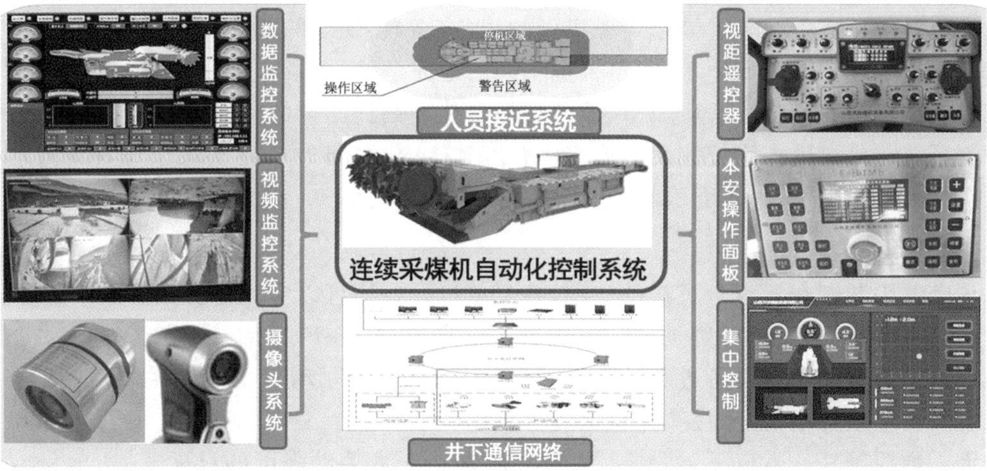

图 2-3-8　薄煤层连续采煤机智能掘进工作面系统配置

2. 薄煤层梭车智能化应用

梭车是连采工作面不可缺少的运输设备,其往返于连续采煤机与给料破碎机之间,担当着高效运输的角色,首先应用于石圪台煤矿的薄煤层梭车具有电缆的自适应张紧功能,能够跟随梭车的运行速度动态调整卷电缆装置的旋转速度,从而保证梭车供电电缆安全可靠运行,其次梭车装配了4台热成像摄像仪,可以依据巷道内物体的温度差别形成图像,避免了工作面粉尘对摄像仪成像质量的影响,另外梭车配置了语音报警装置,可以针对梭车不同的工况播报语音,具有安全预警功能,除此之外,梭车配置人员接近保护装置,当工作人员靠近正在运行的梭车15 m范围之内时,梭车将语音报警,而当工作人员靠近梭车10 m内时,梭车将停机,最后梭车配置有工控机机无线CPE,可以对梭车的全部运行数据及视频信息进行存储,并支持在线查询,同时支持车辆故障诊断,数据无线上传等功能。

3. 薄煤层铲车智能化应用

10 t薄煤层铲车工作于连采工作面,主要负责物料短距离运输和清理巷道浮煤等工作,应用于石圪台煤矿的10 t薄煤层铲车具有故障自诊断、整车数据监测监控、整车运行环境视频监控、人员接近报警与故障、据及视频存储、数据Wi-Fi上传等功能,系统配置2组高清摄像头、1路拾音器、人员接近系统1套、工业录像机、工控机等。

4. 梭车—破碎机协同智能化应用

梭车—破碎机协同控制是提高连续采煤机工作面自动化或者智能化水平的一个关键点,通过对梭车与破碎机距离的监控可以实现梭车与破碎机的联动功能,即当梭车靠近破碎机需要卸煤时时,破碎机自动启动,而当梭车卸完煤远离破碎机时,破碎机自动停机,该功能的实现可以大大淡化破碎机司机的概念,甚至实现破碎机的无人值守,具有减人增效的作用,同时也是智能化发展的要求。

5. 锚杆支护智能化应用

当锚护作业为全液压系统操作的方式,不仅各个钻臂之间没有信息的交互,而且钻臂为全手动操作,可靠性低、锚护时间长、劳动强度大、安全性低、自动化程度差。电液控制系统在锚杆机的应用完美契合了当今煤矿提倡的绿色、高效、安全的理念。其以操作电信号按钮的形式完全取代了液压操作手柄,可根据不同的地质条件,以及根据钻孔时钻杆对围岩的实时压力进行进给速度的自适应调节,兼备钻杆钻孔和锚杆支护的"一键启停"功能。此外,电液控制系统与整机电控系统完美融合,通过工业CAN网络的搭建实现了锚杆计数和计时的人机交互实时显示,是一套真正意义上的减人增效系统。

(三) 应用效果

该套连采装置在石圪台煤矿的应用,各个单机设备均可以实现自身数据的采集,同时监控设备自身状态,并可以将数据、状态、视频等信息通过Wi-Fi或者4G无线方式进行传输,使地面可以通过网络对设备进行监控,同时为多机设备的联动与协同提供硬件基础。锚杆机钻臂具有电液控制功能,梭车跟机电缆可自动收放。整个工作面完全实现了机械化作业,工作面人数控制在6人以下,达到了提高效率、减少工人劳动强度的目标。

本案例智能化系统全部实现国家能源集团智能化掘进工作面初级要求,并具有大部分中级功能。

第四章 灾害预警

一、初级

构建“全面监测＋精准感知＋准确报警”灾害预警模式。

(1) 根据矿井生产条件和灾害类型，部署相对应的煤矿灾害监测系统，实现井下重点区域和重点对象的全覆盖监测。

(2) 采用激光检测、红外监测、AI视频、光纤光栅和无线传感器、多参数一体化传感器等先进感知技术及装备，提高灾害监测系统的感知精度及稳定性。

(3) 通过多传感器时空关系联合判识和多感知手段监测结果协同判断，优化系统报警逻辑，降低误报率。

(4) 根据矿井灾害特征和规律，合理设定报警阈值，实现煤矿灾害科学报警，报警准确率较现阶段提高20%。

二、中级

构建“信息融合＋统一平台＋异常报警＋综合预警”灾害预警模式。

(1) 搭建煤矿灾害一体化预警、报警平台，具备煤矿主要灾害数据的统一采集、统一存储、统一管理、统一展示的功能，实现80%以上灾害数据的融合。

(2) 根据煤矿生产、地质条件和灾害特点，确定合理的预警指标及预警模型，实现矿井主要灾害多因素综合预警。

(3) 实现矿井主要灾害数据融合和超前预警。

三、高级

构建“自主建模＋融合预警＋致因溯源”灾害预警模式。

(1) 预警平台能够依据透明地质模型和人工智能算法等技术实现预警指标自动优选，并具备预警模型自适应、预警原因溯源功能。

(2) 实现水、火、瓦斯、顶板、冲击地压等重大灾害多源信息融合预警，预警准确率提高40%。

一、解读

(一) 初级

【原文】

构建“全面监测＋精准感知＋准确报警”灾害预警模式。

(1) 根据矿井生产条件和灾害类型，部署相对应的煤矿灾害监测系统，实现井下重点区域和重点对象的全覆盖监测。

(2) 采用激光检测、红外监测、AI视频、光纤光栅和无线传感器、多参数一体化传感器等先进感知技术及装备,提高灾害监测系统的感知精度及稳定性。

(3) 通过多传感器时空关系联合判识和多感知手段监测结果协同判断,优化系统报警逻辑,降低误报率。

(4) 根据矿井灾害特征和规律,合理设定报警阈值,实现煤矿灾害科学报警,报警准确率较现阶段提高20%。

【条文解释】

本阶段主要解决误报警的问题。在充分掌握矿井的灾害类型、严重程度和特征规律基础上,针对性部署相应的监测系统,积极采用新原理、高精度、自校准的传感装备,构建多级嵌套冗余环网,优化报警逻辑判断,提高系统抗干扰、自诊断能力,提升系统监测数据的精准度和可靠性,对灾害进行在线监测和准确报警。

瓦斯灾害:各矿井应掌握各煤层的瓦斯基本参数、瓦斯赋存规律、瓦斯涌出特征、瓦斯抽采参数、突出危险性、煤尘爆炸倾向性等。高瓦斯矿井和突出矿井除了煤矿安全监控系统外,还应部署瓦斯抽采监测、突出事故报警等系统,进行瓦斯抽采精细化监测和抽采达标自动评判,以及煤与瓦斯突出事故在线监测与自动报警。

水灾:矿井应掌握矿井水害类型和水文地质条件,按照水害类型和水文地质条件进行分类监测。矿井应当建立地下水动态监测系统,对井田范围内主要充水含水层的水位、水温、水质等进行长期动态观测,对矿井涌水量进行动态监测。受底板承压水威胁的水文地质类型复杂、极复杂矿井,应当采用微震与电法耦合等科学有效的监测技术,建立突水监测预警系统,探测水体及导水通道,评估注浆等工程治理效果,监测导水通道受采动影响的变化情况。

火灾:矿井应掌握煤层自然发火倾向性、自然发火周期、自然发火标志性气体等关键参数。开采具有自然发火倾向性煤层的矿井,在密闭采空区、开放采空区、有发火危险的煤柱区部署火灾监测系统。井下机电硐室和胶带、空气压缩机等重大机电设备应进行外因火灾监测。

顶板灾害:矿井应掌握开采煤层的顶板类型、区域应力分布、煤层及顶底板力学参数、开采过程中的来压周期及强度等。部署矿压及顶板监测系统。

冲击地压灾害:矿井应掌握煤层、顶底板岩层冲击倾向性和冲击危险性评价分级。开采具有冲击倾向性的工作面,应按照《防治煤矿冲击地压细则》要求部署冲击地压监测预警系统,进行区域、局部联合监测。

(二) 中级

【原文】

构建"信息融合+统一平台+异常报警+综合预警"灾害预警模式。

(1) 搭建煤矿灾害一体化预警、报警平台,具备煤矿主要灾害数据的统一采集、统一存储、统一管理、统一展示的功能,实现80%以上灾害数据的融合。

(2) 根据煤矿生产、地质条件和灾害特点,确定合理的预警指标及预警模型,实现矿井主要灾害多因素综合预警。

(3) 实现矿井主要灾害数据融合和超前预警。

【条文解释】

本阶段重点解决数据孤岛的痛点问题,在实现数据融合基础上进行综合预警。制定灾害信息描述规范与采集标准，制定数据元描述规范，从命名、值域、单位、编码等方面对信息进行全面准确描述，将各灾害实时监测数据统一编码，为数据交互奠定基础；构建统一的数据存、取接口，支持多种存储模式；建立煤矿主要灾害一体化监测报警、预警平台，构建多参量综合预警指标体系，实现瓦斯、水、火、顶板、冲击地压等煤矿主要灾害相关信息动态采集、多指标综合分析、实时综合预警。

（三）高级

【原文】

构建“自主建模＋融合预警＋致因溯源”灾害预警模式。

（1）预警平台能够依据透明地质模型和人工智能算法等技术实现预警指标自动优选，并具备预警模型自适应、预警原因溯源功能。

（2）实现水、火、瓦斯、顶板、冲击地压等重大灾害多源信息融合预警，预警准确率提高 40%。

【条文解释】

将在中级阶段多因素综合预警基础上，进一步提升煤矿灾害预警准确性。围绕瓦斯爆炸、煤与瓦斯突出、突水、火灾、冲击地压等煤矿重大灾害防控的需要，依托矿井透明地质平台，布设高精度、高可靠、自矫正的感知设备，对防灾全过程中的主观、客观多因素信息进行全面监测；建立全面覆盖灾害致因的全链条、多层次、多维度、多参量预警指标体系，对重大隐患和预兆进行全面辨识；采用大数据、人工智能、信息融合等技术，构建具有自学习、可溯源能力的融合预警模型，实现灾害预警多指标融合决策，预警模型自主调优，预警原因自动追溯；采用云、边、端架构设计，建设一体化协同运行的预警平台，实现煤矿重大灾害多源信息融合预警，为矿井灾害精准治理提供决策依据。

二、解决方案

（一）*初级*

煤矿灾害预警智能化初级方案设计以“矿井主要灾害准确报警”为阶段目标。在充分掌握矿井的生产条件、灾害类型、严重程度和特征规律基础上，针对性部署相应的监测监控系统，并积极采用新原理、高精度、自校准的传感、传输装备，构建多级嵌套冗余环网，优化报警逻辑判断，科学设置报警值，提高系统抗干扰、自诊断能力，扩大监测范围和信息种类，提升灾害监测数据的精准度和可靠性，实现煤矿灾害准确报警。

1．安全监控系统

针对煤矿安全监控系统数字化传输改造后的应用现状，通过采用新原理、高精度、智能化的传感传输装备，扩大监测信息量及设备种类，提高设备抗干扰能力及 IP 防护等级，提升设备可靠性和数据准确性，提高监测报警的准确性，增强监测设备的全生命周期监管能力。

（1）关键传感器自校准、免维护运行

基于激光气体检测技术的甲烷传感器，通过内置标准甲烷气体，利用光路可分特性，实现环境检测甲烷的同步修正，有效提高传感器准确性及稳定性。基于差压零点自校准技术的风速、流量检测传感器，保障检测值的长期准确可靠，大幅降低现场设备维护工作量。

（2）环网嵌套冗余

系统环网平台支持多层级嵌套,可在主干网设备独立成环的情况下,支持环网设备向下嵌套成环,实现大环套小环,多级环网回路独立运行,并实现环网冗余。

(3) 数据断线续传

分站同上位机软件通信中断后,分站会自动将采集到的数据进行断线存储,在上位机软件恢复同分站的正常通信后,手动读取分站存储的数据,并在上位机上进行存储,保证系统数据的完整性,提高了监控系统的整体可靠性和稳定性。

(4) 多级逻辑报警联动

支持基于阈值、数据关联分析、数理特征分析等多级(报警/分级报警、断电、联动)报警联动功能,支持单设备就地报警控制、多设备井下交叉报警控制、基于上位机系统全局报警控制,以及基于多业务系统的联合数据分析、报警与应急联动,实现不同报警等级的分级响应与处置。

(5) 设备运维管理

支持基于工单的运维任务管理功能,实现设备异常、调校等任务的自动分配、执行、验收管理;支持设备巡检、巡查管理,全面提高系统运维能力;支持监测监控设备(分站、传感器等)的全生命周期管理,实现"一设备一档案""一类型一分析",全面提升监测监控设备的管理水平。

(6) 系统自诊断

监测监控设备(传感器、分站)支持自诊断功能,当出现故障时,系统可自动识别并提醒用户。系统平台具有自诊断自评估功能,随时评估数据库写入效率等系统的运行状态,出现异常或异常趋势时及时报警。系统具有硬盘、CPU、内存等各种系统运行环境的自诊断与自评估功能,当发现异常情况时及时报警提示,保障系统能够长时间、可靠、稳定的运行。

(7) 误报警控制

升级中心站报警逻辑,自动判断处于备用状态的设备开停状态,减少无效报警次数。升级传感器故障自诊断程序,定期更新传感器故障导致的"误报警"类型数据库,避免传感器自身故障引发误报警;采用激光甲烷传感器,提升监测精度。采用大数据分析等手段,提升监控系统合规性判识规则的完整性和合理性。

(8) 设备即插即用识别

支持传感器、电源、执行器等主要设备的即插即用智能识别,能够自动识别新接入分站上的传感器、电源、执行器等设备,自动弹出配置界面供用户配置和保存,界面简洁明了,使用简单方便,可一键将传感器接入监控系统,节省配置时间,保证配置准确。

(9) 传感器标校提醒

对超过指定标校周期未进行标校操作的传感器,以及未能在设定时间内结束标校操作的传感器进行及时提醒,并提供操作方便、准确实时的手动标校控制。

2. 瓦斯抽采监控系统

以抽采过程信息化、精细化管控为目标,部署高精度、高可靠性抽采监测传感器,建立瓦斯抽采信息化系统,实现泵站集中监控、瓦斯抽采系统移动监测、抽采达标在线预评判,提高矿井瓦斯抽采监测精准度,降低人工工作量,提升工作效率。

(1) 瓦斯抽采计量精细化、信息化

在瓦斯抽采管道上增设瓦斯抽采参数在线计量设备,实时在线监测管道、评价单元、钻场的甲烷浓度、流量、负压、一氧化碳浓度、温度等抽采参数，提升抽采监测的准确性和精细化水平。采用超声波气体流量传感器替代瓦斯抽采主干管上的流量监测设备，提升主干管测量精度，为抽采分析提供可靠数据来源。采用便携式瓦斯抽采测量设备进行抽采巡检，并对瓦斯抽采参数测量结果进行联网上传，实现抽采巡检信息化，提高抽采计量工作效率。

(2) 抽采数据采集、统计、存储、查询

基于分布式架构设计瓦斯抽采并发数据采集接口，实现瓦斯抽采监测数据并发采集。支持断点续传、采集同步、采集监测等功能，实现单点缺失、连续缺失、数据突变等异常情况下的瓦斯抽采监测数据预处理，保障监测数据的完整性与正确性。具备抽采钻孔、钻场、评价单元、支管、干管、主管道等的抽采累计流量、瓦斯浓度、负压、抽采时长、瞬时纯流量、瞬时混合流量、瓦斯利用量、瓦斯利用率等抽采数据的多维度统计、分析、专题图表展示、存储、查询等功能。

(3) 抽采达标在线评判及信息化管理

在人为干预下，实现抽采钻孔施工过程信息化管理，对钻场钻孔号、钻孔施工的方位、倾角、孔深、终孔层位、施钻现象进行系统化管理。根据煤层和瓦斯赋存、掘进、采煤、通风等参数进行矿井、采区和工作面的瓦斯涌出量自动预测，根据预测结果评判矿井抽采泵能力、管道管径配置合理性。建立抽采效果预评判模型，实现集评价单元划分合理性评判、钻孔有效控制范围界定、钻孔布孔均匀程度评价、抽采效果预评价、抽采效果终评价于一体的抽采在线过程化评判，评判指标包含残余瓦斯含量、残余瓦斯压力、工作面瓦斯抽采率、可解析瓦斯含量、风速、回风流瓦斯浓度等。基于评价单元瓦斯抽采量的检测数据，进行数值拟合，分析瓦斯抽采衰减趋势，对瓦斯抽采钻孔间距进行辅助设计，估算评价单元预计达标日期，通过定制化开发的方式生成评判报告，并支持在线修订、存储、查询等管理功能。

(4) 瓦斯抽采泵站监测及集控

实时监测瓦斯抽采泵站管道工况、环境、供水、供电、供气、设备状态等，并根据上述参数实现瓦斯抽放泵、变频器、水泵、冷却塔、管道阀门等设备的集中控制，并具备一键启停、一键倒机、故障诊断报警等功能，减少泵站人员，提高泵站运行可靠性。另外，在泵站安设网络摄像头，可以实现泵站视频监视。

(5) Web 客户端和移动客户端监控

具有 Web 终端和移动终端监控功能，可以实现抽采数据、统计结果、抽采达标评判情况、抽采泵站状态及设备运行情况、实时视频等信息的快速浏览。移动 APP 具有抽放泵运行组态图展示、瓦斯抽放泵实时监控、环境瓦斯实时监测、实时异常、历史异常、运行记录、异常统计、抽放泵开机率查询、远程视频监控、消息推送等功能。

3. 火灾监测系统

采集分布式光纤测温、烟雾、一氧化碳浓度、氧气浓度、甲烷浓度等多参数传感信息，将带式输送机、动力电缆及其采空区防火关键参数实时在线监测数据集合于一个系统平台，实现重点火灾监控区域的实时监测、超标报警及报警位置定位。

(1) 分布式光纤连续温度场监测

具有带式输送机、电缆、采空区等井下防火重点区域的温度场连续监测功能，实现监控区域温度场实时检测和温度异常区域准确定位。

① 带式输送机“点域＋面域”温度监测

具有关键点温度检测与区域温度检测功能。在带式输送机支架的两侧区域及顶部安装感温光缆,准确检测现场环境、带式输送机长廊温度场变化趋势、带式输送机各关键点(回程托辊、滚筒类轴承端盖、机尾滚筒堆煤)的温度,实现带式输送机"点域+面域"温度监测。

② 动力电缆温度监测

将感温光缆敷设在被监测的电缆表面,能够实时、连续的测量电缆桥架、电缆隧道、电缆表面及电缆接头温度,监测由于高电流负载引起的发热,准确定位报警位置,保证电力设施安全运行。

③ 采空区温度监测

在工作面回风顺槽布置自承式铠装感温光纤,工作面采煤预埋进入采空区,监测采空区内及围岩的温度信息,准确定位自然发火区域位置,保证矿井安全生产。

(2) 烟雾、温度、CO浓度等环境参数监测

具备环境烟雾、温度与环境CO浓度监测和联动保护功能,当烟雾浓度、温度或CO浓度超限时,系统报警并联动控制洒水、断电等。

(3) 采空区CO浓度、O_2浓度、CH_4浓度多参数"就地"监测

井下工作面、采空区附近布置火灾特征多气体检测装置,实现"就地取样、就地测量、就地显示",以及CO浓度、O_2浓度、CH_4浓度等采空区防火特征参数的"就地式"实时、连续监测。

(4) 无线自组网传感器接入

针对采空区、长距离胶带火灾监测,系统具有无线甲烷浓度、无线CO浓度和无线温度等自组网传感器接入功能,架构简单、安装方便,易于维护。

(5) 视频同步切换

监测数据超限报警时,在可视化展示图中自动弹出相对应位置的视频,在摄像头支持的情况下,可以对视频进行方向控制,实现对报警区域的远程画面监控,及时了解报警位置火灾情况。

(6) 数据可视化

支持基于中心站、客户端、Web终端、APP等多种前端访问模式,可对实时监测值、数据状态、报警情况、设备运行状态等,以多种数据功能组织、数据筛选模式进行查询和展示,支持列表、图表、组态图、二维/三维GIS图、三维场景等多种前端可视化方式。

(7) 系统自诊断

系统具备自诊断功能,当系统中设备发生故障时(光缆断裂、网络链路故障、供电故障、设备故障等),报警并记录故障时间和故障设备,以供查询及打印。

4. 顶板动态监测系统

建立煤矿顶板动态监测系统,实时监测井下工作面和巷道的各种顶板环境参数,并进行自动数值分析,在线预测工作面顶板初期来压、周期来压及危险程度。

(1) 顶板参数实时监测功能

系统通过布置传感器(无线或有线2种方式)实现对各项参数的实时在线自动监测,包括工作面支架压力、锚杆和锚索应力、煤岩体钻孔应力、巷道表面位移、顶板离层位移等,在超限时自动报警。另外,推广采用先进新型传感技术,如液压支架倾角和活柱缩量传感器(无线+有线)、围岩变形传感器(无线)、分布式光纤顶板应力传感器等,替代人工观测,实现顶板灾害参数的全面自动化在线监测。

(2) 顶板参数自动分析

自动统计分析支架初撑力、支架末阻力、支架平均工作阻力、初撑力合格率、末阻力利用率、支架安全阀开启率、动载系数、巷道表面位移/煤岩体应力/锚杆应力/锚索应力/顶板离层变化量及变化速率等顶板参数，并对分析结果进行图表显示。

(3) 顶板灾害预测

对支架循环工作阻力进行筛选、分析，结合每日进尺数据计算来压周期、来压强度等数据，根据区域内多支架持续周期来压分析工作面压力显现规律。通过对巷道顶板参数的综合分析，预测各参数变化趋势，对工作面顶板危险程度进行预测。

5. 冲击地压监测系统

通过顶板动态监测系统对工作面支架压力、锚杆和锚索应力、煤岩体钻孔应力、巷道表面位移、顶板离层位移等进行实时监测，在此基础上进一步扩大监测范围，部署微震、矿震、地音等监测系统，实时监测岩体破裂震动信号，并进行应力场反演分析。同时，采用钻屑量智能检测装备，随钻测定钻屑量指标，并进行钻屑量超限报警，实现冲击地压进行区域和局部区域联合监测。

(1) 自震式微震监测装备

利用人工可控自激震源，多次实测反演波速进行震源定位，提高有效震动事件数量和定位精度，并可实现监测区域的应力场实时反演。系统采用新型传感器、信号处理技术和网络通信等新技术，通过拾震器、监测分站和自激震源等设备，可实现岩体破裂震动信号的远距离、实时、动态、自动监测，并记录微震信号的完整波形及信息，同时可实现煤系地层结构、采场上覆岩层变形运动的监测。具体技术指标：微震传感器频率范围为 0.1～1 500 Hz，灵敏度为 200 V/(m·s^{-1})以上，微震监测分站/采集仪采样频率为 200 kHz 以上，具有高通、低通、带阻、工频等滤波功能，可实现能量 100 J 的微震事件监测，微震事件定位精度达到 5～10 m。

(2) 应力实时监测系统

支持一孔多点式、三维采动应力实时监测，可实现采动应力与地应力在线监测、采动应力场与原岩应力场实时反演，工作面及巷道冲击地压灾害等级的实时显示及预警。该系统安装在煤矿掘进工作面、采煤工作面及超前巷道段，通过应力场的实时监测与反演，可实现冲击地压等动力灾害的实时预警。具体技术指标：一孔多点式钻孔应力计监测精度不低于 0.1 MPa；三维采动应力计监测精度不低于 0.1 MPa；具有应力场实现实时监测与反演和矿山灾害的智能实时预警功能。

(3) 钻屑法智能检测

冲击地压钻屑法智能检测系统，具备随钻自动称量、温湿度监测、动力现象智能判别、远程操控、数据存储/显示/传输等多项功能，形成集快速施工、高效检测、实时预警于一体的冲击地压钻屑法智能检测系统。适用于工作面超前两顺槽、掘进迎头及其他狭小、高危区域的钻屑法施工作业。具体技术指标：煤粉自动称量范围为 0～30 kg，精度为 0.01 kg；温度实时检测范围为 0～100 ℃，精度为 0.1 ℃；无线远程控制距离为 50 m，有线远程控制距离为 100 m；具有冲击危险智能判别和声光预警与急停功能。

6. 水文监测系统

在充分掌握矿井水害类型和特点基础上，灵活采用常规水文监测、微震、高密度电法、瞬变电磁及三维地震等手段,对矿区气象环境、地表水、承压水、采空区水、涌水量、水质等矿井水害多维信息进行动态监测和报警。

(1) 矿井常规水文监测

常规水文监测功能包括气象环境监测、地表水监测、地面水文长观孔监测、井下常规水文监测等。系统能够对风向、风速、雨量、气温、相对湿度、气压等气象要素进行全天候现场监测,并可以通过多种通信方法(有线、数传电台、GPRS移动通信等),将气象数据传输到气象中心计算机气象数据库中。在地表各类水文监测孔、地表水体、井下水体出露点、明渠以及水泵房设置常规水文传感器,实时监测水位、水压、水温、流量和水化学等水文参数,当发生突变或超限时自动报警,而且系统能够自动生成水文参数报表。

(2) 承压水监测

采用微震与电法联合监测,对承压水层位、富水性以及导水裂隙高度或底板扰动破坏深度进行监测;采用电磁波CT(电子计算机断层扫描)透视采煤工作面导水通道。

(3) 采空区水文监测

采用地面或井下瞬变电磁、高密度电法、三维地震对采空区的范围、积水面积、积水量进行探测。

(4) 矿井水质监测

建立矿井水化学标准数据库,对各水源的涌水点水质进行自动测量和记录,并分析化学成分,判断涌水来源。

(5) 系统具有供排水能力测试及分析功能

系统可实现对全矿井水资源流量检测功能,通过对矿区生产供水、矿区涌水量进行检测,结合当前排水能力进行综合分析,可以时刻评估排水能力是否满足安全需要。

7. 煤与瓦斯突出监测报警

突出矿井部署煤与瓦斯突出监测报警系统,实时采集矿井安全监控系统风流、瓦斯监测数据,在线分析风流、瓦斯异常和突变,对煤与瓦斯突出进行自动判识和报警,并与人员定位、井下广播、电力监控等系统联动,一旦发生事故,及时采取断电、撤人、救援等措施。

(1) 通风、瓦斯监测数据采集

与安全监控系统无缝连接,实时自动采集井下采掘工作面和主要巷道的通风、瓦斯监测数据,为突出事故判识提供数据基础。

(2) 煤与瓦斯突出自动判识

对采掘工作面风速、风向和瓦斯监测数据进行联合分析,在线判识煤与瓦斯突出事故,自动确定突出事故发生的时间、地点、性质,对煤与瓦斯突出进行报警,并通过网站、短信、声光等方式多渠道发布瓦斯灾害报警信息。

(3) 突出事故波及范围分析

自动判识风流逆流,跟踪监测逆流范围,自动确定瓦斯事故波及区域,并在矿图上进行动态展示。

(4) 煤与瓦斯突出联动控制

与矿井人员定位、井下广播、电力监控等系统联动,在突出事故发生后,自动控制波及范围内的设备断电,通知并引导灾区人员撤离。

(5) 突出事故反演分析

能够根据突出事故发生后的风流、瓦斯监测数据，对突出事故的发生及发展过程进行反演分析和动态演示，并自动计算突出事故涌出的瓦斯量。

（二）中级

在煤矿主要灾害精准监测和报警基础上，部署井下采集融合设备，实现安全监控数据统一采集、就地融合；基于统一数据标准，建立一体化煤矿灾害监控预警平台，进行灾害统一监测、统一存储，实现灾害信息全面融合，消除信息孤岛；基于成因机理和专家知识，构建煤矿灾害多参量预警指标体系和综合预警模型，实现瓦斯、水、火、顶板、冲击地压等灾害的多指标综合分析和自动预警。煤矿灾害一体化监测预警报警系统结构如图 2-4-1 所示。

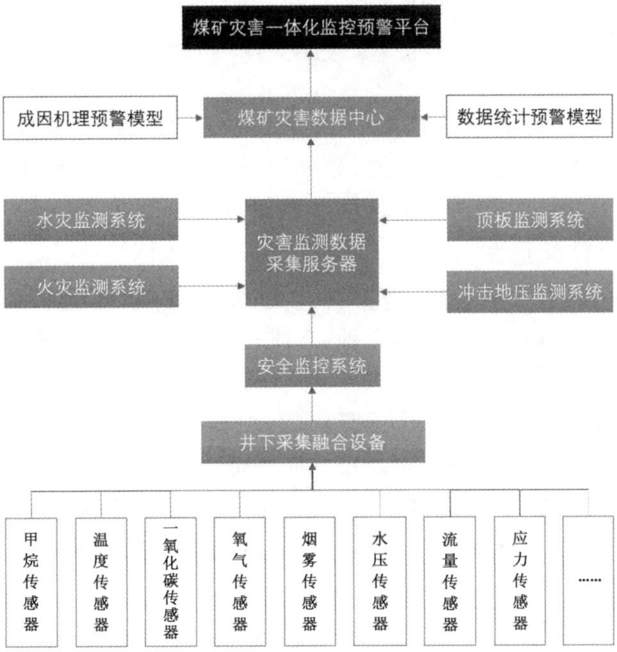

图 2-4-1　煤矿灾害一体化监测预警报警系统结构

1. 安全监控数据统一采集及就地融合

采用区域协同控制器、智能多业务分站、网关等各种采集融合设备，对水、火、瓦斯、顶板等前端感知数据进行实时、统一、可靠采集，并通过设备的边缘计算能力进行多业务数据就地高效融合。

2. 灾害监测数据元标准管理

(1) 支持煤矿安全基础数据元描述方法，可形成煤矿安全管理、监测、分析、预警利用的数据管理模式，建立瓦斯、水、火、顶板等隐患的多项数据元标准。

(2) 按照 CWM（公共仓库模型）规范构建元数据模型，内置数据字典、代码管理等技术元数据和指标、业务规则等业务元数据。元模型可由用户自定义扩展，满足客户化元数据的需求。

(3) 系统具备元数据导入、导出、版本管理等功能。

(4) 系统具备数据引用关系分析的功能。

3. 灾害一体化融合监控

(1) 统一的数据交换协议。基于不同的数据来源,实现对数据的统一采集与信息交换标准协议,并通过SIP、RTP、RTSP、OPC、Web API、Web Service或FTP等接口标准或技术协议,实现对灾害数据的统一快速采集与信息交互。

(2) 统一的企业服务总线(ESB)。基于统一的数据交换协议,构建煤矿企业服务总线,在灾害智能分析融合平台、各灾害子系统与智能化设备之间,实现信息的有效传递和设备联动控制指令的有效传达。

(3) 充分利用已有瓦斯、粉尘、顶板、水、采空区发火、胶带运输发火监测、注氮防灭火、注浆防灭火等设备设施,实现各灾种监测数据统一采集与数据治理。

(4) 系统根据基础数据元标准,将各灾害实时监测数据,统一汇聚到煤矿灾害数据中心。

(5) 数据存储模式支持关系数据库、Redis、消息队列(MQ)、HBase等多种存储方式。灾害监测数据能存储每次通信采样数据、分站统计数据、异常数据、设备故障数据、报警数据,并支持毫秒、秒、分、时、天不同数据粒度的存储与快速检索。

4. 煤矿灾害综合分析预警

融合瓦斯、火、水、顶板、冲击地压等灾害监测、安全管理、地测水文等数据,建立多参量预警指标体系和综合预警模型,进行多灾种、多维度、多指标综合分析和实时预警。

(1) 瓦斯灾害预警

具有瓦斯灾害多因素、多指标综合预警功能,根据专家知识和矿井瓦斯灾害特征规律,建立瓦斯灾害综合预警模型,能够自动分析地质构造、煤层赋存变化、煤层瓦斯富集、采掘应力集中、瓦斯涌出异常变化、矿压异常变化、防突措施缺陷、声发射和电磁辐射异常、突出预兆显现、通风隐患等情况,综合多个指标实时评估煤与瓦斯突出和瓦斯爆炸危险性,对瓦斯灾害进行分类、分级预警。

具有瓦斯灾害灾变报警功能,能够在线辨识风流和瓦斯突变,自动判识是否发生煤与瓦斯突出或瓦斯爆炸事故,以及事故发生的时间、地点和事故可能的波及范围,并及时发出报警信号。

(2) 火灾预警

根据煤层自然发火倾向性、自然发火周期、自然发火标志性的气体、温度等煤层热物理特征参数,结合矿井地质赋存条件、开采方式、开采条件等,建立多参量火灾预警指标体系,并根据火灾发展阶段设置预警阶梯阈值,进行火灾分级预警。

(3) 水灾预警报警

基于井下含水层、构造带、老空区、地面水文等参数的监测,采用不同的数据统计算法,根据监测位置、监测参数、不同时间窗,建立监测数据突变、缓变、波动、恒定、周期性变化等数理统计特征图谱,并结合煤矿水害辨识、评价专家知识,建立水害预警模型,进行水灾多参量综合预警。

(4) 顶板与冲击地压预警

通过钻孔应力、微震、地音、锚杆(索)应力、支架阻力、电磁辐射、钻屑量等结构化数据的详细分析,构建顶板及冲击地压分级预警指标体系,使用级别权重或分源权重构建多参量综合预警模型,实现冲击危险区域辨识和等级划分。

（三）高级

建立全链条、多层次、多维度、多参量预警指标体系，构建具有自学习、可溯源、自动融合的预警模型，部署云、边、端协同运行的融合预警系统，实现矿井灾害多源信息融合预警。

1. 瓦斯灾害预警

在多因素、多指标综合预警基础上，引入多源数据融合技术，构建具有溯源能力的瓦斯灾害融合预警模型，提高瓦斯灾害预警智能化水平和准确性，预警准确性较综合预警提高40%以上。

在灾变自动报警基础上，能够精准判定事故波及范围，结合人员定位信息，自动规划避灾路线，引导井下人员安全快速撤离；结合通风监控信息，自动生成应急控制方案，为煤矿应急决策提供支持。

2. 火灾预警

在火灾动态数据整合基础上，结合专家经验构建火灾专家分析决策系统，提高火灾监测数据解析处理能力，实现火灾危险区域精准辨识、火灾发展态势自动判断，对火灾进行超前预警；建立火灾防控效果反馈模型，实现火灾防控效果自动评估。

3. 水灾预警

在煤矿水害多源数据融合与可视化表达基础上，采用深度学习方法，结合突水影响因素静态指标和实时监测动态指标，构建具有自学习能力的煤矿水害预警模型，实现老空水、底板水、顶板水等水害分类和分级预警。

4. 顶板及冲击地压灾害预警

实现顶板和冲击地压多元数据特征提取与融合预警，具体包括：实现静态数据、采集数据等半结构化、非结构化数据与监测数据、卸压解危数据的关联查询；实现多结构体、多数据源、多时空谱的煤矿数据特征提取和多元离散数据的融合和降维；实现监测数据与地质信息、开采信息、卸压解危信息的联合分析，实现冲击危险区域和等级的划分。

三、典型案例

【案例一】

（一）建设条件

黄白茨煤矿安全监控系统采用井下融合方式，设计融合的系统含安全监控系统、人员定位系统、应急广播系统。结合黄白茨煤矿各系统的装备情况和当前监控系统井下融合的技术现状，需要分别对融合软件平台、安全监控系统、人员定位系统和应急广播系统进行升级或建设。本次升级改造在地面中心站部署融合软件平台，融合平台主要由多系统融合服务器、监控融合软件、人员融合软件、广播融合软件、安全监控系统联网软件等组成。系统整体架构如图2-4-2所示。

（二）建设内容

(1) 安全监控系统融合平台提供了多系统数据融合及联动配置、展示功能，实现了多系统数据“一张图”融合展示，提供编辑、分层、缩放、移动、测量等功能；实现在系统异常时能够联动控制功能，可通过地面中心站和井下区域控制器实现。如图2-4-3所示。融合平台软

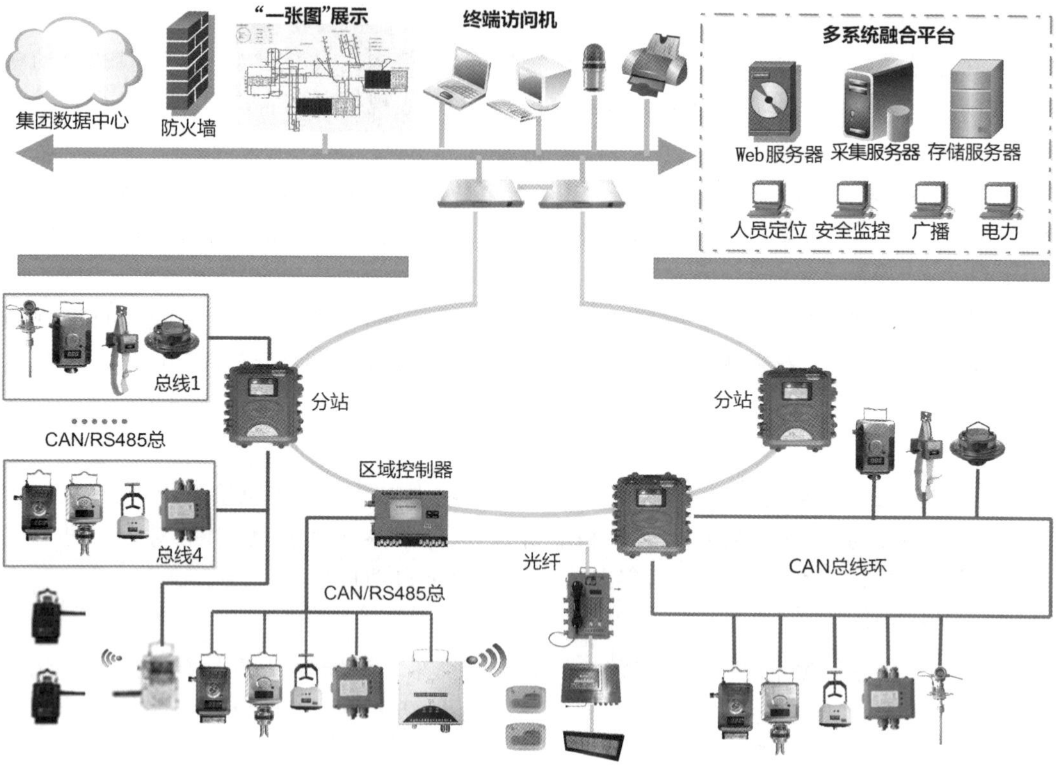

图 2-4-2　黄白茨煤矿安全监控多系统融合架构图

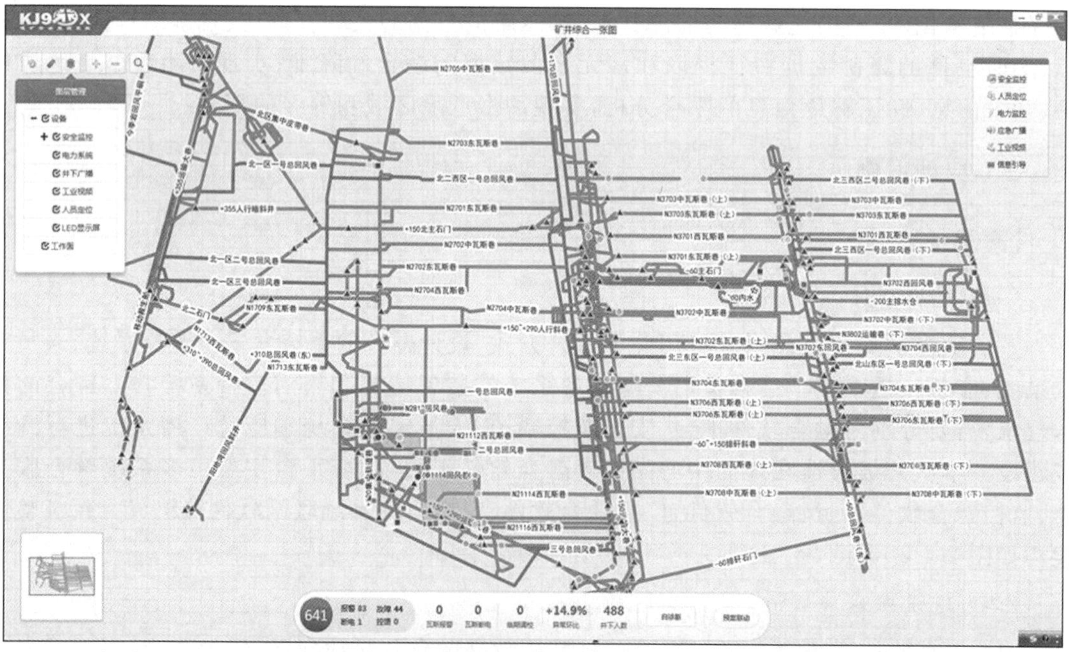

图 2-4-3　"一张图"多系统融合监管

件功能如下。

① 以GIS为载体的实时数据展示。以GIS为载体,展示融合后各业务数据的实时数据(包括环境实时监测值、人员位置分布、应急广播状态),具有分层显示、矢量化放大缩小、聚合、测距、快速定位、鹰眼、状态动画显示等功能或特点。

② GIS数据钻取。GIS上的钻取操作可得到监测点档案、人员明细等多类数据。

③ 人员轨迹回放。以人员定位轨迹数据为依据,GIS自动寻路为支撑,实现人员井下活动轨迹的再现。

④ 多业务系统关键指标综合展示平台。根据各业务系统的特殊性,提炼关键指标并汇总显示,支持关键指标的钻取与聚合操作。

⑤ 系统综合图表功能。以业务系统为主线进行数据综合分析,绘制多个综合分析图表,包括安全监控综合页、人员定位综合页、广播综合页。

⑥ 多业务数据分析功能。对来自各业务系统的数据进行二次分析或统计,展示数据分析报表,展示包括异常数据同比/环比、突变、井下人员趋势、调校状态等内容。

⑦ 多业务联动控制功能。平台定义联动控制预案,当预案触发时自动(或需人工确认)进行多业务系统联动控制。

⑧ 手动控制功能。在授权情况下,可直接对设备进行控制。

⑨ 监测点档案查询显示功能。以点为单位展示监测点档案组织,可快速了解监测点的定义、实时数据、控制关系、历史异常、调校、分级报警等多方面信息,同时支持曲线、状态图等的钻取或查询操作。

⑩ 其他数据查询功能。通过菜单,或钻取或得到多种数据的查询统计与图表功能,主要包括曲线、状态图、指定位置人员明细、员工活动轨迹、人员档案、出勤记录、广播实时状态、联动记录查询、系统自诊断等。

(2) 井下配备使用激光甲烷传感器、粉尘传感器、多参数传感器、区域控制器等,将人员定位系统、井下应急广播系统接入区域控制器,与安全监控系统采用井下融合的方式实现就地融合。区域控制器可根据配置的联动逻辑,当监测数据发现异常情况或报警事件后,自动给相对应区域的人员定位卡发送报警信号,人员定位管理系统收到报警信号后,声响和提示灯闪烁。本次将井下应急广播系统接入区域控制器,当出现异常时通过广播终端通知在该区域的人员。

【案例二】

(一) 建设条件

红柳煤矿为水文地质条件复杂型矿井,主要受2号煤顶板水、采空区水及断层导水的影响。矿井开采的2号、3号、4号煤均为容易自燃煤层,主要受采空区自然发火影响。因此,需要构建煤矿重大灾害预警平台,实现对水、火等灾害的超前预警,为灾害防控决策提供可靠依据。

灾害监测及智能预警聚焦煤矿瓦斯、火、顶板、粉尘等重大灾害,在现有KJ90X安全监控系统基础上,围绕灾害精准预警的需要,根据矿端实际情况新增瓦斯、顶板、火、粉尘等灾害监测相关传感器和井下水害在线直流电法监测系统、底板微震监测系统、顶板三带观测系统等,全面提升矿端灾害精准感知能力;利用灾害监测数据的特征图谱构建技术,揭示灾害时空演化趋势;融合已建隐患闭环、安全生产标准化、地测防治水管理、“一通三防”等安全相关管理系统;构建基于成因机理的水、火、顶板、瓦斯、粉尘等灾害预警模型;建立基于成因机理与数据驱动互馈的矿井风险大数据分析方法;运用时空GIS的场景构建技术,建成信息全面感知、自主融合、动态辨识、精准预警、协同控制的灾害精准预警系统,实现异常早期筛选、自动锁定、回溯分析、趋势预测,为安全生产提供技术支撑。灾害监测及智能预警技术架构如图2-4-4所示。

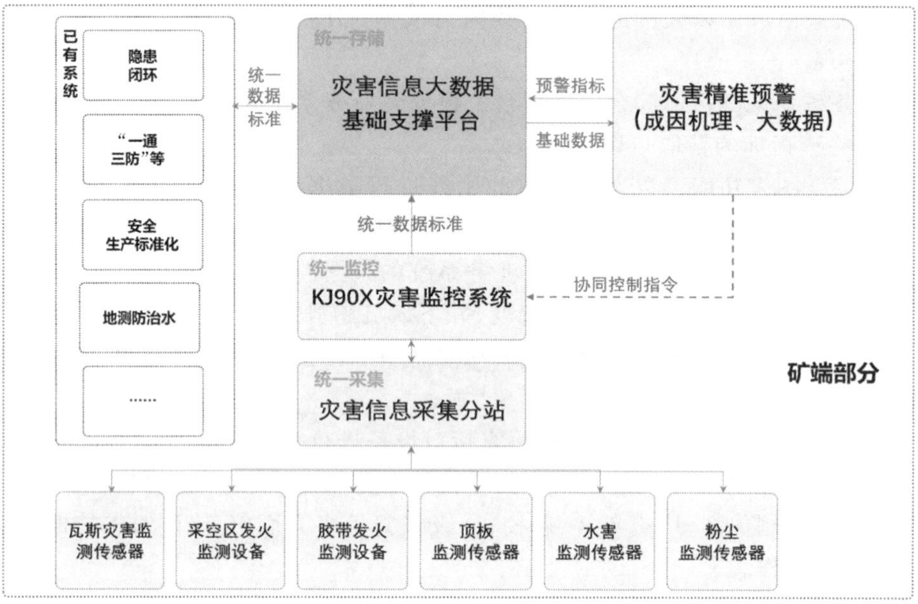

图2-4-4　灾害监测及智能预警技术架构

（二）建设内容

针对红柳煤矿灾害监测系统现状,设计红柳煤矿灾害预警系统建设方案如下。

(1) 水灾监测预警

补充完善矿井现有的KJ402矿井水文监测系统,实现集水文数据采集、数据处理、数据网络共享、水害预警、辅助决策于一体,及时掌握水文动态,达到对水害事故的早发现、早预报、早防治等效果,同时保证与公司水文监测系统平台有效可靠兼容,实现监测数据实时稳定上传和数据共享。

融合水文监测系统、水量监测系统、矿井排水系统、视频监控系统、微震监控系统等实时数据,实现煤矿水害风险预警的自动化、智能化,推进防治水技术管理专业化、系统化、规范化,发挥煤矿水害治理的超前性预防作用。

(2) 火灾监测预警

针对内因火灾,对采空区自然发火监测装备进行升级改造,实现采空区防灭火气体参数和温度参数的全面、实时、精准感知,达到各个地点火灾早期识别和精准定位。建设火灾多因素综合预警平台,实现矿井采空区自然发火危险状态和变化趋势的多因素综合预警,改变矿井采空区自然发火监测滞后和被动治理的局面。

在外因火灾自动报警灭火方面,针对矿井现有11条带式输送机建设分布式光纤感温系统,实现对带式输送机温度状况进行实时监测、超标报警及报警位置的准确定位。在不同位置和状态的报警事件发生时，控制装置可实现自动停机和局部洒水灭火的功能，保证相关设备的安全运行。

（3）顶板灾害预警

研究适用于矿井顶帮连续动态监测的预警指标及模型，对顶板及巷帮失稳、临界失稳、稳定等不同状态实现分级预警。在此基础上，新建一套煤矿灾害精准监测预警系统，对液压支架、锚索（杆）载荷、顶板离层情况在线监测，实现地压多参量综合预警。将系统接入新的生产综合监控平台，实现远程监测功能。

（4）瓦斯灾害预警

研究工作面瓦斯涌出特征与煤层瓦斯含量、煤层渗透性、煤体结构、地应力、作业工序、采掘速度等影响因素之间的关联关系，建立影响因素的反演模型。根据反演模型，构建瓦斯涌出动态分析系统，实时采集工作面瓦斯监测数据，在线分析工作面瓦斯涌出特征，自动反演煤层瓦斯含量、煤层透气性、应力、采掘速度等本源因素，自动识别工作面停风等异常情况，并对未来一段时间内的瓦斯涌出态势进行智能预测，在线判识瓦斯超限或异常涌出风险，并进行实时预警。

（5）灾害预警集中管控平台

灾害预警集中管控平台采用大数据可视化技术，统一数据接口，解决各类监控系统孤立、分散等问题，融合各类监测和报警信息，实现多系统、多参量综合数字化报警，提高报警信息的精准度。平台以多种图形化形式，对灾害精准预警各子系统分析成果进行分类、分级展示，着重分析矿井整体安全态势。管控平台与灾害精准预警各子系统实现共享数据、联动运行、同步更新。

平台架构如图 2-4-5 所示。

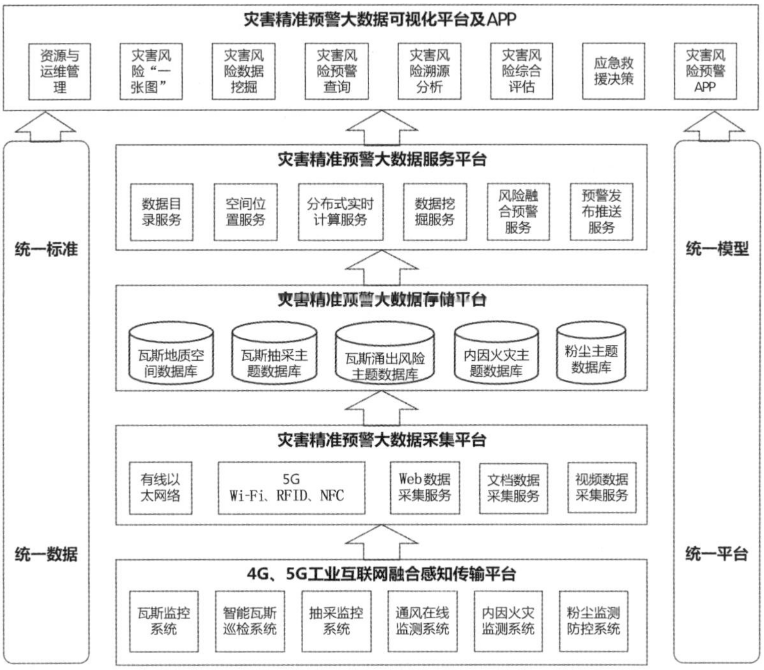

图 2-4-5　灾害预警集中管控平台架构

（三）应用效果

灾害预警集中管控平台实现矿井水、火、顶板、瓦斯、粉尘等灾害的多维度、全方位、立体化的分级、分类、分区预警，以及“横向到边、纵向到底”的煤矿安全风险管控，提升红柳煤矿灾害“点—线—面”结合的垂直、多边、协同管理水平，增强区域煤矿风险监测预警和联防联控能力，从技术上有力支撑矿井安全风险精准防控。

第五章　智能通风

一、初级

构建“风量准确监测＋动力无人值守＋风门自动控制＋系统平台管理”智能通风模式。

（1）监测感知：测风站应布置风速（风量）传感器或自动测风装置，实现无人测风，其他通风环境参数传感器的数量和位置应满足精确测风、瓦斯涌出量计算和环境状态识别的需要，可以对监测数据进行自动分析。

（2）通风动力：主要通风机实现在线监测、故障分析诊断和预警，并具有一键启动、一键反风、一键倒机和远程集中控制功能；局部通风机实现在线监测和安全分析预警，并具有“三专两闭锁”和远程启停集中控制功能。主要通风机及配电室和局部通风机应配备视频监控设备。

（3）通风设施：主要风门具有就地自动控制功能，实现正常通风期间防夹车、防夹人、防短路、安全控风和可靠闭锁，并配备视频监控设备。

（4）软件平台：具有通风信息化管理功能，实现通风报表自动生成、通风立体图和通风网络图自动绘制、通风系统图在线动态管理、通风网络数字建模、通风动力性能曲线建库、通风系统三维可视化、基于监测数据实时通风网络解算（通风阻力解算）。

（5）实现通风作业人员减员20％。

二、中级

构建“风阻在线监测＋故障智能诊断＋定量远程集控＋控风辅助决策”智能通风模式。

（1）监测感知：主要进回风巷设置绝对大气压、压差、温度、湿度传感器，实现通风阻力在线监测。

（2）通风动力：主要通风机实现风机叶片动叶可调或变频远程自动控制，局部通风机实现变频远程控制。

（3）通风设施：主要风门具有远程集中控制功能，灾变时期可实现远程快速解除闭锁控风。风窗具有开启面积定量化远程集中控制、就地自动控制和应急手动控制功能，并具有瓦斯超限控风防瓦斯闭锁断电功能。

（4）软件平台：具有在线故障智能诊断和用风点需风量的辅助快速计算、按需供风的优化调节等功能，实现测点布置、风窗调节、风量调节的辅助决策，实现通风动力、通风设施、通风网络的故障智能诊断。

（5）实现通风作业人员减员40％。

三、高级

构建“瓦斯无人巡检＋密闭自动施工＋应急设备远控＋控风自主决策”智能通风模式。

(1) 监测感知:实现瓦斯无人巡检,瓦斯检查工巡检(包括检测、上板、记录、报表)全部实现无人化。

(2) 通风设施:实现风门、风窗安装施工,密闭施工自动化辅助作业。

(3) 应急控风设备:风井防爆门、井下主要防火门和快速密闭装置等应急控风设备实现灾变自主自动控制或远程集中控制。

(4) 软件平台:授权状态下,具有生产控风时通风动力设备自主调控和通风设施与通风动力的自主联动调控功能,可实现灾变烟流扩散模拟计算、反风模拟计算、避灾与救灾路线决策计算、灾变调风和智能控风辅助决策,可与灾害预警系统、工业自动化系统、人员车辆定位系统集成。

(5) 实现通风作业人员减员60%。

一、解读

(一) 初级

【原文】 构建“风量准确监测＋动力无人值守＋风门自动控制＋系统平台管理”智能通风模式。

【条文解释】 测风站布置风速或风量传感器,监测误差小于5%,实现无人测风;通风动力在线监测、通风动力开停切换远程控制;风门就地自动控制;系统平台具备通风报表自动生成、通风立体图和通风网络图自动绘制、通风系统图在线动态管理、通风网络数字建模、通风动力性能曲线建库、通风系统三维可视化、基于监测数据的通风网络实时解算(通风阻力解算)功能。

【原文】 (1) 监测感知:测风站应布置风速(风量)传感器或自动测风装置,实现无人测风,其他通风环境参数传感器的数量和位置应满足精确测风、瓦斯涌出量计算和环境状态识别的需要,可以对监测数据进行自动分析。

【条文解释】 目前安全监控系统用的风速传感器大部分精度低,但风量准确监测是智能通风的基础。可以采用单点风速传感器、线风速传感器、全断面平均风速自动测试系统等,但不论哪种传感器或系统都要求风量监测误差并不大于5%。现在多个厂家已经开发了高精度的超声波风速传感器,精度达到了0.1 m/s,范围为0.1～15 m/s或0.1～25 m/s,能满足点风速的要求。全断面平均风速由单点风速准确反演获得,或者直接监测全断面内多个点风速求平均获得,实现无人测风,达到减人目的。同时温度、瓦斯、一氧化碳、二氧化碳、粉尘等传感器的数量和位置满足《规程》的要求。

【原文】 (2) 通风动力:主要通风机实现在线监测、故障分析诊断和预警,并具有一键启动、一键反风、一键倒机和远程集中控制功能;局部通风机实现在线监测和安全分析预警,并具有“三专两闭锁”和远程启停集中控制功能。主要通风机及配电室和局部通风机应配备视频监控设备。

【条文解释】 现有通风机大部分都有风机在线监测系统，本条重点是增加远程集中控制和视频监控功能，主要通风机实现一键启动、一键反风、一键倒机和远程集中控制功能，局部通风机实现远程启停及远程集中控制功能，配置有专用电缆、专用开关、专用变压器和风电闭锁、瓦斯电闭锁，主要通风机和局部通风机实现无人值守、有人巡视功能，达到减人目的。

【原文】 (3) 通风设施：主要风门具有就地自动控制功能，实现正常通风期间防夹车、防夹人、防短路、安全控风和可靠闭锁，并配备视频监控设备。

【条文解释】 目前主要大型矿井风门基本上实现了就地自动控制，对于初级智能通风系统，只是完善自动风门。而风窗对于大部分矿井都没有实现就地自动化，更不用说远程控制，所以初级中不强调风窗的自动化和风门灾变时期的远程解锁控风。

【原文】 (4) 软件平台：具有通风信息化管理功能，实现通风报表自动生成、通风立体图和通风网络图自动绘制、通风系统图在线动态管理、通风网络数字建模、通风动力性能曲线建库、通风系统三维可视化、基于监测数据实时通风网络解算(通风阻力解算)。

【条文解释】 对于初级通风系统，通风软件不重点要求实现通风智能决策，重点要求实现通风管理信息化，如通风报表自动生成、通风立体图和通风网络图自动绘制、三维可视化及基础的网络解算，其实用性较强，操作简单，容易实现。

【原文】 (5) 实现通风作业人员减员 20%。

【条文解释】 通过实现无人测风、动力无人值守，达到通风作业人员减员 20%的目标。

(二) 中级

【原文】 构建"风阻在线监测＋故障智能诊断＋定量远程集控＋控风辅助决策"智能通风模式。

【条文解释】 主要进回风巷布置绝对压力、压差传感器、温湿度传感器，在线监测风阻；实现通风动力、通风设施和通风网络的在线故障智能诊断；实现主要通风机的动叶可调控制或变频控制，局部通风机的变频控制，风门的远程解锁及开关控制和风窗的远程定量化控制；实现需风量的辅助快速计算和按需供风的优化调节，包括风窗调节位置及调节风量的辅助决策、主要通风机风量调节辅助决策和局部通风机风量调节的辅助决策。

【原文】 (1) 监测感知：主要进回风巷设置绝对大气压、压差、温度、湿度传感器，实现通风阻力在线监测。

【条文解释】 通风智能感知的两大关键参数为风量和风压，风量监测在初级中已实现，风压监测现在大部分矿井井下通风网络监测没有实现，只有地面回风井风硐监测一个全矿井的负压。对于智能通风计算，风压及温湿度是实时网络解算和故障智能诊断的关键参数。目前有多个厂家开发了井下绝对大气压温湿度多参数传感器，绝对大气压传感器误差为 30 Pa，压差传感器误差为 5 Pa，具备实现条件。

【原文】 (2) 通风动力：主要通风机实现风机叶片动叶可调或变频远程自动控制，局部通风机实现变频远程控制。

【条文解释】 通风系统风量的分配调节主要有通风设施调节和通风动力调节，目前风机自动控制部分矿井只是开停和切换控制，不能自动调节风机的风量大小，所以要实现风机的风量动态调节按需供风，最可行的方案就是采用变频调节。有的矿井主要通风机比较先进,已经具有了风机叶片液压动叶可调功能,就可以不用变频器调控。但对于没有液压动叶可调的风机一般是不能改造成动叶可调的,只能改造变频控制。对于局部通风机采用变频是最佳调风方案,还未见有矿用动叶可调的局部通风机,实现掘进工作面按需供风、智能排放瓦斯等。

【原文】 (3)通风设施:主要风门具有远程集中控制功能,灾变时期可实现远程快速解除闭锁控风。风窗具有开启面积定量化远程集中控制、就地自动控制和应急手动控制功能,并具有瓦斯超限控风防瓦斯闭锁断电功能。

【条文解释】 在中级通风系统,风门、风窗实现远程控制功能,风门实现灾变远程解锁控风,疏排有害气体,防止灾害扩大;风窗实现生产控风远程定量控制和灾变应急控风远程开关控制,同时防止灾变动力断电无法远程控制,建议动力不要采用电动动力。

【原文】 (4)软件平台:具有在线故障智能诊断和用风点需风量的辅助快速计算、按需供风的优化调节等功能,实现测点布置、风窗调节、风量调节的辅助决策,实现通风动力、通风设施、通风网络的故障智能诊断。

【条文解释】 故障诊断要实时在线,故障诊断要结合人工智能算法,要实现深度学习分析功能。用风点需风量辅助快速计算是指根据用风点气象条件参数实时值、瓦斯二氧化碳等有毒有害气体涌出实时值对采煤工作面、掘进工作面、关键硐室的需风量进行实时动态计算,验证采煤工作面、掘进工作面、关键硐室实际配风量是否能够满足需风量要求。按需供风的优化调节是指采掘工作面风量要根据需风量要求实时调控,软件平台通过智能算法决策获得智能通风设备远程调控具体方案,实现采掘工作面风量的优化调节。故障诊断包括通风网络故障诊断、通风动力设备故障诊断、通风设施故障诊断,建立全面的通风系统故障智能诊断系统。

【原文】 (5)实现通风作业人员减员40%。

【条文解释】 通过无人测风、无人值守、远程集中控风,达到通风技术人员减员40%的目标。

(三)高级

【原文】 构建"瓦斯无人巡检+密闭自动施工+应急设备远控+控风自主决策"智能通风模式。

【条文解释】 瓦斯检查工巡检(包括检测、上板、记录、报表)全部实现无人化;风门、风窗安装施工、密闭施工实现自动化辅助作业;风井防爆门、防火门、快速密闭装置等应急控风设备实现远程集中控制功能;生产控风时,实现通风动力设备自主调控、通风设施与通风动力的自主联动调控;实现灾变通风模拟计算、避灾与救灾路线决策计算、灾变调风控风辅助决策智能控制。

【原文】 (1)监测感知:实现瓦斯无人巡检,瓦斯检查工巡检(包括检测、上板、记录、报表)全部实现无人化。

【条文解释】 瓦斯检查点和密闭检查点,实现无人巡检,巡检系统能够替代人工进行瓦斯及其他气体检查、展示、记录、汇总、分析报告等的工作,可以设定巡检周期、指标、目标,实现数据现场电子牌版动态显示、数据的数据库记录存档、数据报表的自动生成、数据汇总分析预测预报等功能,实现瓦斯巡检无人化,达到减人少人的目的。

【原文】 (2)通风设施:实现风门、风窗安装施工,密闭施工自动化辅助作业。

【条文解释】 风门、风窗安装和密闭施工对于通风作业人员来说，劳动强度大、费时费力，尤其是掏槽工作。为了减少作业人员和劳动强度，掏槽工作实现自动化装备辅助作业。

【原文】 (3) 应急控风设备：风井防爆门、井下主要防火门和快速密闭装置等应急控风设备实现灾变自主自动控制或远程集中控制。

【条文解释】 风井防爆门、井下主要防火门和快速密闭装置等应急控风设备在正常生产时期，不发挥任何作用。但一旦发生灾变，尤其是灾变处于萌芽状态或灾变初期，为了把灾变控制在最低受损程度，应急控风设备能起到关键作用，能够有效避免人员伤亡或减少人员伤亡。在当前以人为本和超越“安全红线”一票否决的安全理念情况下，应急控风设备的有效使用，实现灾变自主自动控制或辅助决策远程集中控制，能为通风安全设置一道防线。

【原文】 (4) 软件平台：授权状态下，具有生产控风时通风动力设备自主调控和通风设施与通风动力的自主联动调控功能，可实现灾变烟流扩散模拟计算，反风模拟计算，避灾与救灾路线决策计算、灾变调风和智能控风辅助决策，可与灾害预警系统、工业自动化系统、人员车辆定位系统集成。

【条文解释】 作为高级智能通风系统，通风动力、通风设施设备都实现了远程集中控制，调风控风要实现智能化，首先调风控风方案可以自主智能化生成和调风控风智能提示；其次在授权状态下，生产控风时实现通风动力设备自主调控、通风设施与通风动力的自主联动调控。灾变控风考虑因素比较多，条件比较复杂，且需要与人员定位系统、广播系统、灾害预警系统等综合信息判断决策，所以软件平台对灾变调风控风要实现辅助决策，具有灾变烟流扩散模拟计算、反风模拟计算、避灾与救灾路线决策计算、灾变调风和智能控风辅助决策等功能，且具有与灾害预警系统、工业自动化系统、精确人员定位系统和精确车辆定位系统等系统集成的接口。

【原文】 (5) 实现通风作业人员减员 60%。

【条文解释】 重点通过无人测风、无人值守、瓦斯无人巡检和控风自主决策远程自动控制，达到通风技术人员减员 60%的目标。

二、解决方案

(一) 初级

1. 通风参数监测感知

初级智能通风系统监测感知的重点是风量的准确监测，而目前大部分安全监控的风速传感器存在精度低、启始检测风速大、受粉尘影响大，为此提出以下解决方案。

(1) 高精度超声波双向风速传感器

超声波时差法的高精度风速传感器量程为 0.1～15 m/s，精度为±0.1 m/s，分辨率为 0.01 m/s，并可准确监测风向，并且部分厂家的传感器具有自清洁功能，受粉尘影响小。其工作原理为：超声波在空气中传播时，在顺风和逆风两个方向上传播时会有一个时间差，用时差法来测量超声波在两种状态下的传输时间，通过理论公式计算出风速和风向。以二维风场测量为例，如图 2-5-1 所示，在沿着 X 轴和 Y 轴方向各放置一对超声波传感器(图 2-5-2)，两对超声波传感器之间保持等距离且相互垂直。

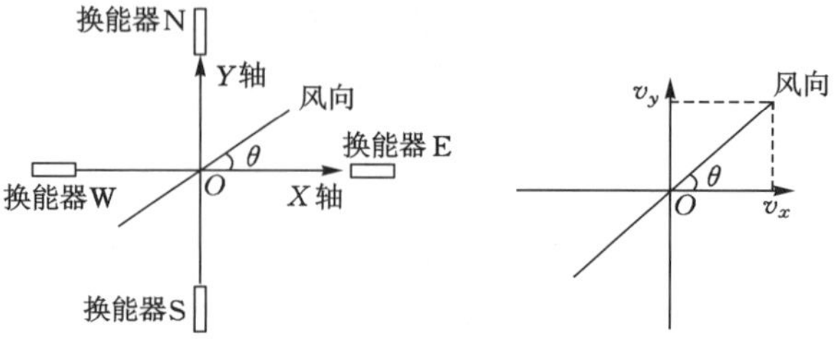

图 2-5-1　时差法测风示意图

图 2-5-2　超声波时差法传感器

由于传感器两两正交，因此理论的二维风速和风向角可计算得到：

$$v = \sqrt{v_x^2 + v_y^2} \tag{2-5-1}$$

$$\theta = \arctan \frac{v_y}{v_x} \tag{2-5-2}$$

在超声波探头位置和距离保持不变的情况下，时差法得到的风速风向只与超声波在空气中的传播时间相关，与环境温度无关。从而消除了外部环境对测量结果的影响，因此时差法测风速具有较高的稳定性和准确性。

(2) 矿井高效全自动测风子系统

针对风速传感器只是测一个点风速，而巷道的准确风量需测全断面的平均风速，为此提供移动走线式全断面平均风速测试装置，通过多个测风装置形成一个全自动测风系统。

① 移动走线式测风装置

针对不同的巷道形状及适用条件，分析矩形、半圆拱、圆形、梯形等典型巷道断面风流速度场结构，以经典六线测风法为蓝本，设计移动式测风方法，目前有适合矩形巷道的龙门式测风装置和适应拱形巷道及胶带巷的机械臂式测风装置，可以有效提高平均风速测量精度。

在矩形巷道布置龙门式测风装置，如图 2-5-3 所示，测风装置主体为多数不锈钢框架结构，一台或多台双向风速传感布置在测风杆上，以压缩空气来驱动风速传感器在平面移动测风。

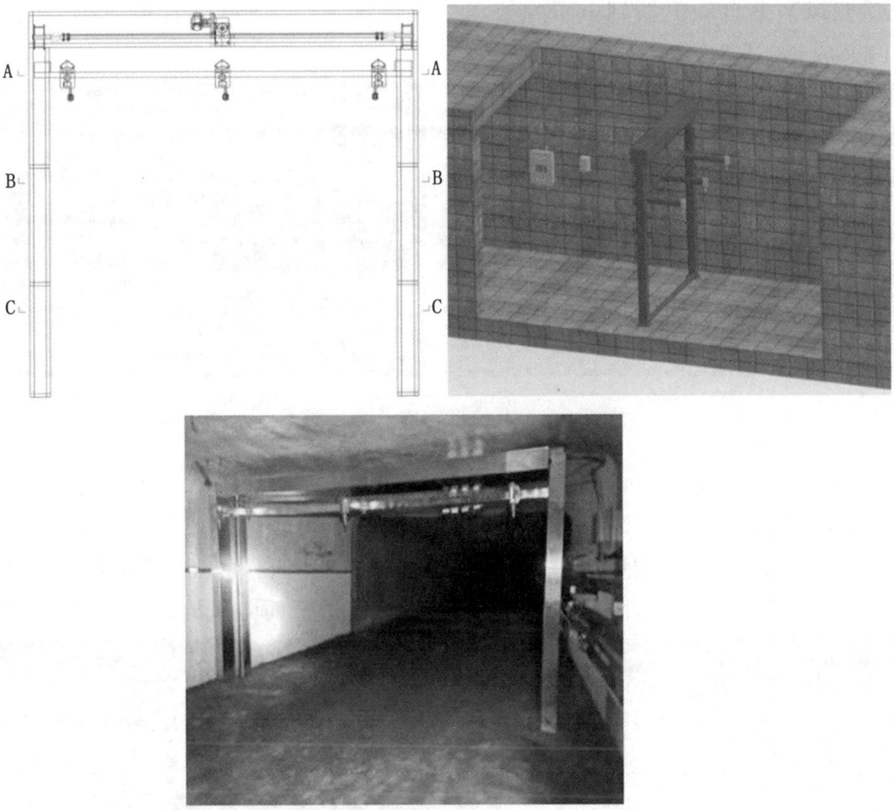

图 2-5-3 龙门式测风装置示意图

在拱形巷道、胶带巷等不规则断面设置机械臂式测风装置。如图 2-5-4 所示，通常机械臂式测风装置为折叠状态并处于高位测风杆，连续监测风速，不影响运料和行人；运动测风时，在压缩空气驱动下运动走线，测风杆适应巷道宽度变化自动伸出，精确测量全断平均风速。

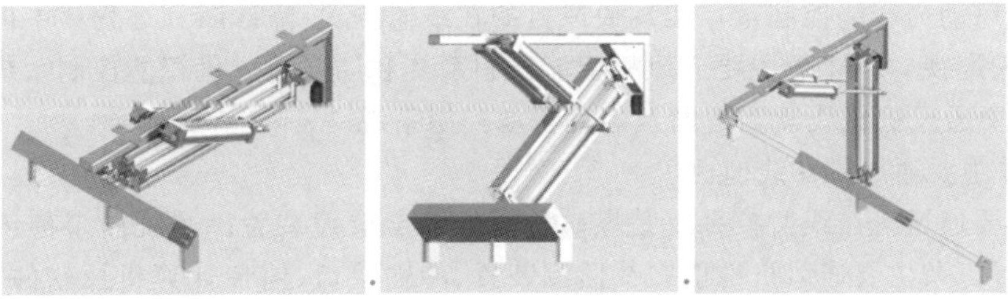

图 2-5-4 机械臂式测风装置示意图

在移动全断面测风装置前后 20 m 处需配套布置一台红绿灯和语音报警装置，防止行车、行人对测风的影响。测风时，当上位机软件（图 2-5-5 左图）发布运动测风命令后，测风装置等待红灯亮起及播报“测风运动即将开始，禁止通行”，20 s 后，风速传感器再开始运动测风。测风过程中红灯一直亮起，语音报警装置循环播放“测风运动中，禁止通行”。直到测风结束后，测风杆恢复到高位后，红绿灯变成绿灯常亮状态，语音报警装置停止播放语音。

测风完成后测风数据自动更新到电子牌板。一般情况下，单个测风装置一次全断面走线测风 120 s 内完成，如图 2-5-5 右图所示。

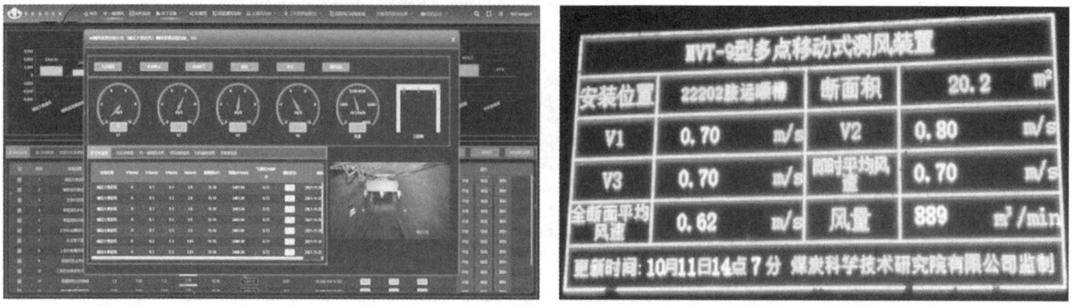

图 2-5-5　上位机软件及电子牌板

② 全矿井“一键测风”

在关键井巷测风站均布置多点移动测风装置，即可组成全自动高效测风系统，5 min 内完成全矿井自动测风、自动计算测风结果、自动生成测风报表和自动完成测风数据上图，提高测风精度和测风风量数据闭合性，降低测风员工作强度，缩短全面测风周期。如图 2-5-6 所示。

图 2-5-6　全自动高效测风系统监控界面

2. 初级通风动力智能控制

初级通风动力智能控制重点实现通风机的在线监测、故障诊断和远程集中控制，达到无人值守，有人巡视。主要为主要通风机智能控制系统和局部通风机智能控制系统。

(1) 主要通风机在线监测诊断及远程自动控制系统

① 矿井主要通风机在线监测

矿井主要通风机在线监控系统是煤矿重要的安全监控装置。系统由多种传感器、变送器、取压装置以及主要通风机性能在线监测装置、传输接口、监控计算机及软件等设备组成(图 2-5-7)。系统能够在线连续监测矿井主要通风机风量、负压、轴温、电流、电压、振动等参数数据以及风硐、风门和风机开停等运行状态。

② 地面主要通风机故障诊断

通过在电机、底座上安装振动传感器，智能数据采集单元通过线缆与传感器连接，部署在数据采集单元的边缘计算模块对数据进行边缘计算(数据清洗、数据筛选、数据整理等)，得到数据的特征值，特征值数据通过以太网、Wi-Fi、4G 等网络上传至服务器。部署在平台服务器的算法软件，利用数据分析工具手段对数据进行分析、建模、比较，得到设备的运行状

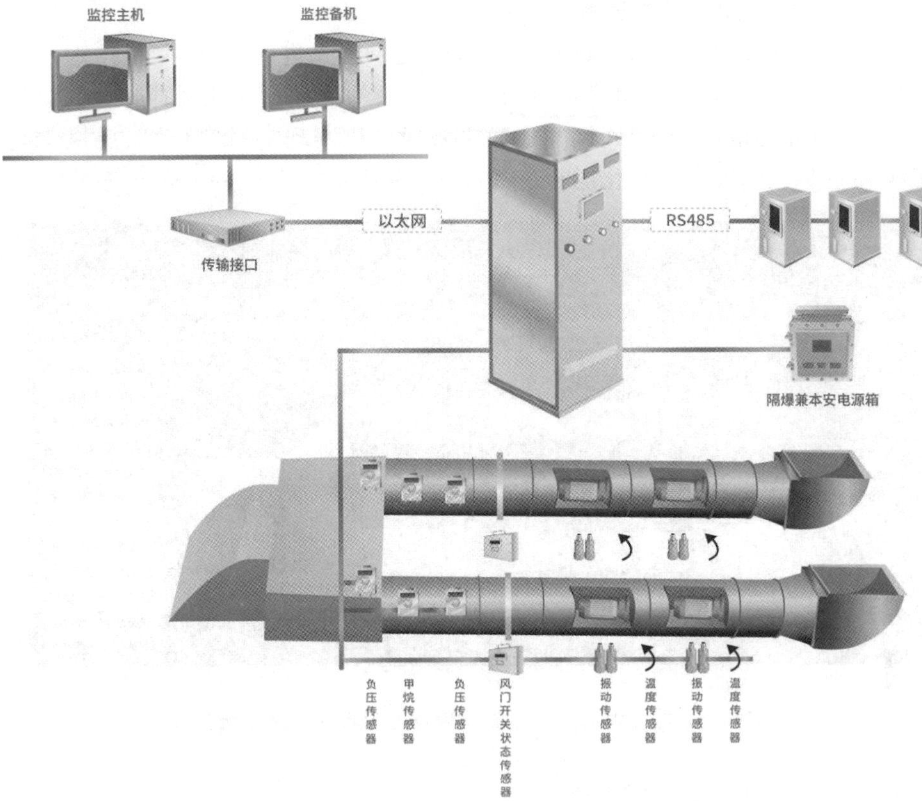

图 2-5-7　地面主要通风机在线监测系统结构图

态信息，并进行健康评估和故障诊断。

通过对数据的收集与处理，形成被监测风机的历史数据与设备库，实现数据的自比较、互比较、聚类分析和集群管理，实现对设备的健康评估、关联分析、影响分析和对未来的运行趋势进行预测。

通过系统实时在线监测，提前发现设备潜在的故障，并给出可能的解决方案，系统把计算结果、监测状态结果推送至智能监测平台、客户桌面端或移动 APP 端，为中控值班人员、现场巡视人员、设备维保人员以及管理人员提供智能决策。如图 2-5-8 所示。

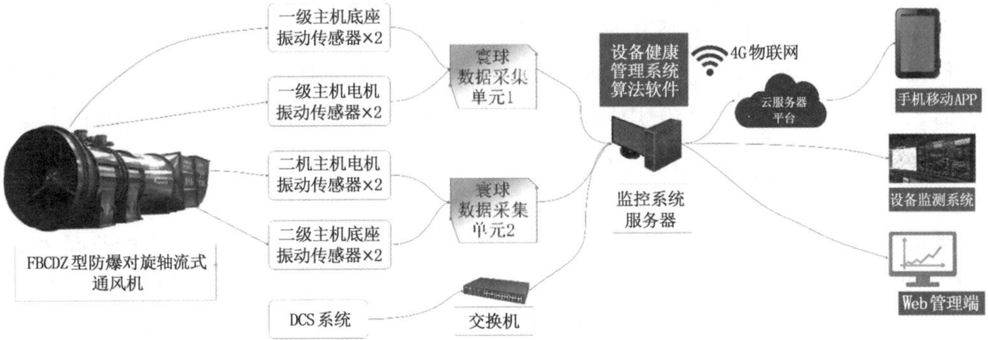

图 2-5-8　通风系统故障诊断系统架构

③ 矿井主要通风机配套设备远程自动控制

在地面主要通风机现有设备设施的基础上，系统采用先进的PLC控制技术，实现主要通风机风道闸门或者蝶阀开启关闭状态、风机“启—停”的远程自动控制，同时增加风机远程自动控制期间的语音警报提示，使回风井地面主要通风机实现“一键启动”、反风、倒机等功能，实现了矿井主要通风机的自动化运行。如图2-5-9所示。

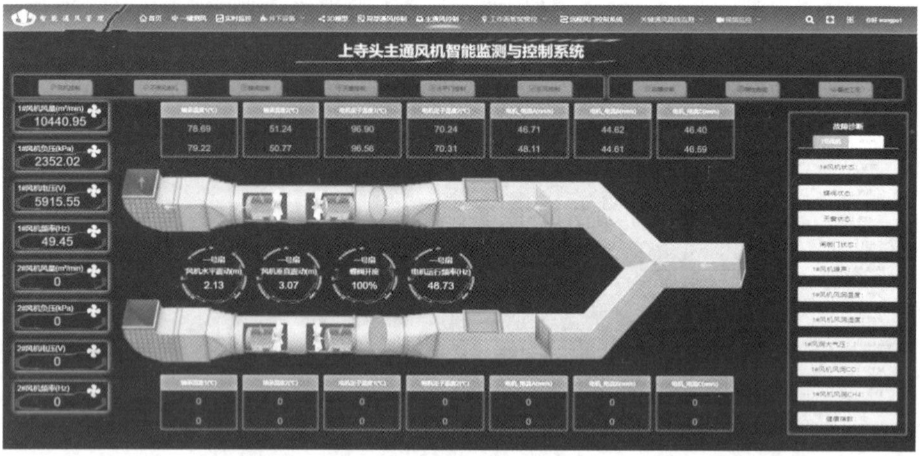

图2-5-9　主要通风机在线监测诊断及远程自动控制系统界面

(2) 低噪局部通风机智能控制系统

初级局部通风机智能控制系统的重点是风机参数的在线监测与风机的远程集中控制，实现风速、风量、温度等参数在线监测和分析功能，并具有“三专两闭锁”、远程启停及远程集中控制功能。

① 智能局部通风系统功能模块

智能局部通风系统由局部通风机、局部通风机智能开关模块、工作面风速风量监测模块、工作面瓦斯浓度监测模块构成。

工作面风速风量监测模块独立完成风筒漏风率测试、掘进迎头供风量评价功能；局部风机智能开关模块独立完成主备风机自动切换功能；工作面瓦斯浓度监测模块与局部风机智能开关模块完成掘进工作面瓦斯电闭锁、远程无人启动风机的功能；工作面风速风量监测模块与局部风机智能开关模块完成风电闭锁功能。

工作面风速风量监测模块、工作面瓦斯浓度监测模块的主要设备是风筒风速传感器、瓦斯传感器。局部通风系统由煤矿用隔爆型压入式轴流局部通风机、分风器、风筒等单元组成。局部通风机智能开关模块由流道式变频器构成。通过在风筒的入口和出口各布置了一个风筒风速传感器，实现对风筒入口和出口的风速进行监测，对风筒漏风率、回风流风速、迎头供风量进行评价，风筒风速传感器是一个局部通风机监测的重要设备。由于掘进头风速低，风速难以测准，因此掘进工作面供风是否充足和风速是否超限难以科学评判，为此在风筒出口与入口各布置1个风筒风速传感器(图2-5-10和图2-5-11)，可以准确监测风筒风量、科学评价风筒漏风率、掘进工作面供风量和回风流风速，解决局部通风行业共性问题。风筒风速传感器采用超声波时差法测试原理，量程为0.5～30 m/s，风速测量精度为1%F.S。

风筒风速传感器集成到硬质法兰盘上，安装简单，只需要将风筒与法兰盘直接链接，并通过吊环固定在巷道帮上。

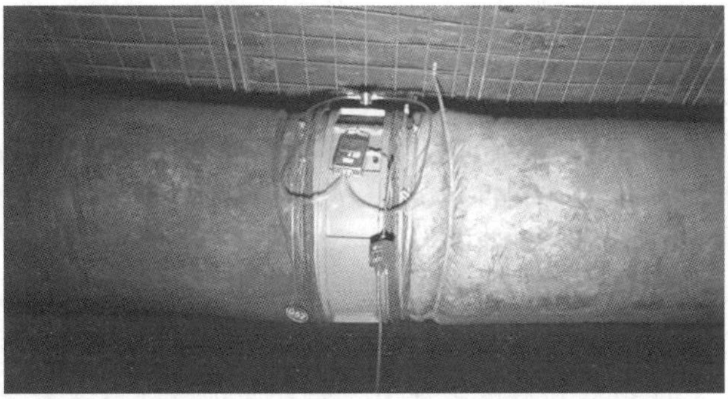

图 2-5-10　风筒风速传感器井下安装

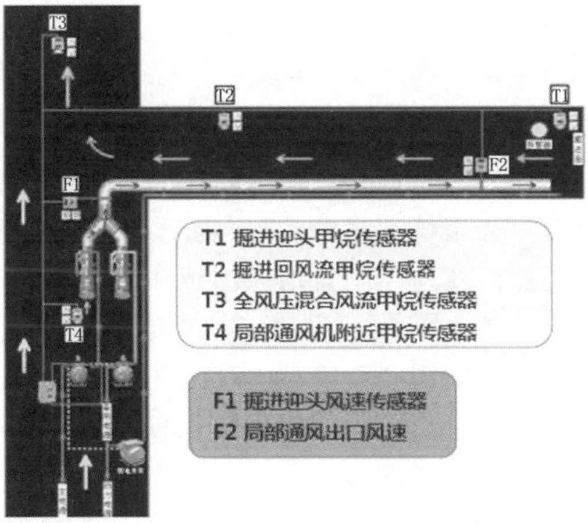

图 2-5-11　传感器布置示意图

如图 2-5-10 所示，在风筒入口布置风筒风速传感器 F1，在风筒出风口布置风筒风速传感器 F2。

② 局部通风系统主要实现功能

a. 风筒漏风率实时评价

风筒漏风率检查是局部通风管理的一项重要内容，但长期以来缺乏定量评价技术手段。对于长度为 L 的风筒，通过在风筒的入口与出口布置风速传感器 F1 和 F2，实时监测入口与出口的风速 v_1 和 v_2，则风筒的百米漏风率 η 可以通过下式实时计算获得：

$$\eta = \frac{v_1 - v_2}{v_2 \times L} \times 100 \tag{2-5-3}$$

b. 掘进迎头供风量与回风流风速评价

由于迎头风速较低，传统的风速传感器难于准确监测风速，导致掘进迎头供风量是否充足和回风流风速是否超限等问题难于定量评价。对于风筒直径为 d 的风筒，断面积为 S 的掘进工作面，掘进迎头风量 Q 可通过下式表示，回风流风速 v 可通过下式表示：

$$Q = \frac{1}{4} \times 3.14 \times d^2 \times v_2 \tag{2-5-4}$$

$$v = \frac{Q}{S} \tag{2-5-5}$$

c. 瓦斯电闭锁试验

瓦斯电闭锁具备远程试验功能和远程一键切换主备机功能,甲烷传感器具备上位机远程写入功能(瓦斯电闭锁试验),全线断电之后,瓦斯类传感器可以在远程切换至正常。

d. 主备风机自动切换

当按下主风机智能控制开关停止按钮(或主风机故障)时,主风机智能控制开关真空接触器断电→主风机失电(主风机停止工作)→主风机智能控制开关的PLC发出故障信号→备用风机智能控制开关的PLC接收故障信号→备用智能控制开关真空接触器闭合→备用风机变频器得电→备用风机开始运行。

e. 远程无人启动风机

风机馈电需具备UPS功能。局部风机需要启动时,首先检查瓦斯传感器的瓦斯浓度,如果浓度在允许范围内,可通过远程送电启动风机。

3. 初级通风设施智能控制

初级通风设施智能控制就是自动风门具有就地自动控制,设置有红外、光控、图像识别、雷达等至少一种传感器,设置声光报警和联锁装置,实现正常通风期间防夹车、防夹人、防短路、安全控风和可靠闭锁等功能。就地控制自动风门现在比较成熟,这里提供一种功能先进的自动风门解决方案。

自适应变形多功能自动风门(如图2-5-12)具有自适应巷道变形、多重可靠闭锁、就地自动控制、防夹车、防夹人、耐锈蚀等特点。针对行车过人自动化要求,具有光控、红外感知、图像识别、气动机械电控三重闭锁等功能。

图2-5-12　自适应变形多功能自动风门示意图

针对大断面巷道风门过重难于安装问题,设计了新型高强度轻质门体,采用轻质高强板料轻型结构和新型焊接工艺具有门体重量轻、机械强度高、门轴三向调节、设备快速安装等功能。针对矿压大巷道变形风门易损坏问题,设计了新型可适应变形门框,采用双门框可变形连接结构和柔性折叠密封带,保证风门稳定、可变形和不漏风。主要关键技术如下。

(1) 大断面高强度轻量化耐腐蚀门体技术

传统风门门体结构采用中间骨架、两侧蒙皮的方式，矿井巷道断面愈大，风门门体自重愈重，井下安装缺乏起重机械，施工安全风险大，门体各连接需采取刻意放大配合尺寸等措施保障现场安装施工，从而严重影响使用效果与寿命。

针对这一问题解决方案，采用新型门体，门体采用新型合金材料和轻型板材结构。力学性能由几何结构与冷作硬化双重提高，门体采用新的焊接工艺，其强度高耐锈蚀，整体结构极限简化，20 m^2 的断面风门(对于单扇宽为 2.5 m、高为 3.4 m 的门体，采用常规结构的风门重量为 460 kg，采用新型结构的风门重量为 230 kg，四人立起)降低重量 50%，机械强度提高 55%，保证其自重在人工可操范围以内。风门采用封闭腔体，有效避免了内部腔体积水导致的风门锈蚀腐烂现象。

(2) 基于图像识别的风门全自动智能控制技术

基于图像识别的风门控制系统如图 2-5-13 所示，采集视频画面的摄像头和控制风门开闭的控制分站联控，检测区域则为摄像头可以识别行人、车辆的范围。当行人车辆进入检测区域后，摄像头采集视频画面，经软件系统分析后发现有人、车通过，向控制分站发送开门信号，并在人、车经过风门的整个过程中始终保持信号的传送，防止风门突然关闭。当人、车驶离检测区域后，经过一段时间，软件系统向控制分站发送关门信号，使风门关闭。在单个风门的前后均装配有摄像头，以便符合双向行驶的要求。

图 2-5-13 图像识别的风门控制系统示意图

本系统的优势在于，实现了风门的自动控制，井下只需要一个摄像头即可完成行人、行车通过时风门自动开闭的过程，不再需要遥控器、光控开关、对射开关等设备即可起到自动开门、防止夹人夹车等功能，真正做到井下风门自动化、智能化和安全化。

(3) 风门适应巷道变形技术

风门受采掘活动、矿山压力的影响，经常被压坏变形，导致风门无法正常开启，需要经常对井下风门附近的巷道进行翻修维护，极大地增加了人员和费用投入。新型风门上、下、左、右四个方向适应巷道变形量 200 mm。

4. 初级通风软件平台

初级软件平台实现通风信息化管理，通风报表自动生成、通风立体图和通风网络图自动绘制、通风系统图在线动态管理、通风网络数字建模、通风动力性能曲线建库、通风系统三维可视化、基于监测数据实时通风网络解算(通风阻力解算)。具体 B/S(浏览器/服务器)架构通风信息化管理平台如下。

三维矿井通风信息化管理平台的总体架构如图 2-5-14 所示，云端后台服务器采用 MySQL 数据库存储所有图形数据及矿井通风专业数据。表单服务程序负责与前端交互，矿井通风网络分析程序负责提供矿井通风网络解算与智能分析决策服务。

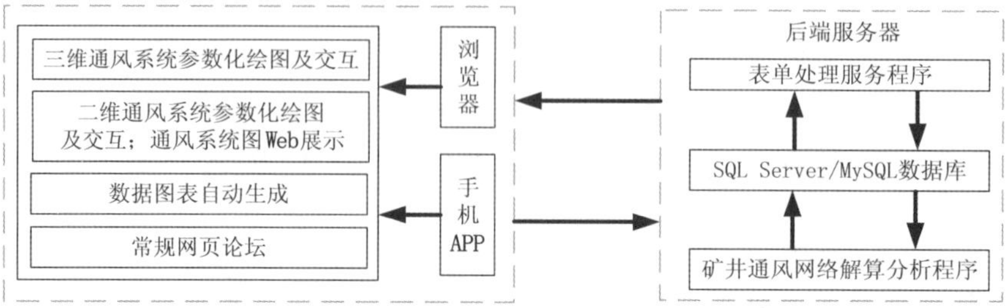

图 2-5-14　软件结构示意图

PC 前端支持 IE、Chrome、火狐、360 等主流浏览器；手机前端支持 Android 和 iOS 各主要版本。前端内容：二维/三维通风系统参数化建模及交互、数据图表自动生成和数据图表化展示，如图 2-5-15 所示。

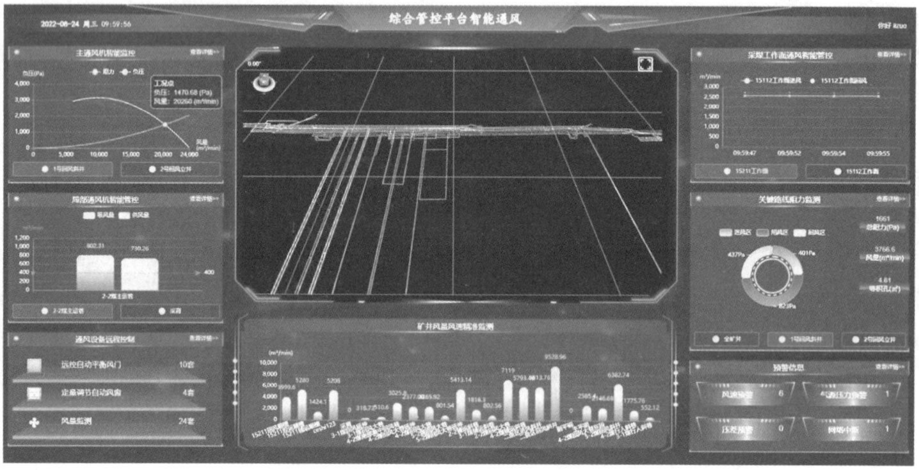

图 2-5-15　三维矿井通风通风信息化管理平台界面

(1) 通风系统跨平台全场景三维可视化和电子图纸管理

在真实坐标空间内建立巷道、节点、风机、风门、风窗、风筒三维模型，利用粒子追踪和高速渲染技术实现风流、烟流、有毒有害气体扩散动画模拟和阻力三区、灾变分级区划、风速、标高的巷道"数据—颜色"梯度展示；运用模型—视图—投影矩阵，封装第三人称摄像机，实现人机交互功能和浏览器、桌面程序与手机 APP 的跨平台展示。软件系统采用 B/S 架构，服务器布置在机房，不仅可以通过浏览器还可以通过手机浏览三维通风模型、控制风门、风窗、测风装置和风机等通风设施。实现通风系统三维可视化、通风立体图和通风网络图自动绘制、通风系统图在线动态管理，三维矿井通风模型的展示与采煤工作面通风系统智能管控分别见图 2-5-16 和图 2-5-17 所示。

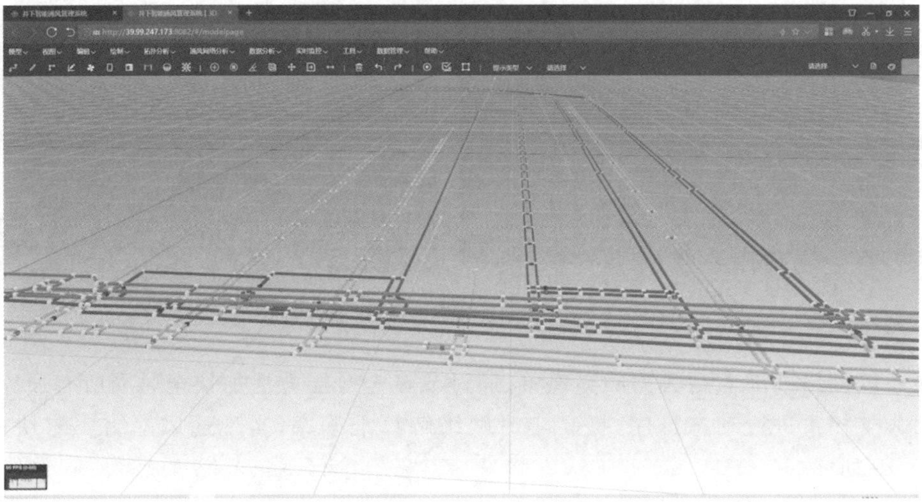

图 2-5-16　浏览器端显示三维通风模型

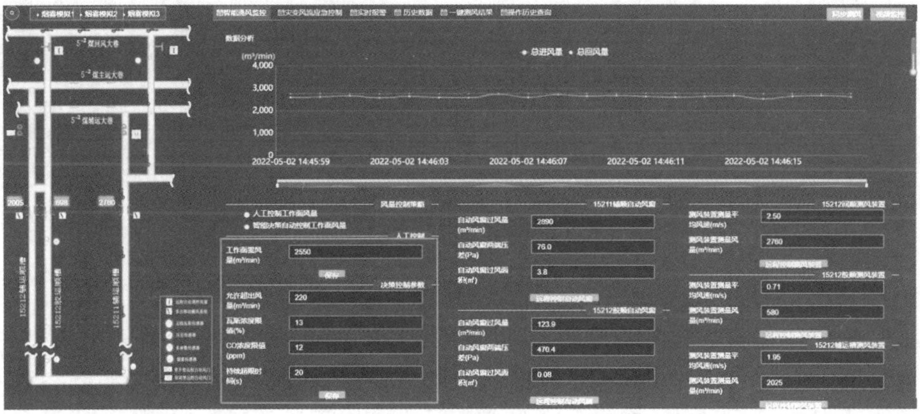

图 2-5-17　浏览器端实现采煤工作面智能管控

（2）监测数据的图形化显示与报表管理

决策平台通过 TCP/IP 通信协议，与监控分站通信，采集风速、温度、湿度等环境参数及通风设备运行状态数据，并对数据进行存储及管理。智能分析决策平台将实时采集的监控数据，直接显示到三维模型上，所见即所得。避免了人工手动查找、分析监控数据，并且能自动生成各种数据报表，提高了工作效率。如图 2-5-18 所示。

（3）矿井通风实时网络解算

通常情况下通过网络解算就可以知道通风网络的风量分配情况，但通风网络是一个时刻变化的系统，网络解算严重滞后于矿井通风系统的变化。通风工程师最关心的就是当前井下每条巷道的风量分布情况，但传统网络解算反映的是通风系统过去某一时刻的网络状态，而安全监控系统不可能为每条巷道都布置传感器，这就形成了风量的监控盲区。矿井通风管理系统以实时监测数据为基准，在监控系统的一个巡检周期内，实时解算每一条巷道风量和通风阻力，进而消除监控系统的风量监控盲区。基于数据库快照技术和文件交换技术实现异构型监控数据快速读取，应用时间序列分析法对扰动、异常风量监测数据进行有效过

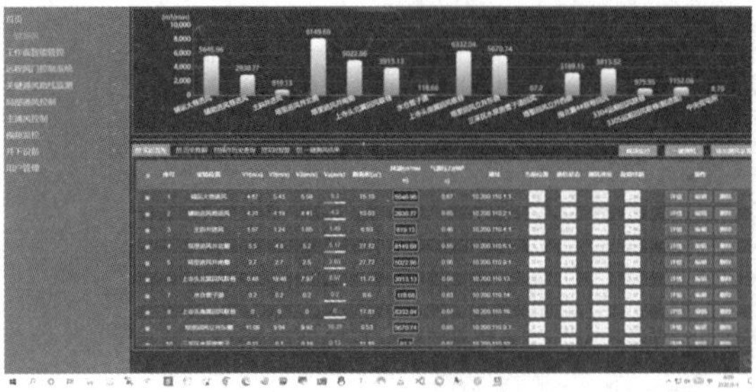

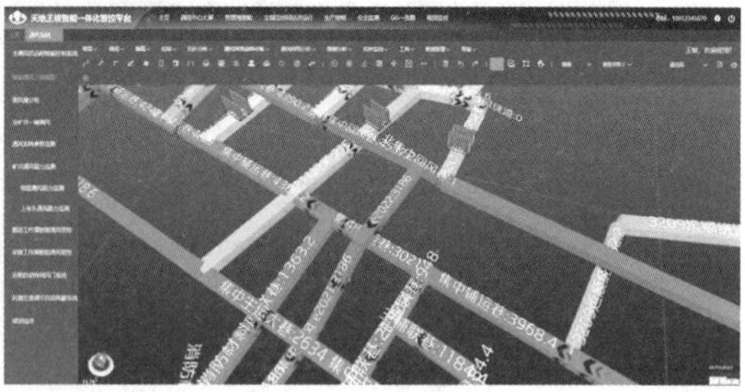

图 2-5-18　监测数据的图形化显示管理

滤,消除通风网络内部监测数据冲突现象,通过节点全分层方法加快全风网所有通路搜索速度,根据分支权重进行动态排序,提高实时网络解算准确率,实现通风网络实时快速解算。如图 2-5-19 所示。

网络解算结果

序号	ID	巷道名称	长度	风阻	风量	风速	阻力
1	754	e749	0.6	0.000070	7.3	0.5	0.0
2	220	回风绕道	41.1	0.000202	28.3	1.8	0.2
3	267	主井	31.0	0.000322	6.4	0.3	0.0
4	221	回风绕道	86.3	0.000424	28.3	1.8	0.3
5	918	回风大巷	20.0	0.000480	84.2	4.8	3.4
6	237	二采区水…	10.4	0.000511	3.5	0.2	0.0
7	797	回风大巷	25.6	0.000728	90.4	5.2	5.9
8	228	二采区水…	16.2	0.000797	3.5	0.2	0.0
9	448	e368	13.0	0.000843	46.2	3.3	1.8

全部染色并退出　染色颜色　颜色更新　确定　取消　保存数据

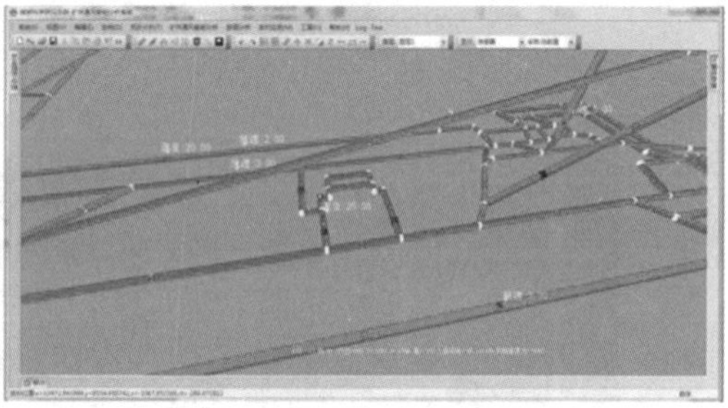

图 2-5-19　矿井通风实时网络解算结果与模型更新

(4) 矿井通风网络数字建模

利用矿井现有通风系统图编辑导入,设置网格、颜色、显示比例等,自动生成矿井三维通风可视化模型(如图 2-5-20 所示),并根据通风网络、通风设施和通风动力实测参数,建立矿井通风系统数据库,主要包括巷道断面、摩擦阻力系数、温度、密度、实测风速、阻力等参数,以及通风机的性能曲线数据。需要录入的分类数据有巷道属性数据、节点属性数据、传感器属性数据、风机属性数据、风门风窗属性数据等。

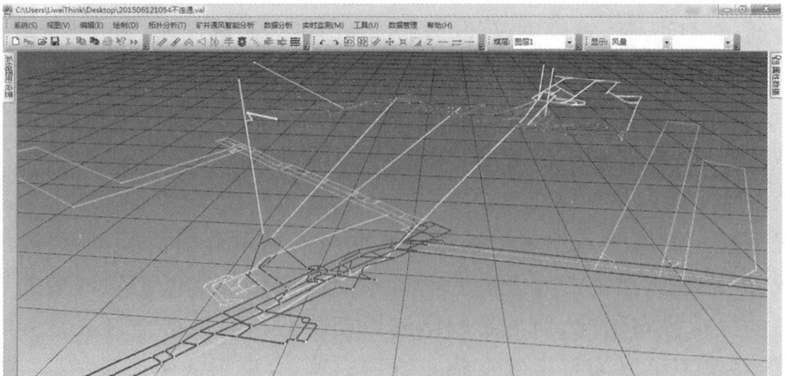

图 2-5-20　建立的通风数字模型

（二）中级

1. 中级通风参数监测感知

在初级方案风量准确监测的基础上，布置绝对大气压力、压差、温度、湿度传感器，实现通风阻力在线监测功能。现在大部分矿井井下通风网络监测没有实现通风阻力在线监测功能，只有地面回风井风硐监测一个全矿井的负压。对于智能通风计算，通风阻力及温湿度是实时网络解算和故障智能诊断的关键参数。

（1）巷道风阻及关键通风路线阻力监测

在矿井通风网络中选取一条或几条关键通风路线，在各节点布置绝对大气压力、温湿度多参数传感器，实时监测矿井关键路线的每条巷道的始端和末端处气压、温度、湿度，计算节点空气密度，逐段监测巷道阻力，实现通风阻力在线监测，对矿井关键通风路线上所有巷道通风阻力进行累加得到矿井总阻力。实时监测矿井自然风压波动情况，可以掌握主要巷道风阻和矿井自然风压的变化，以及通风系统状态评价、风量调控基础数据，能够实时修正巷道风阻，提高实时网络解算和控风决策的准确性。如图 2-5-21 所示。

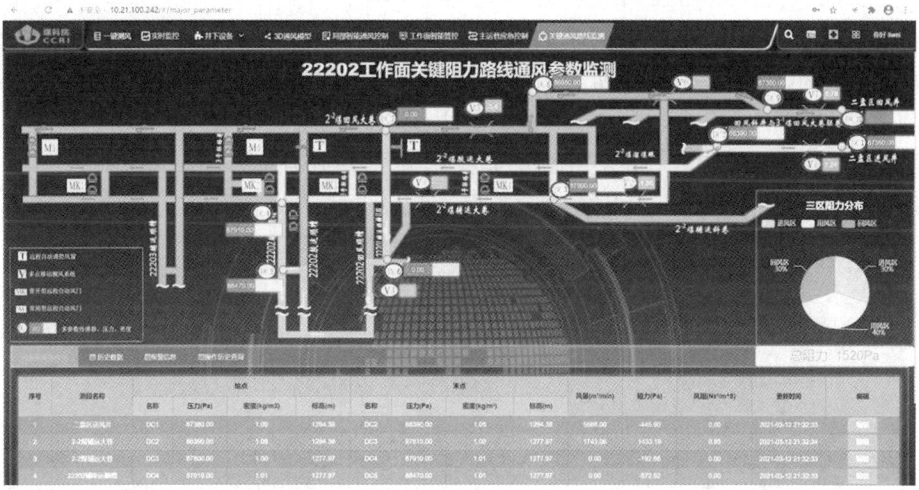

图 2-5-21 矿井通风路线阻力监测系统

绝对大气压、温湿度多参数传感器的一般基本参数：温度测量范围为 0～50 ℃，湿度测量范围为 0～100％RH，大气压力测量范围为 700～1 200 hPa，温度精度测量误差为±2.5％F.S，湿度精度测量误差为±8.0％F.S，绝对大气压力给精度测量误差≤30 Pa。

（2）通风构筑物压差在线监测技术

风门、挡风墙等通风构筑物具有压差大、风阻高、风量小等特点，构筑物过风量难于准确测定，在风量核定及日常通风管理过程中，往往依靠经验估算。采用高精度压差传感器直接监测的方法，以局部风阻计算公式为基础，利用数值模拟、神经网络修正局部风阻公式计算结果，获得真实准确的通风构筑物风阻值，反演得到构筑物风量（如图 2-5-22）。关键通风路线构筑物位置安装压差传感器，监测精度为 5 Pa，用于监测局部通风阻力。

2. 中级通风动力智能控制

在初级方案通风动力无人值守的基础上，实现主要通风机叶片动叶可调或变频远程自

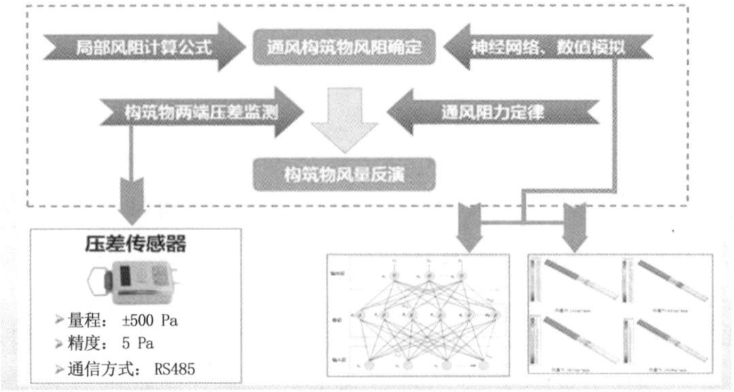

图 2-5-22　通风构筑物压差过风量在线监测示意图

动控制，局部通风机实现变频远程控制功能，主要通风机和局部通风机具有风量、风速远程调节功能。

(1) 主要通风机风量远程调节系统

在主要通风机智能控制初级的基础上，建立主要通风机动叶可调或变频控制系统，基于不同叶片角度和电机频率的通风机性能曲线数据库，采用先进的 PLC 控制技术、风机叶片动叶可调或电机变频远程自动控制技术，实现主要通风机根据风量需求，动态调整风机叶片角度或风机电机频率(转速)，达到主要通风机总风量的远程调节功能。如图 2-5-23 所示。

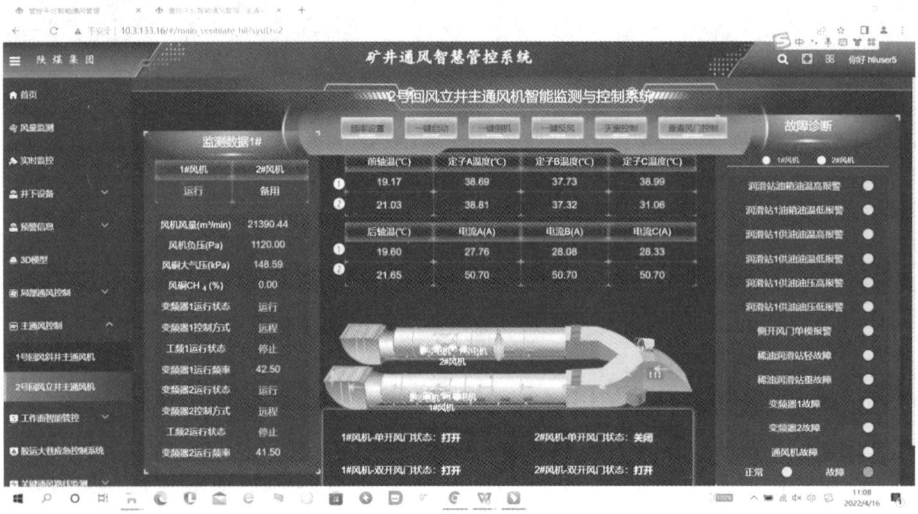

图 2-5-23　主要通风机风量远程调节系统界面

(2) 局部通风机风量远程调节系统

在主要通风机智能控制初级的基础上，建立一个变频控制系统，它的主要功能是通过井下传感器、井下分站采集的参数来确定供风量的多少，避免了现有局部通风机出口风量不变而风筒出口风量逐渐减少现象，从而解决矿井局部通风按需供风的问题(图 2-5-24)。系统从安全和节能的要求出发，采用 PLC 与变频器组成的控制系统，对风机转速实时调控，达到“实时预警、人机双控、按需供风、防灾减灾”的效果，从而使矿井局部通风、瓦斯自动排放高效安全，降低瓦斯事故，节能省电。

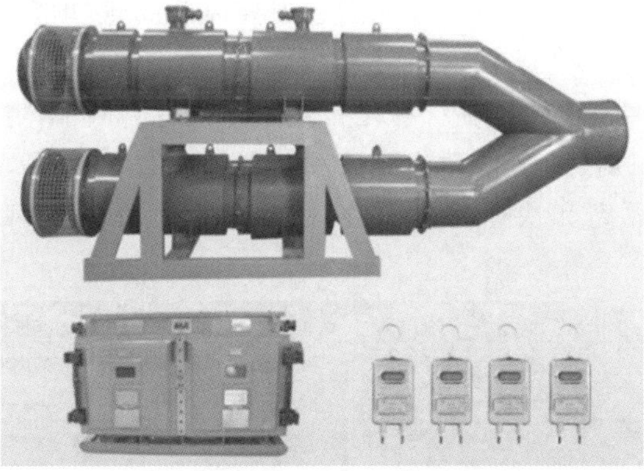

图 2-5-24　智能局部通风系统示意图

① 按需供风

通过上位机软件，设定掘进工作面的需风量，当风筒出风量低于需风量时，自动增大局部通风机转速，增大输出风量；当风筒出风量高于需风量时，自动减小局部通风机转速，降低输出风量，使风筒出风量维持动态平衡，有效避免风筒出口风量不稳现象。

自动调节局部通风机转速，调节输出风量、风压，避免瓦斯超限使局部通风机能够节能经济运行。如图 2-5-11 所示，当系统检测到 T1、T2 浓度值低于设定值上限时，自动进入调速状态。根据 T1、T2 检测的迎头瓦斯浓度和掘进巷道回风流的瓦斯浓度（低于 T1、T2 浓度设定值下限，则局部通风机减速；T1、T2 浓度高于设定值上限，则局部通风机升速）控制变频器，自动调节风量。

② 自动排放瓦斯

人工或自动进入排瓦斯状态后，依据 T1、T2、T3 传感器检测的工作面、工作面回风流和总汇合风流的瓦斯浓度自动控制局部通风机转速。当 T3 浓度不超过设定值（1.5%）时，升速加大风量，当 T3 浓度超过设定值（1.5%）时，减速减小风量。依此原则调节输出风量，控制排至回风流的瓦斯浓度在安全设定值的范围内，即以最大效率进行安全排放瓦斯，能够避免瓦斯超限，减少瓦斯安全事故。如图 2-5-25 所示。

图 2-5-25　智能局部通风机控制系统

3. 中级通风设施智能控制

在初级自动风门就地自动控制的基础上，自动风门实现远程集中控制和灾变时期远程快速解除闭锁控风功能。风窗具有开启面积定量化远程集中控制、就地自动控制和应急控制功能,风窗按需远程调风,且设备具有瓦斯超限控风防闭锁功能。

(1) 灾变时期风门远程控制

自动化风门主要有两方面的作用,一是正常生产期间,风门作用是隔断风流方便行车过人,具有行车行人自动识别、风门自动化开关和防风流短路闭锁等功能;二是井下发生火灾期间,风门作用是快速隔离和快速排除有害气体,具有远程快速解锁和远程自动化控制功能。如图 2-5-26 所示。

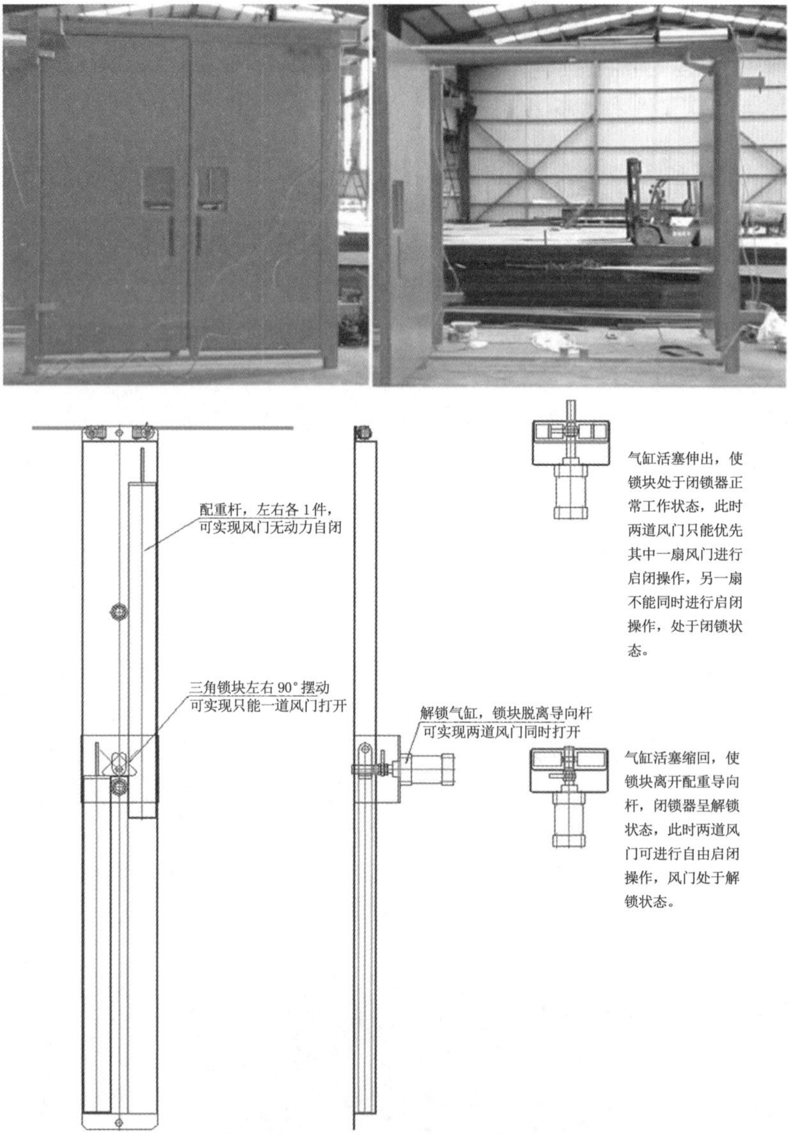

图 2-5-26 自动风门机械闭锁解锁示意图

大型现代化矿井主要运输大巷长度通常超过万米,由于其产能大和运距长,带式输送机经常出现打滑、跑偏、托辊卡死、堆煤等现象,易导致胶带局部温度过高,造成矿井外因火灾。而处在进风流的胶带一旦发生火灾,产生的有毒有害气体将会随风流进入采煤工作面、掘进工作面等用风地点，易造成较大的事故。因此矿井的风门自动控制系统不仅要实现行车行人自动化，而且要实现火灾判识与远程控制的自动化。如图 2-5-27 所示。

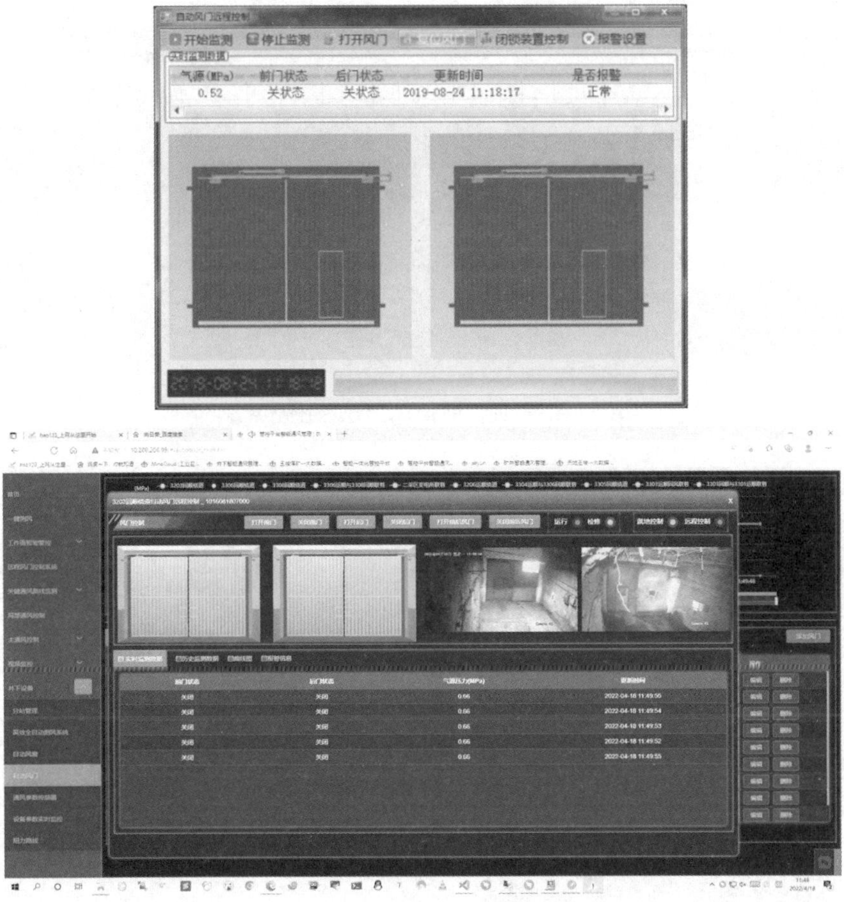

图 2-5-27　上位机软件图

针对传统风门无法自动解锁并及时打开快速排烟控灾的问题，风门远程解锁排烟自动化控制技术解决了可靠闭锁条件下快速打开两道风门的难点，在正常通风情况下两道风门可靠闭锁，防止在风流短路的基础上，进一步实现了火灾时期远程解除电气、气路、机械三重闭锁，及时打开两道风门，将烟流引入回风巷，防止有毒有害气体扩散蔓延。如图 2-5-28 所示。

(2) 风量远程定量调控自动风窗

风量远程定量调控风窗主要有上位机软件、传感器、控制器及百叶式风窗组成。

① 自动风窗结构

百叶式远程定量调节自动风窗由动力装置、连杆、活动扇叶、和行人小门等部分组成，在停电、压缩空气中断等异常条件下，可手动调节过风面积。百叶式自动风窗有多个活动的窗扇，每个窗扇的轴与短连杆固定连接；短连杆与长连杆同步铰接，长连杆在气马达作用下，带动短连杆，驱动窗扇调节面积。当窗扇处于竖直位置时，风窗处于完全关闭状态，过风面积为 0；当窗扇旋转到 45°位置时，过风面积为最大调节面积的 50%；当窗扇处于水平位置时，风窗处于完全打开状态，此时过风面积为最大，如图 2-5-29 所示。

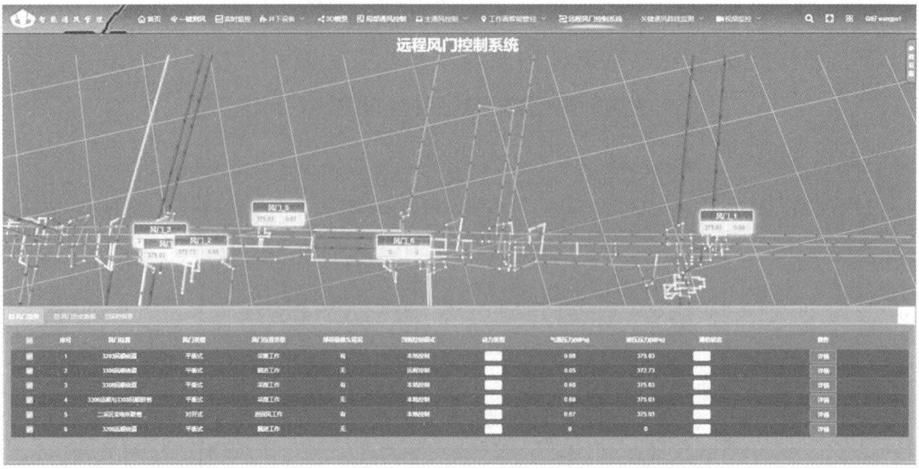

图 2-5-28　灾变时期风门远程控制系统

图 2-5-29　适应巷道变形并带有行人门的自动风窗

② 自动风窗动力系统

正常工作条件下，以 0.4～0.8 MPa 压缩空气为动力驱动自动风窗，快速完成过风面积定量精确调节。面积调节完成后，通过涡轮蜗杆减速机可靠锁定风窗过风面积。自动风窗动力装置为气马达，如图 2-5-30 左图所示。

在井下停电、压缩空气压力不足、通信中断等异常条件下，可以使用手动系统应急调节过风面积(如图 2-5-30 右图所示)。

③ 风窗过风面积精确测控

如图 2-5-31 所示，四边形 ABCD 为自动风窗的一个活动窗叶，此时处于完全关闭状态，此时过风面积为 0，MN 为调节阀的转动轴。四边形 $A'B'C'D'$ 为活动窗叶 ABCD 绕轴 MN 旋转角度 θ 后，所形成的平面，θ 即为自动风窗活动窗叶的旋转角度，此角度由旋转编码器返回值换算而得。则风窗通风面积可以下式求得：

$$S_0 = L_{AD} \times L_{AB} - L_{AD} \times L_{AB} \times \cos\left[\frac{(n-n_0)\pi}{1\ 024}\right] \tag{2-5-6}$$

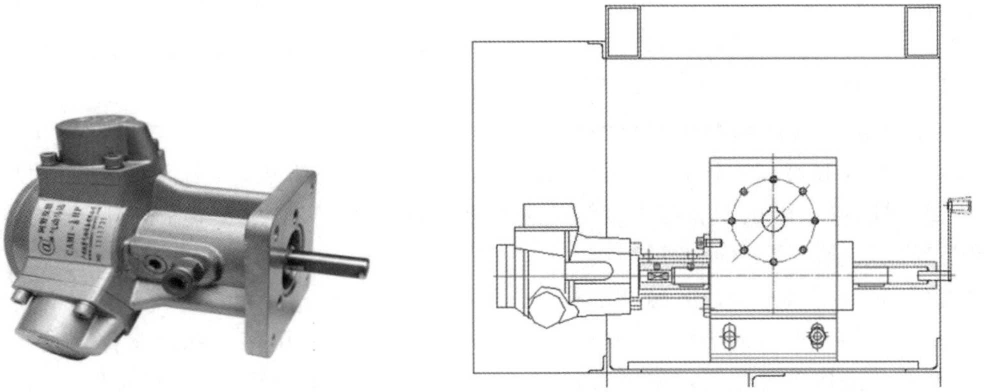

图 2-5-30 气马达及手动调节系统

式中 L_{AD}——导风通道断面高度，m；

L_{AB}——导风通道断面宽度，m；

n——旋转编码器返回值；

n_0——旋转编码器零点标定值。

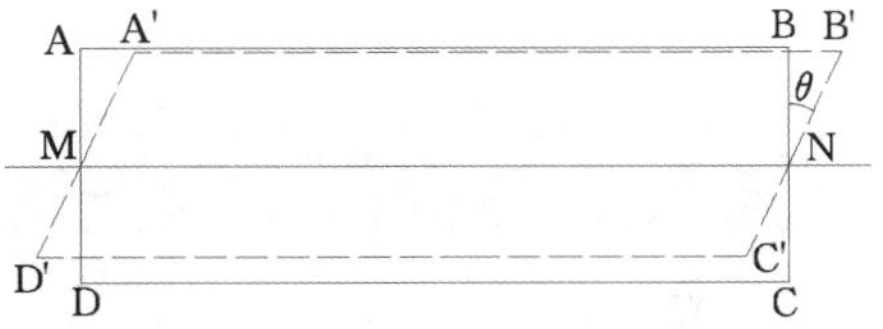

图 2-5-31 自动风窗过风面积精确计算原理

④ 自动风窗布置方案

为了实现风量参数监测及过风面积有效控制，为每套风窗就近布置监控分站、电磁阀、风速传感器等相关器件，详细配置情况见表 2-5-1。现场安装配套条件有 AC 127 V 电源、0.4～0.8 MPa 压缩空气、光纤环网接口。上位机软件实时显示风窗过风量和风窗过风面积，可以通过上位机软件直接设定自动风窗面积，快速完成调节。结合煤矿矿井通风系统实际情况，布置百叶式自动风窗，实现通风系统用风地点风量远程精确调节。

表 2-5-1 自动风窗配置清单

序号	名称	用途
1	风窗机械本体	调控风量
2	风窗控制器	监测环境参数，控制风窗过风面积
3	压差传感器	监测压差反演风窗过风量
4	气源压力传感器	监测压缩空气压力
5	电磁阀	控制气路通断
6	位移传感器	检测风窗极限位置，保护活动扇叶
7	编码控制器	监测活动扇叶角度
8	锂离子蓄电池电源	备用电源
9	风速传感器	监测风速
10	本安电子显示屏	显示风窗实时数据

4. 中级智能通风分析决策软件平台

在初级通风信息化管理的基础上，实现在线故障智能诊断和用风点需风量的辅助快速计算、按需供风的优化调节等功能,包括监测点布置决策、风窗调节位置及调节量的辅助决策、主要通风机风量调节辅助决策、局部通风机风量调节的辅助决策、通风动力故障智能诊断、通风设施故障智能诊断和通风网络故障智能诊断等。

(1)控风方案智能辅助决策与控制

根据灵敏度和可靠度计算,分析每条巷道的灵敏度和可靠度,及通风系统可靠度,评价风流的稳定性,基于灵敏度和可靠度结果进行布局,辅助决策监测点布置和调控设施布置方案,满足通风系统的可测性和可控性。

根据空间数据、进尺数据、监测数据、车辆和人员位置数据等实时计算矿井采煤工作面、掘进工作面等用风地点的需风量,动态核定矿井通风能力,采用多目标动态计算技术,智能分析现有矿井通风系统是否可以调节达到各用风地点的需风量要求,并且智能地给出各个通风设施的调节位置及调节量大小、通风机的调节转速等风量调节方案,远程定量调节井下自动风窗通风面积、局部通风机运行频率、主要通风机的频率或动叶角度。如图 2-5-32 所示。

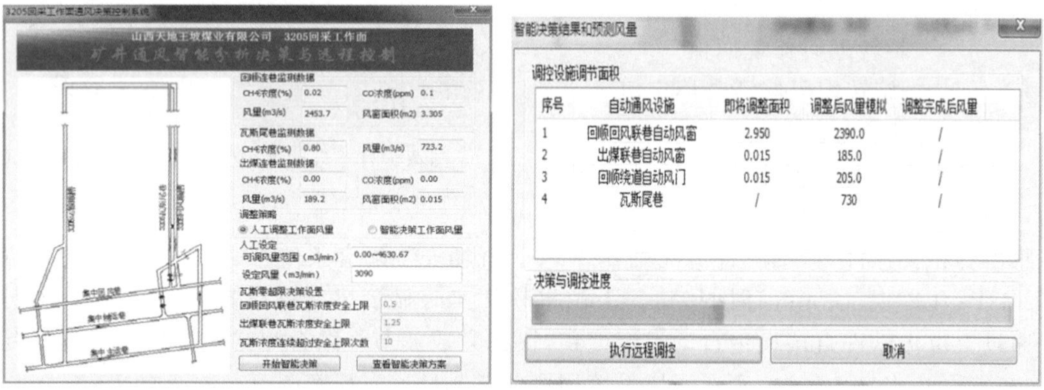

图 2-5-32 矿井通风智能决策界面

(2)矿井通风系统在线故障智能诊断

依据通风网络实时解算结果与通风参数实时监测数据,利用人工智能、大数据方法建立“通风网络—通风动力—通风设施”的通风系统网络在线故障诊断模型。根据预设的不同类型巷道风速限值、传感器监测值范围、传感器与井巷分支关联等,对矿井通风系统中出现的风速超限、风流不足、循环风、风流反向、风流短路等隐患及时提醒,进行风网异常诊断与报警。

(三)高级

1. 高级通风参数监测感知

在中级通风参数监测的基础上,建设瓦斯无人巡检系统,实现瓦斯检查员巡检(包括检测、上板、记录、报表)全部巡检无人化。

(1)瓦斯无人巡检平台

由多台云服务器、数据库软件、防火墙、数据传输安全软件、数据存储设备、Wi-Fi 模块、广播对讲模块、瓦检巡检系统软件等组成,主要功能有巡检数据采集、传输、储存、挖掘、管控等。

(2) 瓦斯无人巡检设备

① 检测模块

检测模块有三种类型,即固定式检测模块、遥测检测模块、无线供电无线传输检测模块。

a. 固定式检测模块为常用型,用于大巷、变电所等 90% 以上的固定检测地点。检测甲烷浓度、二氧化碳浓度、温度、湿度等(可扩展一氧化碳、氧气等有害气体检测),并实时传输数据到云平台。在系统控制下,可以实现多检测模块快速巡检,最小巡检周期为 5 s,其他巡检周期可以根据需要时间设置,例如 1 min,5 min,2 h 等。如图 2-5-33 所示。

b. 遥测检测模块为特殊型,用于复杂地点检测,例如抽放泵站、多点异常检测、复杂工作面检测等。遥测检测模块主要由 5 个子模块组成,包括远程激光甲烷检测模块、热成像模块、激光测距模块、视频模块、云台模块等。主要功能是在危险环境和移动环境下,采用光学原理检查瓦斯浓度、危险源距离、热成像温度和视频。并通过自动控制或者手动控制的水平(垂直)旋转调整检测区域和目标。如图 2-5-34 所示。

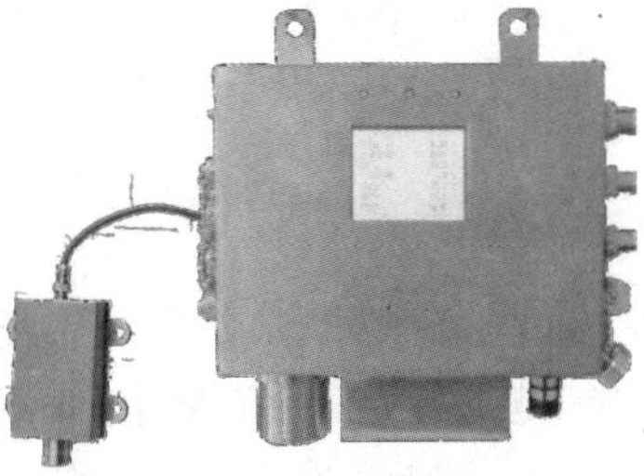

图 2-5-33　固定检测模块

图 2-5-34　遥测检测模块图

c. 无线供电无线传输检测模块,用于采煤工作面、掘进工作面等日常变动频繁的地点,无线通信方式采用 Wi-Fi/5G/4G 等通信模块,标配为 Wi-Fi,检测参数同固定模块。

② 显示模块

采用 P2.5 真彩超低功耗本安型显示模块作为显示模块。显示灯为 P2.5、七色,显示内容可以是文字、图像、视频等,显示模块上有 Wi-Fi 通信、广播等模块,可以扩展形成 Wi-Fi 系统、广播系统等。如图 2-5-35 所示。

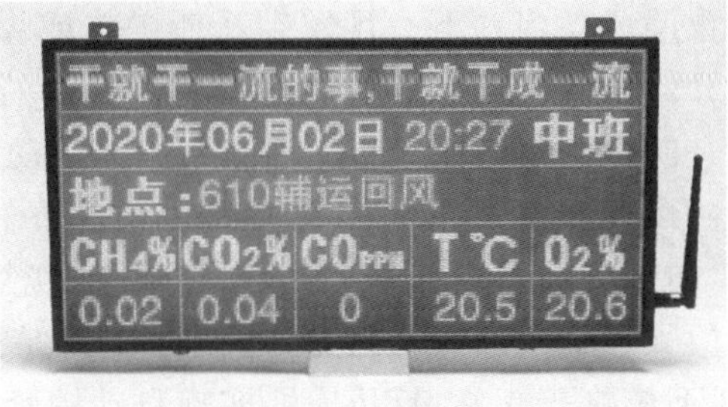

图 2-5-35　显示屏

③ 通信模块

矿用本安数据光端机,通信口有 2 光 4 电和 Wi-Fi,单个瓦斯巡检器具有 100 兆光纤通信、Wi-Fi 无线通信、广播通信、网口通信模块,与主系统组成通信传输网络。传输模块可以扩展无线功能和无线供电功能,应用在瓦检无线通信当中,作为无线中继,延长无线通信的距离;也可以扩展成5G通信的方式,实际使用情况可以根据客户需求进行提供。如图2-5-36所示。

④ 电源模块

矿用隔爆兼本安型直流稳压电源KDW1140/24B,采用智能型3路本安供电电源进行供电。交流电压为127 V输入,输出为3路"18 V 1 A"的本安电源。如图2-5-37所示。

图2-5-36　通信模块

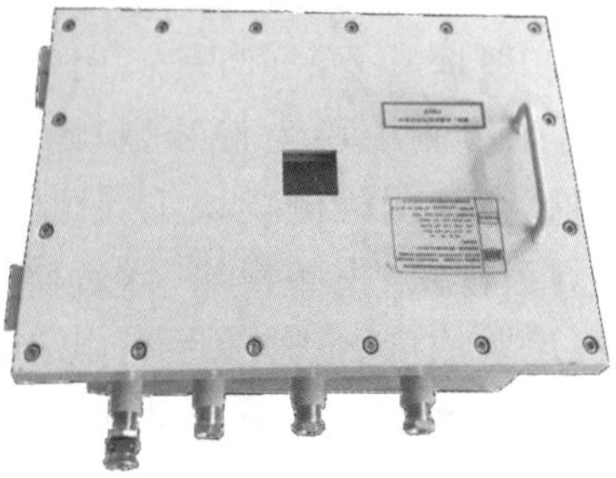

图2-5-37　电源模块

2. 高级应急控风智能控制

在中级风门灾变远程快速解锁控风的基础上,应急控风设备智能控制是高级智能通风专设内容,风井防爆门、井下主要防火门和快速密闭装置等应急控风设备在正常生产时期,不发挥任何作用。但一旦发生灾变,尤其是灾变处于萌芽状态或灾变初期,为了把灾变控制在最低受损程度,应急控风设备能起到关键作用,能够有效避免人员伤亡或减少人员伤亡。在当前以人为本和超越"安全红线"一票否决的安全理念情况下,应急控风设备的有效使用,实现灾变自主自动控制或辅助决策远程集中控制,能为通风安全设置一道二次防线。井下主要防火门的远程集中控制与初、中级的风门类似,这节重点说明风井防爆门和快速密闭装置。

(1) 抗冲击自动复位式风井防爆门

传统防爆门在煤矿发生瓦斯爆炸或煤尘爆炸时能够保护主风机,但也存在着诸多不足:爆炸时,锅盖式门体不易泄压,抗冲击能力差,造成防爆门变形、破坏和炸飞,短时间内无法自动复位恢复正常通风;多采用水、冷冻液或油进行密封,密封液的内外两侧压差小于通风负压时,液体会被吸光,严重漏风。当井下一旦发生瓦斯爆炸或煤尘爆炸事故,防爆门受高压气浪的冲击作用自动打开,以保护主要通风机免受损坏。抗冲击自动复位风井防爆门主要包含抗冲击自动复位立井防爆门、抗冲击自动复位斜井/平硐防爆门。

抗冲击自动复位风井防爆门在正常通风时,防爆门隔离井下气流和地面大气,密闭效果好,漏风率低;停风检修时,防爆门能自动打开,实现自然通风,恢复供风时自动关闭;发生瓦斯爆炸、煤尘爆炸时,防爆门被爆炸气流冲击打开,起到泄压和保护风机作用;爆炸过后,防爆门能自动复位、保证通风系统恢复正常;反风时能实现自动锁紧和远程控制。抗冲击自动复位风井防爆门技术参数见表2-5-2。

① 抗冲击自动复位立井防爆门

立井抗冲击自动复位防爆门结构原理如图2-5-38所示。立井防爆门主要由门体、门座、铰接装置及连接座、带缓冲装置的可移动横梁、同步装置、带缓冲的导向柱装置、反风锁紧装置和配重装置等组成。

表 2-5-2　抗冲击自动复位风井防爆门技术参数

抗超压/MPa	抗冲击次数	漏风率/%		复位时间/s	自动开启时间/s	自动关闭时间/s	反风锁紧时间/min
		正常	爆后				
1.0～1.5	≥2	≤5	≤20	＜2	＜10	＜5	＜1

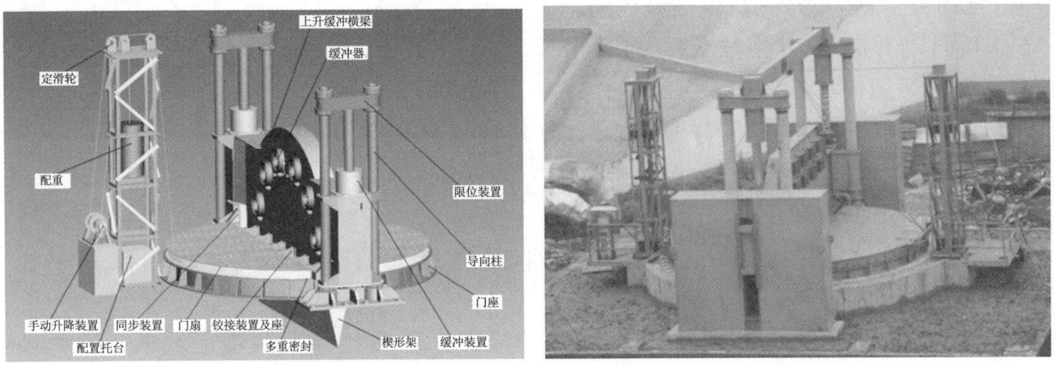

图 2-5-38　立井防爆门

当井下发生瓦斯爆炸或煤尘爆炸时，立井防爆门门扇被爆炸冲击波或高压气流冲开以泄压，门扇打开的同时缓冲座同时上升，门扇打开到 90°时，通过中间隔板上的缓冲装置进行缓冲，保护门扇防止其变形；楔形梁将起到分流、泄压作用，门体和横梁上的缓冲装置能够减少门体碰撞及爆炸冲击波对门体的损害，门体打开泄压后能够有效保护地面主要通风机；爆炸过后，门体及缓冲底座在重力和风机负压作用下自动复位。当风机停风或矿井需要进行自然通风时，能够依靠配重将门扇打开，进行自然通风；当矿井进行反风时，反风自动锁紧装置将门锁紧并保持密闭；如果在反风时发生爆炸，冲击波可将安全销剪断，正常泄压。立井防爆门抗冲击自动复位技术具有以下技术特点：

a. 可自动开启与关闭，抗变形，抗冲击；

b. 楔形梁结构具有分流泄爆作用；

c. 采用同步机构，实现了防爆门的两扇门体同步开启和关闭；

d. 具有重力、机械和远程控制三种复位方式；

e. 能够实现手动和自动双重反风锁紧；

f. 可实时监测防爆门运行状况，实现开启、复位、锁紧、自然通风等远程控制。

② 抗冲击自动复位斜井/平硐防爆门

斜井/平硐防爆门主要由门体、门框、缓冲装置、缓冲器、扭簧、合页、同步装置、反风锁紧装置和配重装置等组成。两门扇由扭簧强制复位，门柱位于中间，采用楔形焊接结构，门扇由两侧向中间开。

当井下发生瓦斯爆炸或煤尘爆炸时，冲击波或高压气流将门打开泄压以保护地面主要通风机，当门扇开到一定角度时，装在门扇内的缓冲器吸收能量，对门扇起保护作用，当缓冲器压缩到一定行程后，门扇背部的缓冲材料开始压缩，进一步对门扇起保护作用，保证门扇整体结构不变形和正常复位。冲击波或高压气流过后，在扭簧和风机负压的作用下能够自动复位。当风机停风或矿井需要自然通风时，配重将门体打开，进行自然通风；当风机恢复通风时,门体受到负压复位;当矿井反风时,由气缸驱动的反风锁紧装置将门锁紧并保持密封,反风装置设有安全销,平时打开不影响正常泄压,反风时锁紧;如果在反风时发生爆炸,冲击波可将安全销剪断,正常泄压。

抗冲击自动复位技术是在煤矿井下发生瓦斯爆炸、煤尘爆炸事故时在冲击波作用下防爆门能够自动打开保护地面主要通风机,冲击波过后能够快速恢复通风的先进防爆门技术。抗冲击自动复位斜井/平硐防爆门技术特点:

a. 可自动开启与关闭,抗变形,抗冲击;

b. 楔形梁结构具有分流泄爆作用;

c. 采用同步机构,实现了防爆门的两扇门体同步开启和关闭;

d. 具有重力、机械和远程控制三种复位方式;

e. 能够实现手动和自动双重反风锁紧;

f. 可实时监测防爆门运行状况,实现开启、复位、锁紧、自然通风等远程控制。

(2) 灾变区域快速隔离门

灾变区域快速隔离门是在井下发生尘爆炸或火灾事故之后,将灾变区域迅速隔离,防止灾变范围扩大和有毒有害气体扩散的安全保障技术,主要有以下功能。

① 常开状态:在正常情况下,灾变区域快速隔离门处于常开状态,当矿井发生煤尘爆炸、瓦斯爆炸或者火灾事故时,灾变区域快速隔离门能够迅速做出响应,将灾变区域进行隔离。

② 双向安全隔离:煤矿井下灾害事故的发生地点具有不确定性,无论隔离门的上风侧或下风侧发生事故,双向冲击波感应装置都能够侦测到事故的发生,将灾变区域进行隔离。如图2-5-39所示。

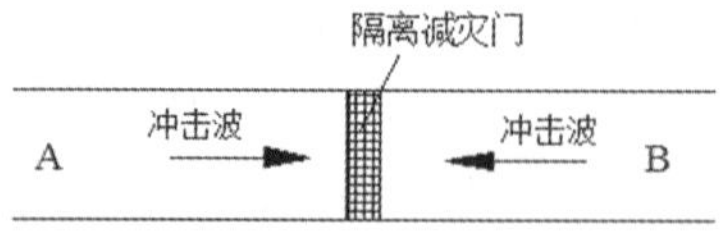

图 2-5-39 双向安全隔离示意图

③ 自动关闭,隔离灾变区域:冲击波感应装置侦测到爆炸或突出产生的冲击波后,隔离门自动关闭并密封,阻止灾变区域的有毒有害气体蔓延。当发生二次爆炸时,隔离门可自动泄爆,冲击波过后,隔离门自动复位继续隔离灾变区域。监控系统监测到瓦斯突出、火灾事故发生时,动力装置使得隔离门关闭并密封。

④ 手动控制关闭与打开功能:矿井区域隔离门具备快速手动打开与关闭功能,以满足矿井进行局部反风和矿井通风系统调节的需求。

⑤ 门体上面留有行人小门:在隔离门关闭后,为了便于灾变区域人员逃生和救灾工作的进行,在隔离门门体上保留一个行人小门,应急行人门能够双向闭锁。

⑥ 具有语音报警功能:事故发生后,高音报警提示周围工作人员事故的发生和隔离门关闭情况,能够有效指导井下人员的避灾与逃生。

⑦ 设有气压、气温观测孔和气体取样及孔观测窗:门体上布置有观测孔以便于对灾变区域的气体取样。门体上设置观测窗,用于观测灾变区域情况,方便外部人员了解灾变区域内部情况。

⑧ 设置有阻尼装置：为防止隔离门防门体关闭时快速下落砸伤行人，隔离门设置了阻尼装置以防止隔离门关闭时快速下落砸伤行人，并能降低关闭时门体对门框的冲击。

3. 高级智能通风分析决策软件平台

在初、中级的智能分析控制平台的基础上，调风控风要实现智能化，首先调风控风方案可以自主智能化生成和调风控风智能提示，其次在授权状态下，生产控风时通风动力设备自主调控、通风设施与通风动力自主联动调控。灾变控风考虑因素比较多，条件比较复杂，且需要与人员定位系统、广播系统、灾害预警系统等综合信息判断决策，所以软件平台对灾变调风控风要实现辅助决策，具有灾变烟流扩散模拟计算，反风模拟计算、避灾与救灾路线决策计算，灾变调风、控风辅助决策智能控制等功能，且具有与灾害预警系统、工业自动化系统、精确人员定位系统和精确车辆定位系统等系统集成的接口。

(1) 控风方案自主智能决策与控制

基于井下瓦斯浓度、风压、风速、风量等灾变通风参数的智能感知监测，结合风网拓扑关系动态变化情况，根据矿井采煤工作面、掘进工作面等用风地点需风量要求，动态核定矿井通风能力，采用人工智能技术，智能分析现有矿井通风系统是否可以调节达到各用风地点的需风量要求，并且智能地给出各个通风设施的调节位置及调节量大小、风机转速大小等风量调节方案，在授权状态下，自主远程定量调节井下自动风窗通风面积、局部通风机运行频率和地面主要通风机的运行频率，实现通风动力设备自主调控、通风设施与通风动力的自主联动调控。

(2) 通风系统灾变辅助智能决策

建立经过验证的多种灾害井巷演化数学模型，并在通风网络解算软件中进行算法集成，实现实际井巷多种灾害的仿真模拟分析。基于感知监测数据进行通风网络实时在线解算分析，进行有毒有害气体云分布展示与避灾路线规划，实现通风系统灾变预测预警。基于通风系统有毒有害气体弥散运移计算模型，以安全监控系统有毒有害气体传感器监测数据为依据，结合矿井通风实时网络解算模块的解算数据，反演每条巷道分支有毒有害气体浓度，设置超限报警临界值，以不同颜色变化显示有毒有害气体浓度高低差异，当有毒有害气体达到超限报警临界值时，进行声光语音报警。根据矿井网络拓扑结构和有毒有害气体分布信息，选择带权值的矿井网络图作为寻路模型，基于智能算法规划出兼顾时间与安全性的避灾路线。

根据煤层自然倾向性、采空区遗煤量、主运胶带布置及通风网络拓扑结构，对矿井内因和外因火灾进行模拟，在主要进回风间的关键联络巷设置可远程解锁自动风门；根据 CO 传感器监测数据，基于决策预案进行动态分析，对火灾发生位置进行有效评判，确定区域隔离门关闭与自动风门远程解锁时机与动作序列，引导烟流进入回风巷道，防止烟气进一步扩散。

(3) 多源异构数据融合与利用

与灾害预警系统、工业自动化系统、精确人员定位系统和精确车辆定位系统等系统充分融合，采用读取数据库、接口调用、网络通信、数据交换文件等多种方式，实现对矿井现有系统多源异构数据融合与利用。

基于智能化矿山基础信息平台的业务应用整合功能强大的特点，能实现将工业自动化系统、安全监控系统、精确人员定位系统、精确车辆定位系统、IP 广播系统等的信息数据进行统一的“数据湖”管理，并通过统一的数据接口交互给智能通风管控系统。

智能通风与瓦斯抽采联动。智能通风管控系统和瓦斯抽采系统实现数据共享与联动控制，实现瓦斯涌出量动态调控，两者相互补充，共同实现瓦斯“零超限”。

智能通风与车辆管控联动。智能通风管控系统和车辆定位系统、监测监控系统、车辆管控系统联动，实现行车巷道有毒有害气体监测、风量动态预测、车辆数量动态管控，控制一氧化碳超限次数。

智能通风与火灾治理联动。智能通风管控系统和均压通风设备联动，动态监测均压通风设备运行状态和控制效果；通风监测、通风设施与火灾、喷淋装置、自动灭火装置联动，实现火灾发生后快速响应，防止灾害扩大。

智能通风与粉尘治理联动。掘进工作面压入式局部通风机与抽出式除尘风机的长压短抽联动控制，最优调节通风效果与除尘效果，实现掘进工作面安全与职业健康。

三、典型案例

【案例一】

国家能源集团补连塔煤矿智能通风系统建设。

围绕通风智能感知监测、智能决策分析、智能控制三方面内容进行，根据补连塔煤矿通风系统实际情况，煤炭科学技术研究院有限公司(以下简称“煤科院”)为补连塔煤矿建设了矿井通风参数环境监测系统、矿井风量远程调节系统、矿井高效全自动测风系统、矿井通风智能分析软件系统、智能局部通风机控制系统，形成了补连塔煤矿智能通风管控系统。

(1) 在矿井通风智能感知监测方面，为了实现全矿井通风环境参数的实时在线监测，在融合监控系统的前提下，在全矿井部署了超声波双向风速传感器、超声波风速仪、温湿度大气压多参数传感器、压差传感器，形成补连塔煤矿通风实时监测系统，对矿井通风系统状态进行全方位、快速、准确监测，实现全矿井所有巷道风量快速监测反演，实现了主要井巷风量的同步准确测试，通过实时监测主要井巷风阻和阻力三区(进风区、用风区、回风区)分布参数、矿井自然风压参数，为井下通风系统智能决策分析提供基础数据。

(2) 矿井通风智能决策分析方面，建立了补连塔煤矿智能通风管理系统平台，系统平台涉及智能通风关键核心技术，包括基于通风参数监测的矿井实时网络解算技术、矿井通风系统三维可视化技术、矿井通风监测数据图形化显示管理技术、矿井通风系统优化模拟技术、矿井风量定量调节与风流应急控制联动控制技术。

(3) 矿井智能通风设施方面，部署了风量定量调节风窗，实现了矿井采掘工作面风量的准确自动调控。

(4) 矿井智能通风动力方面，部署了局部智能通风控制系统，局部智能通风机运行状态噪声低于 80 dB，实现了局部通风机智能调控与远程集中控制。

智能通风系统在补连塔煤矿的应用，使补连塔煤矿具备了全矿井“一键测风”、采掘工作面“一键调风”、掘进工作面“一键供风”等重要应用场景，有效地提高了矿井通风管理的信息化水平，保证矿井通风系统的安全可靠。如图 2-5-40 和图 2-5-41 所示。

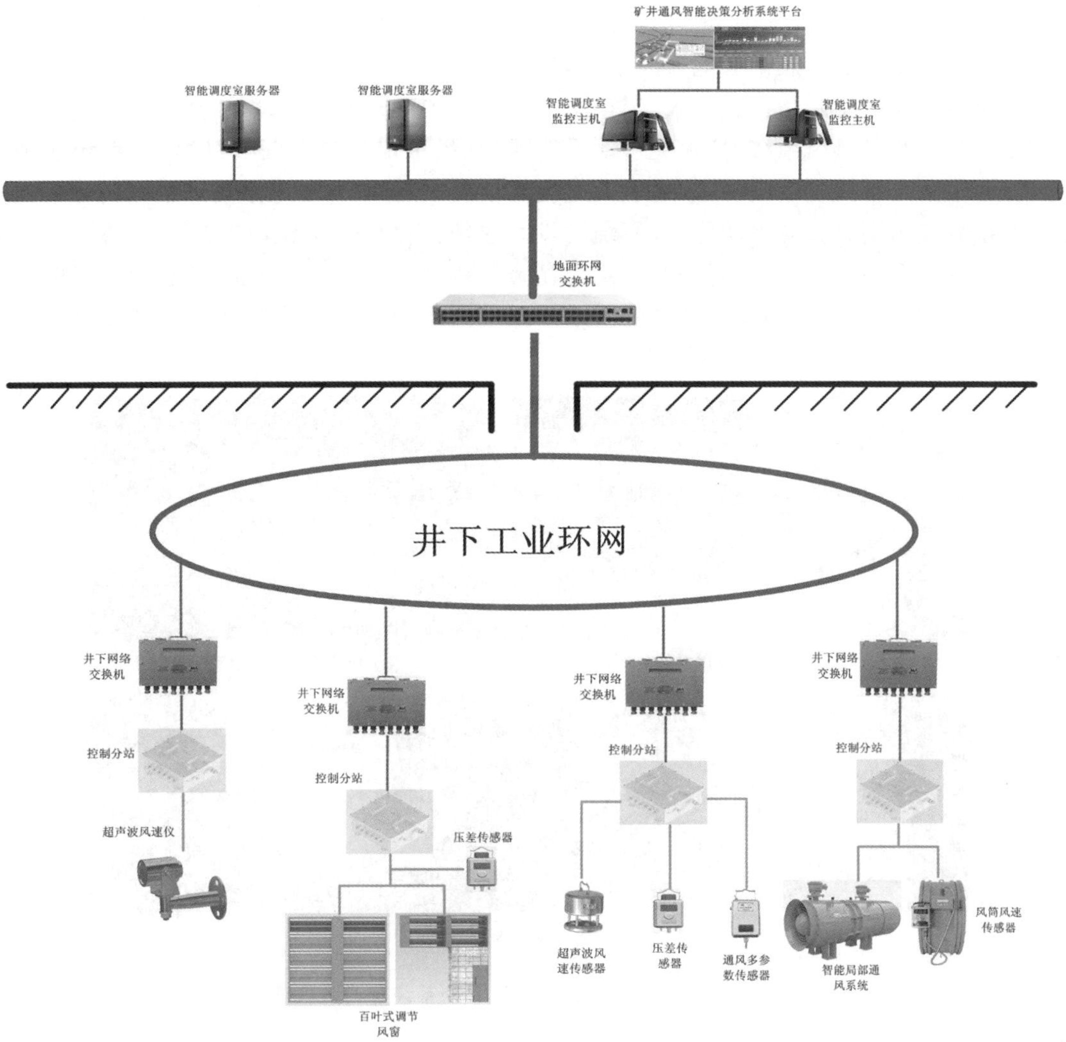

图 2-5-40　补连塔煤矿智能通风管控系统建设拓扑图

(a) 风量远程定量调节自动风窗　　(b) 局部通风智能控制系统

图 2-5-41　补连塔煤矿智能通风管控系统建设效果图

【案例二】

国家能源集团保德煤矿智能通风系统建设。

立足保德煤矿实际条件和需求，煤科院为保德煤矿建成了保德煤矿智能通风系统，该系统包括高效全自动测风系统、抗火灾自动平衡风门、风量定量自动调节风窗，该系统实现了数百米井下的局部风量远程测控、通风设施远程精确控制、矿井通风系统三维可视化快速建模以及矿井通风网络解算等功能，该系统的投入使用为保德煤矿建设世界一流通风及灾害预警智能化矿井奠定了坚实的基础，该系统显著提高了矿井通风自动化、信息化和智能化水平，适应新时代智能化矿山建设发展的需求。保德煤矿智能通风管控系统建设效果图如图 2-5-42 所示。

(a) 全自动测风系统　　(b) 风量定量调节自动风窗

(c) 多功能远程自动平衡风门

图 2-5-42　保德煤矿智能通风管控系统建设效果图

【案例三】

国家能源集团万利一矿智能通风系统建设。

围绕通风智能感知监测、智能决策分析、智能控制三方面内容进行，根据万利一矿通风系统实际情况，煤科院为万利一矿建设了矿井通风参数感知监测系统、矿井高效全自动测风系统、远程气动风门控制系统、矿井通风智能分析软件系统、智能局部通风机控制系统、主要通风机智能控制系统，形成了万利一矿智能通风管控系统(图 2-5-43)，具体实现功能如下。

(1) 在全矿井范围内建设完善的通风参数监测装置和系统，部署了 4 套高效全自动测风系统、37 台超声波风速传感器、10 台高精度压差传感器，对全矿井内主要进回风巷风量、风速、关键通风设施压差进行实时在线监测，现场风量实测结果与人工测风结果之间相对误差在 5%范围内。

(2) 对井下 4 套主要行车风门进行了远程自动控制改造，实现过车风门自动开关功能和远程控制功能，同时主要过车风门安装有视频监控系统和声光报警器。

(3) 部署了智能通风决策分析平台，实现了井下通风状态三维可视化，该平台建有智能

(a) 龙门式全自动测风系统

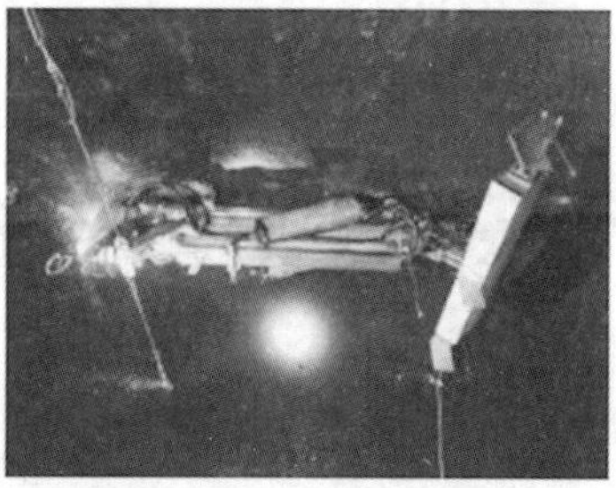

(b) 折叠式全自动测风系统

(c) 远程自动平衡风门

图 2-5-43　万利一矿智能通风管控系统建设效果图

通风模块，具备通风网络动态解算功能，同时能够对用风点的需风量进行计算，同时该平台具备完善的风压、风速、风量、瓦斯浓度等通风参数分析功能，根据井下瓦斯浓度、风压、风速、风量在线监测数据，对瓦斯浓度、通风阻力、风速、风量的超限危险性进行实时分析预警。

(4) 智能通风决策分析平台接入主要通风机在线监测系统和控制系统、局部通风机远程智能控制系统，实现了主要通风机和局部通风机的在线监测、远程集中控制/自动控制。

第六章　智能运输

一、主运输系统

(一) 初级

构建"地面集控+有人巡视"智能运输模式。

(1) 带式输送机运输系统具备语音预警和通信功能,各类传感器及保护齐全,实现联锁远程集中控制。

(2) 立井箕斗具备提升速度、提升重量等智能监测功能,具备完善的智能综合保护功能,实现立井箕斗提升的自动化远程控制。

(3) 主运输系统具有煤量监测功能。

(4) 主运输系统的重点场所应配备视频监控系统。

(二) 中级

构建"协同运行+无人值守"智能运输模式。

(1) 带式输送机运输系统具备变频调速控制功能。

(2) 具备智能集中润滑、油脂在线监测、钢丝绳芯带面无损检测及电子围栏功能。

(3) 运输巷道应建设智能降尘和防灭火监控系统。

(4) 箕斗提升系统具备首尾绳无损自动监测功能。

(三) 高级

构建"智能运行+云巡视"智能运输模式。

(1) 建设智能感知、智能决策、自动执行的全矿井煤流智能运输系统,与工作面开采系统和煤仓存储系统智能联动,实现全矿井煤流系统智能运行。

(2) 建设人工智能识别系统,具备大块煤/堆煤/异物的识别与预警等功能。

(3) 固定煤流运输沿线具备云巡视功能。

(4) 具有设备预防性维护和检查功能。

(5) 带式输送机运输系统应采用永磁同步直驱及智能除铁装置。

二、辅助运输系统

(一) 初级

构建"精确定位+实时监视"智能辅运模式。

(1) 副立井提升、斜井提升、架空乘人装置、有轨电机车、无轨胶轮车等辅助运输系统具备完善的综合保护功能。

(2) 有轨电机车具备运输区段占用状态检测、信号及道岔的安全控制、区段进路的安全防护功能。

(3) 辅助运输系统具备精确定位功能,重点场所应配备视频监控系统。

(二) 中级

构建"智能调度+透明跟踪"智能辅运模式。

(1) 辅助运输管控系统具备运输过程可视化、可追踪,人员与车辆智能调度功能。

(2) 运输车辆配置智能保护装置,提升安全防护能力。

(3) 提升系统应具备钢丝绳无损在线检测功能。

(三) 高级

构建"路径规划+无人驾驶"智能辅运模式。

(1) 满足辅助运输各种工艺条件下物料的集装箱运输、自动接驳、井下物资的半自动装卸及自动装卸。

(2) 在人工干预的前提下实现有轨电机车以及无轨胶轮车的自动启停、自主避让、自动跟车。

(3) 提升系统及架空乘人装置具备设备预防性维护和检查功能。

一、解读

(一) 主运输系统

1. 初级

【原文】

构建"地面集控+有人巡视"智能运输模式。

(1) 带式输送机运输系统具备语音预警和通信功能,各类传感器及保护齐全,实现联锁远程集中控制。

(2) 立井箕斗具备提升速度、提升重量等智能监测功能,具备完善的智能综合保护功能,实现立井箕斗提升的自动化远程控制。

(3) 主运输系统具有煤量监测功能。

(4) 主运输系统的重点场所应配备视频监控系统。

【条文解释】

本条是初级建设的要求,目前已经具备成熟技术条件,通过对胶带传统八大保护方式的完善和提升,同时增加沿线视频监控和语音联络,并加入煤仓煤量监测和给煤机控制,立井箕斗方面配置综合保护,实现在地面远程一键流程启停。构建"地面集控+有人巡视"智能运输模式。

传统的带式输送机运输系统设备启停靠人工调度,由于粗放的管理模式,导致主运设备启动时间长,设备空载运行时间长。初级建设标准中带式输送运输系统控制方式由单机就地控制转变为远程集中控制,实现在集控室控制主运的全部设备,提高整个运输系统管控效率。

为保证远程控制的安全性,需保证带式输送机各类保护装置齐全,并在传感器监控的基础上建设工业视频监控系统，实现可视化远程监控。同时为提高远程控制的调度指挥效率，还具有语音预警和扩播通信功能，实现地面和井下双向语音通话。

煤流运输系统由多条带式输送机组成，单条带式输送机又由驱动、制动、张紧和传动等设备组成，设备种类繁多，一个矿可能同时存在多种设备和控制系统，各系统需提供标准接口软硬件，实现数据的互联互通。

立井箕斗提升系统整体实现立井箕斗提升的自动化远程控制。应配备数字化控制系统，具有遥控、手动、检修等多种控制功能，制动系统应采用恒减速制动系统。

在数据监测方面，应具有提升速度、提升重量等监测功能；并实时采集、传输高低压控制柜、主电机、液压站等重点部位的电流、电压等信息，具有过载、短路、漏电、过压等保护功能；具有电机功率、电压、电流、电机温度等监测功能；在调度方面应具有与调度指挥系统联网通信功能，提高远程控制的调度指挥效率；同时应在重点区域配置视频监控系统，实现集控中心的远程可视化。

煤量监测：对煤量进行监测，各部门可利用该系统实时监测煤矿的产量数据，并可生成各种生产报表，实时反映煤矿的生产状态。

2. 中级

【原文】

构建"协同运行＋无人值守"智能运输模式。

(1) 带式输送机运输系统具备变频调速控制功能。

(2) 具备智能集中润滑、油脂在线监测、钢丝绳芯带面无损检测及电子围栏功能。

(3) 运输巷道应建设智能降尘和防灭火监控系统。

(4) 箕斗提升系统具备首尾绳无损自动监测功能。

【条文解释】

本条是中级建设的要求，在初级基础上，通过增加载荷检测装置，根据载荷分布情况，实现煤多快运、煤少慢运的协同经济运行，构建"协同运行＋无人值守"智能运输模式。

同时对煤流运输环节存在的自动化短板进行补充，增加智能集中润滑，油脂在线监测，降低检修人员的劳动强度。通过自动变频调速控制实现煤流均衡控制，降低设备运行能耗。

针对井下少人/无人的工作模式，对设备、环境、人员越界进行监测，进一步提升系统运行的安全性。主要建设带式输送机钢丝绳芯带面无损检测、立井箕斗提升系统首尾绳无损自动监测系统、智能降尘和防灭火监控系统、电子围栏系统等。

3. 高级

【原文】

构建"智能运行＋云巡视"智能运输模式。

(1) 建设智能感知、智能决策、自动执行的全矿井煤流智能运输系统，与工作面开采系统和煤仓存储系统智能联动，实现全矿井煤流系统智能运行。

(2) 建设人工智能识别系统，具备大块煤/堆煤/异物的识别与预警等功能。

(3) 固定煤流运输沿线具备云巡视功能。

(4) 具有设备预防性维护和检查功能。

(5) 带式输送机运输系统宜采用永磁同步直驱及智能除铁装置。

【条文解释】

本条是高级建设的要求，在中级基础上，全面引入人工智能感知和执行技术，实现智能感知、智能决策、自动执行，构建“智能运行＋云巡视”智能运输模式。

在中级的基础上，一是通过设备预防性维护和检查实现机电设备故障预诊断、远程维护等功能，降低故障停机时间。应用基于人工智能识别系统，实现大块煤/堆煤/异物的识别与预警等功能；二是由地面集控转为根据工作面生产状态实现全煤流自主运行，与工作面开采系统和煤仓存储系统智能联动、智能除铁，立井箕斗提升系统实现智能装载与卸载，能够与煤仓放煤系统实现智能联动控制功能，从而实现全矿井煤流系统智能运行；三是应用永磁同步直驱等高效节电装备。

（二）辅助运输系统

1. 初级

【原文】

构建“精确定位＋实时监视”智能辅运模式。

（1）副立井提升、斜井提升、架空乘人装置、有轨电机车、无轨胶轮车等辅助运输系统具备完善的综合保护功能。

（2）有轨电机车具备运输区段占用状态检测、信号及道岔的安全控制、区段进路的安全防护功能。

（3）辅助运输系统具备精确定位功能，重点场所应配备视频监控系统。

【条文解释】

本条是初级建设的要求，辅助运输涵盖的各子系统及装备应具备完善的综合保护功能，构建“精确定位＋实时监视”智能辅运模式。

首先对系统的建设对象进行明确，包括副立井提升、斜井提升、有轨电机车、架空承运器、无轨胶轮车等。

其次，对建设功能进行规范，针对副立井提升，应配备数字化控制系统，实现提升系统的自动化远程控制，具有遥控、手动、检修等多种控制功能，制动系统应采用恒减速制动系统。在数据监测方面，应具有提升速度、提升重量等监测功能，并实时采集、传输高低压控制柜、主电机、液压站等重点部位的电流、电压等信息，具有过载、短路、漏电、过压等保护功能，同时具有电机功率、电压、电流、电机温度等监测功能。在调度方面应具有与调度指挥系统联网通信功能，提高远程控制的调度指挥效率，同时应在重点区域配置视频监控系统，实现集控中心的远程可视化。

针对斜井提升，实现系统的自动化远程控制，具有遥控、手动、检修等多种控制功能。提升斜巷具有防跑车装置、提升绞车联锁自动控制、自动报警、自动停车功能，绞车具有运行状态监测、异常报警、停车等功能。在调度方面应具有与调度指挥系统联网通信功能，提高远程控制的调度指挥效率，同时应在绞车房、各车场和跑车防护装置区域配置视频监控系统，实现集控中心的远程可视化。

针对有轨电机车，单机保护主要是对矿井的轨道运输实现监控，在调度终端实时显示井下各列车位置、车号和信号灯以及道岔状态和区段占用情况，在车辆运行巷道口、硐室口、弯道处可实现声光报警。同时，在集中装载点、上下人站点、检修硐室、各车场等区域配置视频监控系统,实现集控中心的远程可视化。

针对架空承运器,单机保护功能应包括速度保护、油温检测保护、全线急停保护、变坡点防掉绳保护、静态上(下)车装置、越位保护、乘人间距控制装置、固定吊椅防过摆装置等功能,应在上下人站点等重点区域配置视频监控系统。

针对无轨胶轮车,根据《矿用防爆柴油机无轨胶轮车通用技术条件》(MT/T 989—2006)行业标准的4.3.6条目中规定要求,应具备排气温度、表面温度、冷却水温度、冷却净化箱水位、机油压力、瓦斯浓度六大保护功能。同时构建以"定位技术+辅助运输"管控平台为核心的辅助运输监控系统,以分布式的方式实现井下红绿灯的自动控制,具备对设备的远程管理功能、信息展示功能、数据管理功能以及报警提醒功能。

系统接口开放,数据可接入智能矿山综合管控平台。

2. 中级

【原文】

构建"智能调度+透明跟踪"智能辅运模式。

(1) 辅助运输管控系统具备运输过程可视化、可追踪,人员与车辆智能调度功能。

(2) 运输车辆配置智能保护装置,提升安全防护能力。

(3) 提升系统应具备钢丝绳无损在线检测功能。

【条文解释】

本条是中级建设的要求,以智能矿山基础信息平台为支撑,依托煤矿井下位置服务以及无线通信网络,重点围绕"人—车—物"三要素,通过自动化、信息化、智能化手段构建的煤矿智能辅助运输管控一体化架构体系。在该架构体系下遵循矿山物联网项目研究的信息编码和交互标准,采用OID标识体系,根据煤矿物资管理特点,按照物资的分类和用途进行编制,形成符合实际矿井使用的物资信息编码与信息交互标准规范,增加车辆视频监控实现辅助运输可视化,通过多源传感设备,提升无轨胶轮车装备智能化水平。

在初级的基础上,进一步提升系统的安全性,系统具备位置服务功能,实现与人员共用定位网络,可为矿方各子系统提供地理数据应用服务。在各个子系统中,提升智能化水平,辅运车辆集成可视化的监测功能,并以电子化的方式替代原来的手工管理方式,建设标准的智能运输管理流程,具备统一的物资信息编码与信息交互标准,实现物资流转过程的全范围监测,形成车辆使用的申请与审批规范化及智能化,实现井下的叫车服务,并实现对车辆检验、维修保养记录、备品备件以及司机的动态管理。

无轨胶轮车可增加激光雷达、毫米波雷达、行车视频监控、360°全景影像等机车智能装备,具备刹车、倒车车灯自动控制功能,实现自诊断功能的车辆灯光智能控制及模拟汽车仪表盘实时、动态显示,同时具备车辆乘员厢、驾驶室以及与调度系统之间语音通信及应急呼救功能。

有轨电机车可增加激光雷达、毫米波雷达、行车视频监控、360°全景影像等机车智能装备,实现主要运输线路的道岔、阻车器等安全设施的远程控制和司机遥控等,机车通过风门可实现司机遥控或自动控制,具备驾驶室与调度系统之间语音通信及应急呼救功能。

3. 高级

【原文】

构建"路径规划+无人驾驶"智能辅运模式。

(1) 满足辅助运输各种工艺条件下物料的集装箱运输、自动接驳、井下物资的半自动装卸及自动装卸。

（2）在人工干预的前提下实现有轨电机车以及无轨胶轮车的自动启停、自主避让、自动跟车。

（3）提升系统及架空乘人装置具备设备预防性维护和检查功能。

【条文解释】

本条是高级建设的要求，通过新装备，利用环境感知、定位导航、路径的智能规划，采取AI图像分析和智能决策，提升系统增加故障诊断功能，实现运输装备故障自诊断＋自动装载接驳的全线常态化无人驾驶的作业模式。

根据井工煤矿车载主动感知范围有限且井下环境特征类似的特点，优化井下各场景实体与路侧单元关联方案，采用智能网联信息和车载主动感知多源处理技术，解决井下副斜井、采区大巷等多场景识别问题，进一步提升定位系统精度、优化核心算法，完成超高精度定位系统，以不同规格的集装箱对物料采取标准化封装，设计接驳缓冲堆场，最终实现井工煤矿有轨电机车、无轨胶轮车的自动驾驶。

提升系统通过设备预防性维护和检查，实现机电设备故障预诊断、远程维护等功能，降低故障停机时间。

二、解决方案

（一）主运输系统

1. 初级

主运输系统初级由带式输送机监控系统、提升机监控系统（立井提升运输方式）、产量监测系统、视频监控系统、IP广播系统、可视化远程控制系统等部分组成。大多矿井基本已实现初级功能。

针对已具有带式输送机保护装置，但存在监控设备不全、通信功能不完善的系统，通过改造达到初级标准，主要建设内容如下。

（1）井下单机设置隔爆兼本安控制器，对缺失的传感器进行补充，如增加煤位检测、给煤机控制等，并接入原胶带保护装置，通过以太网实现煤流控制系统联网功能。

（2）在重点区域，如转载点设置工业摄像仪，可实现视频监控，以便更有效地指挥生产，并处理和解决生产中出现的各种问题和事故。

（3）通过IP广播通信系统，实现地面、井下语音扩播，提高调度指挥效率。

（4）建设产量监控系统，对煤矿的产量进行连续计量，随时反映煤矿的生产状态。

（5）建设统一的管控平台，实现对主运输系统的远程“一键启停”控制，实现矿井主煤流运输系统各个带式输送机远程在线监控和联锁控制条件下的远程起、停控制功能，直观、全面地反映安全生产状况。

2. 中级

主运输系统中级建设是在初级的基础上，进一步提升对主运输系统机电设备、环境、人员的安全感知技术，提高机电设备的自动化水平。

（1）带式输送机变频调速控制系统

在井下每条带式输送机尾部的转卸载点附近安装载荷分布检测装置（由非接触性测距、

视觉测宽以及速度传感器三部分装置组成),实时检测本条胶带的瞬时流量,计算出当前整条带式输送机运量,从而对变频器输出频率进行调节,在较少煤量时降低带式输送机运行速度实现节能。系统可实现顺煤流起车和煤多快运、煤少慢运,减少带式输送机空转磨损,最大限度地降低带式输送机的无功损耗,提高整机运行效率。载荷分布检测装置布置示意图如图2-6-1所示。

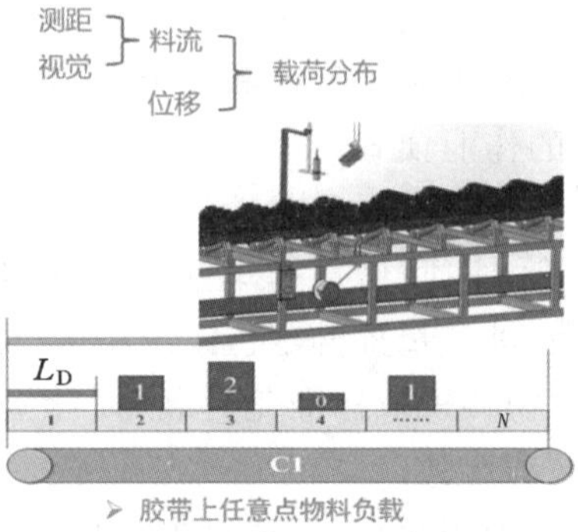

图 2-6-1　载荷分布检测装置

(2)油脂监测及自动润滑系统

润滑系统包括控制系统、人机界面、注脂泵、补脂泵、安全阀、智能盒、压力传感器、液位传感器、管路及附件等组成,使机电设备保持良好的设备润滑状况,防止和延缓设备零部件磨损,提高工作效率。自动润滑系统设备架构示意如图2-6-2所示。

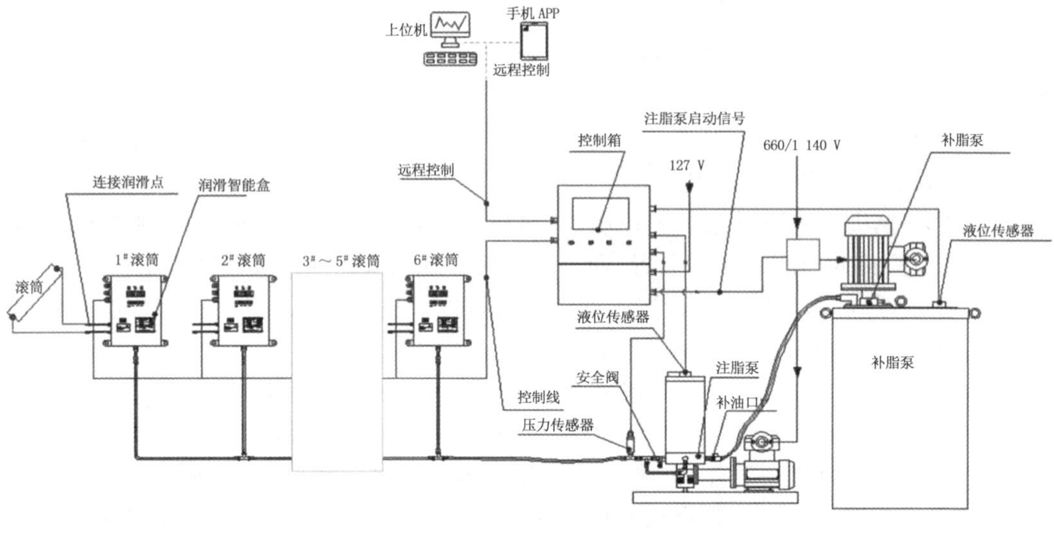

图 2-6-2　自动润滑系统设备架构示意图

(3)人员违章检测系统

该系统具有电子围栏及人员违章检测功能,当检测人员违规穿越胶带、乘坐胶带等监控平台可发出报警及抓拍违章图片,同时发出声光报警,提醒现场人员。

本系统主要包含矿用本安型智能摄像仪、矿用本安型声光报警器等,智能摄像仪可自动检测人员入侵、违章穿越胶带、胶带坐人等违章情况，并将分析结果上报管控平台，同时驱动报警器发出声光报警。摄像仪信号通过以太网接入系统。电子围栏越界抓拍功能如图 2-6-3 所示。

图 2-6-3　电子围栏越界抓拍

（4）带面无损检测系统

钢丝绳芯输送带在长期运行中由于荷载量增加、被障碍物划伤及老化等原因，会造成钢绳芯锈蚀、断裂，接头伸长、甚至拉断，钢绳芯与胶带的黏合力下降而脱落等故障。为了保证钢丝绳芯输送带安全、可靠的运行，避免事故发生，延长使用寿命，对钢绳芯输送带进行有效的检测具有十分重要的作用。

装置采用 X 射线透视技术或弱磁检测技术，基于图像识别的钢丝绳芯输送带接头抽动识别技术，融合高精度带速和图像识别算法，实现钢丝绳芯断绳、锈蚀、劈丝、不规范的硫化、接头抽动及带面损伤等缺陷高精度检测、定位，自动生成钢丝绳芯检测报告。

X 射线透视技术检测原理如图 2-6-4 所示，弱磁检测技术检测原理如图 2-6-5 所示。

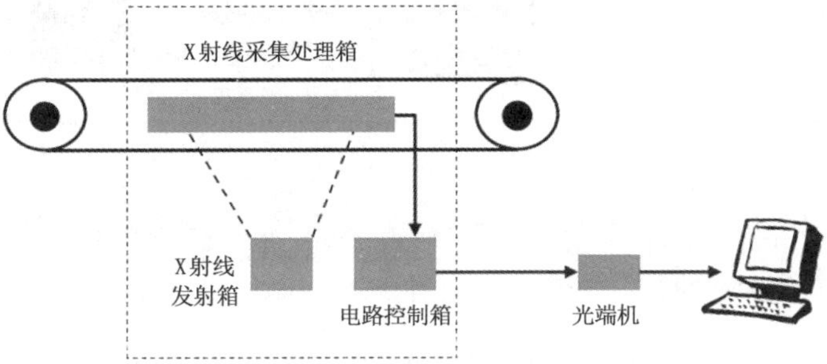

图 2-6-4　X 射线透视技术检测原理

（5）智能降尘防灭火监测系统

防灭火监测系统通过光纤测温系统监测带式输送机延巷的温度，对重点机电设备进行温度监测，对瓦斯浓度、一氧化碳浓度和煤尘等环境参数进行实时监测，实现超标报警及精准定位，根据监测信息实现自动停车和局部洒水灭火。

系统由光纤测温装置、矿用本安型控制箱、温度传感器、瓦斯传感器、一氧化碳传感器、烟雾传感器、粉尘传感器等组成。在机头或沿线重点位置布置监控点，接入传感器数据，由本安控制箱综合判断后进行洒水控制。矿用本安型控制箱通过矿井控制网接入全矿井控制网络，实现与测温系统联动。矿用本安型控制箱采集各传感器信息，发生传感器报警信息

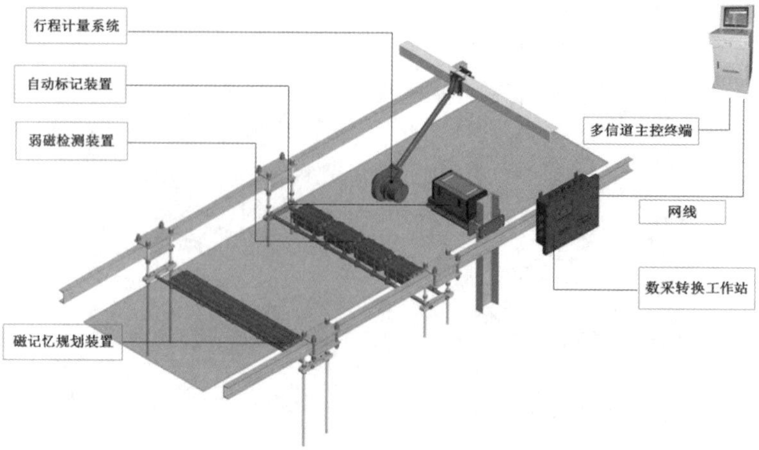

图 2-6-5　弱磁检测技术检测原理

时,控制洒水电磁阀联动。沿线巷道采用 DTS 分式光纤测温系统,连续测量光纤沿线所在处的温度,空间定位精度达到米级。智能降尘防灭火监测系统架构如图 2-6-6 所示。

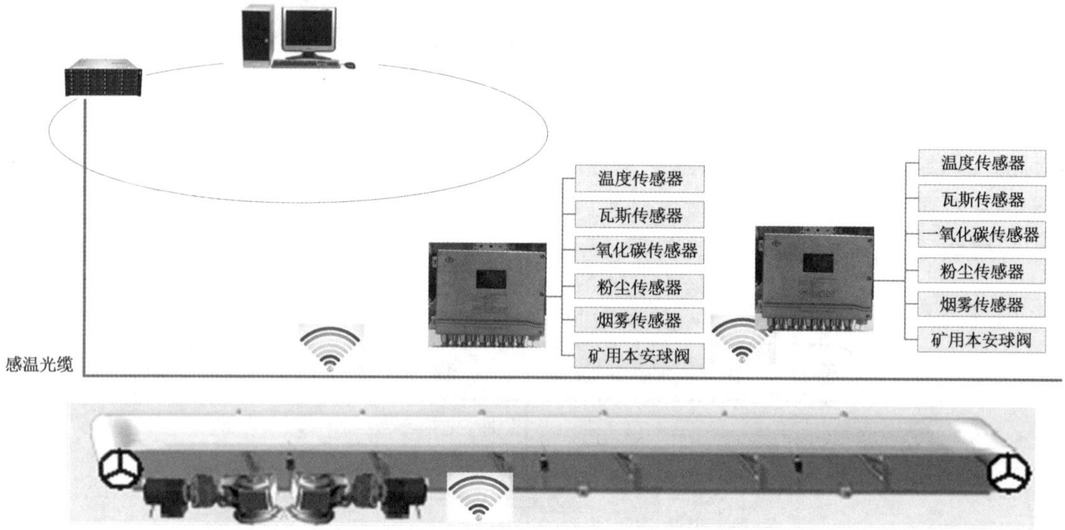

图 2-6-6　智能降尘防灭火监测系统架构图

(6) 提升机钢丝绳监测系统

钢丝绳在线监测系统能实时监测钢丝绳的运行状况,有效保证设备的安全运行,延长设备使用寿命,及时解决设备的安全隐患。

钢丝绳在线监测系统主要组成有六部分:位移传感器、磁传感部件、视频探头、信号控制箱、安装支架平台、监控主机。位移传感器与磁传感部件信号输入信号控制箱,经由信号控制箱中的工业级 CPU 处理器,将收集的模拟信号高效地转换为数字信号,再以 UDP 协议的网络通道快速地输入到监控主机,同步进行数据处理并实时报警,同时视频信号通过专用缆绳经由视频解码,直接输入到监控主机,实现了实时现场监控功能,系统的监控信息能同步上传至指定的监控中心。

3. 高级

（1）主煤流协同控制系统

煤流协同控制以带式输送机智能单机电控为基础，以全煤流线所有设备为控制对象，采用多点感知融合技术对全煤流线带面载荷分布实现精确感知，根据工作面来煤、主煤流运量情况，中转储煤仓煤位，应用协同控制策略模型动态分析、调整煤流沿线各设备的运输能力，在保证全线不洒煤的前提下实现煤多快运、煤少慢运的协同经济运行。主煤流协同控制系统运行界面如图 2-6-7 所示。

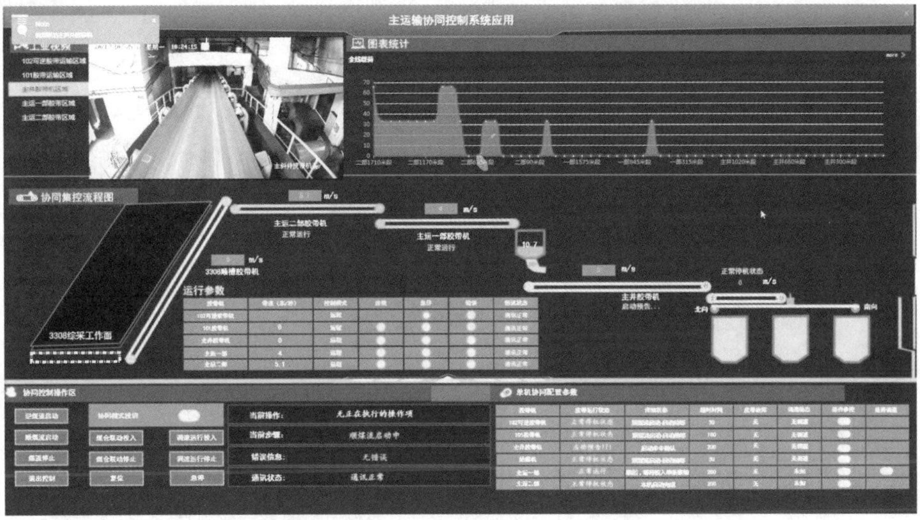

图 2-6-7　主煤流协同控制系统运行界面

（2）设备预防性维护和检查系统

设备预防性维护和检查系统由矿用本安型振动加速度传感器、矿用本安型振动监测仪、矿用本安型采集分站等主要设备组成。系统架构图如 2-6-8 所示。

矿用本安型振动监测分析仪通过特有的故障诊断算法（故障频率计算、故障特征提取、故障部位与严重程度智能判断），对振动信号进行分析诊断，实现机电设备运行状态实时诊断。诊断结果和报警后的数据通过交换机发送到数据库存储，监测诊断系统软件，通过数据库信息实现趋势分析、报表查询、报告生成、诊断显示等功能。

① 实时智能诊断：根据振动信号进行智能分析，获取设备故障的特征频率，对故障进行早期识别，并准确识别机械松动、轴承磨损等故障特征，以及识别故障的严重程度。

② 故障定位、故障程度、故障类别可视化直观显示，系统可实时直观显示轴承故障等级：可对设备的轴承内圈故障、外圈故障、滚动体故障、配合松动故障等进行智能判别和显示。

③ 历史趋势分析：给出不同测点一段时间内的关键参数变化情况，通过时间段选择，进行趋势变化分析。

④ 振动信号分析：提供频谱分析与包络谱分析等常见振动信号离线分析功能，为用户离线分析提供分析工具。

⑤ 通过云端平台分析：授权专家可以实现远程诊断与协助，同时支持基于大数据分析

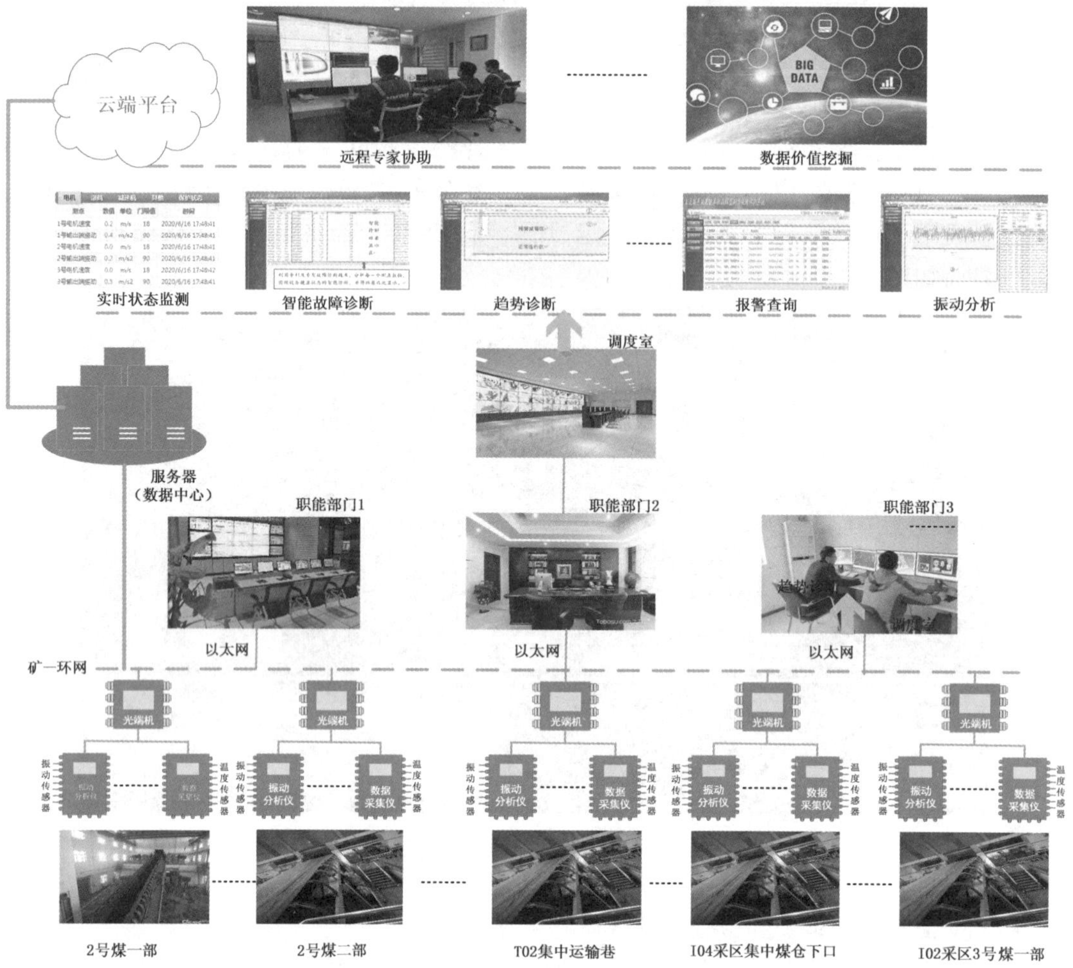

图 2-6-8 设备预防性维护和检查系统架构图

的数据价值挖掘。

(3) 基于 AI 技术的主运输系统增强感知系统

增强感知系统可对主运输系统关键目标的运行工况进行实时、准确、稳定地检测、度量和分析,以解决传统传感器在井下恶劣环境中不可靠、精度低、功能单一等问题。此外,增强感知系统还可以提取图像和视频数据等丰富的层次信息,挖掘各种目标的实际性质和内在联系,获得对场景语义、原因和趋势的认知。

本系统由矿用本安型千兆工业摄像仪、矿用本安型结构光发射器、矿用本安型边缘计算盒、矿用隔爆兼本安型多路电源、物理传感器等产品构成。系统架构图如 2-6-9 所示。

① 带式输送机下带面撕裂检测

实时检测带式输送机下带面的撕裂损伤情况,包括撕裂损伤是否出现、损伤类型、损伤位置、实时变化的损伤长度。

② 带式输送机带面异物检测

实时检测带式输送机带面(通常位置为受料转载点区域附近)的异物情况,包括异物是否出现、异物类型(可检测类型包括大块煤、大块矸石、大块枕木、长条锚杆等)、异物尺寸和

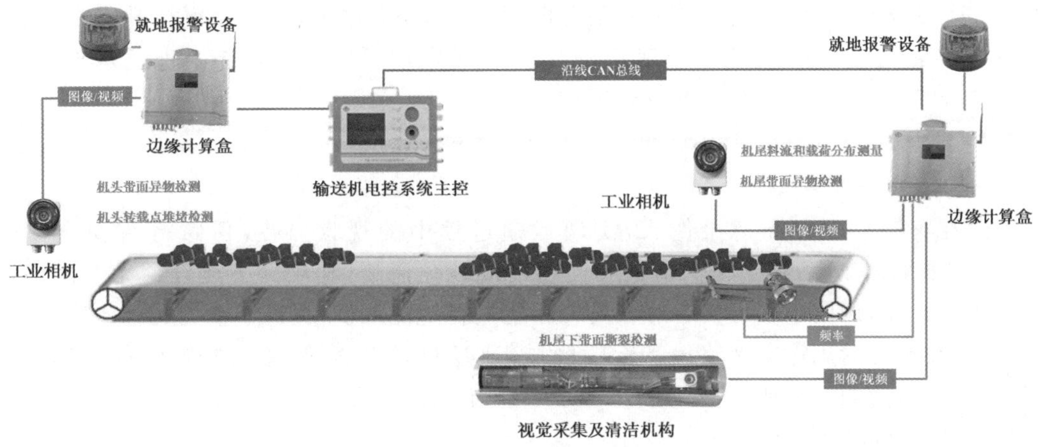

图 2-6-9　增强感知系统架构图

异物位置(视场范围)。

③ 转载点堆堵检测

实时检测带式输送机受料转载点区域内的堆堵情况,包括堆堵是否出现、堆堵出现时的严重程度类别、堆堵出现时的最大高度和平均高度数据。

(4) 智能除铁系统

金属探测仪检测到大块、长杆铁器时,根据铁器的大小作出判断,如果铁器小的通过除铁器吸出,如果铁器大的报警并闭锁带式输送机,同时将信息实时上传并实时推送至巡检人员手机终端,巡检人员收到信息后人工剔除大件金属。

(5) 永磁直驱系统

永磁直驱系统具有高效率、高功率因数等特点,是主运输系统节能装备的改造重点。永磁直驱系统无减速装置,机械效率接近 100%,永磁变频同步电动机及变频器功率因数均高于 0.96,在 20%～120%的额定负载范围内均有很高效率。在低负载、低速条件下,与异步电动机驱动系统相比更具优势。驱动系统无中间传动环节。系统故障点少,振动小,噪声低。运行更平稳可靠。采用变频软启(制)动技术,启(制)动时对带式输送机动态冲击小,提高带式输送机运行可靠性,延长带式输送机使用寿命。

本部分是设备选型,由设计院或带式输送机生产厂家根据运量、驱动功率、工作电压等进行设备选型。

(6) 云巡视

通过搭载高清摄像仪、拾音器、温度传感器等多种检测设备,自动对胶带沿线托辊状态、温度、环境异响、环境参数等进行监测,并对监测的数据进行分析,自动判别异常,同时将巡检数据实时传输到云端,实时记录、分析并生成报表。

(二) 辅助运输系统

1. 初级

在初级方案中,副立井提升、斜井提升、架空承运器等配置完备的单机保护装置,有轨电机车具备实现轨道道岔控制的信集闭系统,无轨胶轮车单车通过配置柴油机车保护装置,在超温、欠压、缺水、瓦斯浓度超标等异常情况时，可断气停车熄火，保证车辆行驶安全。胶轮车运输监控系统可采用UWB等精确定位技术，实现车辆运行的精确定位，通过逻辑运算实现井下红绿灯的控制，保障车辆的有序通行。

2. 中级

(1) 智能调度管理

通过在车辆上配置高清摄像头，实现运输过程中的视频监控，保障行车安全，通过UWB标签卡绑定车辆，建立车辆申请与使用的规范化流程，利用井下建设的无线网络，通过配置车载终端，调度中心可实时对人员和车辆进行智能调度，提高车辆的运行效率。

同时，在重要的运输交叉路口和运输区域，通过布置雷达、智能相机等设备，实现闯红灯、超速违章行为的自动抓拍，有效保证车辆在井下的安全运行。

(2) 物资全过程管控

通过对煤矿井下辅助运输物资种类及地面工厂物资供应链信息交互方式的调研与梳理，确定煤矿井下辅助运输物资信息编码、交互标准及规范，以PDA(掌上电脑)或智能手机通过扫码形式实现物资装载、卸载的过程状态跟踪，实现物资运输的可追踪，从而达到物资流转过程的全范围监测。

(3) 提升机钢丝绳监测系统

钢丝绳在线监测系统能实时监测钢丝绳的运行状况，有效保证设备的安全运行，延长设备使用寿命，及时解决设备的安全隐患。

钢丝绳在线监测系统主要由六部分组成：位移传感器、磁传感部件、视频探头、信号控制箱、安装支架平台、监控主机。位移传感器与磁传感部件信号输入信号控制箱，经由信号控制箱中的工业级CPU处理器，将收集的模拟信号高效地转换为数字信号，再以UDP协议的网络通道快速地输入到监控主机，同步进行数据处理并实时报警，同时视频信号通过专用缆绳经由视频解码，直接输入到监控主机，实现了实时现场监控功能，系统的监控信息能同步上传至指定的监控中心。

3. 高级

(1) 高精地图

通过煤矿井下的车载刚性便携式高精度地图测绘装置，以激光雷达与摄像仪外参数自动标定算法和基于点云直接配准及特征匹配的图优化建图算法，形成适用于煤矿辅助运输"L2＋"级自动驾驶的高精度地图。

利用激光雷达和摄像头采集井下巷道特征数据、融合车辆UWB、IMU信息，构建语义级点云地图，再由人工修正进行巷道高精度自动驾驶地图的编译和生产，为井下车辆提供全局路径规划和导航。在巷道高精地图更新方面，采取"整体定期测绘更新、动态图层快速更新"的方式，保证高精地图的时效性。

(2) 导航系统

由于井下没有GNSS网络，无法使用卫星定位和千寻位置服务，需使用UWB井下精确定位系统，UWB井下精确定位系统具有高数据传输速率、低功耗、多径分辨能力强、高精确定位等优势，可对井下人员及机车的流动情况进行实时定位，定位精度可达0.3 m。UWB井下定位基站接入智能路侧单元，可以为路侧单元就地提供井下人员和车辆定位信息，可实时提供井下车辆与人员等动目标的位置、编码等信息，结合高精地图提供的路况信息，形成面向井下自动驾驶需求的“类 GNSS”系统，可有效解决矿井中“长廊效应”、无卫星信号、低照度等复杂的工作环境而引发的人员/车辆定位与导航问题。

采用煤矿井下“类 GNSS”系统，基于先验地图的雷达—惯导紧耦合定位技术，研究基于激光 SLAM(同步定位与建图)的快速局部匹配定位算法和全源融合的定位导航优化模型与算法，实现基于高精度先验地图的煤矿井下可行域全局路径规划和基于障碍物检测的煤矿井下局部路径规划。

(3) 多源信号识别系统

该系统由矿用本安型激光雷达、红外热成像相机和 3D 深度相机等设备组成，通过多种传感融合，动态高精度检测巷道道路边缘特征一致性、正负障碍物与地面水体等目标的算法模型，构建基于 V2X(车用无线通信技术)的井下特征交通标识及装置的识别系统。

(4) 线控系统研究

该系统研究无轨辅助运输车辆运动学与动力学模型、车辆线控转向系统、车辆线控制动系统、电液协调控制技术、线控底盘系统硬件冗余技术、搭建车辆线控转向系统及线控制动系统。设计具有一定的容错能力，对传感器故障诊断和故障补偿冗余设计，具有容错控制，避免因微小故障而发生失控或系统崩溃，提升系统的可靠性。以控制精度、响应速度、稳定性等为目标，实现车辆自主行驶过程中精准线控转向和制动力线控比例分配。

(5) 物资转运半自动装卸

研究一种集装化分离车厢结构，该车厢结构采用集装化设计，可与车体分离，配套车载液压装载机械装置，液压装载机械装置设置于车体前后两端，液压装载机械装置机械臂通过起重链与集装化分离车厢相连，液压装载机械装置机械臂通过液压杆伸缩吊装集装化分离车厢，车厢结构上设置吊装起重接口，用于集装化车厢吊装分离，从而实现集装化车厢分离半自动化转运。

(6) 物资自动装载

研究适合煤矿运输车辆自动转载转运的新工艺，开发特定物料的承载、自动转运、装卸装置，以及适用于煤矿井下车辆的自动装卸机器人和适用于井下物资信息快速交接的电子装置。研究辅助运输车辆自动装卸工艺，开发基于自动转运、装卸的承载装置以及装卸机器人，实现对特定物料的自动装卸，提高辅助运输物资转运环节效率，减少人员参与程度，最终实现常态化的无人驾驶。

(7) 设备预防性维护和检查系统

设备预防性维护和检查系统由矿用本安型振动加速度传感器、矿用本安型振动监测仪、矿用本安型采集分站等主要设备组成。

矿用本安型振动监测分析仪通过特有的故障诊断算法(故障频率计算、故障特征提取、故障部位与严重程度智能判断)，对振动信号进行分析诊断，实现机电设备运行状态实时诊断。诊断结果和报警后的数据通过交换机发送到数据库存储，监测诊断系统软件，通过数据库信息实现趋势分析、报表查询、报告生成、诊断显示等功能。

① 实时智能诊断：根据振动信号进行智能分析，获取设备故障的特征频率，对故障进行早期识别，并准确识别机械松动、轴承磨损等故障特征，以及识别故障的严重程度。

② 故障定位、故障程度、故障类别可视化直观显示，系统可实时直观显示轴承故障等级：可对设备的轴承内圈故障、外圈故障、滚动体故障、配合松动故障等进行智能判别和

显示。

③ 历史趋势分析:给出不同测点一段时间内的关键参数变化情况,通过时间段选择,进行趋势变化分析。

④ 振动信号分析:提供频谱分析与包络谱分析等常见振动信号离线分析功能,为用户离线分析提供分析工具。

⑤ 通过云端平台分析:授权专家可以实现远程诊断与协助。同时,支持基于大数据分析的数据价值挖掘。

三、典型案例

【案例一】

黄玉川煤矿主运输系统。

(一) 建设条件

黄玉川煤矿位于内蒙古自治区鄂尔多斯市准格尔旗境内,行政区划隶属于准格尔旗薛家湾镇。现4号煤、6号上煤两水平同时开采。主运输系统共有10部带式输送机,其中包含一二水平两条顺槽胶带,运输总长度为25.5 km。与同行业相比,存在运输距离长、巷道起伏大等特点,给日常维护和安全管控带来较大困难。

(二) 建设内容

针对黄玉川煤矿主运输系统运输距离长、巷道起伏大的特殊性,并兼顾单条带式输送机运输距离长,综放工作面放煤量不稳定的情况,在智能化设备选型之初就着眼于建设智能调速、实时监测、安全可靠的智能运输系统。除此之外,还安装并投用了主运输系统智能巡检机器人;矿用钢丝绳芯输送带在线监测和激光纵撕实时监测识别装置;主井火情在线监测等保护系统。

1. "主运输集中控制系统"和"主运输管控一张图"综合信息可视化

各部带式输送机运行参数、状态、控制、故障信息接入现场PLC防爆柜,通过矿井万兆网传输至智能监控系统。

(1) 实现了主煤流运输相关环节所有设备的运行参数显示,远程实时监测与存储和保护设定及投退功能。

(2) 实现对主运输系统逆煤流、顺煤流远程一键式流程启停控制。

(3) 实现地面主运输分控台的直接远程控制和视频监控的有效配合,对主运输系统实现了带式输送机的无人值守。

(4) 具有输送带跑偏保护、速度检测、打滑和超速保护、沿线急停闭锁、烟雾检测、堆煤检测、带面纵向撕裂保护、张紧力检测。可显示输送机电动机的开停状态、电源指示、松闸指示、张紧状态指示、变频器状态等。

(5) 可对位显示闭锁、跑偏、纵撕动作位置,电机电流、胶带速度、温度、张力等,实现了故障精准定位。

2. 视频智能调速系统

(1) 智能设备配套

配套矿用防爆型人工智能摄像仪10台,分别安装在距带式输送机卸载部300 m处;智能视频监控分站 3 台；智能视频监控主站 2 台；工业视频监控系统管理平台软件 1 套。

(2) 功能介绍

优化主运输控制系统，通过下部带式输送机输煤运量和实时带速，利用人工智能摄像仪采集、识别、计算功能，实现自动智能调速上部带式输送机的运行速度。在变频控制系统的基础上，以带式输送机瞬时煤量作为切入点，实现带式输送机负载分布监测、带式输送机瞬时煤量识别和报警、单条带式输送机和整个运输系统的“自适应”最优控制。智能调速操控显示画面如图 2-6-10 所示。

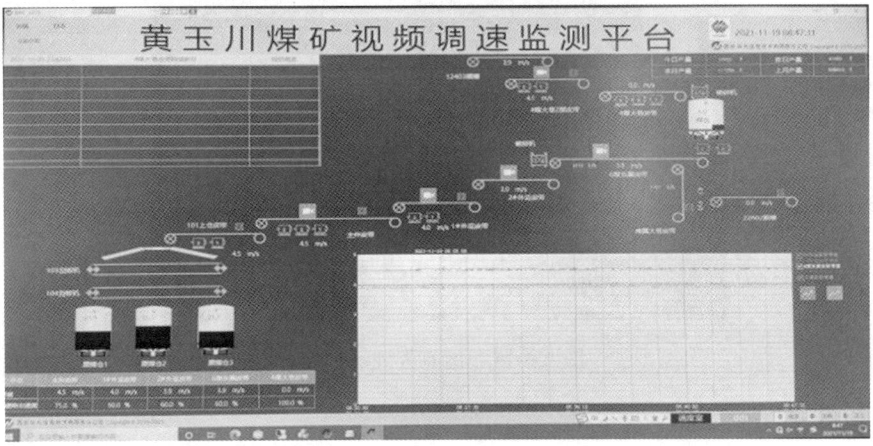

图 2-6-10　智能调速操控显示画面

3. 给煤机智能放煤系统

(1) 智能设备配套

BPJ-11/660 防爆变频器 2 台，VEGA-plus 料位计 1 台，防爆胶带秤 1 台，PLC 分站 1 套。设备数据接入现场 PLC 防爆柜，通过矿井万兆网传输至智能监控系统，接入集控中心实现远程控制。

(2) 功能介绍

通过二水平南翼、东翼胶带秤数据监测，智能计算、分析、控制，找出最合理的主运胶带载煤量的数值，控制仓下给煤机的给煤量，并监测井下煤仓煤量数据，防止顶仓、空仓，确保了主运胶带连续、高效运行。

4. 智能巡检机器人

机器人由多参数移动巡检本体、无线通信子站、充电桩、轨道等组成。巡检机器人采集现场数据后通过 Web 服务器对外接口向外共享，客户端软件可对巡检机器人进行遥控、任务配置、视频访问、数据访问等，同时实现自动模式和手动模式。该装置搭载视频、烟雾、温度、音频、热成像、扬声播放、对讲、超声波避障等功能传感器。

(1) 自动巡检模式实现功能包括全面巡检、专项特训、定点监测几种方式；通过预设巡检内容和启动时间，机器人可定时执行巡检任务，自动采集各传感器信息，到达任务位置后进行视频识别，实现各检测点的状态自动判读，自动将巡检结果生产统计报表。

(2) 手动模式可实现功能包括井上井下视频通话指挥作业、遥控机器人指向测温，执行任务。

机器人现场巡视画面如图 2-6-11 所示。

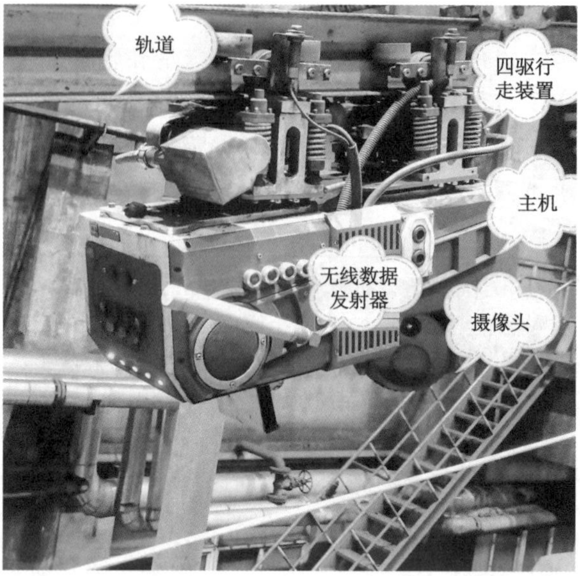

图 2-6-11　机器人现场巡视

5. 矿用钢丝绳芯输送带在线监测系统

系统通过 X 射线发生器将带面内部影像清晰的投射在电脑上，并能对所存储的胶带图像数据进行自动识别，并对图像中的断口、接头抽动及其他异常状态进行自动识别，将识别结果生成报告，帮助检测人员更快地完成图片数据分析，为及时开展预防性检修提供可靠的指导依据。钢丝绳监测现场采集画面如图 2-6-12 所示。

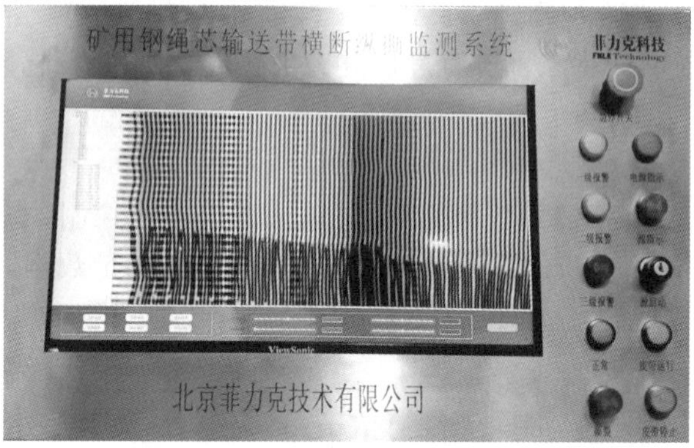

图 2-6-12　钢丝绳监测现场采集画面

6. 激光纵撕实时监测识别装置

装置由矿用隔爆型摄像仪 1 台，矿用本安型激光发射器 3 组，矿用隔爆兼本安型钢绳芯输送带纵撕识别装置主机 1 台组成。该装置安装在机头卸载滚筒和驱动滚筒之间，主要作用是填补带面经过卸载部清扫器处刮卡导致撕带无法监测的空白。3 组激光发射器将激光打在带面上，通过每组发射器配套的摄像头实时检测激光的分布情况，如出现跑偏、纵撕等情况，监测后台将会感知到有漏光、断点、错位，从而判断带面的运行状态，进而发出声光报警和停车信号。现场布置及后台显示界面如图 2-6-13 所示。

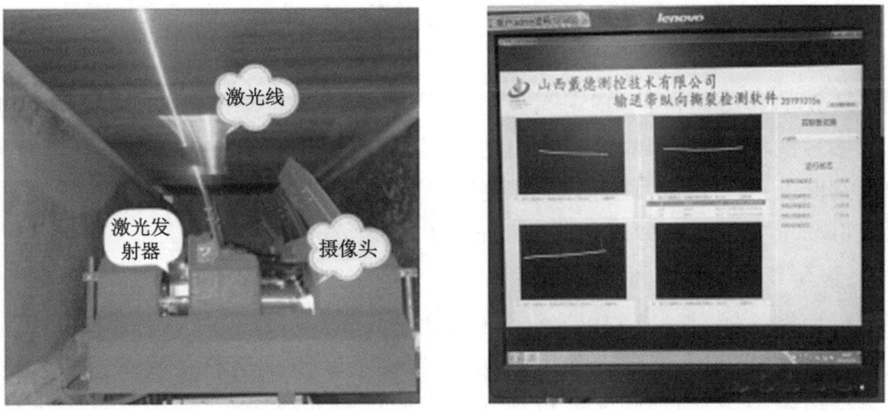

图 2-6-13　激光纵撕实时监测识别装置

7. 主斜井火情在线监测等保护系统

采用矿用隔爆兼本安型感温探测报警灭火控制装置主机为核心，3 台声光报警装置分别安装在机头、机尾和中部段。通过专用的矿用感温火灾探测电缆实现感温报警等功能。矿用感温火灾探测电缆铺设主斜井带式输送机上下带面之间，当发生火灾报警时主机控制的声光报警器被触发，发出声光报警。当矿用感温火灾探测电缆沿线某一点受热时，包覆的热敏材料软化，导线间的弹力导致 2 根导线接触而造成短路，短路后被主机检测到立即报警，触发喷雾电磁阀，开启喷雾。通过检测短路点，设备可以准确判断高温点的具体位置，在后台电脑上可以实时显示报警，通知检修人员进行查看核实。

（三）应用效果

系统投运后，实现了“主运输集中控制系统”和“主运输管控一张图”综合信息可视化；视频智能调速系统；给煤机智能配煤系统进行了多项重大技术攻关。达到了智能运输中级水平。

1. 主运输集中控制系统和“主运输管控一张图”综合信息可视化

实现对主运输系统逆煤流、顺煤流远程一键式流程启停控制；实现地面主运输分控台的直接远程控制和视频监控的有效配合，实现了带式输送机无人值守；实现了集控故障复位功能。集控系统投用主运输系统较以往减员 18 人，每月开机节省时间 15.3 h，实现了减人增效并提高了生产效率。

2. 视频智能调速系统

优化运输控制系统充分发挥变频调速的功能，通过智能计算，在确保带式输送机安全运行前提下，根据带式输送机上的实时煤量以及带式输送机电机电流值，自动调整带式输送机速度。视频智能调速投用后，粗略计算电费节省 418.56 万元/a，托辊和带面磨损较以往节省 163.5 万元/a。

3. 给煤机智能配煤系统

通过调节变频器实现煤量的动态给定、数据监测，实现了远程启和停的无人值守功能。智能计算出最合理主运胶带载量值，给定井下一水平煤仓最优放煤量，监测井下煤仓煤量数据,防止顶仓、空仓,避免了主运过载现象,实现了主运胶带连续并高效运行。该系统投入使用后较以往减员4人,彻底避免了因配煤不当导致的运输系统过载现象。

4. 智能巡检机器人

替代了传统的人员巡查,实现了无人巡视。可通过APP实现对所监测范围内其他设备运行状态和参数的实时监测,对被监测设备磨损、异响、发热等故障综合历史运行情况进行大数据分析判断及设备异常预警。可以通过Web直接通过手机端、PC端网页进入查询。设备投用后可以全方位监测带式输送机,提升了设备安全运行系数。

5. 矿用钢丝绳芯输送带在线监测系统

实现了带面钢丝绳实时监测,能够实时精确探测和显示带面内部钢丝状况,所存储的胶带图像数据进行自动识别,并对图像中的断口、接头抽动及其他异常状态进行自动识别,并将识别结果生成报告,帮助检测人员更快地完成图片数据分析,给带面修补提供精准位置,避免因不能及时发现带面内部钢丝绳锈蚀、断绳、抽动而导致断带事故的发生,提升了带面安全可靠运行系数。

6. 激光纵撕实时监测识别装置

该监测设备利用机器视觉技术,同时引入辅助结构光轮廓线,实现对胶带表面全方位监测,对各种损伤进行实时的识别和判断,并根据判断结果进行报警或停机处理,避免了不能够及时发现带面损伤,而导致的撕带事故,实现了带式输送机的安全可靠运行。

7. 主斜井火情在线监测等保护系统

该装置实现监控区域感温报警等功能,当发生火灾报警时主机控制的声光报警器被触发,发出声光报警,开启喷雾。可以及时扑灭火源,防止发生火灾事故,避免因火灾造成井下作业人员伤亡事故。

以上系统、装置投入运行后,大大提高了工作效率,保障了设备安全运行,降低了员工劳动强度,改善了员工作业环境,为安全高效生产奠定了基础,智能化水平大幅提升。

【案例二】

红柳煤矿车辆智能管控系统。

(一) 建设条件

红柳煤矿位于宁夏回族自治区中东部,行政区划隶属于灵武市宁东镇和马家滩镇管辖,是国家能源集团宁夏煤业有限责任公司(以下简称“宁煤集团”)所属矿井之一,也是国家级智能化矿山建设首批示范矿井。

红柳煤矿井下辅助运输系统采用无轨胶轮车,现有车辆211台,其中指挥车20台,人车45台,料车102台,其他车辆44台。早期建设有车辆定位系统,采用区域定位技术,具备车辆位置基础定位功能,无法实现车辆精准定位、智能调度等功能,车辆运行效率低,也无法做到减人增效的目的。

(二) 建设内容

建设4G无线通信、UWB精确定位、车辆智能管控等多系统,实现了胶轮车的精准定位、车载通信、信号闭锁、违章告警、速度监测、联动预警、状态采集、视频监控、智能调度、候车管理、派单和约车管理、全生命周期管理、市场化运营以及井口智能道闸等。

1. 无线基站配套情况

井下安装55套本安融合基站，集成了4G+Wi-Fi模块、UWB精确定位模块、车辆智能管控模块、千兆环网模块，主要覆盖区域有缓坡副斜井、2号煤辅助运输大巷、02采区2号煤辅运巷、02采区3号煤辅运巷、I020213回风巷、I020213运输巷、I020308回风巷、I020308运输巷、01采区2号煤辅运巷、01采区4-3号煤辅运巷、I010401回风巷、I010401运输巷、04采区辅助运输巷、各变电所及硐室。

2. 显示屏配套情况

井下辅运巷硐室与岔路口，共安装本安型红绿灯50套，基于车辆精确定位，实现红绿灯智能闭锁管控；安装本安型告警显示屏10套，实现到站提醒及弯道告警功能。

3. 智能车载终端配套情况

无轨胶轮车配套车载终端，具备摄像仪及对讲装置，摄像仪分别安装在车辆特定位置，针对行车记录、驾驶监控、乘人监控、倒车影像在本地显示屏实时显示，并支持上传至地面车辆运输管控平台；车载终端基于4G信号，可与地面调度双向通信，整车具备防碰撞告警功能。

4. 车辆定位卡配套情况

所有入井车辆配置有精确定位卡，卡号与车牌号绑定，共计211个。

5. 井口道闸配套情况

副斜井井口安装智能道闸装置一套，车辆到达井口区域，系统识别定位卡信息，经过信息比对后，自动控制道闸；井口值班室安装一套分控平台，方便值班人员查询车辆信息。

6. 智能管控平台配套情况

机房安装数据服务器与网络交换机设备，在调度台配置客户端电脑及曲面显示屏，安装车辆智能管控平台软件，本安智能手机安装APP软件，支持APP动态申请车辆资源，审批、查阅车辆分配情况。

7. 主要功能

采用UWB精确定位技术，精度可到1 m，可在GIS地图实时展示车辆运行的状态、位置信息、运行速度，以及车辆的总车辆数、井下车辆数、可用车辆、故障车辆的分析汇总等，同时支持对车辆地图的操作，包含了搜索、放大、缩小、历史轨迹、图层切换等功能。

(1) 红绿灯智能闭锁应用

在井下关键路口及车辆密集区域路口安装井下红绿灯，指引车辆安全运行，地面也可根据生产实际需要，通过软件控制红绿灯的工作模式。

(2) 车载终端技术应用

采用的矿用本安型车载终端支持高清摄像仪接入，具备行车记录和倒车影像功能，同时支持乘客舱和驾驶舱实时视频监控，可本地显示并支持4G无线的实时上传，实现对车辆及驾驶员的实时监控。车载终端应用效果如2-6-14所示。

车载终端具备通信功能，有唯一固定号码，支持与调度台、4G手机、有线固话及车辆之间相互通信，达到即时通信目的；车载终端支持接入智能管控平台，实现关键弯道、坡道、岔口的安全辅助语音提醒，以及闯红灯、超速等违章提醒功能，一定程度提高行车安全性。

(3) 智能调度应用

图 2-6-14　车载终端应用效果图

车辆智能调度主要包含车辆日常运行 Web 端或手机 APP 申请、车辆路线规划、车辆任务智能调配、车辆数据分析等重要功能。通过对车辆数量和状态统计分析,掌握各部门对车辆的占用情况,优化车辆使用率,提升调度智慧化管控。

预留物料运输管理模块接口,可与车辆管理系统融合,实现物料运输的智能管控。

(4) 综合管控平台应用

系统配备智能辅助运输综合管控平台,具备基础信息管理、告警信息管理、绩效考核管理、市场化运营等管理模块。

基础信息包括驾驶员的姓名、照片、年龄、工号、驾驶证等信息,具备驾驶员违章信息记录与统计功能;同时包括车辆型号、编号、卡号等信息,具备车辆派单、入井时长、运行路线等信息形成报表,并能模拟动态回放和查询等功能。

告警信息管理机制,主要针对超速告警、违章告警、弯道告警、防碰撞告警、车辆闲置与滞留告警、保养维修告警、设备告警等,为车辆运输提供安全保障。

具备实现驾驶员的绩效考核功能,根据接单数量、入井时长、每月学习考试情况、违章及事故情况进行月度、年度考核。

具备车辆使用市场化运作的基本功能,包括车辆使用的费用统计、油量及油费统计、维修费用统计、按里程或次数计费、驾驶员月度考核、使用单位月度考核及相关的报表功能,为车辆使用效率汇总、分析提供有效数据。

(5) 车辆生命周期管理应用

系统可对车辆的检测、保养、维修、油耗等进行的全面化管理,可以查看到车辆的利用率、保养情况、故障情况等,实现对车辆全生命周期的管理,提高车辆使用及寿命周期。

车辆基础信息包含车辆的编号、类型、部门、闲置天数、保养次数、维修次数、告警次数、里程数、油耗量。

车辆检测模块用于车辆巡检使用,可以根据车辆的编号、类型、检查时间等属性查询车辆,每条信息展示了最近一次车辆的日月年巡检、收发车检查的结果。

车辆保养信息可以查看所有车辆保养信息,包含最近一次的保养人、保养日期、下次保养日期，以及该车的保养周期、保养里程、下次保养里程，同时可根据车辆的编号、类型、保养时间查询出车辆。

车辆维修信息包含车辆的编号、类型、型号、车辆部门、出厂日期等基础信息，包括维修情况、维修人、维修部门、维修时间、车辆状态、完成时间、故障照片等。

车辆油耗管理可以查看车辆的编号、加油日期、经办人、备注信息，并分析出车辆整体的油耗。

（三）应用效果

红柳煤矿车辆智能管控系统中多功能车载终端、智能调度多项技术行业首次应用，已经投入使用，为下一步无人驾驶奠定基础。

(1) 实现减人少人

原申请用车需手动申请、签单，建设后系统可完全采用平台申请、审核，各类统计、分析也全部通过软件实现，实现“无纸化”办公，同时可减少部分调度及统计人员。

(2) 提高生产效率

电脑及手机平台申请车辆，调度员可在平台实时查看可用车辆并快速、合理分配，提高了工作效率。

配备的车载通信装置，方便了调度与各车辆的联系，避免了车辆空载、绕路的情况，提高了车辆使用效率。

系统对车辆维修、保养、维护等有效管理，以及对车辆使用情况综合分析，可根据分析结果对车辆进行合理有效地监管和调配，一定程度上可提升车辆使用效率。

(3) 提高生产安全

系统实现对车辆超速、闯红灯、弯道告警以及其他复杂巷道位置的安全行车预警，可辅助司机安全驾驶；对车辆行车过程中的视频进行实时监控和状态采集（油量、温度、转速等），为事故和故障分析提供可靠依据。

(4) 提升矿井管理水平

智慧矿山的建设要求将矿山信息化、自动化深度融合，完成矿山生产所有信息的精准适时采集、高效可靠网络化传输、规范化信息集成、实时可视化展现、生产环节自动化运行，能为各类决策提供智能化服务，并对“人—车—物”的隐患、故障和危险源提前预知和防治，使整个矿山具有自我学习、分析和决策的能力。本次采用的多系统融合技术，集成了网络传输、无线通信、精确定位、人员与车辆信息共享，具备完善的统计分析功能，为煤矿智能化建设打好了基础，后期融入矿井智慧化矿山平台，进一步促进和加速两化融合，推动红柳煤矿实现精细化、智能化管理。

第七章　智能辅助

一、供配电系统

(一) 初级

构建“地面集控＋有人巡视”智能供配电模式。

(1) 应具备井下主变电所、采区变电所高(低)压电气设备遥信、遥测、遥控、遥调、遥视信息的实时监控与电力调度功能。

(2) 具备电子挂牌功能和故障诊断预警功能，智能高压开关具备顺序控制功能、防误操作和远程闭锁功能。

(3) 具备数据采集、数据辨识、运行监视和峰谷电能计量、能耗统计等功能，软件接口开放。

(二) 中级

构建“协同运行＋无人值守”智能供配电模式。

(1) 井下重要配电点均实现电力监控。

(2) 建设矿井防越级跳闸系统，具备防越级跳闸保护、远程漏电试验、选择性漏电保护、在线故障录波、电能质量分析等功能。

(3) 井下各变电所装设门禁系统及电缆沟、电缆夹层测温装置。

(三) 高级

构建“智能运行＋云巡视”智能供配电模式。

(1) 具备云巡视功能。

(2) 系统应具备自动防灭火、智能告警、供配电设备故障自诊断、定值智能整定和云端大数据分析功能。

二、供排水系统

(一) 初级

构建“地面集控＋有人巡视”智能供排水模式。

(1) 排水系统具备两种可靠的引水装置及双水位双报警功能，配备视频监控系统。

(2) 排水系统有远程、自动、手动等多种控制方式，具备工况参数监测功能，软件接口开放。

(二) 中级

构建“协同运行＋无人值守”智能供排水模式。

(1) 水泵房设备运行实现在线监控，能够自动、手动控制水泵的启停及闸阀的开、关，并具有自诊断功能。

(2) 水泵房具备自动防灭火功能。

(3) 具备设备集中润滑、多水平阶梯式联合排水监控、管网监测、离散排水点监控等功能。

(三) 高级

构建“智能运行＋云巡视”智能供排水模式。

(1) 具备设备预防性维护和检查功能。

(2) 具备与水文监测系统和电力监控系统的联动预警与控制功能。

(3) 具备云巡视功能。

(4) 具备通过多传感器和各系统数据融合实现按需供水，并能实现对用水量的预分析功能。

(5) 具备淤泥在线监测和自动清淤功能。

三、压风制氮系统

(一) 初级

构建“地面集控＋有人巡视”压风制氮模式。

(1) 具备在线监测压风机和制氮机工况参数的功能，软件接口开放。

(2) 具备远程、自动、手动等多种控制方式，实现压风机及冷却水泵自动轮换运行、故障自动切换、定时自动切换和一键切换、风包定期自动排污等功能。

(3) 压风(制氮)机房及配电室配备视频监控及后备电源。

(二) 中级

构建“远程集控＋无人值守”压风制氮模式。

(1) 可根据风压、风量需求自主投运压风机工作台数。

(2) 具备自动调风、氮气浓度调节功能。

(3) 具备能耗自动分析与计算功能，压风(制氮)机房及配电室具备智能门禁、自动防灭火功能。

(三) 高级

构建“智能运行＋云巡视”压风制氮模式。

(1) 具备设备预防性维护和检查功能。

(2) 具备变频调速控制、管网压力及漏风监测功能。

(3) 具备云巡视功能。

一、解读

(一)供配电系统

1. 初级

【原文】

构建“地面集控+有人巡视”智能供配电模式。

(1)应具备井下主变电所、采区变电所高(低)压电气设备遥信、遥测、遥控、遥调、遥视信息的实时监控与电力调度功能。

(2)具备电子挂牌功能和故障诊断预警功能,智能高压开关具备顺序控制功能、防误操作和远程闭锁功能。

(3)具备数据采集、数据辨识、运行监视和峰谷电能计量、能耗统计等功能,软件接口开放。

【条文解释】

本条是初级建设的要求,针对煤矿智能供电初级方案,基于“两化”融合,实现地面和井下主要变电所的“五遥”及视频联动功能,通过对必要的供电数据实时采集、峰谷电量计量和能耗统计,并与防误操作、操作安全闭锁、远程闭锁、电子挂牌等安全措施实现联动保护,大幅提升供电系统的安全管控和信息化水平,构建“地面集控+有人巡视”智能供配电模式。

首先从系统的建设范围、监控对象、监测数据上进行了明确,建设范围应包含井下主变电所、采区变电所的高(低)压电气设备;监控对象应包含高压开关、低压馈电及照明综保等供配电设备;监测数据应包含供电系统开关状态(遥信)、电力运行参数在线监测(遥测)、开关的远程分合闸及复位操作(遥控)、开关定值参数的远程读取及整定(遥调)、变电所视频监控画面的实时监控(遥视),具备实时监控与电力调度功能,并具备数据辨识功能。

其次从安全及操作规范上进行了明确,要求设备正常检修及故障处理情况下,可通过系统平台对设备挂上或撤销工作牌和接地牌,具备故障诊断预警功能,具备防误操作和远程闭锁功能。遥控、遥调操作应通过操作员身份及权限验证、控制指令预发及返回校验结果等流程,并经操作员和监护人确认后执行,防止人员的误操作。

功能要求包括高压开关具备电度计量功能、系统应实现电量数据采集的功能、具备并实现峰谷电能计量与统计的功能、软件接口开放功能、数据可接入智能矿山综合管控平台的功能。

2. 中级

【原文】

构建“协同运行+无人值守”智能供配电模式。

(1)井下重要配电点均实现电力监控。

(2)建设矿井防越级跳闸系统,具备防越级跳闸保护、远程漏电试验、选择性漏电保护、在线故障录波、电能质量分析等功能。

(3)井下各变电所装设门禁系统及电缆沟、电缆夹层测温装置。

【条文解释】

本条是中级建设的要求,在初级基础上,实现在线故障录波、电能质量分析、选择性漏电保护及防越级跳闸保护功能,并配备门禁、电缆沟、电缆夹层测温装置,实现包括重要配电点在内的井上、井下所有区域全覆盖，构建“协同运行＋无人值守”智能供配电模式。

首先扩充了系统的建设范围，增加了重要配电点的建设。

其次针对供电安全及可靠性提出了具体要求，包括：矿井防越级跳闸系统，该系统对煤矿井下采用多级供电的网络，可有效防止大面积停电，减少供电事故的发生；远程漏电试验，要求变电所低压开关配套具备远程漏电试验闭锁出口的保护器，通过地面监控系统实现每天的漏电试验操作并自动生成试验报告；选择性漏电保护功能，要求开关保护器具备选择性漏电保护功能，或者通过安装专用的漏电保护装置对故障线路进行判断，实现漏电故障的精准选线；在线电能质量分析，要求通过在线实时分析电网的电压合格率、电压谐波含量、电流谐波含量等电能质量指标，并能提示。

增加管理功能要求，包括：门禁系统实现对井下变电所人员进出的有效管控，避免无关人员的违规进入和违章操作，同时对巡检人员是否按时巡检进行考勤管理；变电所电缆沟、电缆夹层火灾自动报警功能，对煤矿井下变电所内电缆沟、电缆夹层动力电缆的温度进行在线实时监测，实现温度监测和火灾预警功能。

3. 高级

【原文】

构建“智能运行＋云巡视”智能供配电模式。

（1）具备云巡视功能。

（2）系统应具备自动防灭火、智能告警、供配电设备故障自诊断、定值智能整定和云端大数据分析功能。

【条文解释】

本条是高级建设的要求，最终实现云端大数据分析，实现供配电系统“智能运行＋云巡视”的作业模式。

自动防灭火要求安装具备煤矿井下使用条件的灭火器材，且能与电缆沟测温系统，变电所环境感知设备的数据共享和信息联动，由测温系统和变电所环境感知设备对环境情况进行监测分析，发生火灾时自动灭火。

智能告警要求对发生故障开关的关联信息进行数据的分析判断并能够按照优先级进行报警及原因分析，如结合设备故障前后开关的运行状态、运行参数、故障时的故障参数、负载设备启停、运行状况等，替代人工对整个系统的运行情况及故障原因进行初步分析。

供配电设备故障自诊断要求开关具备智能化，开关自身能够通过运行的情况对关键部件的使用情况进行自诊断。

供电系统定值智能整定功能要求能根据供电网络情况对整个供电系统定值的合理性进行分析并给出合理的整定方案。

云端大数据分析采集的数据并进行云端记录，同时结合供电系统整定值，进行参数修正；对巡检机器人视频进行图像分析，实现视频信号云端数字化处理。

（二）供排水系统

1. 初级

【原文】

构建“地面集控＋有人巡视”智能供排水模式。

(1) 排水系统具备两种可靠的引水装置及双水位双报警功能，配备视频监控系统。

(2) 排水系统有远程、自动、手动等多种控制方式，具备工况参数监测功能，软件接口开放。

【条文解释】

本条是初级建设的要求，突出针对固定水泵房，加大对水仓水位监测的可靠性，提升固定水泵房的排水可靠性和智能化程度，构建"地面集控＋有人巡视"智能供排水模式。

两种可靠的引水装置包括射流泵抽真空、真空泵抽真空、负压引水罐抽真空等装置；双水位双报警是指水位监测采用两个投入式水位传感器、超声波式水位传感器、浮球开关等实现双水位监测与双报警；排水监控系统具有远程、自动、手动等多种控制方式；软件接口开放，具备接入煤矿智能化综合管控平台的功能；监测的供排水系统工况参数包含设备运行、电参数、水位、压力、真空度、温度、流量、振动等参数。

2. 中级

【原文】

构建"协同运行＋无人值守"智能供排水模式。

(1) 水泵房设备运行实现在线监控，能够自动、手动控制水泵的启停及闸阀的开、关，并具有自诊断功能。

(2) 水泵房具备自动防灭火功能。

(3) 具备设备集中润滑、多水平阶梯式联合排水监控、管网监测、离散排水点监控等功能。

【条文解释】

本条是中级建设的要求，固定水泵房通过增加设备润滑、多水平阶梯式联合排水功能，进一步提升从采区水泵房到中央水泵房的排水智能化程度。同时对井下离散排水点进行监控，对供排水管网进行监测。构建"协同运行＋无人值守"的智能供排水模式。

每台泵配置单点注油器，实现单台水泵自动注油。

多水平阶梯式联合排水是指离散排水点、采区泵房、主排水泵房以及阶梯式排水点的联合排水，监控功能是实现多水平阶梯式排水点的水位状况和设备运行状态监控，基于各排水点水位、排水量，自动调度各排水点水泵的开停。

管网监测包含供水管路的压力、流量、水质等参数，以及排水管路的流量等参数。

离散排水点包含：采掘和运输巷道等处的积水坑、小水窝、中转水仓。

自动灭火系统配置火焰传感器用于监控是否有火焰，配置烟雾传感器用于监控是否有燃烧烟雾。火焰或烟雾传感器检测到火焰或烟雾信号时，控制器对环境中的火灾信号进行快速采集与处理，启动声光报警器的同时快速喷洒出灭火介质，抑制燃烧火焰传播。

3. 高级

【原文】

构建"智能运行＋云巡视"智能供排水模式。

(1) 具备设备预防性维护和检查功能。

(2) 具备与水文监测系统和电力监控系统的联动预警与控制功能。

(3) 具备云巡视功能。

(4) 具备通过多传感器和各系统数据融合实现按需供水，并能实现对用水量的预分析功能。

(5) 具备淤泥在线监测和自动清淤功能。

【条文解释】

本条是高级建设的要求，在中级的基础上，通过设备预防性维护和检查实现排水及水处理设备的故障诊断及智能运维等功能，通过水文监测系统和电力监控系统联动实现根据涌水量自动调节排水泵运行台数、在线检测工序能耗、自动切换排水管路、多台泵自动轮换工作控制的功能，通过多传感器和各系统数据融合实现按需供水，实现对用水量的预分析功能，并通过淤泥在线监测和自动清淤功能进一步提升供排水系统智能化程度。构建"智能运行＋云巡视"的智能供排水模式。

设备预防性维护和检查，根据振动等信号进行智能分析，获取设备故障的特征频率，对故障进行早期识别，识别故障的严重程度，动态地进行系统健康状态评估，提供智能运维计划和方案，实现智能化运维。

系统根据水文地质数据监测结果自动调节排水泵运行台数，与电力监控系统关联并实时采集电参数，在线监测主排水系统和污水处理系统的工序能耗，实现系统的联动预警与控制功能。

多传感器融合包含水位、温度、振动、压力、流量、视频监视、音频分析等。

各系统数据融合包含离散点排水系统、采区排水系统、主排水系统、水文监测系统、水处理系统、供水系统、供排水管网等。

淤泥在线监测采用传感器等方式监测水仓积淤程度，可通过泵送、压滤、清淤机器人等方式实现自动清淤。

（三）压风制氮系统

1. 初级

【原文】

构建"地面集控＋有人巡视"压风制氮模式。

(1) 具备在线监测压风机和制氮机工况参数的功能，软件接口开放。

(2) 具备远程、自动、手动等多种控制方式，实现压风机及冷却水泵自动轮换运行、故障自动切换、定时自动切换和一键切换、风包定期自动排污等功能。

(3) 压风(制氮)机房及配电室配备视频监控及后备电源。

【条文解释】

本条是初级建设的要求，突出针对压风(制氮)机房，加大对压风机、制氮机工况参数检测的可靠性，及对压风机、制氮机的控制要求，提升压风(制氮)系统的可靠性和智能化程度，构建"地面集控＋有人巡视"压风制氮模式。

压风机、制氮机工况参数包含排气压力、排气温度、氮气浓度、流量、电参数、振动、风包压力、风包温度等；压风(制氮)机房控制系统的后备电源连续供电时间不小于 2 h；对压风机、制氮机、阀门、高低压柜、冷却水泵等设备通过远程、自动、手动等多种控制方式进行控制，实现自动轮换运行、故障自动切换、定时自动切换和一键切换、风包定期自动排污功能。

2. 中级

【原文】

构建"远程集控＋无人值守"压风制氮模式。

(1) 可根据风压、风量需求自主投运压风机工作台数。

(2) 具备自动调风、氮气浓度调节功能。

(3) 具备能耗自动分析与计算功能，压风(制氮)机房及配电室具备智能门禁、自动防灭火功能。

【条文解释】

本条是中级建设的要求，压风(制氮)机房通过增加智能门禁、优化控制功能，进一步提升压风(制氮)系统智能化程度，并通过加强对压风(制氮)机房的火灾和环境监测，构建“远程集控＋无人值守”压风制氮模式。

根据管网压力、风量需求、设备运行时间等因素自动调节压风机投入的时间和台数。当系统用气量增大导致压力下降或机器出现故障时，自动开启备用机；当用气量减少导致压力上升时，自动减少运行台数。

获取高压配电柜的状态信号，对每台压风机的能耗情况进行数据统计，方便用户直观地了解近段时间每台压风机的能耗情况。

压风(制氮)机房的控制室和配电室，配备智能门禁系统。

自动灭火系统配置火焰传感器用于监控是否有火焰，配置烟雾传感器用于监控是否有燃烧烟雾。火焰或者烟雾传感器检测到火焰或者烟雾信号时，控制器对环境中的火灾信号进行快速采集与处理，启动声光报警器的同时快速喷洒出灭火介质，抑制燃烧火焰传播。

3. 高级

【原文】

构建“智能运行＋云巡视”压风制氮模式。

(1) 具备设备预防性维护和检查功能。

(2) 具备变频调速控制、管网压力及漏风监测功能。

(3) 具备云巡视功能。

【条文解释】

本条是高级建设的要求，在中级基础上，通过设备预防性维护和检查、变频调速控制、压风(制氮)机房云巡视、管网压力及漏风监测，构建“智能运行＋云巡视”压风制氮模式。

压风(制氮)机房实现云巡视。可按照预设时间及路径进行自动巡视，通过搭载高清摄像仪、拾音器、温度传感器等多种检测设备，自动对压风(制氮)机房内的高低控制柜、系统监控柜、压风机、制氮机、风包及压风机房区域内的管路等进行监测，并对监测的数据进行分析，同时将巡检数据实时传输、记录、分析、报表。

在地面和井下主干及分支供风管路需要监控的节点，安装检测设备，实现供风管网压力及漏风监测与报警。

设备预防性维护和检查，根据振动等信号进行智能分析，获取设备故障的特征频率，对故障进行早期识别，识别故障的严重程度，动态地进行系统健康状态评估，提供智能运维计划和方案，实现智能化运维。

二、解决方案

（一）供配电系统

1. 初级

首先保证底层开关设备的智能化程度，对变电所内高压开关、低压馈电、照明综保、视频监控系统进行升级改造，保证开关配套的智能综合保护器和智能电能表，视频监控满足接入条件。对井下开关的状态、电力参数、变电所视频状况进行实时准确的监测，提高远程遥控、定值整定等操作的可靠性。对地面监控系统后台进行升级完善，对采集数据进行统计和分析，开放软件接口，并将数据传输到智能矿山综合管控平台。构建"地面集控＋有人巡视"智能供配电模式。

（1）供电设备升级改造

① 保护器升级

为保证系统建设后的稳定性和可靠性，同时避免中级建设防越级跳闸时重复投入，初级建设时，将变电所内部分无通信接口、通信稳定性差、功能不全的高压开关保护器更换为带防越级保护跳闸功能的微机保护装置，以满足监控系统的接入及后期变电所防越级跳闸系统建设需要。

② 电度表升级

针对不具备电度计量功能或者不具备接入条件的高压开关，为实现对区域用电或班组用电的峰、谷电量精准计量，减少手动抄表的劳动强度，将上述各变电所内高压开关原有的单相电度表更换成智能三相电度表，实现高压开关峰谷电量的精准计量，以及电压电流谐波等电能质量的监测，为中级阶段的在线电能质量分析提供基础数据。电度表具有通信接口，可通过电力监控站进行数据的采集和上传，地面系统平台可实现电量的精准计量。

（2）变电所设备接入

① 地面变电站接入

地面 35 kV/110 kV 变电站和已有电力系统后台变电所，由原系统厂家配置并开放数据接口，采用标准电力规约对外转发数据，通过电力通信柜接入电力监控系统后台。

② 地面变电所接入

在地面变电所各安装 1 台矿用一般型电力监控站，将高压开关柜的智能综合保护装置通过总线的方式接入电力监控站。电力监控站完成数据或图形显示、设备配置及就地集中控制功能，通过主传输线路将井下数据上传到地面电力监控系统后台，根据系统后台下达的控制命令完成电力监控系统的远程操作。

③ 井下变电所接入

在井下变电所安装矿用隔爆兼本质安全型电力监控站。高压开关的智能综合保护器、三相电度表等智能仪表和具有通信功能的低压开关，并通过总线的方式接入电力监控站。矿用隔爆兼本质安全型电力监控站完成数据或图形显示、设备配置及就地集中控制功能，通过主传输线路将井下数据上传到地面电力监控系统后台，根据系统后台下达的控制命令完成电力监控系统的远程操作。

（3）系统平台建设

电力监控系统平台配置2台电力监控计算机,1台主机,1台备用机,两台中心站进行双机热备份,保证系统运行安全、可靠。主机正常工作时,监控主机和备用机之间能进行数据交换,若监控主机工作异常时,备用机自动切换为主机,并向各个变电所发送读取数据指令,并提示用户。在使用区队设置电力监控系统客户端,在客户端上即可实现对监控系统中开关的远程遥控操作以及开关定值整定。

2. 中级

中级阶段实现井下所有配电点监控全覆盖,对于不具备防越级跳闸功能的高压开关或隔爆型高压配电装置,更换防越级跳闸专用保护器,建设防越级跳闸系统,通过供电专网实现漏电防越级以及精准选线。对矿井供电网络拓扑结构分析,实现漏电定点判定。井下各变电所安装智能门禁系统,对变电所人员进出进行智能管理;变电所电缆沟、电缆夹层安装测温装置,对动力电缆的温度进行在线实时监测;构建"协同运行+无人值守"智能供配电模式。

(1) 智能门禁系统建设

井下变电所目前普遍为敞开式或常闭式管理,安排人员值班,为保证变电所无人值守的安全运行,在各变电所安装智能门禁系统。

智能门禁系统集成了可视对讲功能、远程开门、人脸识别、指纹识别、刷卡认证开门、手动开门功能,满足现场门禁多种功能需求。进门能够记录人员信息,人员进门后,门锁自动延时上锁。视频抓拍,能够自动抓拍人员不当行为。可视对讲、远程开门可用于无卡或紧急情况应急通信使用。智能门禁系统示意图如图2-7-1所示。

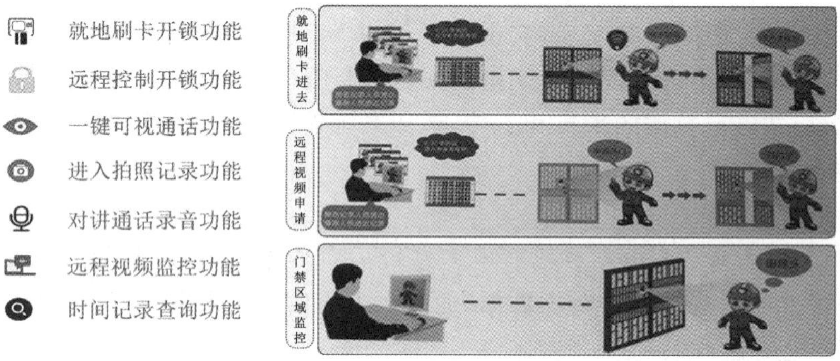

图2-7-1 智能门禁系统示意图

(2) 电缆沟、电缆夹层测温系统建设

电缆沟及电缆夹层动力电缆温度监测采用分布式光纤测温技术,依据背向拉曼散射原理和光时域反射定位原理研制而成,系统采用整条专用感温光缆作为温度传感器,集计算机、光纤通信、光纤传感、光电控制等技术于一体,测温分辨率为1 m一个测温点,可连续在线监测长距离大范围环境温度信息,可实现煤矿井下变电所夹层动力电缆测温,从而实现电缆夹层的火灾监测。系统架构示意图如图2-7-2所示。

(3) 防越级跳闸系统建设

防越级跳闸系统满足单独运行要求,无须依托电力监控系统或者电力监控站可实现。地面变电所6 kV/10 kV的一般型高压开关柜及井下变电所6 kV/10 kV的隔爆型高压配

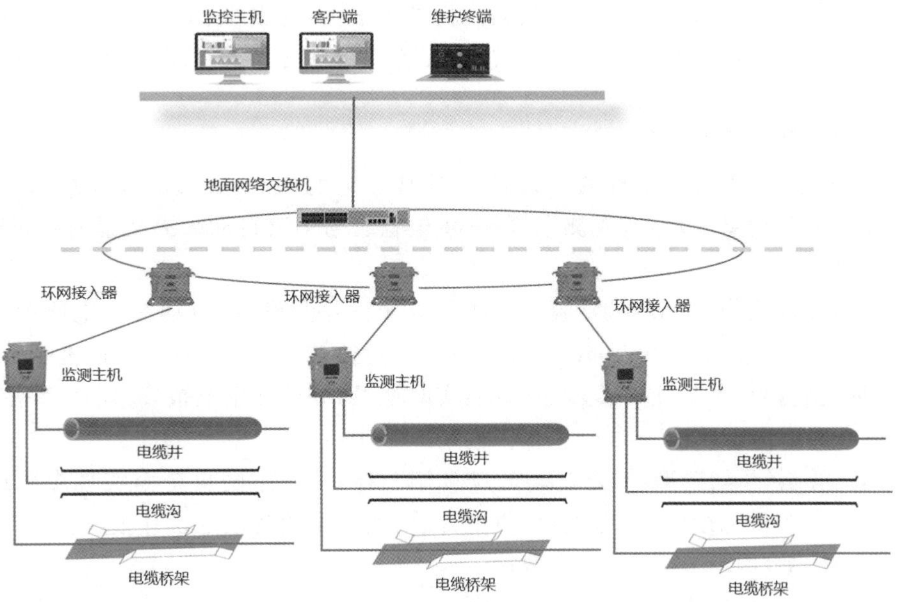

图 2-7-2　电缆测温系统架构示意图

电装置，采用具备防越级跳闸功能的微机智能综合保护装置。变电所内将所有高压开关智能综合保护装置的防越级信号口互联，实现变电所内部的防越级跳闸保护。

上下级变电所之间的防越级跳闸采用光纤通信，将下级变电所内两台总开关保护装置的光口和上级变电所内两台对应分开关保护装置的光口通过专用的光纤互联；实现变电所之间的防越级跳闸保护。

防越级跳闸系统基于地面和井下供电系统中所有同电压等级开关共享，实现故障发生时距故障发生点最近的开关瞬动，其余开关不动作。当故障最近点开关拒动时，其上级开关自动计算延时时间，故障不消除，开关逐级延时动作，一旦故障切除，上级开关即刻撤销本次延时动作准备，使开关跳闸影响范围最小。

（4）选择性漏电保护系统建设

煤矿高压供电线路发生漏电故障时，为了能精准选出故障所在回路，需增加选择性漏电保护系统，系统主要由矿用隔爆型高压漏电保护装置组成。矿用隔爆型高压漏电保护装置根据各支路零序电流实际相位，智能进行坐标转换，非故障线零序电流落在第Ⅳ象限。各线路零序电流由无功分量和有功分量两部分组成，消弧线圈只补偿故障点零序电流的容性无功分量，有功分量不受影响。非漏电支路零序有功电流只包含本线路对地的泄漏电流，且数值很小。而漏电支路零序有功电流主要来自消弧线圈本身的电阻损耗和接地电阻的有功损耗，且数值较大。故障时非故障支路的零序有功电流从母线流向负载侧，而故障支路的零序有功电流则从负载侧流向母线，大小等于非故障线路零序有功电流与中心点零序有功电流之和。综上所述，消弧线圈接地系统漏电支路的零序有功电流与非漏电支路的零序有功电流相比，具有幅值最大极性反相的特征，利用该特征实现选择性漏电保护。

3. 高级

安装具备煤矿井下使用条件的灭火器材，提高开关自身智能化程度，对关键部件的使用情况自诊断。提高平台数据共享与大数据分析判断能力,对开关的运行状态、运行参数,以及故障时的故障参数和负载设备启停、运行状况关联信息等进行大数据分析判断,构建“智能运行+云巡视”智能供配电模式。

(1) 自动防灭火系统

安装具备煤矿井下使用条件的灭火器材,完成与电缆沟测温系统、环境感知设备、供电系统的数据共享和信息联动,实现测温系统、供电系统与火灾自动灭火装置的协同控制。

(2) 云巡视

通过搭载高清摄像仪、拾音器、温度传感器等多种检测设备,自动对变电所内高低压开关等设备外观、开关参数、环境异响、环境参数等进行监测,并对监测的数据进行分析,自动判别异常,同时将巡检数据实时传输至云端,实时记录、分析并生成报表。

(3) 供电网络专家系统

① 集高/低压计算、选型、整定、报告、统计于一体:可通过网页全面实现煤矿地面及井下所有供配电系统供电绘图、供电设计、供电计算、整定保护及供电设计报告生成等功能,能计算煤矿供电参数和保护整定供电参数。

② 复杂电网绘图及选型:可实现从地面 35 kV/110 kV 到井下 6 kV/10 kV、3 300 V、1 140 V、660 V 高低压供电系统图的绘制,变压器、电动机、电缆、各种高低压开关等电器元件的自动绘图和选型等。

③ 各种高低压开关整定:可实现高低压短路电流、电压损失的自动计算,短路计算、整定保护及灵敏度校验。实现高压配电箱、馈电开关、启动器、变压器、组合开关的保护整定计算。

④ 自动生成井下、地面报告:能够自动生成供电设计报告,报告支持手工修改、云端保存、可随时查看等功能。随着供电负荷的增减,供电系统图的改变,之前所做的各项供电计算重新计算后将会随之改变,如开关的整定保护、电缆的选择和校验等。

(二) 供排水系统

1. 初级

供排水初级实现固定水泵房地面远程集中管控、有人巡视、无人值守等功能。大多矿井基本已实现初级功能。

针对已具有供排水监控系统,但存在监测设备不全、控制功能不完善的系统,通过改造达到初级标准,主要建设以下内容。

(1) 井下设置隔爆兼本安控制器,对缺少的传感器进行补充,如增加流量监测、振动监测等,并接入原供排水系统的保护及控制装置,通过以太网实现供排水系统联网功能。

(2) 在重点区域配备摄像仪,实现视频监控,以便处理和解决供排水系统运行中出现的各种问题和事故。

(3) 增加传感器,实现双水位监测报警,采用投入式液位传感器、超声波液位传感器,实现连续水位监测;采用浮球开关方式实现水位高低限监测。通过两种及两种以上类型的传感器实现水位监测双重保障。

(4) 建设统一的管控平台,操作人员可在地面对水泵的运行参数进行设置,如水位高低限、压力高低限、最小流量、最低负压等。实现对供排水系统的远程一键流程启停控制,直观、全面地反映安全生产状况。

2. 中级

实现固定泵房、离散排水点、供排水管网的集中管控。

(1) 设备单点注油润滑

每台泵配置单点注油器，实现单台水泵自动注油，可任选注油周期，设定日期显示功能，可显示供油受阻情况和停止喷油日期，便于供油管理，注油器更换润滑脂后可再次使用。单点注油器如图 2-7-3 所示。

图 2-7-3　单点注油器

(2) 多水平阶梯式联合排水

通过建立多级排水控制策略模型，完善各泵房监测参数和控制程序，通过以太网传输网络实现离散排水点、采区泵房、主排水泵房以及阶梯式排水点的水位状况和设备运行状态监控，实现各排水点之间的数据交互，基于各排水点水位和排水量，自动调度各排水点水泵的开停，实现多水平阶梯式联动排水智能监控。

(3) 管网监测系统

在供水管路的重要节点安装流量计、压力传感器和水质传感器，实现供水管路压力、流量和水质的监测；在排水管路主要节点安装流量计，实现排水流量的监测；信号接入监控分站或控制箱，通过无线或有线的方式接入到环网，实现供排水管网的监测。

(4) 小水窝离散点排水系统

实现小水窝离散排水点的自动控制，对水位进行实时监测，根据水位设定自动启停泵。同时具备缺水保护功能，避免设备损坏。通过无线网络或者光缆、RS485 网络进行数据传输，实现离散排水点的信息化管理。整巷道水窝监控组网如图 2-7-4 所示。

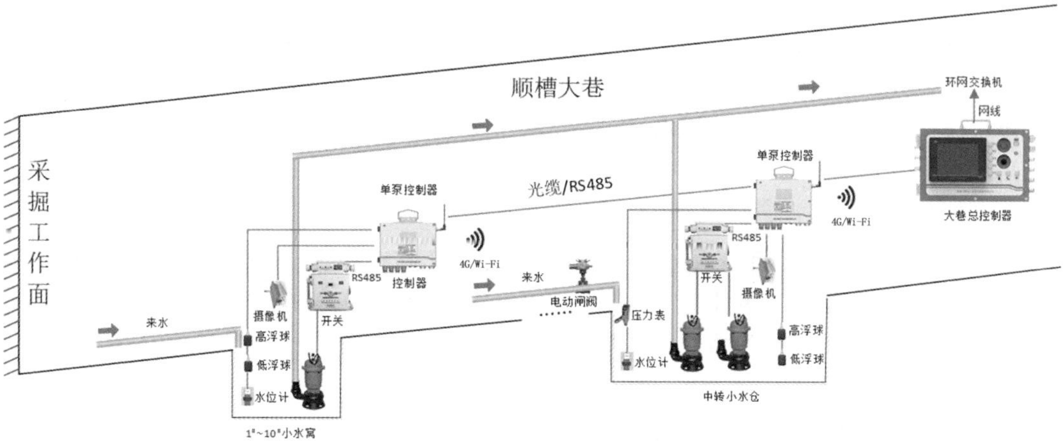

图 2-7-4　巷道水窝监控组网

(5) 自动灭火

自动灭火系统配置火焰传感器用于监控是否有火焰，配置烟雾传感器用于监控是否有燃烧烟雾。火焰或者烟雾传感器检测到火焰或者烟雾信号时，控制器对环境中的火灾信号进行快速采集与处理，启动声光报警器的同时快速喷洒出灭火介质，抑制燃烧火焰传播。

3. 高级

实现固定泵房云巡视,优化供排水系统控制功能,实现淤泥在线监测及自动清淤功能,真正实现供排水系统无人智能运行。

(1) 设备预防性维护和检查

设备预防性维护和检查系统由矿用本安型振动加速度传感器、矿用本安型振动监测仪、矿用本安型采集分站等主要设备组成。

矿用本安型振动监测分析仪通过特有的故障诊断算法(故障频率计算、故障特征提取、故障部位与严重程度智能判断),对振动信号进行分析诊断,实现机电设备运行状态实时诊断。诊断结果和报警后的数据通过交换机发送到数据库存储,监测诊断系统软件,通过数据库信息实现趋势分析、报表查询、报告生成、诊断显示等功能。

① 实时智能诊断:根据振动信号进行智能分析,获取设备故障的特征频率,对故障进行早期识别,并准确识别机械松动、轴承磨损等故障特征,同时识别故障的严重程度。

② 故障定位、故障程度、故障类别可视化直观显示,系统可实时直观显示轴承故障等级;可对设备的轴承内圈故障、外圈故障、滚动体故障、配合松动故障等进行智能判别和显示。

③ 历史趋势分析:给出不同测点一段时间内的关键参数变化情况,通过时间段选择,进行趋势变化分析。

④ 振动信号分析:提供频谱分析与包络谱分析等常见振动信号离线分析功能,为用户离线分析提供分析工具。

⑤ 通过云端平台分析:授权专家可以实现远程诊断与协助,同时支持基于大数据分析的数据价值挖掘。

(2) 自动轮换

统计各水泵、阀门运行时间、启停频次等参数,并结合排水效率等信息制定水泵轮换策略,使各水泵及管路的使用率均匀分布,实现各设备的均衡磨损。当水泵在启动或运行过程中出现故障、运行水泵达到轮换条件时,自动停止当前水泵并投入新水泵排水,实现多台水泵自动轮换工作控制。

(3) 云巡视

按照预设时间及路径进行自动巡视,通过搭载AI高清摄像仪、拾音器、环境参数采集仪等多种检测设备,对水泵漏水及工作异响、驱动电机热分布、泵房积水和环境参数等进行实时监测分析,并自动识别异常状况,同时将巡检数据实时传输至云端,实时记录、分析并生成报表。

可实现盘根漏水、泵房积水、巷道沿线集水坑积水等煤矿安全隐患自动识别,同时实现预警与联动控制。盘根漏水及泵房积水识别如图2-7-5所示。

(4) 系统联动控制

基于智能化综合管控平台,实现排水监控系统与水文监测系统的实时数据交互,提前获取区域涌水量信息,根据水仓入口流量及水文系统数据计算区域涌水量,根据涌水量自动调节排水泵运行台数,并自动切换排水管路,实现最大流量排水和最高效率排水等功能,实现联动预警控制。

图 2-7-5 盘根漏水及泵房积水识别

实现与电力监控系统关联并实时采集电参数，在线监测主排水系统及污水处理系统的工序能耗、吨水百米能耗等参数，同时在安全水位时实现电力"避峰填谷"排水。

(5) 供排水一体化监控

在建立离散点水窝排水、采区水泵房、主排水泵房三级智能排水体系的基础上，向上融合探放水、水文监测系统，向下融合水处理、供水系统。对用水量进行统计、趋势判断和预分析，实现多传感器和各系统数据融合，通过控制智能闸阀开度，实现供水管路流量的控制，实现按需供水和对用水量的预分析。

(6) 多参数融合智能隐患识别

采用水位、温度、振动、视频监视、音频分析等相结合的方式，对离散点水窝溢水、水泵干烧、盘根漏水、阀杆堵转、水泵汽蚀、水泵共振、不对中、不平衡等故障进行智能识别。

(7) 淤泥在线监测与自动清淤

淤泥在线监测采用浊度仪等方式监测矿井水浊度，从而判断水仓是否积淤；排水系统清淤主要通过渣浆泵泵送、压滤、清淤机器人三种方式，实现离散点水窝、固定泵房水仓的自动清淤。水仓清淤机器人本体主要由循环铲斗、行走装置、卷扬系统、液压动力系统、环境感知系统、无线遥控电气系统等组成。清淤机器人将铲斗移动至水煤泥和淤泥的中间，启动铲斗，铲斗输送的淤泥及水煤泥运输至淤泥输送泵，再由输送泵加压运输至管道，再经过脱水、装袋等处理，实现自主完成清淤作业。

(三) 压风制氮系统

1. 初级

压风制氮系统实现压风(制氮)机房远程集中控制、有人巡视和无人值守等功能。大多矿井基本已实现初级功能。

针对已具有压风制氮系统，但存在监控设备不全、通信功能不完善的系统，通过改造达到初级标准，主要建设以下内容。

(1) 压风(制氮)机房设置 PLC 控制柜，对缺少的传感器进行补充，如氮气流量监测、风包温度等,并接入原压风制氮系统,通过以太网实现压风制氮系统联网功能。

(2) 在重点区域配备摄像仪,实现视频监控,以便更有效地指挥生产,以及处理和解决生产中出现的各种问题和事故。

(3) 建设统一的管控平台,操作人员可远程对压风机、制氮机、冷干机、冷却水泵、闸阀、球阀等设备进行控制。实现对压风制氮系统的远程一键流程启停控制,直观、全面地反映安全生产状况。

2. 中级

在初级功能的基础上实现根据工作需要决定风机工作台数,优化逻辑控制,同时增加数据统计与能耗分析、系统集成与智能联动、系统可靠性设计等功能,并实现无人值守。

(1) 优化控制

机组自动轮换:机组可实现自动轮换,以确保各机组的运行时间大致相近,最大程度保证各空压机的运转时间均衡。

联动节能控制:根据管网压力、设备运行时间等因素自动调节压风机投入的时间和台数。当系统用气量增大导致压力下降或机器出现故障时,自动开启备用机;当用气量减少导致压力上升时,自动减少运行台数。

(2) 数据统计与能耗分析

① 供电监测

获取高压配电柜的状态信号,如分合闸信息、电压、电流、功率等参数情况。

② 压风机开机率统计分析模块

对每台压风机实际处于运行状态时间与应工作时间之间的比率按照日、月、年的方式进行统计,计算设备开机率。

③ 压风机开、停机状态统计分析模块

对每台压风机的运行时间、闲置时间和维修时间按照周、月、季、年的方式进行统计,可以自由选择查询时间并准确了解查询时间内每台压风机的运作状态。

④ 压风机开、停机次数统计分析模块

对每台压风机的开机、停机次数按照日、月、季度、年的方式进行数据统计,避免用户长期频繁开启固定设备,闲置其他设备,导致设备缺少维护或缺少使用产生安全事故。

⑤ 压风机温度及振动数据统计分析模块

对压风机的温度及振动数据按照分钟、小时、天的方式进行数据统计,方便用户了解每台压风机的温度及振动情况,方便指导后期维护工作。

⑥ 压风机运行时长统计分析模块

对每台压风机的运行时长按照周、月、季、年的方式进行数据统计,方便用户了解每台压风机的运行时长,避免用户长期运行同一台压风机,导致设备缺少维护检修产生安全事故。

⑦ 压风机故障类型统计分析模块

对压风机监控系统的所有故障报警按照周、月、季的方式进行数据统计,并按照设备号、故障类型进行归类划分。通过该分析模块用户可以了解近期哪些设备的哪种故障发生的最为频繁,方便指导后期维护工作,提高设备的使用效率和维护效率。

⑧ 压风机工序能耗分析模块

对压风工序能耗情况按照月、季、年等时间周期进行数据统计,方便用户直观了解近段时间压风机工序环节的能耗情况。

(3) 智能门禁系统

针对主要压风(制氮)机房的控制室和配电室,设置智能门禁系统,通过面部识别录入值班人员信息,门禁检测到未经授权的人员不会打开,同时联动监控主机发出警报信息。

通过视频识别技术,在空压机边界设置任意形状的周界保护区域,当有人进入保护区域时,发出提醒语音并记录相应的时间和图片。

(4) 自动灭火

自动灭火系统配置火焰传感器用于监控是否有火焰,配置烟雾传感器用于监控是否有燃烧烟雾。火焰或者烟雾传感器检测到火焰或者烟雾信号时,控制器对环境中的火灾信号进行快速采集与处理,启动声光报警器的同时快速喷洒出灭火介质,抑制燃烧火焰传播。

3. 高级

系统在高级阶段除具有初、中级阶段的功能外还具有设备预防性维护和检查、变频调速控制、云巡检、管网压力及漏风监测等功能。

(1) 设备预防性维护和检查

设备预防性维护和检查系统由矿用本安型振动加速度传感器、矿用本安型振动监测仪、矿用本安型采集分站等主要设备组成。

矿用本安型振动监测仪通过特有的故障诊断算法(故障频率计算、故障特征提取、故障部位与严重程度智能判断),对振动信号进行分析诊断,实现机电设备运行状态的实时诊断。诊断结果和报警后的数据通过交换机发送到数据库存储,监测诊断系统软件通过数据库信息实现趋势分析、报表查询、报告生成、诊断显示等功能。

① 实时智能诊断:根据振动信号进行智能分析,获取设备故障的特征频率,对故障进行早期识别,并准确识别机械松动、轴承磨损等故障特征,以及识别故障的严重程度。

② 故障定位、故障程度、故障类别可视化直观显示,系统可实时直观显示轴承故障等级:可对设备的轴承内圈故障、外圈故障、滚动体故障、配合松动故障等进行智能判别和显示。

③ 历史趋势分析:给出不同测点一段时间内的关键参数变化情况,通过时间段选择,进行趋势变化分析。

④ 振动信号分析:提供频谱分析与包络谱分析等常见振动信号离线分析功能,为用户离线分析提供分析工具。

⑤ 通过云端平台分析:授权专家可以实现远程诊断与协助,同时支持基于大数据分析的数据价值挖掘。

(2) 云巡视

压风(制氮)机房实现云巡视。可按照预设时间及路径进行自动巡视,通过搭载高清摄像仪、拾音器、温度传感器等多种检测设备,自动对压风(制氮)机房内的高低控制柜、系统监控柜、压风机、制氮机、风包及压风机房区域内的管路等进行监测,并对监测的数据进行分析,同时将巡检数据实时传输至云端,实时记录、分析并生成报表。

(3) 管网压力及漏风监测

在地面和井下主干及分支供风管路需要监控的节点,安装红外热成像仪、压力传感器、监测分站，实现供风管网压力及漏风监测与报警。

在矿用空压机的气体管路和阀门两侧分别布置一台在线式红外热成像仪，同时采集红外图像。红外热成像仪接入空压机房中的环网中，将红外视频信号传入监控中心控制室内的红外识别系统，并通过计算机对所采集到的红外图像进行去噪、分割和特征提取，然后进行空压机管路气体泄漏故障识别，并将红外监控视频和泄漏识别结果显示于监控计算机上，最终达到对矿用空压机管路气体泄漏故障在线监测的目的。矿用空压机管路气体泄漏监测架构图如图 2-7-6 所示。

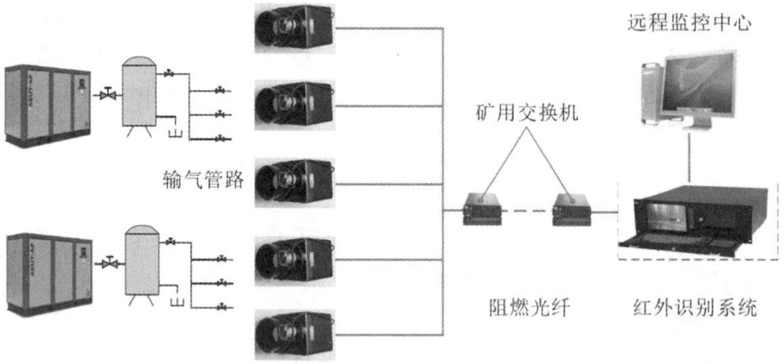

图 2-7-6　矿用空压机管路气体泄漏监测架构图

三、典型案例

【案例一】

大柳塔煤矿供配电监控系统。

(一) 建设条件

大柳塔煤矿是国家能源集团第一个按照“高起点、高技术、高质量、高效率、高效益”方针建成的特大型现代化高产高效煤矿，先后多次创造国内外行业新纪录和世界第一，位于陕西省神木市境内。

大柳塔煤矿大井井下设计 2 个变电所，变电所供电电源引自白家渠 35 kV 变电所和 10 kV 4 条电源出线(分别是＃1102、＃1202、＃1103、＃1203)给五盘区供电，五盘区变电所 2 条电源出线(＃1507、＃1610)给六盘区变电所供电。大柳塔煤矿变电所高压开关上原有保护装置不具有供电防越级跳闸功能，并且原有保护发生漏电事故时接地选线不准，以及原有防爆开关保护无法对机构灵敏性进行监测。以上原因导致变电所越级跳闸现象时有发生，不仅扩大了停电范围还严重影响矿井安全生产。

(二) 建设内容

采用分布式网络保护防越级跳闸技术来解决防越级跳闸技术难题，该技术基于井下光纤环网，各级供电开关的微机保护装置构建防越级网络，保护装置之间信息共享，打破原有的微机保护装置“各自为政”“互不联系”“孤岛运行”的模式，各微机保护装置之间通过井下光纤环网实时、快速交互信息，不依赖电力监控分站和工控机，各微机保护装置共享各自所处的供电级别和采集的电气数据，自动构建防越级网络，由最下级微机保护装置(即离故障点最近开关的保护装置)驱动开关跳闸切除故障,上级保护装置不发跳闸命令,其开关不跳闸,达到防越级跳闸的目的。

（三）应用效果

系统具有全面的防越级跳闸、高压漏电精确选线、远程控制智能预警、防误闭锁卫星校时等功能。系统监测数据、开关远程分合闸、开关机构动作时间监测、保护器定值统一管理、联席操作等系统功能。

【案例二】

棋盘井煤矿水泵房自动化系统。

（一）建设条件

棋盘井煤矿位于内蒙古自治区鄂尔多斯市鄂托克旗境内,行政区划隶属鄂托克旗棋盘井镇,是煤焦化公司产业链上焦煤的主要供应基地,矿井地质条件简单,矿压显现不明显,水文地质条件复杂,无高温热害。

辅运水泵房使用2台MD155-67×8多级耐磨离心泵进行排水作业,设备工况参数监测不全、控制功能不完善,需人员现场观测水位高低和设备工作状态并进行现场操作。排水系统整体自动化水平低,人员工作效率低。

（二）建设内容

水泵房控制系统主要由矿用可编程控制器、矿用本安型操作台、电动闸阀、电动球阀以及水位、压力、流量、振动、温度等传感器组成。具备远程、自动、手动等多种控制方式,实现在线监测系统的设备运行、电参数、水位、压力、真空度、温度、流量、振动等实时参数。实现地面远程集中控制,现场无人值守、有人巡视的智能排水模式。

水泵房排水采用射流泵抽真空、真空泵抽真空两种引水装置,水仓水位监测具有双水位双报警功能。

在水泵房配备了摄像仪,实现视频监控,并与控制系统对接,实现智能联动,当集控系统内某台设备发生故障时,监控系统将设备的监控画面自动弹出,进行预警。

根据水仓水位的高低或井下用电负荷的高、低峰和供电部门所规定的平段、谷段、峰段供电电价时间段合理调度水泵,在安全水位时实现电力“避峰填谷”排水,控制水泵的投入和备用,自动准确发出启、停水泵的命令,合理调度水泵,实现水泵智能优化控制。

通过水泵轮换策略,当水泵在启动或运行过程中出现故障以及运行水泵达到轮换条件时,自动停止当前水泵并投入新水泵排水,实现多台泵自动轮换工作控制。

操作人员可在地面对水泵的运行参数进行设置,如水位高低限、压力高低限、最小流量、最低负压等,并实现对排水系统的远程一键流程启停控制。系统具备故障监测及预警功能,能够提前预知设备故障。系统的软件接口开放,数据可接入智能矿山综合管控平台。排水泵房监控系统界面如图2-7-7所示。

（三）应用效果

辅运水泵房智能化排水系统建成后,功能达到了初级阶段的水平。实现了地面远程集中管控、有人巡视、无人值守,对相关设备进行自动控制、自我检测,能够实现故障、水位超限等情况的声光网络报警,使运行设备达到最佳的工作状态,并能够达到节约能源、

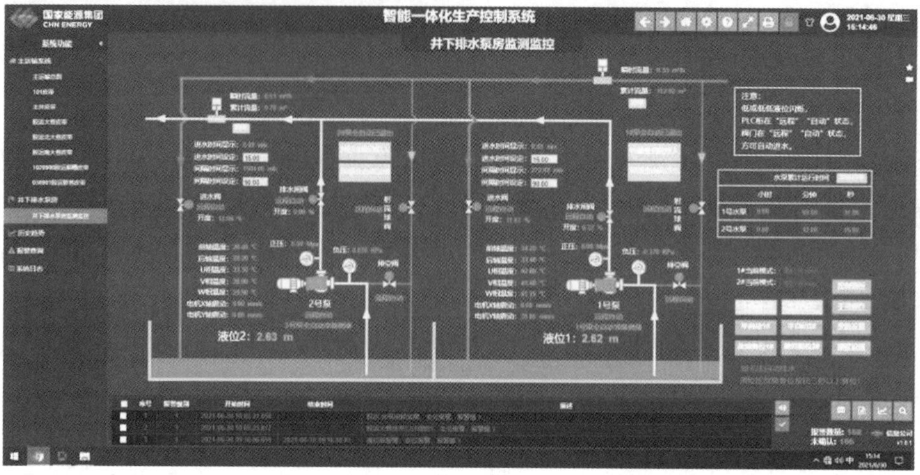

图 2-7-7　棋盘井煤矿水泵房监控系统界面

降低成本、延长设备的使用寿命，提高设备的自动化水平，促进矿井的健康可持续发展，有效减员 4 人。

第三部分

露天煤矿

第一章　智能穿爆

一、初级

构建“精准定位＋精确感知控制＋自动设计”智能穿爆模式。

（1）穿孔设备具备钻头位置监控、引导定位等功能，实现行走速度、钻进速度、回转压力等数据精准感知和精确控制。

（2）装药车具备精准定位、调度通信管理、作业状态监测及异常报警等功能。

（3）穿爆管理系统具备穿孔作业自动设计、火工品数量精确计算等功能。

二、中级

构建“自动布孔＋远程操控＋跟机干预”智能穿爆模式。

（1）穿孔设备具备孔位精准对位、钻杆自动钻进、炮孔数据精准采集等功能，实现可视化远程操控。

（2）装药车具备接收钻孔定位信息、装药设计数据等功能，实现逐孔、定量装药。

（3）穿爆管理系统具备地质及测量数据管理、爆区三维建模、设计优化、爆破模拟、爆破效果预测等功能。

三、高级

构建“自主运行＋高效协同＋无人干预”智能穿爆模式。

（1）穿孔设备具备岩性识别、自主运行、应急接管等功能，实现与采装、运输等环节高效协同。

（2）装药车实现自主行驶、逐孔精准装药，炮孔填塞机实现精准定位、逐孔填塞。

（3）穿爆管理系统具备三维建模、爆破警戒区域远程监控及危险预警功能，根据历史爆破效果，实现智能优化孔网参数、智能布置孔位、精确设计火工品单耗。

一、解读

（一）初级

【原文】 构建“精准定位＋精确感知控制＋自动设计”智能穿爆模式。

【条文解释】

精准定位＋精确感知控制——初级阶段，为实现穿孔作业的精准、高效，穿孔设备需实现引导定位，根据对相关运行参数的精准感知实现钻机、装药车的精确控制等功能。

自动设计——穿爆管理系统初期主要为爆破设计功能，根据输入的煤岩信息、台阶参数实现自动设计钻孔功能，并根据给定数据实现药品选择、火工品用量计算功能。

【原文】 (1) 穿孔设备具备钻头位置监控、引导定位等功能,实现行走速度、钻进速度、回转压力等数据精准感知和精确控制。

【条文解释】

钻头位置监控——主要对钻头的对正情况、作业过程进行监控。

引导定位——将高精度的定位系统应用于钻机,实现定位导航。

精准感知——包括行走速度、钻进速度、回转压力、振动参数等。

精确控制——根据操作指令,对钻机实现精确操控。

【原文】 (2) 装药车具备精准定位、调度通信管理、作业状态监测及异常报警等功能。

【条文解释】

装药车精准定位——主要采用精确定位系统,实现装药车精准定位,以确保其在预定范围内作业。

调度通信管理——需要其接收自动设计信息,实现按设计参数进行装药。

作业状态监测及异常报警——包括对其行走线路、行走速度等作业参数,装药操作过程,装药数据,运行故障等进行监测,并保证异常情况下的及时报警。

【原文】 (3) 穿爆管理系统具备穿孔作业自动设计、火工品数量精确计算等功能。

【条文解释】

穿爆设计软件根据待爆区域地质条件进行钻孔设计与火工品需求量自动计算,从而提高爆破效率,确保爆破效果,降低爆破成本。

(二) 中级

【原文】 构建"自动布孔+远程操控+跟机干预"智能穿爆模式。

【条文解释】

自动布孔——该功能需要穿爆管理系统通过无线通信技术将孔位信息下传至钻机、装药车终端。钻机根据孔位信息进行布孔与钻进,装药车根据孔位信息进行装药。

远程操控+跟机干预——为改善操作工人劳动环境,减少振动及粉尘对工人职业健康安全的影响,需实现远程操控,改造初期为确保安全,还需要一定的跟机干预。通过摄像头等实现对钻机状态的可视化监控。

【原文】 (1) 穿孔设备具备孔位精准对位、钻杆自动钻进、炮孔数据精准采集等功能,实现可视化远程操控。

【条文解释】

孔位精准对位——根据钻孔设计位置信息,对钻头进行精准定位,减少偏差。

钻杆自动钻进——孔位确定及其他钻进准备工作完成后,钻机可自动调整作业姿态,开始自动钻进。

炮孔数据精准采集——为确保钻孔达到穿爆施工要求,需通过钻机或测量机器人采集孔深、温度、高程等数据,确保达到钻孔效果,并记录钻进过程中产生的数据,记录、上传设备故障数据,形成穿孔日志。

可视化远程操控——为改善穿孔作业人员长期受震动、粉尘、噪声等影响的情况,实现穿孔作业面的减人、无人,需要借助无线通信技术、智能控制技术逐步实现穿孔作业的远程操控作业,包括视距内的操控及远程控制中心的远程操控。

【原文】 (2) 装药车具备接收钻孔定位信息、装药设计数据等功能,实现逐孔、定量装药。

【条文解释】

装药车与穿爆管理系统实现无线通信，接收钻孔定位信息及钻孔装药数据，根据下传至装药车的装药数据，逐孔、定量完成装药工作。

【原文】 (3) 穿爆管理系统具备地质及测量数据管理、爆区三维建模、设计优化、爆破模拟、爆破效果预测等功能。

【条文解释】

数据管理——主要包括爆区的岩性信息、台阶高度、平盘宽度、台阶坡面角等参数。

爆区三维建模——根据台阶揭露区域地测信息，对爆区进行三维地质建模。

爆破模拟、爆破效果预测——结合历史爆破参数、爆破效果等数据，待爆区岩性条件，实现智能分析、优化设计，爆破模拟功能，对爆破效果进行预测，以利于穿爆管理人员进行相关预判。

设计优化——根据待爆区岩性条件，可实现智能分析、自动设计及优化装药、填塞等功能。

（三）高级

【原文】 构建"自主运行＋高效协同＋无人干预"智能穿爆模式。

【条文解释】

此部分是为了实现穿爆作业的无人(少人)化目标。智能穿爆系统进一步智能化升级，实现精细化建模—穿爆设计及优化—穿孔—装药—填塞—起爆的全过程智能化作业。

【原文】 (1) 穿孔设备具备岩性识别、自主运行、应急接管等功能，实现与采装、运输等环节高效协同。

【条文解释】

岩性识别——钻机根据钻头传感器等部件获取的感知数据，自动分析判断岩性，为爆区建模、装药优化设计、钻机运行提供参数。

自主运行——在中级的远程操控基础上，实现无人值守作业，可通过车载智能控制系统，根据接收的定位信息、设计钻孔参数实现自主导航运行、自动穿孔。

应急接管——如存在异常情况，可实现人工接管。

与采装、运输等环节高效协同——在进行穿孔、爆破作业时，与周边的采装、运输作业互不干扰。

【原文】 (2) 装药车实现自主行驶、逐孔精准装药，炮孔填塞机实现精准定位、逐孔填塞。

【条文解释】

逐孔精准装药——在满足相关爆破作业安全规程、确保安全的前提下，实现装药作业的少人、无人，并能根据优化的装药数据(钻机传回的岩性数据优化设计)差异化装药。

精准定位、逐孔填塞——借助自动定位及导航技术，填塞机实现自主运行及自动充填作业。

【原文】 (3) 穿爆管理系统具备三维建模、爆破警戒区域远程监控及危险预警功能，根据历史爆破效果，实现智能优化孔网参数、智能布置孔位、精确设计火工品单耗。

【条文解释】

三维建模——对智能设计系统进行升级,根据智能钻机传回的岩性数据,实现爆区精细化三维建模。

爆破警戒区域——为全程掌握爆破区域关键环节和现场工况,建立远程监控及危险预警系统,与综合管控平台广播系统实现即时通信,实现爆破警戒区域的远程监控及危险预警。

智能优化孔网参数——优化设计孔网参数,精确设计火工品单耗,增强穿爆工程效果,提高爆破效率,降低爆破成本。

二、解决方案

(一)初级

结合高精度定位技术实现自主导航,并能通过指令引导钻机钻头定位、对孔及钻进,满足高效、精确要求。系统使用高精度 GPS 和三维导航算法,确保导航精准,实现位置监测。安装视频监控,全方位地监控钻头作业状态。

选用的穿孔设备具备行走速度、钻进速度、回转压力等数据精确感知功能。选用的装药车具备精准定位、调度通信管理、作业状态监测及报警等功能。通过采集设备运行数据,对作业状态进行监测,通过设定开关量、模拟量阈值实现对超速、超界、故障等设备运行指标的预警预报。

开发应用爆破设计软件,对爆区进行钻孔设计、火工品计算等。实现爆破设计与AutoCAD、Office 平台动态交互功能,方便输出爆破施工组织设计文档,实现设计参数的图形动态关联与更新。

(二)中级

钻机车载智能控制系统通过高性能无线通信系统,将视频信息发送到远程控制中心,完成远程操控的可视化功能。钻机接收智能控制系统输出的运行指令,转变成开关量、模拟量等信息,控制钻机原有电位器控制部分,完成对钻机液压、空压系统的控制。在远程操控状态下,能够接收遥控端的控制指令,完成自动钻孔作业。通过传感器获取钻机速度、空压机温度、空压机压力、液压油压力、液压油温度、钻孔深度信号和钻机振动信号等信息,将这些信息上传到穿爆管理系统,形成穿孔作业日志。钻机驾驶室内、外安装视频监控,全方位地监控设备作业环境和作业状态,为作业平盘安全检测、钻机运行时的线缆管理、遥控监测提供有效信息(图 3-1-1)。

对装药车控制系统进行智能化升级,从寻、测、装三个步骤实现装药车自动装药控制。利用高精度差分定位系统进行寻孔,同时采用机器视觉技术对孔的位置进行精确定位,利用孔深测量装置实现孔深和孔内水深以及孔底温度的精确测量,通过控制总线对装药车的填药控制设备进行填药控制。填药结束后设备主机发出装药完毕提示,自动装药即结束。

开发应用爆破设计软件,结合已揭露区域地测信息,对爆区进行三维地质建模。对爆破设计软件进行升级,开发具备智能分析、设计、模拟、预测功能的软件,实现爆破设计中的炸药品种优化选择,药量优化计算,装药结构、组网、延期时间自动设计、文档输出等功能(图 3-1-2、图 3-1-3)。

图 3-1-1 钻机现场作业

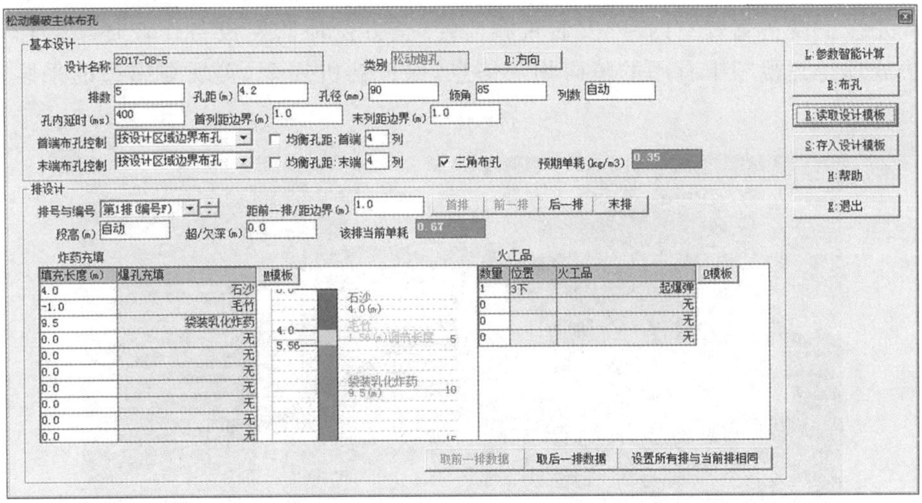

图 3-1-2 系统自动生成爆破设计界面

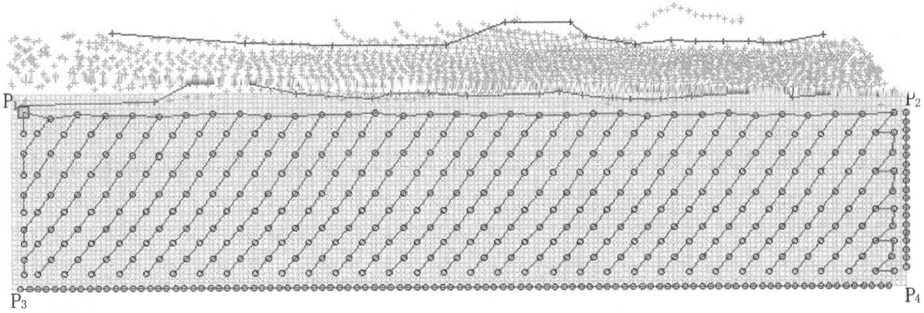

图 3-1-3 炮孔布置

穿爆管理(软件)系统实现与智能穿孔及装药装备之间数据信息的交互功能,通过高性能无线通信技术与穿爆设备实现数据传输与指令传达。结合高精度定位技术、三角定位算法、三维导航算法和差分数据处理技术,组成高精度定位系统,使导航精准度大幅提升。

（三）高级

建立矿山地质信息与火工品智能匹配数据库。根据实际爆破效果对设计参数重新调整优化，实现钻孔的优化布置、火工品的逐孔精确计算、优化设计结果三维可视等功能。

实现远程监控及危险预警功能。矿区监控范围覆盖爆破警戒区域，选用超高清超长焦距云台摄像机，监控视频由统一搭建的骨干光纤网络回传至穿爆管理系统数据中心，通过人形侦测和移动检测算法判定是否有人或者移动设备进入视频画面警戒区域，一旦触发警戒则通过声光报警以及客户端画面强制弹出对话框的形式提醒调度员预警信息，实现爆破警戒区域的远程监控及危险预警。

对穿爆设备车载智能控制系统进行智能化升级，结合环境感知系统、多传感器数据和智能算法，在精确导航定位的条件下，自动生成运行指令，完成钻机的自动钻孔作业、装药车（图3-1-4）的自主行驶与装药作业、填塞机的自动填塞作业等无人（少人）值守作业。智能控制系统具备模式切换功能，可对远控信号与人工驾驶控制信号进行识别区分，实现人工操作的最高优先级。设备驾驶室内/外安装视频监控，全方位地监控设备作业环境和作业状态。通过算法处理得到视频中有用的障碍物等信息，保证钻机安全，实现与周边的采装、运输作业互不干扰。

图3-1-4　智能装药车

三、典型案例

以准能集团黑岱沟露天煤矿智能穿爆作业为例，该案例达到了本《指南》的中级标准。

（一）建设条件

黑岱沟露天煤矿应用北斗卫星精准定位、孔深智能测量、智能装药以及数码雷管精准起爆等技术，建成智能爆破设计系统、智能布孔系统、混装炸药车智能装药系统等，实现了穿爆作业全流程的智能化。

黑岱沟露天煤矿采用综合开采工艺，其中：在剥离工程方面，上部黄土层及岩石层（厚度约165 m），采用单斗卡车间断工艺，煤层顶板以上（厚度约45 m）岩石层采用吊斗铲倒堆工艺（图3-1-5）；在采煤工程方面，采用单斗卡车—半固定破碎站半连续工艺。为便于挖掘机采装和吊斗铲作业，上部岩层需进行松动爆破，煤层顶板上部岩层需进行抛掷爆破。

图 3-1-5　吊斗铲作业

智能化建设前，穿爆设计采用传统的 CAD 二维设计；布孔方式为多名工程技术人员根据爆区孔网参数，现场步行定位炮孔，每个爆区约 700 个炮孔，需要工程技术人员 3 天的工作时间才能完成，工作效率较低。钻机钻孔时，需 1 人在地表指挥，司机在驾驶室内操作，两人配合才能对准炮孔，工作环境恶劣，工作效率低，且孔位定位误差大。

爆破所需炸药由准能集团炸药厂供给，现场混装炸药车进行生产及装药作业。

（二）建设内容

1. 智能穿爆设计系统

黑岱沟露天煤矿穿爆设计使用爆破数字化综合处理系统（Ksbp）进行设计。将现场技术人员利用北斗卫星精准定位设备采集的爆区位置坐标，爆区坡顶面、坡面、坡底面等数据导入爆破设计软件，便可根据技术人员要求进行孔位设计（图 3-1-6）、孔深设计、装药设计（图 3-1-7）、延期时间设计以及爆破安全验证等工作。

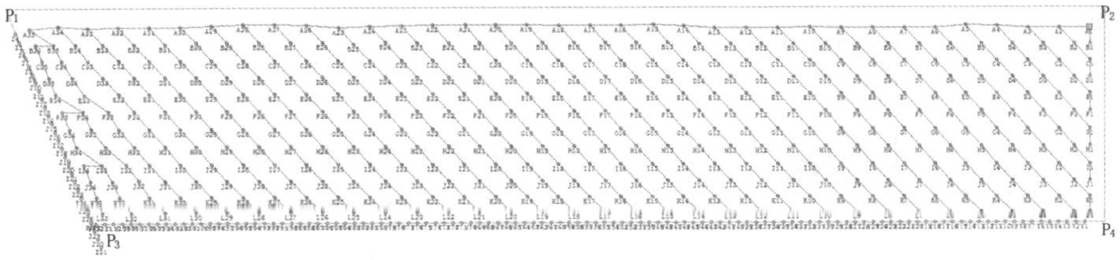

图 3-1-6　炮孔孔位设计

2. 智能布孔、对孔系统

智能穿爆设计系统快速完成布孔设计后，将炮孔位置、孔深等信息发送至钻机终端，钻机通过北斗卫星定位系统自动对位，进行穿孔作业。

3. 孔深测量机器人

采用机器人底盘自主导航技术，通过高精度 RTK 卫星定位系统，完成炮孔位置自动巡航。在炮孔附近，通过机械臂移动摄像头，完成图像识别自动对准孔位，然后进行炮孔孔深、水深、温度的自动测量。通过智能巡航，将整个爆区炮孔测量完毕，将每个孔位的孔深、水

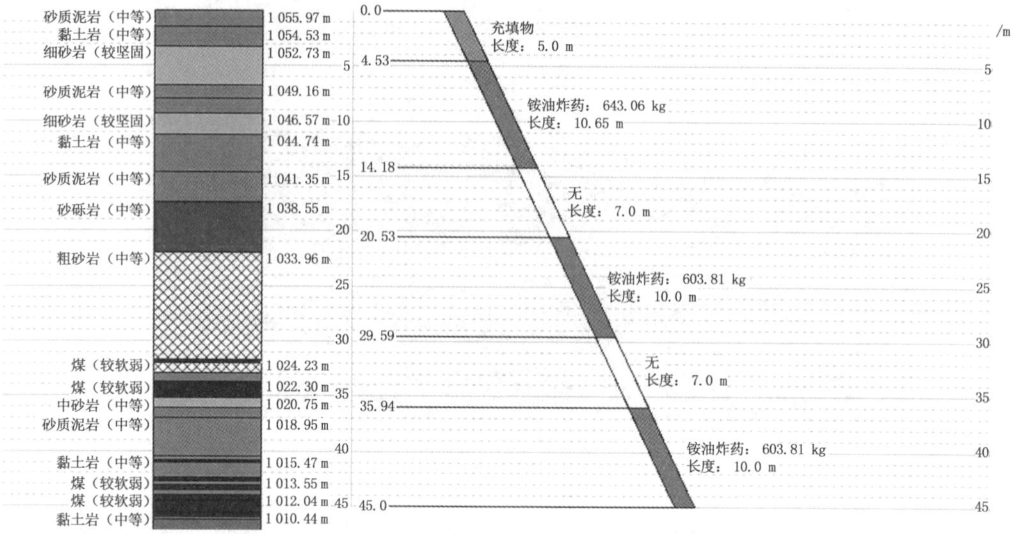

图 3-1-7　炮孔装药结构设计

深、温度数据上传至云端服务器,为爆破设计提供精准数据,如图 3-1-8 所示。

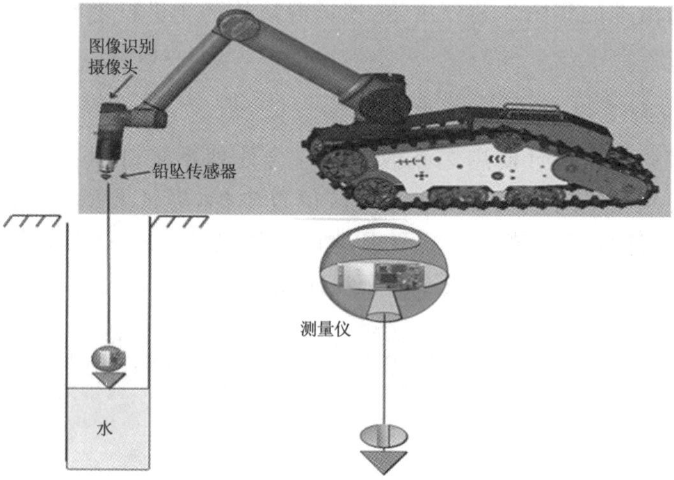

图 3-1-8　孔深测量机器人示意

4. 智能装药系统

混装炸药车从网络自动获取通过机器人测定的拟爆区炮孔孔深、通过爆破管理系统精准计算炮孔的装药种类和数量。混装炸药车开始对爆区进行装药时,车上的显示屏自动显示当前炮孔的装药类型和数量,并通过通信接口将装药类型、装药量传送到混装炸药车的PLC 模块进行自动装药。装药结束后将炸药种类、装药数量、炸药车车号、驾驶员姓名等数据通过 4G 网络上传到服务器,形成本爆区的装药统计报表,如图 3-1-9 所示。

5. 智能起爆系统

抛掷爆破采用数码电子雷管精准智能起爆系统(图 3-1-10)。

图 3-1-9　智能装药系统

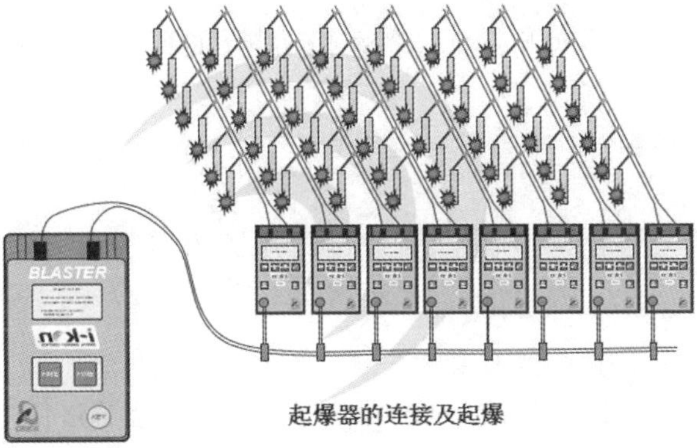

图 3-1-10　　智能起爆系统

（三）应用效果

通过智能穿爆设计系统，北斗卫星定位系统，智能布孔、对孔系统的应用，实现了爆破设计、布孔、钻机穿孔、装药车装药、起爆等各环节的智能化作业，布孔作业效率提高 30%；孔位误差由 20 cm 缩小至 5 cm，定位更加精准；通过应用智能装药车及智能起爆系统，实现自动、精准定量的装药和延时精度高、安全高效的起爆。同时，有效提高了穿爆作业的生产效率，降低了生产成本，减少现场作业人员数量并改善了穿爆作业人员工作环境。

第二章 智能采剥

一、单斗卡车间断工艺

(一) 初级

构建"远程监测+单机自动化"作业模式。

(1) 单斗挖掘机具备精准定位、电缆(电铲)自动收放、运行状态监测及报警等功能。

(2) 卡车制动、举升、转向等系统具备线控功能,实现高精地图更新、运行状态监测及预警等功能。

(3) 辅助设备具备精准定位、调度通信管理、铲刀位置可视化监视、作业状态监测及报警等功能。

(4) 工艺系统具备远程集中监控、交通运输管制、生产调度等功能。

(二) 中级

构建"远程操控+多机联动"作业模式。

(1) 单斗挖掘机具备铲斗精准定位、斗齿监控、铲臂运动路径规划、车铲对位等功能,同时应具备可视化远程操控模式。

(2) 卡车具备车铲协同作业、路径自动规划、路权自动分配、远程应急接管等功能,具备有人/无人驾驶模式切换功能。

(3) 辅助设备具备作业工况全景感知和展现、电控化等功能,应具备可视化远程操控。

(4) 工艺系统具备铲、车、辅助设备自动编组运行功能,实现采剥设备自动配比、多机联动、应急指挥。

(三) 高级

构建"无人操控+自主协同"作业模式。

(1) 单斗挖掘机具备作业环境实时感知、采集与重构、自主装车等功能。

(2) 卡车具备复杂工况下自主行驶功能。

(3) 辅助设备具备作业环境实时感知、采集与重构、自主行走作业等功能。

(4) 工艺系统具备设备故障智能诊断、机群高效协同、作业过程平行仿真、智能预警等功能。

二、半连续工艺

(一) 初级

构建"远程集控+无人值守"作业模式。

（1）破碎站实现远程控制，破碎机具备自动保护功能，重型板式给料机实现调速启动。

（2）带式输送机实现固定岗位无人值守、设备沿线有人巡视，并具备自动保护、远程控制及状态在线监测等功能。

（二）中级

构建"协同控制＋少人巡视"作业模式。

（1）半移动破碎站实现车流密度远程监控、卸载台位智能分配，并具备自适应协同调速功能；自移式破碎站具备自动对中、姿态自适应调整功能，实现多设备协同操控。

（2）带式输送机根据煤流智能调速，实现"无煤待机、少煤调速、满载正常"；设备沿线实现"少人＋云巡视"，故障信息自动采集上传。

（三）高级

构建"智能感知＋无人巡视"作业模式。

（1）半移动破碎站实现智能感知，具备故障预警、自诊断功能；自移式破碎站具备可视化远程操控功能。

（2）带式输送机实现智能决策、无人巡视，具备故障预警、自诊断、云巡视等功能。

三、连续工艺

连续工艺中带式输送机运输部分同半连续工艺中带式输送机运输部分。

（一）初级

构建"集中控制＋跟机干预"作业模式。

（1）采剥设备具备自动控制、可视化监视、运行状态监测、故障诊断和障碍物识别等功能，实现自动感知、自动作业和跟机干预。

（2）排土机具备自动控制、可视化监视功能，实现自动作业和跟机干预。

（3）工艺系统具备集中控制功能。

（二）中级

构建"远程操控＋协同运行"作业模式。

（1）开采设备具备远程操控、模式切换、故障预测功能。

（2）排土机具备远程操控、故障诊断、故障预测功能。

（3）工艺系统具备自动对中、协同运行功能。

（三）高级

构建"自主开采＋集群控制"作业模式。

（1）开采设备具备自适应记忆切割功能，实现连续采剥无人作业。

（2）排土机具备智能控制功能，实现无人作业。

（3）工艺系统具备智能分析决策和集群控制功能。

一、解读

(一)单斗卡车间断工艺

1. 初级

【原文】 构建"远程监测+单机自动化"作业模式。

【条文解释】

采剥、运输、排土及相关辅助设备具备远程监测功能;采剥设备具备线控功能;搭建网络平台实现V2N(车—控制中心)、V2V(车—车)、V2I(车—路)的车—路—控制中心的实时数据传输功能;安设感知系统,在没有人或较少人的直接参与下,按照指令,经过自动检测、信息处理、分析判断、操纵控制,实现"采、运、排"装备单机自动化作业。

运营模式采用外包作业时:外包设备及系统应满足矿方安全管理的需求;外包生产管理系统还应满足全矿数据融合、系统集成所需统一接口、协议标准的相关要求(注:配置建议表中暂无对外包设备功能的统一配置建议,各矿可结合自身实际情况制定标准和要求)。

【原文】 (1)单斗挖掘机具备精准定位、电缆(电铲)自动收放、运行状态监测及报警等功能。

【条文解释】

单斗卡车工艺中单斗指的是单斗挖掘机,露天煤矿一般采用液压挖掘机和电铲挖掘机两种类型。

采用车规级GPS/北斗差分定位系统、高精度惯性导航器件等车身定位技术装备,进行多传感器融合,实现单斗挖掘机精准定位。

通过安装电铲尾线电缆可移式自动收放装置和控制系统实现电铲电缆自动收放功能。

单斗挖掘机具备状态监测及预警功能,实时监测当前状态下设备的实时运行信息,通过设定开关量/模拟量阈值实现对设备故障、设备运行指标(油温、油压、水温、电流等)等的预警预报。

【原文】 (2)卡车制动、举升、转向等系统具备线控功能,实现高精地图更新、运行状态监测及预警等功能。

【条文解释】

制动系统——实现工作制动(行车制动)、动力制动(电制动)、驻车制动、紧急制动等制动功能线性控制,高效执行控制指令,实时反馈制动状态和制动强度数据。

举升系统——实现举升、迫降、锁止、浮动等货箱升降功能的线性控制,实时反馈货箱升降工作状态和货箱举升角度数据。

转向系统——高效执行无控制指令,实时反馈转向角度。

运行状态监测——建立车辆自检、设备状态监测、故障诊断、高精地图系统,实现车辆运行状态监测、轨迹回放、电子围栏、路径规划等功能。

预警功能——通过上述制动、举升、转向等系统数据的实时反馈实现卡车运行状态(含胎压)的监测,通过设定开关量/模拟量阈值实现对超速、超界、故障、防撞等的预警预报,还可通过对司机人脸识别判断其驾驶状态,出现疲劳驾驶时报警提醒。

【原文】 (3)辅助设备具备精准定位、调度通信管理、铲刀位置可视化监视、作业状态监测及报警等功能。

【条文解释】

单斗卡车间断工艺中常用的辅助设备有装载机、推土机、平路机、洒水车、加油车等。

采用车规级 GPS/北斗差分定位系统，进行多传感器融合，实现辅助设备精准定位。

车载终端加装无线通信设备，实现远程集中调度管理。

装载机、推土机、平路机等辅助设备通过 GPS、倾角传感器、惯性导航实现铲刀位置监测与可视化展示。

通过采集辅助设备运行速度、作业安全距离、水车水量、油车油量等数据，对辅助设备作业状态进行监测，通过设定开关量/模拟量阈值实现对超速、超界、故障、设备运行指标（油温、油压、水温、电流等）等的预警预报。

【原文】 （4）工艺系统具备远程集中监控、交通运输管制、生产调度等功能。

【条文解释】

单斗卡车间断工艺系统具备远程集中监测与控制功能。

交通运输管制——实现道路交通协调管理控制、地图更新等功能；建立运行仿真系统，可实现智能排队、进场、停车、装车、出场等环节协同作业。

生产调度——对车辆进行调度，可以实现卡车基础信息管理、车辆监控、自动计量、实时配车等功能。

2. 中级

【原文】 构建“远程操控＋多机联动”作业模式。

【条文解释】 建立路权管理、故障预警、联动作业管理系统，实现系统内各设备远程驾驶、联动作业。

运营模式采用外包作业时，外包设备及系统应满足单斗卡车间断工艺中级智能化对应条文规定的要求。外包设备及系统应满足矿方安全管理的需求；传输的数据、视频等信息需与矿方共享，提供全矿数据融合所需的接口和协议标准（注：配置建议表中暂无对外包设备功能的统一配置建议，各矿可结合自身实际情况制定标准和要求）。

【原文】 （1）单斗挖掘机具备铲斗精准定位、斗齿监控、铲臂运动路径规划、车铲对位等功能，同时应具备可视化远程操控模式。

【条文解释】

通过单斗挖掘机精准定位、铲臂运动路径规划、铲臂控制、车铲对位等功能，精准判断远程操控单斗挖掘机运动轨迹，为实现远程操控功能做准备。通过 5G 网络进行无线视频传输，结合实时监测数据将作业画面及信息可视化展示，利用电控系统实现远程驾驶。

【原文】 （2）卡车具备车铲协同作业、路径自动规划、路权自动分配、远程应急接管等功能，具备有人/无人驾驶模式切换功能。

【条文解释】

通过车铲自动装载对位精准定位实现车铲协调作业；建立无人驾驶调度管理系统，实现智能调度、优化配车、无碰撞路径规划（含避障、绕障）、路权管理等功能；通过 5G 网络进行无线视频传输，结合实时监测数据将运行画面及信息可视化展示，进入无人驾驶测试阶段，无人驾驶车辆配备安全员；配备车辆应急接管系统，当无人驾驶系统出现故障且安全员未在第一时间接管车辆时实现远程接管、可视化远程干预等功能。

【原文】 (3) 辅助设备具备作业工况全景感知和展现、电控化等功能,应具备可视化远程操控。

【条文解释】

通过5G网络进行无线视频传输和传感器数据采集,实现装载机、推土机、平路机、洒水车、加油车等辅助设备作业工况全景的感知和可视化,利用电控系统实现远程操控(加油车需要留跟车加油员)。

【原文】 (4) 工艺系统具备铲、车、辅助设备自动编组运行功能,实现采剥设备自动配比、多机联动、应急指挥。

【条文解释】

单斗卡车间断工艺系统中单斗挖掘机、卡车、装载机、推土机、平路机、洒水车、加油车等设备上安装联动管理系统,实现工艺系统间各设备装卸组网及编队和采剥设备自动配比;多机联动是通过V2N(车—控制中心)、V2V(车—车)、V2I(车—路)的车—路—控制中心的实时数据传输技术,实现电铲—卡车联动等功能;应急指挥是当智能化系统出现故障时,人工能够接管并保证系统稳定运行。

3. 高级

【原文】 构建"无人操控+自主协同"作业模式。

【条文解释】

构建虚拟仿真系统,实现采剥、运输、排土设备无人驾驶,优化采剥设备匹配方案,实现系统内各设备多机智能化协同作业。

运营模式采用外包作业时,外包设备及系统应满足单斗卡车间断工艺高级智能化对应条文规定的要求。

【原文】 (1) 单斗挖掘机具备作业环境实时感知、采集与重构、自主装车等功能。

【条文解释】

建立的环境实时采集与重构系统主要包括光场数据采集、光场校正、光场同步、数据融合、实时重构和数据压缩等功能,建立自动感知、传输、决策、执行全过程控制系统,实现无人驾驶。

【原文】 (2) 卡车具备复杂工况下自主行驶功能。

【条文解释】

在高精地图基础上,自动采集无人驾驶行驶区域地形数据,支持数据统计与自动更新功能。卡车具备交通规则、路权管理优化等功能,指导无人卡车编队行驶;具有障碍物自动避让、安全精准预警、自主感知决策等功能,实现无人驾驶。

【原文】 (3) 辅助设备具备作业环境实时感知、采集与重构、自主行走作业等功能。

【条文解释】

建立的环境实时采集与重构系统主要包括光场数据采集、光场校正、光场同步、数据融合、实时重构和数据压缩等功能,道路运行辅助设备具备障碍物自动避让、安全精准预警、地图自动更新等功能,建立自动感知、传输、决策、执行全过程控制系统,实现无人驾驶(加油车需要留跟车加油员)。

【原文】 (4) 工艺系统具备设备故障智能诊断、机群高效协同、作业过程平行仿真、智能预警等功能。

【条文解释】

设备故障智能诊断报警系统主要包括齿轮箱实时监测、轴承实时监测、结构件疲劳监测等功能。

电铲多机智能协同作业，实现车铲平稳动作、快速定位和装载。

仿真系统融合车铲协同作业系统，建立露天煤矿无人化机群作业平台，对无人化作业机群进行综合调度控制，使生产效率最大化，作业过程实现智能监控预警，保障作业安全。

（二）半连续工艺

半连续工艺中“单斗卡车”部分的解读见“单斗卡车间断工艺”部分的条文解释。

1. 初级

【原文】 构建“远程集控＋无人值守”作业模式。

【条文解释】

远程控制——在半连续采剥工艺中建立一个相对稳定的控制中心，通过组态的形式将半连续采剥工艺中单体设备的启、停控制信号进行统一控制。

无人值守——半连续带式输送机转载站、破碎站等固定岗位通过视频监控代替人员值守。

【原文】 （1）破碎站实现远程控制，破碎机具备自动保护功能，重型板式给料机实现调速启动。

【条文解释】

半移动、自移式破碎站通过网络通信及状态监测实现远程集中控制，实现破碎站成套装备的自动化运行与保护，保证生产的稳定连续。重型板式给料机实现重载调速启动、断链保护等功能；破碎机具备夹铁反转保护、电机的绕组温度检测、减速机的油温油位监测等功能。系统可实现油脂集中润滑。

【原文】 （2）带式输送机实现固定岗位无人值守、设备沿线有人巡视，并具备自动保护、远程控制及状态在线监测等功能。

【条文解释】

带式输送机转载点、驱动站通过视频摄像头等实现固定岗位无人值守，输送机沿线仍需人员巡视，设备可实现网络通信、视频监控、远程集中控制与状态监测，并设有纵向防撕裂、跑偏、料流、溜槽堵塞、打滑等自动化保护装置，保证系统自动化稳定连续运行。

2. 中级

【原文】 构建“协同控制＋少人巡视”作业模式。

【条文解释】

协同控制——在半连续采剥工艺中破碎机、转载机等设备的协同作业控制，多级串联带式输送机系统设备的协同调速作业。

少人巡视——半连工艺中长距离带式输送机及关键设备通过车载或轨道机器人巡检的方式替代人工巡检。

【原文】 （1）半移动破碎站实现车流密度远程监控、卸载台位智能分配，并具备自适应协同调速功能；自移式破碎站具备自动对中、姿态自适应调整功能，实现多设备协同操控。

【条文解释】

在初级自动化稳定连续运行的基础上,中级针对多设备集群联合作业的同步、耦合、对中、自适应调整、智能卸载等方面提出智能化要求。半移动破碎站具备卡车来煤监测系统、数字化料斗及料位保护可实现卡车的智能卸载、给料机、破碎机的自适应协同调速功能;自移式破碎站具备自动对中、受料和排料部姿态自适应调整等功能,实现智能协同作业。提升多设备集群联合作业的生产效率,降低无功运行成本。

【原文】 (2)带式输送机根据煤流智能调速,实现"无煤待机、少煤调速、满载正常";设备沿线实现"少人+云巡视",故障信息自动采集上传。

【条文解释】

在初级自动化稳定连续运行的基础上,中级主要针对露天煤矿与选煤厂工作制度不同带来的倒班空档期、半连续间断作业的煤流不连续等,提出带式输送机系统自适应调整等方面的智能化要求,带式输送机设有煤流智能监测,可根据煤流自适应调整、切换输送状态,实现"无煤待机、少煤调速、满载正常",提高连续运输系统的生产效率,降低无功运行成本和无功损耗。同时,部分输送机配置有云巡视相关设备,巡视采集的数据通过数据传输层上传至上层平台,通过平台数据分析对故障做出准确判断。

3. 高级

【原文】 构建"智能感知+无人巡视"作业模式。

【条文解释】

智能感知——通过声音、速度、压力等在线监测仪、数字化摄像头等参数采集仪和数据传输设备,实现实时、远程自动监控,从而达到设备对其周边包括粉尘、噪声等运行环境的感知。

无人巡视——半连续带式输送机系统通过固定岗位的视频监控、系统沿线的机器人巡检及远程的设备点巡检系统,逐步实现无人巡视。

【原文】 (1)半移动破碎站实现智能感知,具备故障预警、自诊断功能;自移式破碎站具备可视化远程操控功能。

【条文解释】

在中级智能协同生产的基础上,高级针对设备自身和周边环境的多感知功能提出智能化要求,破碎站设有多感知系统,实现对运行环境粉尘、噪声等及自身运行状态的感知,可实现故障预警、自诊断功能;自移式破碎站通过技术改造,能够实现远程可视化操控,从而实现作业面的减人(无人),进一步提升设备效率,实现安全、高效运行。

【原文】 (2)带式输送机实现智能决策、无人巡视,具备故障预警、自诊断、云巡视等功能。

【条文解释】

在中级智能调速运行生产的基础上,带式输送机系统一方面根据负载情况及启停条件,制定最优控制策略;另一方面通过相关传感器的参数获取、智能感知、实现故障自诊断,输送机系统全线实现智能巡检和智能检修的机器人群作业,进一步降低劳动强度,实现生产的少人、无人化。

(三)连续工艺

连续开采工艺中带式输送机运输部分同半连续工艺中带式输送机运输部分。

1. 初级

【原文】 构建"集中控制＋跟机干预"作业模式。

【条文解释】

集中控制——在连续采剥工艺中建立一个相对稳定的控制中心，通过组态的形式将连续采剥工艺采、运、排单体设备的启、停控制信号进行统一控制。

跟机干预——设备在自动控制作业的过程中，操作人员干预设备运行，改变运行状态，保障设备作业的安全性。

【原文】 (1) 采剥设备具备自动控制、可视化监视、运行状态监测、故障诊断和障碍物识别等功能，实现自动感知、自动作业和跟机干预。

【条文解释】

① 自动控制功能——连续采剥设备控制系统以分布式控制器为核心，按照预先设定的控制程序，实现设备的总线式全数字信息交换和共享、人机交互、需人工干预的自动控制。

② 可视化监视功能——通过设备自身监控摄像头和加装工作线远端摄像头，将设备运行状态视频传输至调度室，提高现场作业的安全性。

③ 运行状态监测功能——对采剥设备运行状态进行实时监测，主要监测设备运行数据、斗齿健康状态、能源消耗数据等，增加有效作业时间，减少故障和维修时间。

④ 故障诊断功能——采集设备的实时运行数据和故障信号，利用机器学习算法建立故障诊断模型，通过大数据检验校准提高模型的准确率，提示维修人员及时了解设备故障详情，并指导其进行维护等操作。

⑤ 障碍物识别——在采剥设备上加装激光雷达、毫米波雷达、摄像头等各类传感器，自动识别采剥设备 360°方向障碍物，及时提示设备控制系统做出反馈，提高设备作业的安全性。

【原文】 (2) 排土机具备自动控制、可视化监视功能，实现自动作业和跟机干预。

【条文解释】

① 自动控制功能——以分布式控制器为核心，按照预先设定的控制程序调节设备工作参数，实现设备的总线式全数字信息交换和共享、人机交互、需人工干预的自动控制。

② 可视化监视功能——通过排土机自身监控摄像头和加装排土场远端摄像头，将排土机运行状态视频传输至调度室，提高排土机作业的安全性。

【原文】 (3) 工艺系统具备集中控制功能。

【条文解释】

集中控制功能——通过设备组态，将采、运、排设备的启、停控制信号组态集成至同一画面，进行统一控制，实现连续采剥工艺设备启停联动。

2. 中级

【原文】 构建"远程操控＋协同运行"作业模式。

【条文解释】

远程操控——建立远程控制手柄与设备间信息互传的通路，实现驾驶室操作控制的数据实时上传，并以低延时的速率将远端手柄控制命令下发至设备端，实现连续采剥工艺的远程操控功能。

采运排协同——基于视频监视系统，实时监视设备作业状态，布设备类精准定位传感器于设备衔接端，实现工艺自动对中和协同作业，增加设备的有效作业时间。

【原文】 (1) 开采设备具备远程操控、模式切换、故障预测功能。

【条文解释】

① 远程操控功能——采剥设备回转机构增加电磁编码器，推、提升等执行机构配置直线位移传感器、行走机构增加速度传感器，对设备各执行机构进行位移、角度、速度等实时监测，实现设备执行机构动作监测反馈，辅助提高远程遥控驾驶模式动作相应精度。开发远程操控系统，采集驾驶室座椅手柄操作信号、驾驶台控制按钮等人工操作信号，打通通信协议，实现设备行走、回转、推压、提升、开斗、润滑、制动等机构的远程操控功能。

② 模式切换功能——将采剥设备控制器处理方式由驾驶室控制与远端控制信号相互切换，两种信号模式识别区分，驾驶室控制作为优先原则，保护设备运行的安全性，防止意外事故的发生。

③ 故障预测功能——采集采剥设备实时运行数据与故障信号，利用机器学习、深度学习算法建立故障预测模型，减少设备故障时间和维修时间，增加有效作业时间。

【原文】 (2) 排土机具备远程操控、故障诊断、故障预测功能。

【条文解释】

① 远程操控功能——安装各类高精传感器，实时采集排土机回转、俯仰角度、功耗参数等数据。安装视频监视器，对来料参数、排弃位置、高度、宽度等数据实时在线监测。采集驾驶室座椅手柄操作信号、驾驶台控制按钮等人工操作信号，打通通信控制协议，实现设备行走、排料臂回转、俯仰控制等机构的远程操控功能。

② 故障诊断及预测功能——实时采集设备运行数据和故障信号，通过机器学习和深度学习算法建立设备的故障诊断及预测模型，实现设备在线实时故障预测、定期维护，提高设备零部件的使用寿命。指导维修人员修理、更换零部件，增加设备的有效工作时间。

【原文】 (3) 工艺系统具备自动对中、协同运行功能。

【条文解释】

自动对中及协同运行功能——基于视频监视系统，实时监视设备作业状态，布设激光传感器、GNSS定位模块等高精传感器于设备衔接端，结合设备远程操作系统，实现工艺自动对中和协同运行，增加设备的有效作业时间。

3. 高级

【原文】 构建“自主开采+集群控制”作业模式。

【条文解释】

自主开采+集群控制——开发采剥设备的自适应记忆切割功能，实现在工作面煤岩赋存变化的前提下，设备自主调节作业参数，达到在无人干预情况下，实现自主开采和集群控制功能的目的。

【原文】 (1) 开采设备具备自适应记忆切割功能，实现连续采剥无人作业。

【条文解释】

自适应记忆切割功能——工作面煤岩赋存变化是影响设备切片厚度、自转转速、回转速度等开采参数调整的主要原因，实时采集设备电机运行数据，建立自适应记忆切割模型，实现设备自适应记忆切割功能，保障设备高效、安全、稳定运行。

【原文】 (2) 排土机具备智能控制功能，实现无人作业。

【条文解释】

智能控制功能——采集运输和排土设备的运行状态数据，运用激光扫描技术和视频监视系统，实时监测带式输送机来料情况，建立排土机智能启停、调速控制系统，实现排土机智能调频，最终满足系统高效协同作业。

【原文】 (3) 工艺系统具备智能分析决策和集群控制功能。

【条文解释】

① 智能分析决策功能——设备运行全生命周期内实时在线安全监测，在不停机的状态下，通过大数据分析系统，分析设备关键性能参数，结合设备自动控制，实现智能决策功能，提高设备的工作效率。

② 集群控制功能——建立自动装载对位技术、无碰撞路径规划及铲斗精准控制技术，配置倾角、位移、定位等传感器，开发集群控制系统，实现设备位置及位姿的解算，达到平稳动作、快速定位和装载的目的。开发全自动对中系统，无须人工参与，真正实现连续采剥工艺的无人化运行。

二、解决方案

(一) 单斗卡车间断工艺

1. 初级

露天煤矿单斗卡车间断工艺初级智能化解决方案是以构建"远程监测＋单机自动化"的作业模式为目标，实现单斗挖掘机、卡车、辅助设备的精准定位和运行状态监测及报警功能，实现工艺系统远程集中控制、交通运输管制、生产调度等功能。

(1) 单斗挖掘机

车身精准定位：采用车规级 GPS/北斗差分定位系统、高精度惯性导航器件等车身定位技术装备，进行多传感器融合，实现单斗挖掘机车身精准定位。

状态监测及报警：电铲各主要控制元件上增加电流、电压、压力等监测传感器，实时监测电流、电压、压力等工作参数，采集故障信号，开发露天煤矿装备智能健康管理系统，对采集的运行状态信息进行数据解析等功能，实现对单斗挖掘机运行状态监测及故障状态报警功能。

电缆收放装置：电铲电缆自动收放装置包含移动式支架、驱动总成、启停装置、导向装置、监测及控制装置(高级智能化中实现)等五部分，各部分协同联动实现电缆的自动收放控制。

① 移动式支架：用于固定和安装电铲尾线电缆可移式自动收放装置，采用变频电机驱动。

② 驱动总成：包含驱动电机、减速机构、绞盘等装置，驱动电机提供电缆自动收放动力，减速机构用于降速增扭，绞盘用于卷绕电缆。

③ 启停装置：通过接受监测及控制，实现电缆收放启停，包含开关总成、离合器、制动器等，具备手动、自动切换功能；开关用于驱动电机手动控制，离合器用于绞盘电缆在电铲拖动下的自动外放，制动器用于绞盘停止转动。

④ 导向装置：包含驱动机构、导轮机构，驱动机构调整导轮位置，导轮机构用于对回收

电缆导向。

(2) 自卸卡车

车身定位:采用车规级GPS/北斗差分定位系统、高精度惯性导航器件等车身定位技术装备,进行多传感器融合,实现卡车车身精准定位。

线控改造:保留原车的操作方式、功能及性能,无人和有人驾驶模式可自主切换。

① 转向系统:高效执行控制指令,实时反馈转向角度。最小转弯半径≤矿用卡车原最小转弯半径×1.05,转向角度误差≤0.5°,反馈周期≤50 ms。

② 驱动系统:前进、倒车、油门高效执行控制指令,实时反馈驱动挡位、油门开度数据,反馈周期≤100 ms。

③ 制动系统:实现工作制动(行车制动)、动力制动(电制动)、驻车制动、紧急制动等制动功能线性控制,高效执行控制指令,实时反馈制动状态和制动强度数据,反馈周期≤100 ms。

④ 举升系统:实现举升、迫降、锁止、浮动等货箱升降功能的线性控制,实时反馈货箱升降工作状态和货箱举升角度数据,举升角度误差≤0.5°,反馈周期≤100 ms。

⑤ 行车警示系统:通过CAN总线控制转向灯、制动灯、前大灯、倒车灯、示廓灯、警示灯、蜂鸣器,指令准确控制灯光、蜂鸣器等。

状态监测及报警:卡车各主要控制元件上增加电流、电压、压力等监测传感器,实时监测电流、电压、压力等工作参数,采集故障信号,利用露天煤矿装备智能健康管理系统,对采集的运行状态信息进行数据解析等功能,具备开机自检、硬件故障检测、软件故障检测及轨迹偏离检测等功能,实现对卡车运行状态监测及故障状态报警。

地图更新:自动识别装载点和卸载点区域,即装载点主要依靠单斗挖掘机的GPS定位数据和已有的道路网数据来确定装载点区域。假设规定待装半径为50 m,以装点GPS定位为圆心,只和相应道路网有相交,将装载区域与道路网相结合,规避相邻台阶的重复性;卸载点区域识别是以辅助设备推土机的GPS点相连而成,定期更新。

(3) 辅助设备

车身精准定位:采用车规级GPS/北斗差分定位系统、高精度惯性导航器件等车身定位技术装备,进行多传感器融合,实现辅助设备车身精准定位。

状态监测及报警:辅助设备各主要控制元件上增加电流、电压、压力等监测传感器,实时监测电流、电压、压力等工作参数,采集故障信号,利用露天煤矿装备智能健康管理系统,对采集的运行状态信息进行数据解析等功能,实现对辅助设备运行状态监测及故障状态报警。

(4) 远程集中控制系统

车辆实时工况信息通过网络回传给远程操作室操作台,驾驶员在远程操作台发出控制指令,通过网络实时传输到设备控制器,远程在线实时控制设备行走、转向、制动等动作。

(5) 生产调度系统

建立生产调度系统,实现基础信息管理、自动计量、固定配车等功能。

① 基础信息管理

系统提供完善的基础数据管理功能,主要包括:设备基础信息、司机基础信息、物料基础信息、故障基础信息、辅助信息录入、权限管理。

② 自动计算

系统自动记录每台卡车的装车地点、卸车地点及运行路线,从而可自动计算出各装载点产量、各排卸点产量、各区域产量、各司机产量、各卡车产量、运行吨公里及各种运行时间等，避免人工计量产生的误差，并为承包计酬提供依据。计量过程可以以单台卡车运行回放的形式进行，详细跟踪某台卡车当天的作业情况，掌握其实时速度、位置、状态等信息，辅助事故分析调查。

③ 固定配车

按现行调度方法实行定铲定车，也可按指定配车或指定配铲的原则进行调度。

2. 中级

(1) 单斗挖掘机

铲斗精准定位：运用智能匹配模型算法，通过精准车身定位、高灵敏传感器等，解算车铲位姿信息、卡车型号尺寸，结合熟练操作员的操作经验，选定车铲最佳装载点，实现铲斗精准定位，定位精度要求达到厘米级。

斗齿监控：创建自动识别挖掘机斗齿健康状态的装置。包括 PLC 控制器、调节支架及安装在调节支架上的红外光电传感器漫反射接近开关，调节支架固定在铲斗遮挡板的上方。调节支架包括三角形支撑骨架和带有安装孔的安装板，支撑骨架一个顶点与安装板一端焊接，安装板另一端焊接在与支撑骨架顶点对应的底边上。红外光电传感器漫反射接近开关安装在安装板的安装孔内，红外光电传感器漫反射接近开关与 PLC 控制器通信连接。将采集到的开关量数据、时间数据与挖掘机自身状态运行数据进行融合对比，判断斗齿健康状态。

装车对准：采用车规级 GPS/北斗差分定位系统、高精度惯性导航器件等车身定位技术装备，进行多传感器融合，实现车身精准定位。运用智能匹配模型算法，通过精准车身定位、高灵敏传感器等，解算车铲位姿信息、卡车型号尺寸，结合熟练操作员的操作经验，选定车铲最佳装载点，实现铲斗精准定位，定位精度要求达到厘米级。将上述车身与铲斗精准定位相结合，实现装车对准功能。

远程操控：通过 5G 网络进行无线视频传输，结合实时监测数据将作业画面及信息可视化展示，利用电控系统实现远程操控。

(2) 自卸卡车

车铲协同：单斗挖掘机上安装协同设备及管理系统，实现单斗挖掘机与自卸卡车的协同作业。

路径规划：基于智能驾驶规划、决策和控制技术，实现非固定路径行驶区域的动态路径规划，适应矿区道路和作业面动态调整，满足作业要求。

路权分配：建立配置交通规则，具备路权管理功能，指导无人卡车编队行驶，有人或无人车辆有序行驶。

应急接管：当智能化系统出现故障时，人工能够接管并保证系统稳定运行。

(3) 辅助设备

通过 5G 网络进行无线视频传输和传感器数据采集，实现装载机、推土机、平路机、洒水车、加油车等辅助设备作业工况全景的感知和可视化，利用电控系统实现远程操控。

(4) 中级智能开采系统

① 远程操控系统

采用不同类型传感器进行冗余融合感知，实现环境感知与高精定位，利用设备实时工况信息通过网络回传给远程操作室操作台，驾驶员在远程操作台发出控制指令，通过网络实时传输到设备控制器，远程在线实时控制设备行走、转向、制动等动作，实现远程操控。

② 设备自动编组系统

车辆编组中的头车定期向尾车和跟随车辆广播道路信息和自身行驶信息，并实时接收尾车和跟随车辆的行驶信息，以及尾车转发的源自其他编组头车发出的道路信息。

车辆编组中的头车接收尾车和跟随车辆的离开请求，对道路状况进行判断后，若同意该请求，则头车向离开车辆的后车发送自身行驶信息和离开车辆的前车的行驶信息。

车辆编组中的头车接收道路上的自由车辆发出的加入请求，判断该车辆是否具备加入编组的条件，若同意该请求，头车将车辆加入位置、编组速度以及编组所在车道信息发送给待加入车辆。

③ 生产调度系统

利用矿山地形数据，进行三维模式显示，显示露天采场、排土场、运输道路系统、地面生产系统的图形；显示采、运、排设备的作业状态、卡车位置、卡车运行方向、产量完成累积量等指标。综合多指标因素进行优化调度，为调度决策提供支撑，实现智能调度。

④ 多机联动系统

通过V2N(车—控制中心)、V2V(车—车)、V2R(车—路)的车—路—控制中心的实时数据传输技术，实现电铲—卡车联动等功能。

⑤ 应急指挥系统

当智能化系统出现故障时，人工能够接管并保证系统稳定运行。

3. 高级

(1) 单斗挖掘机

① 环境感知

光场数据采集：开发适用露天煤矿单斗挖掘机远控全息数据采集的静态光场系统，实时采集采场信息，采用大光圈、大景深设备，保证粉尘和弱光环境下，能稳定获取图像效果、更大的深度范围和更高的远距离精度，同时具备粉尘透视能力和高光补偿能力。

光场校正：实时校正光场数据，消除机械加工、安装偏离等环境误差，实现现场环境真实还原，消除系统误差。

光场同步：同步光场信息、数据输出，消除多台光场相机引起的运动数据显示误差。

光场数据融合：开发实时光场数据融合系统，将多个设备采集的不同光场数据，同步融合至一个统一的全局光场环境，实现数据统一，达到场景数据的绝对一致性。

光场实时重构：通过实时重构系统，将融合后的全局光场数据内容进行解析，获得矢量光线信息、三维信息、二维信息等数据，同时与显示设备结合，对现场环境进行重构，实现人眼级的真实场景还原。

光场数据压缩：通过数据压缩系统，压缩设备采集的原始光场数据信息和人眼与自然环境交互信息，提高系统实时性和传输效率，降低能耗。

② 电缆收放装置

电铲电缆自动收放装置包含移动式支架、驱动总成、启停装置、导向装置(上述四部分均在初级智能化中实现)、监测及控制装置等五部分，各部分协同联动实现电缆的自动收放控制。

监测及控制装置：具备监测电铲电缆受力情况，自动控制电缆收放；具备接收云端指令，执行综合调度管理系统的收放指令。

③ 机械故障诊断

齿轮箱实时监测：安装相应传感器，运用先进诊断技术，分析齿轮状态图谱，实现齿轮损坏及传动故障诊断报警。

轴承实时监测：安装温度、振动等传感器，运用先进诊断技术，实时监测轴承温度、振动等，实现轴承损坏及传动故障诊断报警。

结构件疲劳监测：在机械受力结构件加装应力、应变传感器，运用故障诊断技术，识别运行过程中力和应力变化，实现结构件疲劳、损坏等预判。

（2）自卸卡车

① 地图管理

利用三维激光扫描或无人倾斜摄影技术及相关测量设备自动采集无人驾驶行驶区域地形三维数据，将地形数据自动传输至地面控制系统，采场变化时，装载区、排土场、障碍物、变更道路区域的地图实时更新，更新时间<2 min。

② 自主协同

洒水车、平地机、指挥车等有人驾设备上安装协同设备，实现有人驾驶辅助车辆与无人卡车的混合作业。协同系统具备人机交互界面以及作业状态和故障信息上传、调度作业指令接收、信息提醒、电子围栏、行车预警与安全控制等功能。

③ 辅助设备

建立动态实时3D地图系统，控制中心计算每台平地机的轨迹路径，结合GPS导航、视觉识别等技术，实现平路机等辅助设备自主驾驶。

（3）高级智能开采系统

① 故障诊断系统

设备故障智能诊断报警系统主要包括齿轮箱实时监测、轴承实时监测、结构件疲劳监测等功能。

② 机群控制系统

建设协同作业系统，融合车铲协同作业系统，开发露天煤矿无人化机群作业平台，对无人化作业机群进行综合调度控制，实现生产效率最大化。

③ 仿真系统

仿真系统融合车铲协同作业系统，建立露天煤矿无人化机群作业平台，对无人化作业机群进行综合调度控制，使生产效率最大化，作业过程实现智能监控预警，保障作业安全。

（二）半连续工艺

1. 初级

（1）破碎站硬件设置断电、过载、失速、堵料等保护装置，给料机配置变频电机，破碎站驱动装置可实现正反转，破碎站卸载平台（自移式破碎站处）设置摄像头，将现场的通信、控制信号等引入集控PLC及监控室，并根据设备启停、保护逻辑编制控制程序并导入PLC，实现远程控制、监控、保护功能。

（2）带式输送机硬件设置防跑偏、防纵撕、料流、堵料、带速等保护装置，转载点等位置设置摄像头,将现场的通信、控制信号等引入集控 PLC 及监控室,并根据设备启停、保护逻辑编制控制程序并导入 PLC,实现远程控制、监控、保护功能。

单条带式输送机具备完善的传感器、执行器及控制器,能实现单设备的自动控制;各转卸载点、驱动部等关键位置建设图像监视系统;建设主运输集控系统,具备集控、就地控制模式,固定岗位设置可视化监控,软件接口开放,实现远程可视化集中控制。

① 保护控制功能

系统具有带式输送机防跑偏、防打滑和超速、堆煤、主滚筒温度、洒水、烟雾、张力、防撕裂、煤仓煤位、沿线急停闭锁和故障位置自动定位、电机电流、电压、油温、油压等完善的监测保护功能;系统可实现液力耦合器、液黏软启动、变频器等驱动方式下的控制,具有远程集控、本机集控、单机控制、就地检修四种工作方式和两种流程控制方式(逆煤流起车、顺煤流停车或顺煤流起车、顺煤流停车)、集控解锁、流程预检等功能。

系统具有故障报警与查询、带式输送机运行时长统计与效能分析、主要参数日报表统计,提供 OPC-DA、OPC-UA、MQTT、Web API 等数据接口并支持 Web 发布,可方便接入智能矿山综合平台并实现 Web 数据浏览。

② 视频监视功能

在机头、转载点、煤仓布置高清摄像仪,通过光端机接入以太环网,实现关键位置视频在线监视,对带式输送机危险区域人员入侵等自动识别、报警,联动紧急停机,对煤流运输区域实现可视化集中监控。

③ 钢丝绳芯胶带 X 射线探伤功能

系统通过布置 X 射线发射箱、X 射线接收箱、声光报警器、带速传感器等,利用 X 射线对钢丝绳芯输送带进行透视成像,自动对输送带内钢绳芯断绳、锈蚀、劈丝、不规范的硫化、接头抽动及带面损伤等缺陷实现高速、无损检测,精确定位损伤并标记;通过图像分析对缺陷大小、接头变化趋势等进行分析评估,生成评估报告。

④ 胶带张力监测功能

胶带采用重锤式张紧或机尾张紧小车情况下,配置张紧传感器检测胶带张紧力;采用液压张紧装置张紧胶带的情况下,直接将液压张紧装置检测参数接入胶带运输监控系统,实现张紧力可调。

2. 中级

(1) 破碎站

在破碎站料斗安装双视目摄像头及雷达料位计,摄像头具有三维轮廓扫描功能及后续的数据处理、转化和显示功能,可实时准确显示料位状态,料位信号一方面转化为卸车指挥信号,实现无人值守和卸车的智能判断,另一方面转化成给料、破碎设备的控制信号,控制系统逻辑如图 3-2-1 所示。

自移式破碎站排料臂设有双视目数字化摄像头,可采集并传输排料点、下游设备受料口位置的物理坐标,并自动计算偏差距离并发出调整指令。受料和排料部可根据测量位置信息,进行俯仰、回转、伸缩等调整。来煤卡车检测系统如图 3-2-2 所示。

(2) 带式输送机

在带式输送机上方设置红外扫描摄像头,可扫描输送机槽内物料体积自动换算为物料的通过能力,并将扫描信号反馈数据分站智能煤流控制分站—变频器(电机、张紧端),智能

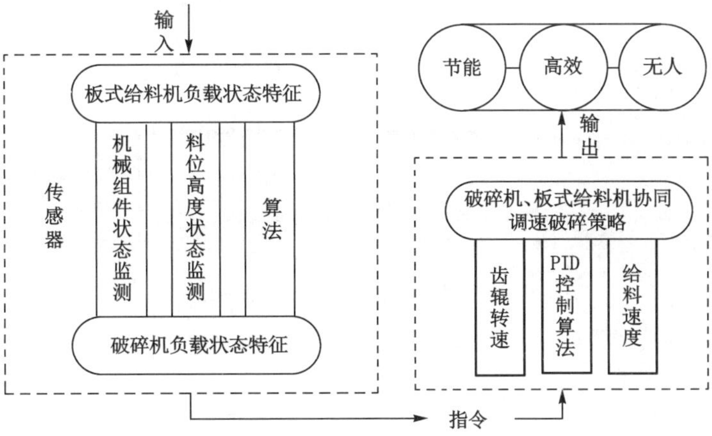

图 3-2-1　控制系统逻辑

图 3-2-2　来煤卡车检测系统示意

调速控制系统如图 3-2-3 所示，最终实现驱动、张紧单元的智能自适应调控，主动低能耗、低损耗输送。

在初级方案基础上，增加机电设备在线监测；AI 视频分析系统，实现异物识别、转载点卡堵、胶带撕裂、电子围栏功能；实时监测主运系统煤流量，自动控制实现节能运行；智能集中润滑实现自动注油，油脂在线监测实现齿轮油在线监测替代取油样工作任务；实现主煤流运输协同安全高效运行＋沿线机器人辅助巡视、无人值守。

① 保护控制功能

基于 FCS 架构的数字式带式输送机监控技术，构建高可靠性煤矿胶带运输监控系统，在长距离强干扰环境下实现监控、语音数据融合传输以及和视频监控、电力监控等高效联动

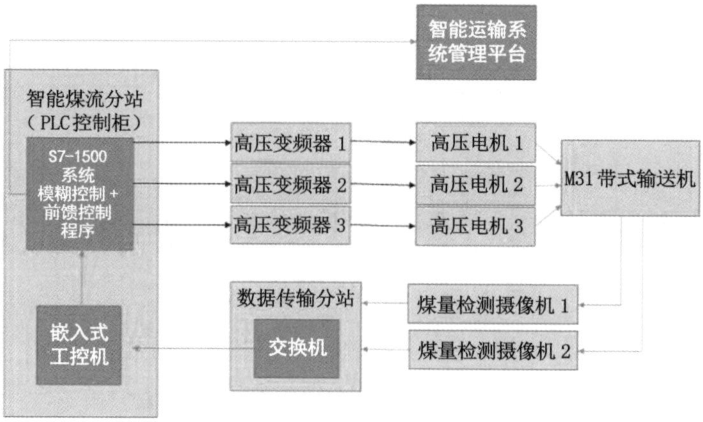

图 3-2-3　智能调速控制系统

控制。

系统融合基于RFID的撕裂检测,基于智能视频分析的跑偏、堆煤、烟雾、撕裂等检测技术,及早发现故障、及时预警,避免事故发生、降低经济损失。根据煤流量自适应调速,实现"煤多快运、煤少慢运""有煤启动、无煤停机(待机)"的运行模式;根据煤仓煤位、煤流量,自主实施顺煤流启动或逆煤流启动、顺煤流停车,减少带式输送机空转时间,节能降耗;优化运行策略,采用多点感知融合技术对全煤流线带面载荷分布实现精确感知,根据来煤和载荷分布情况,应用协同控制策略模型动态分析、调整煤流沿线各设备的运输能力,提高生产连续性、保证全线安全高效运行;建立张紧联动规则和策略,实现胶带张力自动调整。

② 永磁驱动子系统

充分利用永磁直驱的无减速系统、传动链缩短、运行平稳、振动小、噪声低、无冲击、寿命长、有效解决带式输送机动态张力波对胶带和设备造成的危害、可控性好(多驱功率平衡方便)、具备零速满转矩重载起动、可靠性提高等优点,采用动态设计优化带式输送机布置,优化软启动和功率平衡控制策略,驱动张紧协同控制,减小系统动张力,降低系统能耗,降低单位运输成本,提升生产效率。

③ AI视频识别功能

通过安装AI摄像仪、智能视频分析仪在线监测,实现胶带跑偏、撕边、堆煤、洒煤、超载,煤流中异物、大块物料、环境(烟雾、发火等)、人员违章等不安全状态智能识别,及时预警与联动控制,并自动抓拍图像、录像、报警,生成报警记录;摄像仪镜头安装自动除尘装置,提高图像成像质量。通过AI视频识别能有效减少事故发生,保障安全生产(图3-2-4)。

④ 巡检机器人

巡检机器人代替人工巡检,让巡检工从繁重的巡检工作解放出来。巡检机器人沿胶带运输巷固定轨道自主行走,具有终点自动换向、自主避障、限位停止、定点校正、失速保护、自动充电、系统自诊断等功能。通过对现场视频、音频、温度、烟雾、一氧化碳、甲烷等数据连续采集、传输与分析,实现带面损坏、托辊故障等隐患的智能识别、打滑(超速)、跑偏、堆煤、断带以及区域环境的异常报警。

⑤ 基于本地云平台的故障监测诊断功能

图 3-2-4 检测单元的安装、检测及视频显示示意

基于本地云平台的监测诊断子系统主要由多轴向振动温度一体化传感器、智能状态监测装置、本地云平台服务器、网络设备、云平台监测诊断软件及手机 APP 等组成。根据带式输送机的结构和特点,并结合云平台监测的要求,在每台关键设备上设置安装多轴向振动温度一体化传感器,对设备状态信号进行实时采集处理。

本地云平台的监测诊断子系统基于设备模型、知识库、案例库、算法库,其中设备模型包含设备类型和设备基础参数信息(如轴承参数、齿轮参数、联轴器类型等)。子系统针对各类设备的结构特点及运行特性匹配相应的算法模型对设备各项运行状态指标进行综合评估,结合故障知识库推出相应的诊断结论,诊断结论对设备的异常类型、部位、严重程度进行描述。诊断结论经过现场验证后进入案例库用于对算法模型进行迭代更新,完成子系统的完整闭环。

3. 高级

破碎站建立故障监测、预警联动诊断系统,系统应包括声音、速度、压力等在线监测仪、数据采集和传输系统、视频监控系统、后台数据处理系统及信息监控管理平台等。

系统集成大数据和云计算技术，通过声音、速度、压力等在线监测仪、数字化摄像头等参数采集仪和数据传输设备，实现实时、远程自动监控，分析判断设备故障；数据通过 4G/5G 网络传输，实现智能移动平台、桌面 PC 机等多终端访问。

同时，在中级智能化方案基础上，开发适用露天煤矿采剥及辅助设备全息数据采集的静态光场系统，实时采集采场信息，采用大光圈、大景深设备，保证粉尘和弱光环境下，能稳定获取图像效果、更大的深度范围和更高的远距离精度，同时具备粉尘透视能力和高光补偿能力；通过实时重构系统，将融合后的全局光场数据内容进行解析，获得矢量光线信息、三维信息、二维信息等数据；建立自动感知、传输、决策、执行全过程控制系统，实现可视化远程驾驶与操作。

带式输送机系统以轨道机器人为载体，利用多感知传感器实现视频、音频、图像、温度等数据高精度采集，在此基础上利用神经网络自学习算法，在大数据的支撑下不断提高对输送机异常状态的识别与监测精度，最终实现在无人监督的条件下自主巡检。同时，机器人还应具备智能无线充电、自主避障、智能救援等辅助功能，其系统组成如图 3-2-5 所示。

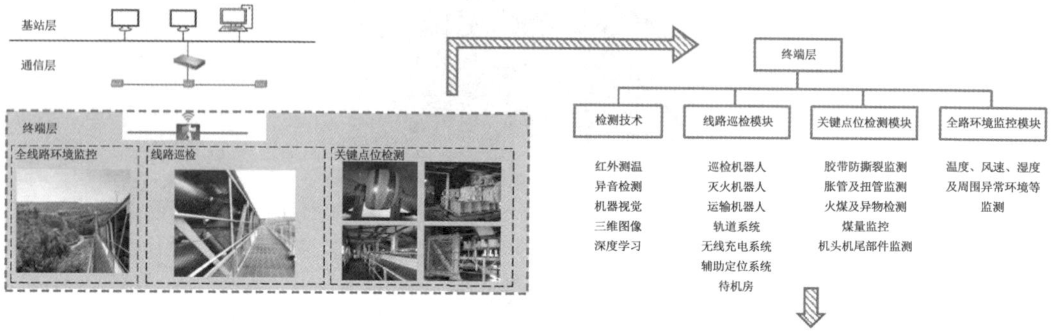

图 3-2-5　智能巡检机器人系统组成

在中级方案基础上，构建实时、透明的带式输送机运输数据链条，实现煤矿运输系统智能化和大数据的深度融合与应用，建成智能感知、智能决策、自动执行的全矿井煤流智能运输系统；与工作面开采系统、煤仓存储系统和地面装车系统智能联动，实现全矿井煤流系统智能运行。

(1) 智能感知

设计高可靠、高精度、自供电、微功耗、自诊断、自组网、免维护的智能传感器。

(2) AI 视频分析

优化煤矿胶带撕裂、煤量测量、堆煤、跑偏、烟雾、带面异物、带面损伤、胶带撕裂、发火、人员违章、巷道变形等快速检测、目标轨迹跟踪、三维测量技术，进一步提升智能视频分析功能的准确率，减少误报率。

(3) 多场景作业机器人

实现井下轻量化、小型化、高机动、高可靠性、多场景作业巡检机器人，具有超长续航、混合式自主导航精确定位、高带宽低延时通信链路、智能感知功能；实现托辊故障声音准确识别、精确定位功能；实现料流量精确测算、带式输送机异常预知维护功能；实现机器人机群协同控制决策、自主作业功能；实现无人工干预的异物快速精准分拣、转载点排堵、故障托辊自动更换、智能除铁功能。

（4）主运输设备全生命周期管理

基于设备故障预测与健康管理技术（PHM），实现设备预测性维护，构建主运输设备的全生命周期健康管理和维护决策平台。通过对重大关键设备的液压系统、电气系统、润滑系统、冷却系统以及机械传动系统的压力、流量、油位、油质、油温、振动、电流、电压等状态综合感知，采用设备端、矿端、云端分层技术架构，通过植入诊断算法的智能分析仪器，实现带式输送机、提升机等设备易损零部件的就地诊断，通过基于大数据的多信息融合诊断方法，为故障预知维护提供决策依据。

（5）煤流运输机群集群协同、多系统安全联动控制

建设全覆盖、高并发无线通信网络，采用数据流最短传输路径与强时通信技术，建立设备群统一位姿描述方法，构建井下设备群协同架构与协同控制机制；优化三层递阶控制理论，实现煤流运输机群集群协同及优化控制模型、算法及软件，构建多系统安全联动规则及策略库，建立煤流运输机群集群协同系统，实现运输机群集群协同、多系统安全联动、自动执行。

（三）连续工艺

1. 初级

建立“集中控制＋跟机干预”的开采模式。

（1）网络通信要求

通信基站在无明显遮挡情况下，1 km 范围内信号全覆盖，传输时延为 10～50 ms，实时上行通信速率≥8 Mb/s，支持 4D 广场环境下的 AR 增强现实业务带宽和时延。智能通信终端满足 24 h 连续运行，记录数据不丢失、不遗漏和不重复，通信系统 7×24 h 平稳运行，广播丢包率≤1%。

（2）轮斗集中控制系统

轮斗控制系统具有控制器分布式 I/O、总线与传感器数据采集等技术，开发轮斗自动控制和运行监控系统，实现自动控制和运行状态监测功能；露天煤矿现场布设监控摄像头，结合设备自身监控系统将视频信息传输至调度室，实现设备作业视频监视功能；具备故障诊断系统，实现设备故障自诊断功能；布设 GNSS 高精定位模块、倾角传感器等高精度传感器，采用车规级 GPS/北斗差分定位系统、高精度惯性导航器件等车身定位技术装备，进行多传感器融合，实现车身精准定位。运用智能匹配模型算法，通过精准车身定位、高灵敏传感器等，解算轮斗—转载机位姿信息，结合熟练操作员的操作经验，选定轮斗—转载机最佳装载点，实现轮斗精准定位。定位精度要求达到厘米级，实现人机交互，通过以太网协议经光纤或无线等方式与远程系统进行数据交互；轮斗具备障碍物识别和防碰撞系统，实现设备360°障碍物自动感知和自动控制功能。

（3）排土机集中控制系统

排土机控制系统采用可编程序 PLC 控制器、CAN 总线数据采集技术，具备安全可靠、易操作、灵活等特点，开发排土机自动控制系统，在人为干预的前提下，实现排土机按照设定的要求进行自动作业，满足排土机的自动控制功能；排土机具备视频监视系统，实现可视化监视功能，实时监视设备作业状态和周边环境变化，提高设备作业的安全性。

2. 中级

构建“远程操控＋协同运行”作业模式。

(1) 轮斗远程操控系统

轮斗挖掘机建立远控信号与人工驾驶控制信号通路,打通通信控制协议,轮斗回转机构增加电磁编码器,推、提升等执行机构配置直线位移传感器,行走机构增加速度传感器,对轮斗各执行机构进行位移、角度、速度等实时监测,实现轮斗执行机构动作监测反馈,辅助提高远程遥控驾驶模式动作相应精度。开发轮斗挖掘机远程遥控控制系统,采集驾驶室座椅手柄操作信号、驾驶台控制按钮等人工操作信号,打通通信控制协议,实现轮斗行走、回转、推压、提升、开斗、润滑、制动等机构的远程控制功能。实现设备行走、回转、推压、提升、开斗、润滑、制动等机构的远程操控和模式切换功能;利用深度学习算法建立轮斗故障预测模型,开发故障预测系统,通过设备实时运行数据和故障信号,提高系统预知准确率。

(2) 连续工艺协同控制系统

应用具备数据联动、高精定位技术开发连续开采工艺智能协同操作系统,转载机、受料车上安装协同设备及管理系统,实现轮斗—转载机—受料车的协同作业。系统能够指定准确的装车点位置和方向(方位或位姿),轮斗位置发生变化,能够自动规划转载机入料口位置变化,装载点定位圆周误差≤5 cm,定向精度误差≤5°。系统具备人机交互界面以及作业状态和故障信息上传功能。实现轮斗—转载机—受料车—辅助设备间自动对中和智能协同作业,在允许的误差范围内,实现多机智能协同的开采模式。

(3) 排土机远程控制系统

排土机采集驾驶室座椅手柄操作信号、驾驶台控制按钮等人工操作信号,排土机主要控制元安装传感器,实时采集排土机回转角度、俯仰角度、功耗参数等;安装视频监视器,对来料参数、排弃位置、排弃高度、排弃宽度等排弃参数在线监测。开发排土机远程遥控控制系统,采集驾驶室座椅手柄操作信号、驾驶台控制按钮等人工操作信号,打通通信控制协议,实现排土机行走、排料臂回转、俯仰控制等机构的远程控制功能。实现设备行走、排料臂回转、俯仰控制等机构的远程操控功能;采用机器学习和深度学习算法,建立排土机故障诊断及预测模型,开发故障诊断及预测系统,采集设备运行数据和故障信号,实现在线实时故障预测、定期维护,提高零部件的使用寿命,指导维修人员及时进行部件更换、修理等,增加设备的有效工作时间。

3. 高级

构建"自主开采+集群控制"开采模式。

(1) 轮斗自主开采

运用轮斗自动装载对位精准定位、无碰撞路径规划及铲斗精准控制技术,配置倾角、位移、定位等传感器,开发控制系统,实现轮斗位置及位姿的解算,达到轮斗—转载机平稳动作,快速定位和装载。基于实时运行数据建立轮斗自适应记忆切割模型,提高设备零部件使用寿命,达到减人增效的目标。运用具备数据采集、模型构建、性能分析技术的轮斗智能控制系统,在无人干预的前提下,实现轮斗自适应记忆切割功能,降低设备故障率,分析设备关键性能参数,提高工作效率。

(2) 工艺集群控制

运用具备自动精准定位、防碰撞技术的设备协同控制系统,实现轮斗—转载机—受料车—带式输送机—排土机平稳动作、快速定位、协同控制、自动对中、智能调频等功能,连续采剥工艺达到智能控制、自主运行、高效智能协同作业的目的。

四、典型案例

【案例一】

以准能集团黑岱沟露天煤矿无人驾驶应用作为大型矿用自卸卡车的典型案例，旨在为集团其他露天煤矿矿用自卸卡车无人驾驶的应用起到指导和借鉴作用。

（一）建设条件

准能集团黑岱沟露天煤矿位于准格尔煤田中部，是我国自行设计、自行施工的特大型露天煤矿，井田面积为 50.33 km^2，境内可采原煤储量约 14.13 亿 t，煤层平均厚度为 28.8 m。黑岱沟露天煤矿采用综合开采工艺：采场上部黄土及岩石（约 165 m）采用松动爆破单斗卡车剥离工艺；煤层顶板以上约 45 m 厚岩石采用抛掷爆破吊斗铲倒堆工艺，剥离物通过吊斗铲直接倒堆至内排土场；下部煤炭采用单斗卡车—半固定破碎站半连续工艺。该矿已累计完成 14 台卡车的无人驾驶改造和单车测试工作，目前在采场南 500 m 无人驾驶场地进行编组运行试验，现已实现较稳定、平顺的编组运行，最高时速可达 40 km/h。该矿近期将增设无人驾驶三号路线用于编组重载运行作业，并计划在 2021 年年底前完成对 18 台无人驾驶卡车的改造。

（二）建设内容

黑岱沟露天煤矿卡车无人驾驶项目主要研制特大型露天煤矿（年产 3 000 万 t 以上）、大吨位运输装备（185 t 以上）的无人运输作业系统，实现大规模（66 台）无人驾驶矿用卡车的批量应用。通过研究、建立智慧矿山云数据平台、露天矿山智能作业管理与监控系统、矿用卡车无人驾驶系统、基于 4G/5G 无线网络的数据通信系统、协同作业管理系统、远程应急接管系统、健康管理系统等，提高矿山采运作业的安全性和生产效率，降低生产成本，为智慧矿山的建设提供支持。

（1）车载无人驾驶系统

① 线控改造

卡车线控系统采用双控双驾技术，完全独立于原车控制系统，通过 CAN 总线接收车载域控制器控制指令，并对指令解析，结合各型传感器采集的动作反馈信息，转化为控制电信号，驱动车辆各控制模块及功能执行元件动作，实现车辆的无人化控制。通过信号采集模块、故障报警采集模块等实现对车辆的状态监控，通过设置模式切换开关，实现有人/无人驾驶模式切换功能。线控系统反馈周期$\leqslant$20 ms，线控转向角度误差$\leqslant$0.4°，线控举升角度控制精度$\leqslant$0.5°。

② 感知定位模块

感知模块采用先进的 4D 光场智能感知系统、激光雷达、毫米波雷达等多传感器感知融合技术，实现对动态障碍物、静态障碍物、挡墙等目标与环境的监测识别等功能。定位模块采用车规级 GPS/北斗差分定位系统、轮速计和高精度惯性导航器件来进行多传感器融合，同时结合针对 GNSS 信号不稳定区域点云扫描匹配的定位方案。冗余方案互为备份，冗余高精度组合定位确保了无人卡车安全高效的运行。基于 GNSS-RTK（载波相位差分定位）和 INS（惯性导航系统）融合的定位技术，可以获取厘米级高频率（$\geqslant$100 Hz）定位数据。

③ 决策控制模块

无人卡车的控制模块主要根据规划决策系统给出的路径、速度等信息,结合系统反馈的车辆状态、位姿等信息,将多方的数据解析处理后,通过横纵向控制算法输出转向角指令、踏板指令以及货箱控制指令等,由底层控制执行机构使无人卡车达到目标状态。卡车速度跟随满足速度误差≤2 km/h,循迹的横向误差≤0.3 m、纵向误差≤0.5 m。

④ 安全监测模块

安全监测模块独立于无人驾驶主功能外,可以实现无人卡车开机自检、硬件故障检测、软件故障检测以及轨迹偏离检测等功能,可以周期性地检测卡车健康状态,并按照紧急程度进行安全事件分级,从而进行安全决策,实现故障监控、失效工况识别、安全处理等功能。

(2) 地面管理与监控系统

① 地图管理

高精地图管理模块通过分层方式实现对于整个系统的地理信息数据入库、编辑、监控、变更、维护等工作。系统提供地图采集功能,支持无人运输车辆感知采集和人工在线矢量化采集两种方式;采集的数据包括基础区域、车道和障碍物等基础地理信息数据;采集完成后,地图数据可自动回传至管理系统中进一步处理成符合路网规则的数据。

② 智能管理

智能管理系统可以结合电铲的装车能力、卡车的运输能力、装卸点的生产能力、作业点、物料优先级等调度参数,根据实时采集到的矿区内所有生产设备运营数据,调用系统智能调度算法,对矿区车流、路径等进行规划,动态指派卡车的调度任务和行驶路径从而实现生产调度智能化,合理利用和配置各种资源。系统具有车铲模型匹配、调度参数设置、路径规划、车流规划、车辆调度、调度监控和调度信息的查询等应用功能。

③ 故障诊断

故障诊断系统部署在无人驾驶卡车上,通过在线采集总线数据和加装监测传感器数据,实现对车辆、无人驾驶系统的自检、故障诊断、实时监控等功能。

(3) 数据通信系统

智能作业管理与监控系统通过V2X通信模块与车载作业管理模块进行信息交互,可靠的收发系统之间的交互消息以及为车辆差分定位信息的采集和传输提供技术保障,V2X通信模块兼容Mesh/4G/5G/C-V2X等多种通信方式,可以实现卡车—电铲、卡车—推土机的V2V通信,卡车—路侧的V2I通信,该通信模块算法实现的方式与具体通信设备完全解耦,无任何硬件强依赖,具有很强的兼容性。

(4) 协同作业管理系统

协同作业管理系统安装部署于采掘设备、工程设备、辅助生产设备上,实现无人驾驶卡车与矿山现有的大量有人驾驶车辆的协同作业,包括挖掘机、推土机、钻机、平地机、压路机、洒水车、加油车及其他辅助作业车辆。

(三) 应用效果

黑岱沟露天煤矿已经完成单台卡车的无人驾驶混编试运行,混编运行累计拉运1 072车,共计89 050 m^3拉运量,其中,单台无人驾驶卡车完成拉运257车,共计29 555 m^3拉运量,累计运行334 h。

目前,该矿已累计改造14台无人驾驶卡车,新购置的卡车已到货4台且正在组装中。完成改造的卡车中有3台正在进行单车测试,剩余11台卡车正在进行连续无人驾驶编组运行试验，包括卡车的全流程空重载运行测试、绕障测试、备停区收发车测试等。参与2个铲组编组运行的设备包括11台930E无人驾驶卡车、2台395B电铲、1台844K胶轮推土机、2台SD90-5履带推土机、1台16G平路机以及洒水车等。现两个铲组已实现较稳定、平顺的编组运行，最高时速可达40 km/h。目前，编组运行已累计拉运6 377车，其中重载有363车，累计运行3 446 h。

【案例二】

以新疆能源公司准东露天煤矿无人驾驶应用作为宽体自卸卡车无人驾驶的典型案例，旨在为集团其他露天煤矿宽体自卸卡车无人驾驶的应用起到指导和借鉴作用。

（一）建设条件

准东露天煤矿是新疆能源公司的全资子公司，于2006年9月开工建设，是新疆维吾尔自治区境内开工建设的第一座大型露天煤矿，矿田面积为40.08 km^2，露天煤矿设计开采境界地表面积为36.48 km^2，最大开采深度为600 m，境界内地质储量约26.05亿t，可采储量约22.4亿t，全区平均剥采比为5.23 m^3/t，其中首采区可采储量约5.9亿t，平均剥采比为1.86 m^3/t。煤层为南北走向，倾向东西，倾角为8°～20°，为Bm组单一结构的稳定巨厚煤层，平均可采厚度为69.43 m，无夹矸层。主要煤种为31号不黏煤，平均发热量为18 819 kJ/kg，灰分为3%～5%，全水分为28%，全硫分为0.65%，无须分选，自燃等级为Ⅱ级易自燃。

（二）建设内容

基于准东露天煤矿现场实际，2020年7月开始建设实施矿山无人驾驶系统。系统包括云端调度指挥平台、无线通信系统、无人驾驶矿卡、采掘设备与辅助设备及人机协同终端设备，并针对系统存在的重点技术难题进行研发和技术攻关。

（1）云端调度指挥平台

云端调度指挥平台是无人驾驶系统调度指挥中心，为每辆卡车指定运输目的地，车辆通过接收无线指令以合适的速度、按照确定的路线运行至目的地，并完成相关作业。无人驾驶矿卡通过平台信息、自身定位和感知系统来确定矿山上的运行坐标以及周围的环境情况，使得车辆能在自主操作的情况下实现装载、运输和卸载的循环作业。云端指挥平台具备远程遥控驾驶功能，远程遥控驾驶系统包括远程驾驶舱和实时车辆视频监控系统。提供远端遥控操作车辆的功能，为无人驾驶矿卡提供远程操控驾驶车辆的手段。

（2）无线通信系统

现场建成5座5G+4G公网基站，覆盖全部无人驾驶生产作业区域，基站同时具备独立组网和非独立组网功能。其中非独立组网基站具备4G通信功能，独立组网基站具备基于5G专网定制功能，实现UPF数据分流，可实现视频数据和感知数据直传至调度中心。5G专网定制功能保障数据不出园区，实现业务安全隔离；园区端到端交互时延减少，并提供一定的QoS保障。同时，对于大带宽、时延敏感的计算工作，可依托边缘MEC执行，提升总体效率。

目前，无人驾驶生产作业区域5G网络覆盖下，实现下载350 Mb/s，上传120 Mb/s的传输速率。对公网地址通信延时70～120 ms，对专网地址通信延时20～50 ms，同时实现基站侧至调度中心边端服务器千兆光纤连接。

（3）线控改造

作业现场配置I65无人驾驶矿卡6台,车辆均采用同力重工全新线控底盘。该底盘是同力重工在855车型的基础上,经过正向的系统设计实现线控化,通过EPS实现转向线控,通过发动机、变速箱实现驱动线控,通过EBS、缓速器、排气制动实现制动线控。在线控矿卡基础上,加装车端无人驾驶设备。车端无人驾驶设备主要有计算平台、激光雷达、毫米波雷达、超声波雷达、组合导航、V2X模块等。

(4) 采掘设备与辅助设备及人机协同终端设备

现场配置卡特彼勒350挖机1台、临工L953轮式装载机1台、徐工GR2403平路机1台、临工MT86洒水车1台。

在标准生产作业流程中,为使无人驾驶矿卡自主完成装载—运输—卸载的生产环节,挖机、无人驾驶矿卡、辅助设备具备协同作业功能。通过5G/V2V(车载V2X通信设备OBU)无线通信网络,在平台的统一调度指挥下,实现装载引导、辅助设备协同、环境感知的协同作业功能。

(三) 应用效果

准东露天煤矿无人驾驶系统已实现单编组双班全流程自动作业,目前处于常态化生产运营和技术提升阶段,在露天煤矿无人开采推进方面具有重要的示范意义。

(1) 无人化运输生产环节贯通

目前,无人驾驶系统在准东露天煤矿+526水平至+596水平内排土场、4 km运距、70 m提升高度的标准生产场景下,实现采运排24 h全流程自动作业,无须人员干预。截至2021年11月24日,累计运行406天,累计运输总方量为87.6万方,运输3.8万车,运行总距为27.1万km。

(2) 多编组协同作业技术验证完成

基于多编组协同作业技术已完成技术研发和仿真模拟,并进行局部功能验证,拟于2022年2月增加无人驾驶矿卡至双编组,对双编组平台调度业务进行同步迭代,保障设备到场后迅速投入生产运行。

(3) 安全管理效益提升

通过车端感知、决策规划能力的提升,保证车辆的单车运行安全。同时,利用无人驾驶云平台的超视距感知能力以及集群智能技术,保证了多车作业过程中的安全性。

在协同作业方面,通过封闭区管理和协同作业调度的技术手段,分隔无人驾驶矿卡和有人驾驶辅助设备作业空间,避免交叉作业情况发生,从而保障作业区域内有人驾驶设备的绝对安全。

(4) 经济效益提升

矿山无人驾驶系统的投入使用,对于矿山日常生产的经济效益提升有显著效果。作业人员减少,降低了人员薪资的支出和管理成本。无人化作业减少交班、班餐等无效生产时间带来的生产效率提升。无人驾驶矿卡在标准化的操作动作下达到提高运行效率、降低油耗、降低车辆损耗的效果。

(5) 工艺流程参数探索

对现有露天煤矿采剥工艺与无人驾驶系统结合的应用研究,通过较长时间的全天候连续运行,总结归纳出一套适合露天煤矿无人驾驶的采剥作业工艺流程和运行参数,为以后规模化推广提供基础数据。

第三章 灾害预警

根据露天煤矿灾害程度建设灾害预警平台，实现灾害智能感知、信息融合、数据挖掘和决策支持。

一、边坡监测

（一）初级

构建“地表位移”边坡监测预警模式。

（1）根据露天煤矿地质条件及边坡类型，采场和排土场等重点区域布置地表位移监测预警系统。

（2）按监测程序设定预警值、变化速率、位移矢量变化等参数。优化多参数预警修正功能，降低监测系统误报率。

（3）实现边坡地表位移自动化监测实时预警功能。

（二）中级

构建“地表位移＋深层位移”边坡监测预警模式。

（1）应用GNSS（全球卫星导航系统）、GNSS-RTK、深部位移计、深部测斜仪、锚索应力监测等先进监测技术及装备，提高边坡地表和深层位移监测精度。

（2）通过算法搜索、统计、分析和识别，设置地表和深层位移预警阈值，具备位移渐变有效分析功能，实现边坡灾害综合监测。

（3）具备边坡地表位移、深层位移及应力状态实时监测、位移渐变有效分析功能，实现边坡灾害准确预报。

（三）高级

构建“天—地一体化”边坡监测预警模式。

（1）建立天—地多维空间立体监测预警平台，实现多源数据智能转换和融合解算。

（2）监测数据具备自动获取、转换、分级、解算、归纳等功能，实现预警平台智能维护和信息推送。

（3）具备监测数据精准传输、多源数据融合解算功能，实现边坡临滑精准预报。

二、疏干排水

（一）初级

构建“实时监测＋远程控制”疏干排水模式。

（1）建立实时监测系统，具备水位、水量等监测功能。

（2）建立设备监控系统，具备采掘场排水泵组、疏干降水井内潜水泵、供配电设施、排水管道实时监控功能。

(3) 设备通过预设定的启动液位和停泵液位实现自动启停,具备无线远程启停功能。

(二) 中级

构建"数据模型+三维监控+预警预报"疏干排水模式。

(1) 建立水文地质数据模型,实现地下水流场三维可视化监控。

(2) 积水区域实现根据设定警戒水位进行预警预报,排水设备具备远程操控、故障信息自动报警及推送功能。

(3) 泵房具备视频监控、自动报警功能,实现无人值守、报表自动生成。

(三) 高级

构建"自动排水+智能设计"疏干排水模式。

(1) 融合露天煤矿大数据,实现采掘场排水泵组启动方式、排水方向智能控制。

(2) 建立水文地质数据模型,具备参数自动识别验证、地下水水位(水头)精准控制功能,实现预疏干降水方案辅助设计。

(3) 具备模型自动识别验证功能,实现储、供、排、需智能分配水。

一、解读

(一) 边坡监测

1. 初级

【原文】

构建"地表位移"边坡监测预警模式。

(1) 根据露天煤矿地质条件及边坡类型,采场和排土场等重点区域布置地表位移监测预警系统。

(2) 按监测程序设定预警值、变化速率、位移矢量变化等参数。优化多参数预警修正功能,降低监测系统误报率。

(3) 实现边坡地表位移自动化监测实时预警功能。

【条文解释】

地表位移监测预警系统应按程序步骤监测限定预警值、变化速率、位移矢量变化等参数,同时通过监测变形体变形发展趋势,并结合多组参数综合分析进行超限预警。通过对地表位移数据采集、网络传输、数据接收、数据分析和自动预警,实现边坡地表位移自动化监测预警等功能。

2. 中级

【原文】

构建"地表位移+深层位移"边坡监测预警模式。

(1) 应用GNSS(全球卫星导航系统)、GNSS-RTK、深部位移计、深部测斜仪、锚索应力监测等先进监测技术及装备,提高边坡地表和深层位移监测精度。

(2) 通过算法搜索、统计、分析和识别,设置地表和深层位移预警阈值,具备位移渐变有效分析功能，实现边坡灾害综合监测。

(3) 具备边坡地表位移、深层位移及应力状态实时监测、位移渐变有效分析功能，实现边坡灾害准确预报。

【条文解释】

应在高陡边坡、顺倾边坡、软岩边坡、边坡内部存在空区、地下水含量丰富以及爆破震动影响范围内等区域，建立深层位移及应力状态监测系统。深层位移监测系统包括阵列式位移计、固定式测斜仪、锚索应力监测等监测技术装备。通过传感数据的接入，根据设定的预警值进行预警预报。对地表和深层位移变化量进行数据挖掘，通过算法来搜索、统计、在线分析和识别，合理设置位移预警值，对渐变过程有效分析，并可根据预警值实现自动报警，从而形成地表位移和深层位移综合智能化监测系统。

3. 高级

【原文】

构建“天—地一体化”边坡监测预警模式。

(1) 建立天—地多维空间立体监测预警平台，实现多源数据智能转换和融合解算。

(2) 监测数据具备自动获取、转换、分级、解算、归纳等功能，实现预警平台智能维护和信息推送。

(3) 具备监测数据精准传输、多源数据融合解算功能，实现边坡临滑精准预报。

【条文解释】

通过多源数据接口的智能转换和融合解算，将边坡雷达、无人机、地表位移监测和深层位移监测等技术装备建成边坡地质灾害天—地一体化在线智能监测预警平台，具有监测数据的获取、智能转换、分级处理、自动归纳管理、自动预警、智能维护和信息推送等功能。

(二) 疏干排水

1. 初级

【原文】 构建“实时监测＋远程控制”疏干排水模式。

【条文解释】

实时监测——实时监测的主体包含采掘场各平盘集水坑、防洪坝系、防洪沟、矿区附近的地表水体、地下水、排水设备(采掘场排水泵站及疏干降水泵)和疏干排水管道。

远程控制——远程控制的主体包含采掘场泵站和疏干降水泵。

【原文】 (1) 建立实时监测系统，具备水位、水量等监测功能。

【条文解释】

水位监测——此项监测为常态监测，采用基于物联网技术的自动监测设备。

水量监测——包含疏干管道流量和各疏干井抽水量。

【原文】 (2) 建立设备监控系统，具备采掘场排水泵组、疏干降水井内潜水泵、供配电设施、排水管道实时监控功能。

【条文解释】

设备监测——包含采掘场排水泵站及中转加压泵站内设备监测、疏干井内抽水泵监测及其附属供配电设施。设备监测的项目包含电压、电流、温度、声音、震动、异常信号等。

排水管道实时监控——即管道压力监测。

【原文】 (3) 设备通过预设定的启动液位和停泵液位实现自动启停,具备无线远程启停功能。

【条文解释】

自动启停——至排水泵均具备液位控制的自动启停功能。

远程启停——通过无线传输技术,在集控中心通过发送启停信号至控制终端,通过控制终端对排水泵进行启动和关闭。

2. 中级

【原文】 构建"数据模型+三维监控+预警预报"疏干排水模式。

【条文解释】

数值模型——水文地质比较复杂,需要疏干降水的露天煤矿,对矿区地下水建立水文地质数值模型,用以往监测数据进行参数率定拟合,建立比较可信的数值模型。

三维监控——通过三维软件,对地下水监控数据进行处理后实现三维展示地下水流场,实时更新数据,实现地下水流程动态监测。

预警预报——对各监控主体设定的警戒水位进行预警,对设备故障信息进行自动上报功能。

【原文】 (1) 建立水文地质数据模型,实现地下水流场三维可视化监控。

【条文解释】

本条文仅针对需要进行疏干降水的露天煤矿,通过已有地质资料建立数值模型,结合疏干系统运行资料及水位观测资料进行参数率定拟合。

三维可视化监控——将地下水位观测数据与三维软件进行融合,实时更新地下水流场形态,三维展示内容包括降水孔、潜水泵、水位、水量等信息。

【原文】 (2) 积水区域实现根据设定警戒水位进行预警预报,排水设备具备远程操控、故障信息自动报警及推送功能。

【条文解释】

积水区域——施工作业导致的积水部位,如采掘场集水坑、平盘集水坑、防洪坝、防洪沟等。

警戒水位——不同积水部位根据存储空间、结构形式设定安全水位、警戒水位,应对突降暴雨,采取相应的防洪措施。

故障信息——包括设备编号、报警内容、所属项目、报警日期及报警详情等内容。

推送功能——将信息分类后通过平台发送至各相关责任人手机或者通过软件通知的形式推送。

【原文】 (3) 泵房具备视频监控、自动报警功能,实现无人值守、报表自动生成。

【条文解释】

自动报警——报警内容涉及电流表故障、欠压(过压)保护复归、过流(过压)保护动作等。

无人值守——泵房无须人员看管,无须人工启停设备,设备定期巡检。

自动报表——建设数据处理平台,融合各监控数据,聚类分析处理后输出可自定义格式的生产报表,实现数据的分类处理、备份。

3. 高级

【原文】 构建“自动排水+智能设计”疏干排水模式。

【条文解释】

自动排水——根据储水能力、供水计划、排水能力、用水需求，智能控制采掘场排水泵组启动方式、排水方向。在保障安全和生产的前提下，合理调配水资源。

智能设计——采用数值模型，分析预测地下水流场，结合边坡监测精准控制地下水水位(水头)，辅助设计预疏干降水方案，可输出设计疏干方案效果及对应投资。

【原文】 (1) 融合露天煤矿大数据，实现采掘场排水泵组启动方式、排水方向智能控制。

【条文解释】

大数据——包括用水量、水文气象数据、生产计划、边坡监测数据、耗水耗电数据、排水量、水位信息等。

启动方式——根据设定的排水逻辑自动选择启动泵组台数、启动时间、关闭时间、工作频率。

排水方向——根据用水单位、用水量和水质要求将不同水排水相应终点。排水去向通过控制阀门控制。用水单位包括水库、电厂、污水处理厂(间)、各生产生活用水蓄水池等。

【原文】 (2) 建立水文地质数据模型，具备参数自动识别验证、地下水水位(水头)精准控制功能，实现预疏干降水方案辅助设计。

【条文解释】

精准控制——根据水位监测数据、边界监测数据、采矿计划，设定地下水安全水位(水头)，控制对应疏干井启停及抽水量。在保障安全的前提下，减少排水量。

【原文】 (3) 具备模型自动识别验证功能，实现储、供、排、需智能分配水。

【条文解释】

自动识别验证——数值模拟软件融合大数据后，根据更新的源汇项及水位等数据进行自动拟合调参。

二、解决方案

(一) 边坡监测

1. 初级

(1) 选用 GNSS 监测系统对地表位移进行变形监测，并结合 RTK 对 GNSS 短期内无法覆盖区域进行补充位移测量。地表裂缝伸缩监测可选用拉线式位移计和电位器式位移计。变形监测系统流程及数据合成流程见图 3-3-1、图 3-3-2。

(2) GNSS 监测系统包括 GPS 数据采集模块、GNSS 解算模块、在线发布平台模块和手机客户端等模块。数据采集模块接收 GNSS 接收机数据，设计的预警值可实现在线实时报警。

(3) 选用的 GNSS 监测设备除具有速率预警值预警功能外，应具有多参数预警修正功能，减少系统误报。同时，具备分级用户管理和分级报警功能，并根据监测对象变形预警值级别，设置不同级别的报警参数，实时显示变形数据及预警状态，通过短信、电子邮件的方式

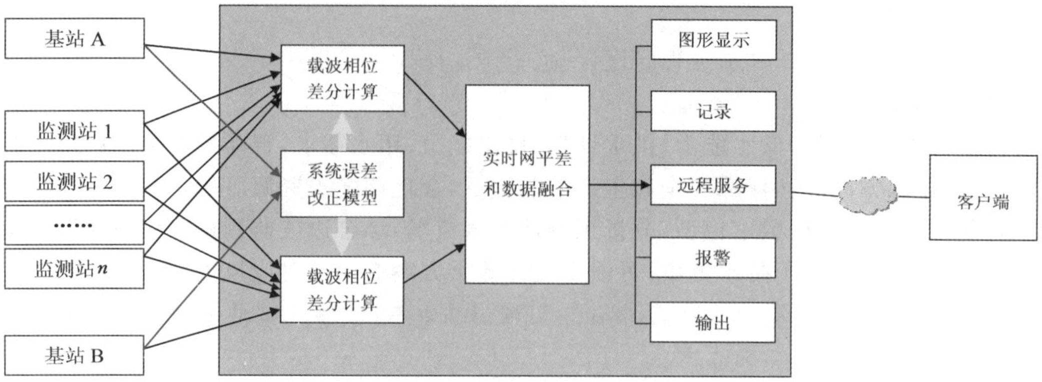

图 3-3-1　变形监测系统流程

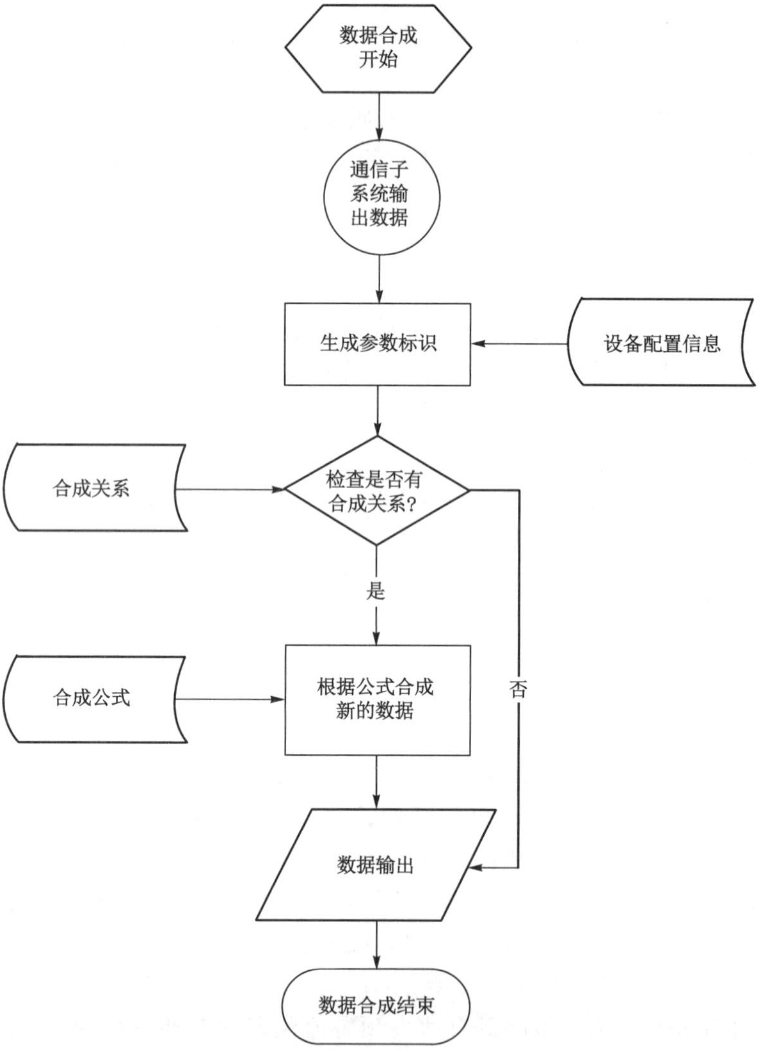

图 3-3-2　数据合成流程

发给相关工作人员。

(4) GNSS监测系统静态相对定位精度(短基线条件下)需为水平(2 mm+0.1 ppm)RMS、垂直(3 mm+0.4 ppm)RMS;静态/快速静态精度需为水平(±2.5 mm+0.5 ppm)RMS、垂直(±5 mm+0.5 ppm)RMS;动态RTK精度需为水平(±10 mm+1 ppm)RMS、垂直(±20 mm+1 ppm)RMS。

(5) 电位器式位移计测量范围为10～500 mm,分辨率≤0.05%F.S,精度≤0.5%F.S;拉线式位移计量程为0～400 mm,分辨率为0.01 mm,精度为±0.1%F.S。

2. 中级

(1) 建立地表位移和深层位移综合监测系统,开发软件具备地表和深层位移量传感数据接入功能,通过数据挖掘实现位移数据搜索、统计、在线分析和识别、自动设置合理位移预警值等功能,并具备渐变过程有效分析技术,最终实现自动报警等功能。

(2) 在初级解决方案基础上,深层位移监测不仅监测位移变化状态,还应通过锚索应力监测系统实时监测边坡预应力的变化,及时掌握边坡的稳定状态,远程实时监控功能能够自动、连续不断地捕捉现场锚索预应力变化信息。

(3) 锚索应力监测系统一部分是智能传感、采集、发射系统,该部分用于安装到监测现场,可将现场锚索等应力数据自动采集、自动发射到接收分析系统;另一部分是智能接收分析系统,可将现场发来的数据自动接收并处理形成动态监测曲线和监测预警曲线,根据监测预警曲线判断监测对象的工作状态。

① 采集、存储、发射系统:智能传感、采集、发射系统构造主要由两部分构成,即传感装置和采集、发射装置。传感装置直接安装在锚索等端部,采集、发射装置除主机外还包括电池组和天线,电池组根据使用情况应定期更换。

② 接收分析系统:智能接收分析系统构造由信号接收器和计算机组成。信号接收器用来接收发射系统的数据信号并将接收的信号传递给计算机,计算机对接收的信号进行分析处理。为了连续不断地接收现场信号,信号接收器的电源要保持接通状态,计算机配置不间断工作电源,在监测过程中主机箱要保持开机状态,在不对计算机进行操作的时间,可以将计算机显示器的电源关闭,但不可以使信号接收器断电,也不可以关闭计算机主机,只关闭计算机显示器的电源不影响信号的接收和处理。

(4) 系统安装使用:在边坡锚索预应力施加之前,将监测系统的传感装置安装到锚索上,在传感装置安装的过程中要注意安装的精确性,即传感装置的形心要与锚索锁具的形心重合。锚索应力监测指标为灵敏度≤0.04%F.S,测量精度为±0.25%F.S。

(5) 根据现场的实际情况,要设计并安装合理的保护设施,智能传感、采集、发射系统安装好后,放置在保护设施内以免长期暴露在露天受人为或其他因素损坏系统,保护设施应坚固、防雨。边坡稳态远程监测技术原理见图3-3-3。

(6) 测斜仪由安装卡板、数据电缆、连接杆、测杆、导向轮等组成,通过测量测斜管轴线与铅垂线之间夹角变化量来计算水平位移。通常情况下,由多支固定式测斜仪串联装在测斜管内,通过装在每个高程上的倾斜传感器,测量出被测结构物的倾斜角度,以此将结构物得变形曲线描述出来。地下位移监测系统(斜测、位移)工作原理见图3-3-4。

阵列式位移计监测指标:量程3D模式为±60°,2D模式为360°,精度为0.005°。固定式测斜仪监测指标:测量范围为±30°,分辨率为5″,精度为0.2%F.S。

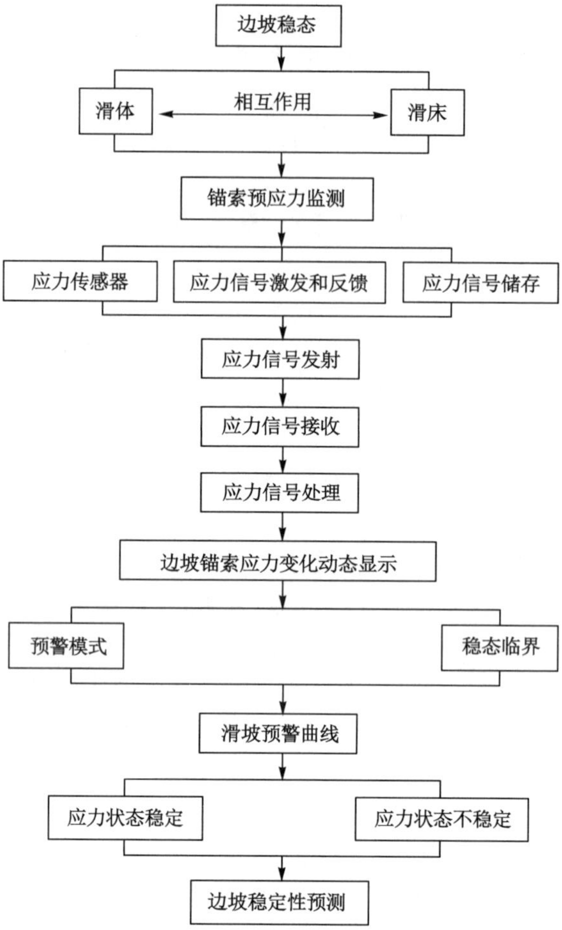

图 3-3-3 边坡稳态远程监测技术原理流程

3. 高级

(1) 建立边坡地质灾害天—地一体化在线智能监测预警平台,平台由边坡雷达、无人机、地表位移和深部位移监测等监测系统组成(图 3-3-4)。

(2) 边坡雷达选用高分辨率成像雷达,与无人机搭载的倾斜摄影模块或雷达实现数据智能转换,同时集成"地表位移和深层位移综合监测系统",完成对监测数据的获取、智能转换、分级处理、自动归纳管理、自动预警等功能。平台支持真三维天—地一体化在线监测图像的识别与纠正,能够对边坡雷达实现多极化、多波段、多工作模式。无人机具备精准三维航线规划、三维实时飞行监控、可视化监控等功能,并能提供智能维护和信息推送等云服务。通过多监测系统的数据智能转换传输,完成边坡监测多源数据的融合解算,形成智能"管家型"监测预警平台。

(3) 合成孔径雷达监测精度为 0.1 mm,监测距离为 5 000 m,监测范围为 60°×20°,距离向分辨率为 0.5 m,方位向分辨率为 4 mrad;真实孔径雷达监测精度为 0.2 mm,监测距离为 3 500 m,距离向分辨率为 0.5 m,扫描方向为水平方向最大 270°,垂直方向最大 122°。

(4) 无人机监测倾斜相机水平精度为 2～3 cm,高程精度为 7～8 cm,雷达水平精度为

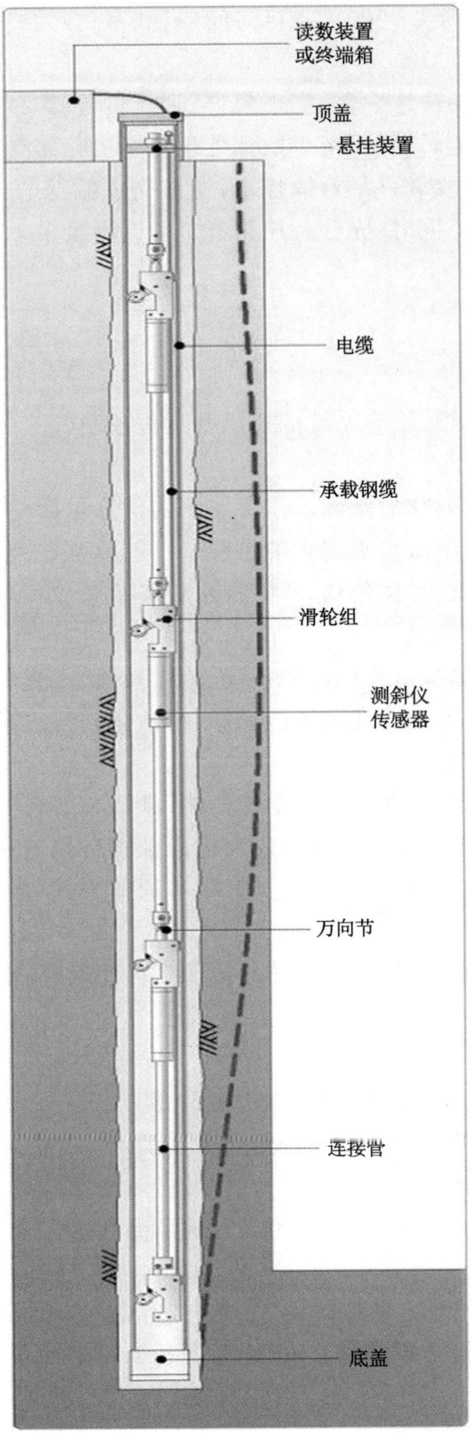

图 3-3-4 地下位移监测系统(测斜、位移)工作原理

1～2 cm,高程精度为 3～4 cm[水平为(±1 cm+1 ppm)RMS,垂直为(±2 cm+1 ppm)RMS],航测成图最大精度为 1∶500。飞行时间(搭载雷达)为 2.5 h,飞行时间(搭载相机)为 4 h,飞行最大高度为 1 000 m。

(5) 开发监测系统集成软件平台,实现集群、局域网连接、组间共享等功能。具备对采集的数据进行分块处理功能,这样可减少数据处理对主机存储空间的依赖,减少数据的频繁传输,提高数据处理效率。在软件平台操控下,能够完成数据的成果分块及合并,以满足大量数据的筛选与剔除需求。同时,充分利用集群资源以满足多工程、多任务优先处理的功能要求。

(二) 疏干排水

1. 初级

初级解决方案主要针对疏干全系统的监测及远程控制。

(1) 远程监测系统

实时监测为信息化、智能化的基础。需要监测的信息包括疏干降水系统的疏干井水位、水量、水质、水温等信息,地下水位观测孔的水位、水质、水温信息,疏干管道的压力、流量信息,人工积水体的液位、水质、水量信息,所有排水设备极其供配电控制设备的运行电流、电压、设备温度、声音、震动等信息。

自动化监测系统包括远程自动化监测系统、传输系统、监测中心(数据分析、处理、显示、存储)系统组成。远程监测系统通过现场传感器、自动化监测站等采集、处理数据,并通过无线的传输系统传至监测中心。

自动化监测具备储存、处理和分析数据等功能;具备人工测量接口,可进行补测、比测自动化监测数据传输之间采用开放的通信协议和标准数据传输方式,数据传输采用无线传输方式;可根据工程实际选用定时、随机、实时、直接等通信方式;能够及时纠正传输错误的数据包。

监测中心设置在露天煤矿调度中心,应配备计算机管理用的软硬件设施,满足露天煤矿疏干运维与管理的需要。

① 地下水位自动监测系统

地下水位自动观测系统包含观测孔、自动观测液位计。

地下水位观测孔的布置以采场为中心呈放射线网形,由密到疏的布置,在主要来水方向、采场四周、地表水体附近、构造充水、导水带两侧等地段加密布置。

对不同层位分别布置观测孔,对多层无水力联系的含水层观测孔分层设置观测管进行观测。

自动观测设备采用静压式自动液位计,配置自清洁型传感器,保证藻类、微生物以及气泡附着等完全不会影响传感器的正常工作,能可靠长期稳定测量。液位计的主体材料采用金属材质,保证其使用寿命。液位计电源应单独配置太阳能供电系统及蓄电池供电。

② 地表水液位自动监测系统

基于 XL.SN 无线传感器网络技术,利用无线水位传感器、压力式水位计、GPRS XL90 物联网智能网关、短信报警模块、XL.VIEW 数据采集监控软件等软硬件设备,实现对水池水位数据的远程无线采集、传输、监控。

无线水位传感器通过压力式水位计采集水池水位数据，并通过 433 无线方式主动上传给 XL90 智能网关，网关通过 GPRS 无线方式将数据上传到监控服务器，工作人员通过 XL.VIEW 组态监控软件在电脑端、平板电脑端、智能手机端实时查看水池水位数据。当水位低于预设值时，自动发送报警短信至工作人员手机，提醒工作人员及时向水池补水。

分布总览即监测软件以矿区布局图为背景展示各水池的分布位置。

实时监测即实时显示所有水池的水位及监测设备运行状态。

智能报警即水位过低或过高、现场断电、水位计故障时，自动提示报警信息，并向责任人手机发送报警短信。

数据存储即所有监测数据自动存储，可查询、导出、打印。

统计分析即自动生成数据统计报表、一键生成时段分析曲线。

③ 管道流量压力监测系统

管道自动监测主要包含管道流量监测和压力监测。

系统功能主要包括测点分布总览、最新数据监测、超限自动报警、数据曲线分析、智能数据统计、历史数据查询、用户信息管理、测点信息设置。

主要设备包含一体式管网监测设备、SIM 卡、压力送变器、电磁流量计或超声波流量计。

(2) 远程控制系统

远程控制主体包含疏干降水孔及采掘场排水泵站的排水泵以及管道电控闸阀。

系统通过无线 2G/4G、NB-IOT、LoRa、以太网等通信网络远程监控泵站，远程控制水泵启停，同时可远程监控水泵的运行状态、故障状态，监测电流、电压、流量等一系列参数，实现通过手机远程管理水泵站的目的，在大大提高水泵站管理效率的同时大幅度降低管理成本。

系统功能包括支持多路控制，支持手动控制、自动控制、远程控制水泵的启停、控制模式切换，支持按设定的时间开启和关闭水泵，支持电流电压监测，支持水泵异常报警、水位超限报警、电力参数异常报警等，支持数据采集记录、控制及报警历时记录可查询及打印功能；支持手机随时随地控制。

2. 中级

(1) 地下水流场三维可视化模拟

露天煤矿地下水三维可视化模拟基于数值模拟软件实现，主要功能包括动态 Piper 图、动态粒子追踪、3D 克里金插值等多个领域内创新应用；时间补齐、站点补齐、时空内插、时序差分、空间积分等多种实用工具；有针对性地开发井管、污染追踪、污染热点、动态等值等常见应用；无缝对接 ModFlow、MT3D、Hydrus、Surfer、ArcGIS、AutoCAD 等地下水行业专业软件。

(2) 三维监控管理云平台

开发集成三维地下水流模型、排水设备监控信息、视频监控影像于一体的三维监控预警平台。通过三维立体实时影像对排水泵站、排水系统进行远程查看。设备异常信息通过短信、微信、APP 发送给管理人员。设备均应具备自检功能。

通过监控管理云平台，泵站管理人员可以在泵站监控中心远程监测站内水池水位或进站压力、泵组工作状态、出站流量、出站压力等；支持手机 APP、云网站远程对水泵启动设备手动控制、自动控制、远程控制加压泵组的启停；利用云摄像机，还可以图像监视站内全景及重要工位，实现泵站无人值守。

3. 高级

针对水文地质条件比较复杂、富水性强的露天煤矿，疏干降水工作贯穿露天煤矿全生命周期。智能控制系统可减少成本、提高效率。水文地质数值模拟软件与系统大数据结合，形成一套完整的露天煤矿水文地质数值模型。通过不断的数据更新，对参数进行实时识别验证，精度越来越接近真实。同时可模拟溶质运移，如存在有污染的采空区积水，可模拟其污染范围及趋势。数值模型可模拟疏干方案的疏干效果，并输出疏干方案，同时根据方案对投资进行估算。

开发全智能疏干降水方案，以数据收集终端、共享大数据为基础，以地下水数值模拟软件为载体，开发智能疏干控制系统，可推荐最优疏干方案，预测地下水流场动态。同时，建立矿山水文地质大数据库，集成采掘场排水智能控制，与露天煤矿其他智能控制系统融合，达到露天煤矿智能化疏干全覆盖。

三、典型案例

黑岱沟露天煤矿边坡实时监测预警系统。

(一) 建设条件

1. 地形地貌

黑岱沟露天煤矿位于鄂尔多斯高原东北部、东临黄河，地表覆盖有厚层第四系黄土。地表发育以黄河为主的树枝状冲沟和河谷，使台状冲沟被切割得沟壑纵横，地形支离破碎，异常复杂，形成具缓梁沟谷和高梁沟谷地形的源丘地貌。

2. 工程地质和水文地质条件

(1) 矿区地层

黑岱沟露天煤矿地层沉积与华北石炭、二叠系各煤田基本相似。地层由老至新依次为：早古生界奥陶系、晚古生界的石炭系和二叠系、新生界的新近系及第四系。

(2) 含煤地层

含煤地层为山西组和太原组，自上而下为7层，煤层平均总厚度为33.65 m，含煤地层平均厚度为116.5 m。

(3) 矿区构造

矿区构造较简单，主要有三组近于平行的背向斜，区内还有少量陷落柱。

总观全区构造形势，地层、褶曲轴和断裂呈北东走向，褶曲轴由东北向西南倾伏，构成基岩构造形态呈东北高、西南低。F8断层位于三采区南部，1～17勘探线，走向26～28线之间；走向北东，倾向北西，倾角为54°～64°；断带复杂，伴生有F_{46}、F_{47}、F_{48}分支断层及两侧牵引褶皱。

(4) 矿区水文地质条件

① 含(隔)水岩组特征及富水性

第四系黄土层为粉质黏土，全区分布，垂直节理发育，含钙质结核，在与基岩或古近系和新近系红色黏土层接触面的沟谷处常有泉水出露，本层水由大气降水补给，受季节性影响显著。石炭系本溪组，岩性以泥岩、黏土岩和铝土岩为主，地表未见泉水出露，为本区较稳定隔水层。

② 地下水补、迳、排特征

本区内各岩层中不同程度发育有裂隙，地下水补给来源贫乏，以大气降水为主，地下水位埋深均在百米以上。主要可采煤层直接充水含水岩组之上普遍有数层较稳定的泥岩、砂质泥岩为隔水层，使大气降水渗入地下者甚微，补给直接充水含水岩组的水量极为有限。

③ 采掘场和排土场实施条件

露天煤矿最大开采深度约 246 m，工作帮剥离台阶设计高度为 15 m，采煤台阶最大高度为 15 m，单斗卡车系统剥离台阶坡面角为 65°，抛掷爆破—吊斗铲倒堆系统区域台阶高度采煤台阶坡面角为 75°；南、北端帮台阶高度为 30～60 m，边坡角为 37°。

排土场分为外排土场和内排土场，外排土场有东排土场、北排土场、西排土场、阴湾排土场及东沿帮排土场 5 个，目前外排土场均已排弃到界，复垦完毕，采场剥离物全部进入内排土场。内排土场现有 10 个排土台阶，最终设计标高为＋1 300 m。设计平盘宽度为 100 m，台阶高度为 30 m（自营为 30 m，外委为 15～20 m），单台阶坡面角为 38°，排弃到界的整体边坡角≤20°。

自 2007 年开始使用抛掷爆破—吊斗铲无运输倒堆工艺开始，煤层上部岩石高台阶达 45 m，边坡角为 65°，煤层平均厚度为 28.8 m，边坡角为 70°，开采过程中形成的煤、岩混合台阶垂直高度达 73.8 m（图 3-3-5）。由于高度大、倾角陡，加之地质构造、岩石性质等一系列因素的影响，极易造成片帮、滑坡危险，严重威胁上部钻机钻孔作业及下部电铲采煤作业、卡车运输作业的人员和设备安全（图 3-3-6）。

图 3-3-5　抛掷爆破工艺下形成的煤岩混合台阶

受断陷带影响，吊斗铲区域南部和北部抛掷爆破高台阶岩体破碎，稳定性差，加上生产过程中频繁的爆破，破坏了岩体的整体结构，降低了整体强度，极易造成边坡失稳。

同时，黑岱沟露天煤矿整个服务年限内共设东排土场、北排土场、西排土场、阴湾排土场、东沿帮排土场 5 个外排土场，排矸场属西排土场的一部分（图 3-3-7）。黑岱沟外排土场除排矸场仍在使用外，其余的都已到界停止使用，但这些外排土场周围存在着一些选煤厂、公路、铁路、油库等重要的工业设施及民用设施，一旦外排土场发生滑坡，将造成巨大的损失。

图 3-3-6　高台阶片帮

图 3-3-7　外排土场分布

(二) 建设内容

黑岱沟露天煤矿边坡实时监测预警系统主要由地表位移监测和深部锚索应力监测系统组成。其中地表位移监测系统包括真实孔径雷达和GNSS监测系统,深部位移监测系统为锚索应力监测系统。

真实孔径雷达监测系统应用在黑岱沟露天煤矿抛掷爆破高台阶,选用澳大利亚SSR-T边坡稳定性雷达系统,雷达如图3-3-8所示。该雷达能够及时、清楚、准确地反映出高台阶边坡动态变化情况。目前已建成2套高台阶边坡雷达监测预警系统对边坡进行监测。

边坡监测雷达布置于内排土场吊斗铲排弃物料上的雷达专用场地,面向抛掷高台阶监测,且与吊斗铲工作条区错开布置。

黑岱沟露天煤矿外排土场边坡监测系统采用GNSS位移监测系统与深部应力监测系统相结合的方式,并利用无线通信技术实现了无人值守和远程实时监控的目标。通过将地表位移和深层位移监测系统结合,能够实时掌握边坡地表位移、岩体内部应力变化和锚索加固结构的工作状态,为黑岱沟露天煤矿外排土场边坡地质灾害的有效预警提供可靠依据。目前,外排土场在潜在滑坡及地表有重要构建筑物位置共设有GNSS监测点88个和锚索应

图 3-3-8　边坡稳定性雷达

力监测系统 4 套。

GNSS 位移监测系统具有监测精度高、反应速度快、系统稳定性可靠的特点。同时，岩体边坡内部的应力变化导致边坡表面的形变，应力变化提前于地表的形变，锚索应力监测系统就是利用这个原理提前监测到内部的应力变化，从而起到预警的作用。

1. 雷达报警阈值的设置

边坡雷达预警常规设置速度预警、位移预警、预警覆盖面积等关键参数。

(1) 速度预警：常规设置为 4～5 mm/h；不稳定区域或松散边坡体设置≤4 mm/h；

(2) 位移预警：常规设置为 5～6 mm/h；不稳定区域或松散边坡体设置≤5 mm/h；

(3) 预警覆盖面积：常规设置为连续 4 个像素点报警触发紧急红色报警。不稳定区域或松散边坡体设置不大于 3 个连续像素点。

2. GNSS 监测设备的布置要求

GPS 监测点的布置按照监测点所形成的区域要涵盖边坡所在区域的总体要求，结合黑岱沟露天煤矿边坡区域现场环境和地质环境等因素，选择具有代表性的点，同时在重要的道路、建筑设施、开采通道等位置布设监控点。一般选择边坡区域内易于观测且可能出现较大变形的部位设立监测点实现以点代面对边坡进行监测。

3. 监测数据精度要求

黑岱沟露天煤矿技术人员通过配套软件，接收 GPS 位移监测系统和边坡雷达监测系统返回的数据及图像，同时对重点区域加强人工监测，并进行实地测量，边坡地表监测精度应小于±(3＋1×10－6D)mm；垂直位移监测精度应小于±(5＋1×10－6D)mm(D 为基准点与监测点之间的距离)。

4. 建立健全边坡监测预警响应机制

(1) 在黑岱沟露天煤矿生产技术部成立边坡组，边坡技术人员执行四班三倒制度，对高台阶及外排土场实施 24 h 不间断监测。

(2) 先后出台一系列管理制度，使边坡管理更加系统化、专业化。

（三）应用效果

黑岱沟露天煤矿边坡监测预警系统通过技术改进和经验总结，使雷达原来预警时效 24 h 缩短至 2 h，确保了在危险发生前人员和设备及时撤离，同时大大延长了危险发生前设备运行的时间。

目前，黑岱沟露天煤矿地表位移监测和深部位移监测已成功监测预警 95 次片帮，未造成一起人员伤亡及设备损坏事故，提高了露天煤矿的安全效益。

第四章　智能辅助

一、地测采保障

（一）初级

构建“全环节三维数字化表达”作业模式。

（1）地质资源管理系统具备地质资源储量信息数字化、三维建模等功能。

（2）测绘管理系统具备地形、环境等测绘信息三维可视化功能。

（3）采矿设计系统具备基于三维地质模型的工程量自动计算、剥采比优化设计等功能。

（4）矿山数字孪生系统具备地面生产系统、辅助设施及开采现状模型与信息融合展示功能。

（二）中级

构建“全过程关联一体化表达”作业模式。

（1）地质资源管理系统具备地质资源储量定期更新功能。

（2）测绘管理系统具备测绘无人机自动起降、多终端远程控制等功能，实现测绘成果在线生产、动态管理、实时更新。

（3）采矿设计系统具备基于三维地质模型的采排计划自动生成、采矿方案辅助设计等功能。

（4）矿山数字孪生系统具备模型与信息间关联检索、信息综合报表等功能，实现基于三维模型的工程信息一体化展现。

（三）高级

构建“全周期决策虚实交互表达”作业模式。

（1）地质资源管理系统具备资源储量数据查阅、分析及动态管理等功能。

（2）测绘管理系统具备三维测绘数据自动获取、智能分析处理、共享集成等功能，实现采剥量自动快速计算。

（3）采矿设计系统具备排弃位置、采排路径、采矿方案自动优化等功能。

（4）矿山数字孪生系统具备快速制订施工进度计划、精准模拟施工工序等功能，实现矿山工程虚实交互表达。

二、智能供配电

（一）初级

构建“自动采集＋实时传输＋远程监控”的供配电模式。

(1) 供配电系统进出线回路配置电流(压)变送器或综合保护仪，具备在线电量采集功能，通过总线通信实时传输至电力调度系统。

(2) 主变电所高(低)压电气设备具备遥信、遥测、遥控、遥调、遥视功能，实现信息在线监测和可视化监控。

(3) 变电所门禁系统具备远程集中监控、无人值守、有人巡视等功能。

(二) 中级

构建“智能分析＋快速隔离＋有人巡视”的供配电模式。

(1) 供配电系统具备电子挂牌、在线电能质量分析、数据采集、运行监视、峰谷电能计量和能耗统计等功能。

(2) 车间变电所具备防越级跳闸、自动故障定位、故障快速隔离等功能。

(3) 高压架空线具备有人巡视功能，并配合无人机实现远程巡视。

(三) 高级

构建“智能调度＋智能预警＋云巡视”的供配电模式。

(1) 供配电系统具备智能调度功能，实现对配电网态势进行感知，对系统运行状态趋势进行分析及预测。

(2) 变电所具备智能预警、自动防灭火等功能，实现远程实时集中监控。

(3) 高压架空线、主变电所、车间变电所等关键部位实现云巡视功能。

三、道路维护

(一) 初级

构建“集中调度＋可视化监视”的作业模式。

(1) 维护设备实现远程集中调度管理，道路沿线实现粉尘浓度监测。

(2) 平地机实现铲刀作业状态监测与可视化监视。

(3) 洒水车实现喷洒宽度可控、作业状态监测。

(二) 中级

构建“远程操控＋自动监测”的作业模式。

(1) 运输设备实现路面平整度自动监测。

(2) 平地机具备工况全景感知和展现功能，实现行走、作业可视化远程操控。

(3) 洒水车实现根据粉尘监测数据自动洒水降尘，提高用水效率。

(三) 高级

构建“多机协同＋智能决策”的作业模式。

(1) 维护设备具备自动感知、传输、决策、执行全过程控制系统，实现智能决策及调度功能。

(2) 平地机实现障碍物自动清理、平整路面、无人驾驶等功能。

(3) 洒水车具备喷洒范围智能调整功能，实现精准喷洒。

一、解读

（一）地测采保障

1. 初级

【原文】 构建“全环节三维数字化表达”作业模式。

【条文解释】

全环节三维数字化表达——利用专业三维建模软件，完成地、测、采、生产系统及辅助设施等矿山工程全环节立体图形的建立。

【原文】 （1）地质资源管理系统具备地质资源储量信息数字化、三维建模等功能。

【条文解释】

资源储量信息数字化——将矿山复杂地质资源储量信息转变为可以度量的数字、数据，并引入计算机内部进行统一处理的过程。

资源储量三维建模——通过虚拟三维空间构建矿山地质资源储量的空间结构模型。

【原文】 （2）测绘管理系统具备地形、环境等测绘信息三维可视化功能。

【条文解释】

三维可视化——基于无人机技术和倾斜摄影技术，获取完整精确的三维地形、环境信息，建立三维实景模型。

【原文】 （3）采矿设计系统具备基于三维地质模型的工程量自动计算、剥采比优化设计等功能。

【条文解释】

工程量自动计算——基于三维模型自动计算不同位置间工程量。

剥采比优化设计——基于三维模型设计最优剥采比。

【原文】 （4）矿山数字孪生系统具备地面生产系统、辅助设施及开采现状模型与信息融合展示功能。

【条文解释】

模型与信息融合展示——集成地面生产系统、辅助设施及开采现状模型，基于该集成模型展示相关信息数据。

2. 中级

【原文】 构建“全过程关联一体化表达”作业模式。

【条文解释】

全过程关联一体化表达——建立对象间结构及关联关系，整合设计、施工、运维等矿山全过程分散的模型与信息，使矿山工程真正成为一个关联互通的整体。

【原文】 （1）地质资源管理系统具备地质资源储量定期更新功能。

【条文解释】

资源储量定期更新——根据生产所需，在规定时间内对资源储量进行更新。

【原文】 （2）测绘管理系统具备测绘无人机自动起降、多终端远程控制等功能，实现测绘成果在线生产、动态管理、实时更新。

【条文解释】

无人机自动起降——实现无人机智能飞行、巡航设定，智能机场引导无人机起降，执行任务完毕后，自动降落至机场并充电。

多终端远程控制——多终端包括平板客户端、手机移动端和认证后的任何电脑桌面客户端，均可实现对无人机远程控制。

在线生产——基于5G网络云端传输采集数据，实时处理航飞照片，在线生成三维数据成果。

动态管理——通过动态管理数据库，对无人机、自动机场、载荷的飞行数据和后期处理作业数据成果进行存储。

实时更新——可设定全天候实时飞行计划，定时执行飞行任务，实时获取最新数据。

【原文】 (3)采矿设计系统具备基于三维地质模型的采排计划自动生成、采矿方案辅助设计等功能。

【条文解释】

采排计划自动生成——基于三维模型自动编制露天煤矿的日常生产中所需的年度、季度、月度采剥推进计划。

采矿方案辅助设计——基于三维模型辅助设计机道移设、临时排土等方案。

【原文】 (4)矿山数字孪生系统具备模型与信息间关联检索、信息综合报表等功能，实现基于三维模型的工程信息一体化展现。

【条文解释】

模型与信息间关联检索——建立同一对象模型与信息间的关联关系，通过检索的方式实现模型与信息间、信息与信息间的互相调取。

信息综合报表——根据各部门需求，按照所需格式与内容，综合生成矿山一体化模型中所包含的信息。

3. 高级

【原文】 构建“全周期决策虚实交互表达”作业模式。

【条文解释】

全周期决策虚实交互表达——构建与现实世界中的物理实体完全对应和一致的虚拟模型，该模型可适时模拟自身在现实环境中的行为和性能。

【原文】 (1)地质资源管理系统具备资源储量数据查阅、分析及动态管理等功能。

【条文解释】

数据查阅与分析——快速查阅矿山资源储量数据，通过数据分析提取有用信息并形成结论。

数据动态管理——及时将储量增减记录录入计算机，计算机随时显示实时储量。

【原文】 (2)测绘管理系统具备三维测绘数据自动获取、智能分析处理、共享集成等功能，实现采剥量自动快速计算。

【条文解释】

数据自动获取——无人机采集数据通过5G网络传输到时空数据云平台，基于云存储和处理服务，进行数据自动处理。

智能分析处理——搭载AI平台，智能分析过滤图像信息，自动生成正射影像图、三维模型等成果。

共享集成——基于通用服务发布三维测绘成果，可在平板端、手机端、电脑客户端共享使用三维数据成果。

采剥量自动快速计算——基于多期三维实景模型叠加计算出矿山资源储量和岩土剥离量，生成报表及数据分析图。

【原文】 (3) 采矿设计系统具备排弃位置、采排路径、采矿方案自动优化等功能。

【条文解释】

定制优化数学模型，实现排弃位置、采排路径、采矿方案自动优化等功能。

【原文】 (4) 矿山数字孪生系统具备快速制订施工进度计划、精准模拟施工工序等功能，实现矿山工程虚实交互表达。

【条文解释】

制订施工进度计划——快速制订每个项目的施工进度计划。

模拟施工工序——精准模拟从接到施工任务到交工验收所包括主要阶段的先后次序。

(二) 智能供配电

1. 初级

【原文】 构建“自动采集＋实时传输＋远程监控”的供配电模式。

【条文解释】

供配电系统需对重要电气量自动采集，将数据实时传输至上级电力调度系统，主变电所等场所配置门禁进行远程监控。

【原文】 (1) 供配电系统进出线回路配置电流(压)变送器或综合保护仪，具备在线电量采集功能，通过总线通信实时传输至电力调度系统。

【条文解释】

对供配电系统内的电气回路的计量进行了明确，要求配置变送器并可实时传输至上级电力调度系统。

【原文】 (2) 主变电所高(低)压电气设备具备遥信、遥测、遥控、遥调、遥视功能，实现信息在线监测和可视化监控。

【条文解释】

明确监控范围、监控对象和监控数据，监控范围为露天煤矿供配电系统主变电所，监控对象为高(低)压电气设备。监控数据须包括以下5类。

① 遥信：采集并传送各种保护和开关量信息。

② 遥测：采集并传送运行参数，包括各种电气量(线路上的电压、电流、功率等量值)和负荷潮流等，从分类上讲，被测量的量是模拟量。

③ 遥控：接受并执行遥控命令，主要是分合闸，对远程的一些开关控制设备进行远程控制。

④ 遥调：接受并执行遥调命令，对远程的控制量设备进行远程调试，如调节发电机输出功率。

⑤ 遥视：以视频传输的方式将电力调度范围内的变电所中电气元件的状况传送至调度中心。

【原文】 (3) 变电所门禁系统具备远程集中监控、无人值守、有人巡视等功能。

【条文解释】

所有变电所配置门禁系统对变电所人员进出进行有效管理,避免无关人员违规进入和违章操作,实现变电所远程集中监控,实现无人值守、有人巡视。

2. 中级

【原文】 构建"智能分析+快速隔离+有人巡视"的供配电模式。

【条文解释】

供配电系统实现对用电状况的收集及分析,并具备一定的预判能力,对故障进行快速隔离并能自动定位;配置基础的无人巡视设备,以有人巡视为主。

【原文】 (1) 供配电系统具备电子挂牌、在线电能质量分析、数据采集、运行监视、峰谷电能计量和能耗统计等功能。

【条文解释】

明确安全及操作规范上,配置电子挂牌,要求设备检修及故障处理时,可通过系统平台对设备上电子屏幕显示挂上或撤销工作牌和接地牌;对供配电系统中元件的功能进行明确,具备在线电能质量分析、数据采集、运行监视、峰谷电能计量及能耗统计功能。

【原文】 (2) 车间变电所具备防越级跳闸、自动故障定位、故障快速隔离等功能。

【条文解释】

对供配电系统中的安全性、可靠性提出明确要求,包括防越级跳闸、自动故障定位、快速故障隔离等功能。

【原文】 (3) 高压架空线具备有人巡视功能,配合无人机实现远程巡视。

【条文解释】

高压架空线路地形复杂,配备无人机巡检,人员巡视辅助。

3. 高级

【原文】 构建"智能调度+智能预警+云巡视"的供配电模式。

【条文解释】

供配电系统配置大数据AI分析,实现智能监控及调度,对可能发生的故障进行智能分析及预警,替代人工对故障原因进行初步分析,所有关键电力部位及场合实现无人机及机器人巡检。

【原文】 (1) 供配电系统具备智能调度功能,实现对配电网态势进行感知,对系统运行状态趋势进行分析及预测。

【条文解释】

各变电所要求实现远程实时集中监控及智能调度功能,通过电力监控系统单独组网及后台大数据AI分析,可以代替人工实现电力及供配电系统的智能监控及调度。

【原文】 (2) 变电所具备智能预警、自动防灭火等功能,实现远程实时集中监控。

【条文解释】

智能预警要求对发生故障开关的关联信息进行大数据或AI分析,判断优先级并报警及分析故障原因,进而替代人工对故障原因进行初步分析。

自动防灭火要求安装适用于露天煤矿变电所的灭火器材及装置,且能与电缆测温、机器人智能巡检等系统联动,由电缆测温、机器人智能巡检等系统进行监测及分析,一旦发生火情时能自动报警并灭火。

【原文】 (3) 高压架空线、主变电所、车间变电所等关键部位实现云巡视功能。

【条文解释】

高压架空线实现无人机巡检,所有变电所实现机器人巡检,将画面实时上传,实现云巡视功能。

(三) 道路维护

1. 初级

【原文】 构建“集中调度+可视化监视”的作业模式。

【条文解释】

常用辅助设备有装载机、推土机、平地机、洒水车、加油车等。这些辅助设备需实现集中调度及可视化监视,保证其与采、运、排设备的协同作业。

【原文】 (1) 维护设备实现远程集中调度管理,道路沿线实现粉尘浓度监测。

【条文解释】

辅助设备车载终端加装无线通信设备,实现远程集中调度管理。在道路沿线安设粉尘浓度实时监测系统,实现道路运行环境的粉尘监测,为洒水车的调度提供决策信息。

【原文】 (2) 平地机实现铲刀作业状态监测与可视化监视。

【条文解释】

平地机等辅助设备通过 GPS、倾角传感器、惯性导航实现铲刀位置监测与可视化监视。

【原文】 (3) 洒水车实现喷洒宽度可控、作业状态监视。

【条文解释】

洒水车根据路面宽度、道路粉尘分布区域来实现喷洒宽度控制。

2. 中级

【原文】 构建“远程操控+自动监测”的作业模式。

【条文解释】

辅助设备进行智能化改造,一定程度上实现远程操控,并实现自动检测功能,同采、运、排设备互不干扰,高效协同。

【原文】 (1) 运输设备实现路面平整度自动监测。

【条文解释】

运输设备通过安设的传感器采集道路平整度信息。

【原文】 (2) 平地机具备工况全景感知和展现功能,实现行走、作业可视化远程操控。

【条文解释】

平地机通过 5G 网络进行无线视频传输和传感器数据采集,并进行电控化改造,具备行走、作业可视化远程操控功能。

【原文】 (3) 洒水车实现根据粉尘监测数据自动洒水降尘,提高用水效率。

【条文解释】

洒水车与粉尘监测系统建立联系,当粉尘浓度超过预警值时,实现自动洒水降尘,提高用水效率,确保道路行驶安全。

3. 高级

【原文】 构建“多机协同+智能决策”的作业模式。

【条文解释】

辅助设备进行智能化升级，一定范围内，同采、运、排设备实现多机协同作业，智能决策作业时空范围。

【原文】 (1) 维护设备具备自动感知、传输、决策、执行全过程控制系统，实现智能决策及调度功能。

【条文解释】

维护设备建立环境实时采集与重构系统，具备障碍物自动避让、安全精准预警、地图自动更新等功能，建立自动感知、传输、决策、执行全过程控制系统，根据主采设备运行情况进行智能决策和调度，一定范围内实现无人驾驶。

【原文】 (2) 平地机实现障碍物自动清理、平整路面、无人驾驶等功能。

【条文解释】

平地机根据环境实时采集系统，智能分析、鉴别路面障碍物，并进行自动清理，根据路面平整度信息，进行自动平整，实现无人驾驶

【原文】 (3) 洒水车具备喷洒范围智能调整功能，实现精准喷洒。

【条文解释】

通过辅助设备智能调度系统和智能粉尘浓度监测技术，实现根据粉尘分布范围、浓度的智能化，自动抑尘。

二、解决方案

(一) 地测采保障

1. 初级

可靠的地测采保障是未来实现精准开采的基础。初级地测采保障重在模型构建。

(1) 地质资源保障系统

建立矿山三维地质模型，模型精度满足要求。应用具有三维可视化、原始资料处理、储量估算等功能的地质建模软件，构建露天煤矿三维地质模型。模型可显示钻孔位置、孔号、孔口坐标、钻孔见煤等主要信息。其中，储量基本信息包括地质储量、工业储量、设计储量、设计可采储量、累计采出量、回采率、开采规模、服务年限等实时和累计数据；二量信息包括开拓煤量、备采煤量；探明储量信息包括保有储量、动用储量以及损失储量。储量基本信息和二量信息可按月度展示或者查看累计数据。

(2) 测绘管理系统

建立矿山地表、开采现状等三维模型，模型精度满足要求。基于无人机和倾斜摄影测量技术，采用旋翼无人机搭载三维激光扫描系统、正射影像航测模块及倾斜摄影模块进行露天煤矿三维数据采集，建立各区域三维模型。以全方位视角直接高速获取高精度、高密度、超高分辨率的场景三维空间信息、反射强度信息及真实彩色信息。

(3) 采矿设计系统

建立采矿设计三维模型，模型可用于辅助设计。应用具有三维模型构建、开采设计功能的采矿设计软件，建立采矿设计三维模型，通过构建所需采矿模型，实现基于生产过程模拟技术的工程量自动计算及剥采比优化设计等功能。

(4) 数字孪生系统

建立地面生产系统及辅助设施三维信息模型,融合开采现状与相关信息。应用具有三维可视化、参数化设计等功能的 BIM 设计软件,建立露天煤矿地面系统三维信息模型;应用具有集成、承载及关联管理等功能的模型管理系统,融合开采现状与地面系统三维模型(BIM),实现三维模型的轻量化浏览,关联接入露天煤矿工程全生命周期各环节相关系统的数据与文档信息,形成露天煤矿工程三维全息模型。

2. 中级

中级地测采保障重在于模型信息映射与关联。

(1) 地质资源管理系统

应用数据管理功能,实现资源储量定期更新。系统采用集中式架构,数据存放于服务器,同时本地保存备份。数据管理模块主要对客户端和服务器端的数据进行增、删、改、查。利用开采过程中勘探、写实等环节的产生的信息数据,对矿山地质资源储量进行定期更新。

(2) 测绘管理系统

应用数据管理功能,实现三维模型动态更新。利用智能全自动无人机、智能机场、激光雷达、热红外等技术,实现一键自动飞行、自动充电、智能机场引导降落、无人机巡航设定、多样化荷载。无人机搭载 AI 云系统,可自动调整航迹,实现缺陷实时诊断、分析和报告生成,保证作业效率。利用远程控制技术,实现无人机、智能机场、指挥中心远程实时控制和通信。基于云端技术和 GIS 技术建立测绘管理系统,设计三维矿山空间数据库,将无人机倾斜摄影数据进行实时传输,服务器端实时存储并进行数据处理,实现三维模型的定期更新和动态管理,基于多期模型叠加分析,实现工程量的计算和动态管理。

(3) 采矿设计系统

通过编制工作流、指定优化参数,优化采矿方案。以矿山三维模型为基础,利用煤岩赋存与固定开采参数进行矿山虚拟开采,完成采、运、排工程量计算和具体的工程位置计划安排,并同时自动生成图形和数值结果,实现在虚拟采场环境下模拟手工描绘采场形态、制订采剥计划等功能。

(4) 数字孪生系统

建立矿山工程分解结构及编号规则,实现对象间关联。梳理并搭建面向矿山工程分解结构,建立工程对象和数据、文档、模型与工程分解结构关联关系,确定工程对象命名及编号规则,形成对象间关联的规则基础。应用具有三维可视化展示、数据存储与管理等功能的模型管理系统,配置信息展现形式及内容,实现露天煤矿模型信息综合报表等功能。

3. 高级

高级地测采保障重在模型决策与虚实交互。

(1) 地质资源管理系统

应用信息查询功能,实现数据动态管理。通过数字化存储及信息化管理,实现矿山资源储量数据的快速查阅,用适当的统计分析方法对收集来的大量数据进行分析,将它们汇总、理解并消化,最大化挖掘数据。通过资源储量的定期更新、集约建档、流程管控及报表展现等形式,实现矿山资源储量数据的动态管理。

(2) 测绘管理系统

应用 AI 技术,实现三维模型优化与共享。基于 5G 通信技术,实现三维数据自动获取及远距离高清无损传输。基于AI云端技术，结合影像纠正和自动建模技术，实现飞行数据、成果数据智能分析与处理。基于SOA部署及服务的标准形式，提供通用接口，利用云端后台中心，根据智能矿山深度定制，三维数据快捷接入多终端，无障碍共享使用与更新。基于实时更新的三维实景模型，利用融合分析技术，快速、精确获取矿区剥离量，实现对矿山三维信息的实时展示、综合分析、动态预测和评价、信息输出等功能。

(3) 采矿设计系统

定制优化数学模型，实现采矿方案自动优化。考虑采排境界、开采参数、设备效率、水平推进速度、垂直降深速度等限制条件，结合经济、生态、时间等因素，构建智能优化剥采位置及排弃计划位置的原理与方法。提出露天煤矿常用开拓运输方案集，并建立其与矿山年产量、煤层赋存条件、地形条件等因素间的逻辑推理关系及规则；基于最小平曲线半径、最大允许纵坡等技术要求，运用运筹学等方法，构建沟道定线的动态规划。应用具有三维模型构建、开采设计的采矿设计软件，定制优化数学模型，实现排弃位置、采排路径、采矿方案自动优化等功能。

(4) 数字孪生系统

协调资源配置，优化施工方案。协调布置人、财、物、时间、空间等资源，应用具有三维可视化展示、数据存储与管理、时空管理等功能的工程模拟系统，制订施工进度计划，模拟施工工序，实现露天煤矿地面工程分期精准采购、快速精准施工。

(二) 智能供配电

1. 初级

供配电系统主变电所实现高(低)压电气设备遥信、遥测、遥控、遥调、遥视信息在线监测及远程实时传输和可视化监控，各变电所装设门禁系统，实现远程集中监控，无人值守，有人巡视。

(1) 远程集中监控平台建设

要建立可以远程及集中化的供配电智能监控平台，平台应配备“五遥”功能。

(2) 智能门禁系统建设

应实现以下功能：

① 就地刷卡功能；

② 远程控制开锁功能；

③ 一键可视通话功能；

④ 进入拍照记录功能；

⑤ 对讲通话录音功能；

⑥ 远程视频监控功能；

⑦ 时间记录查询功能。

2. 中级

在初级基础上，供配电系统具备防越级跳闸、自动故障定位、快速故障隔离等功能，系统具备电子挂牌功能。配置在线电能质量分析、数据采集、运行监视、峰谷电能计量和能耗统计功能。车间变电所配置机器人巡检，高压架空线配备无人机巡检，实现“有人巡视＋机器人巡检”功能。

(1) 供配电设备升级改造，包括保护装置升级、计量装置升级、通信接口配置。

(2) 电子挂牌

在供配电装置上配置电子挂牌功能。电子挂牌显示器可同步显示变电所内各设备的运行状态,当设备在进行故障维修时,控制器将维修设备进行锁定,人工不能对设备进行操作,这保证了设备及设备维修人员的安全。同时,安装电子挂牌也可避免人工挂牌带来的记录造假、运行牌不及时摘除、检修牌不及时悬挂、无法有效起到安全联锁等负面作用。

(3) 机器人和无人机巡检系统建设

在车间变电所内建设机器人巡检系统,可以代替人工定时、定点、定量完成变电所日常巡检工作。巡检机器人须搭载多种传感器,如图像、声音、红外热成像、温度、烟雾、有害气体等。

高压架空线配备无人机巡检,人员巡视辅助。

3. 高级

在中级基础上,各变电所实现远程实时集中监控及智能调度,具备智能告警、自动防灭火等功能。单斗挖掘机尾线电缆实现自动收放及定位功能。高压架空线实现无人机巡检,主变电所及车间变电所均实现机器人巡检。

(1) 自动防灭火系统建设

建设适于露天煤矿变电所的灭火器材及装置,且能与电缆测温、机器人智能巡检等系统联动,通过温度、红外图像的收集,预测可能发生的火情,从而发出警报;当失火时,可自动定位着火点、判断着火类型,并调整相应的材料,从而迅速扑灭火情。

(2) 供配电智能监控调度系统

随着矿区用电负荷的改变,随时调整供配电状态,并在后台进行智能分析及预测。

① 可在显示装置上呈现所有供配电系统的电路图、计算值、整定保护和设计报告。

② 高低压开关可自动整定,实现短路电流、电压损失的自动计算,短路计算、整定保护及灵敏度校验。

③ 自动生成运行报告,云端保存,通过授权后可在固定端及移动端查看。

④ 通过电力监控系统单独组网及后台大数据 AI 分析,从而判断优先级并报警及分析故障原因。

(3) 高压架空线巡检

高压架空线实现无人机巡检如图 3-4-1。

图 3-4-1 吊装轨道巡检机器人

（三）道路维护

1. 初级

（1）采用定位系统、高精度惯性导航器件等车身定位技术装备与调度系统联动，实现集中调度。

（2）利用装备智能健康管理系统，对采集的辅助设备运行状态信息进行数据解析等功能，实现对辅助设备运行状态监测及故障状态报警功能。

2. 中级

（1）融合电子监测与故障诊断系统，通过对设备运行各动作进行数据分析，在线显示整机通信信息，实现对整机状态的全面监测与分析，准确、快速判断故障点。通过采集辅助设备运行速度、作业安全距离、水车水量、油车油量等数据，对辅助设备作业状态进行监测。

（2）车辆实时工况信息通过网络回传给远程操作室操作台，驾驶员在远程操作台发出控制指令，通过网络实时传输到设备控制器，远程在线实时控制设备行走、转向、制动等动作。

（3）通过粉尘浓度监测结果控制洒水车车载喷雾系统，实现对道路路面抑尘喷洒的自动控制，减少道路喷洒耗水量。

3. 高级

（1）辅助设备上安装协同设备，实现辅助车辆与无人卡车的混合作业。协同系统具备人机交互界面以及作业状态和故障信息上传、调度作业指令接收、信息提醒、电子围栏、行车预警与安全控制等功能。

（2）建立动态实时3D地图系统，控制中心计算每台平地机的轨迹路径，结合GPS导航、视觉识别等技术，实现平路机等辅助设备自主驾驶。应用激光控制/GPS三维高程控制自动找平系统，实现对铲刀升降系统的精确控制，实现平整作业

（3）洒水车系统通过温度、风速、风向及姿态传感器监测数据自主策划喷雾水量、喷雾粒径、喷雾范围、抑尘剂以及喷洒频率。进行智能化车载喷雾系统运行参数设计，达到高效持久的智能化道路粉尘防治，防止运输卡车在运输道路打滑，提高设备运行效率。

三、典型案例

【案例一】

以胜利一矿露天煤矿地质资源管理系统作为典型案例，旨在为其他露天煤矿地质资源管理系统的应用起到指导和借鉴作用。

（一）建设条件

胜利一矿露天煤矿核定产能为2 800万t/a，开采年轻褐煤，主采煤层为5号、6号煤，5号下煤局部可采，5号煤低位发热量为10.88 kJ/g，6号煤低位发热量为13.39 kJ/g，5号下煤低位发热量为11.72 kJ/g(图3-4-2和图3-4-3)。露天煤矿初建时，其主要客户为上都电厂，煤质要求比较单一，配煤的需求不大。经过十多年的发展，目前市场客户已趋于多元化，存在不同的煤质需求，对配煤工作的要求也日益提高，精准配煤、保持煤质稳定和吨煤收益高度相关。

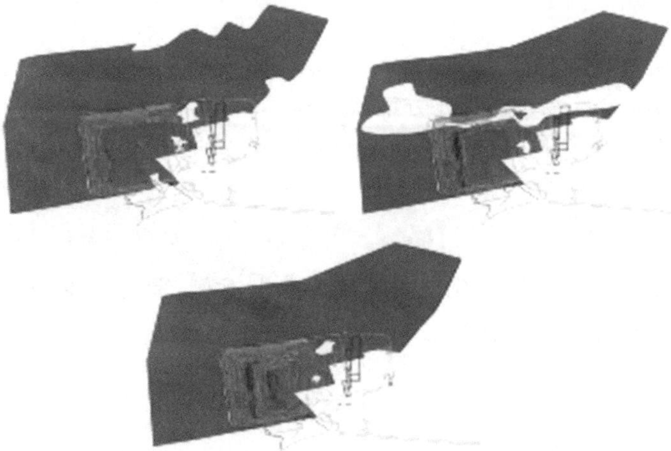

图 3-4-2　煤层模型(5 号煤、5 号下煤、6 号煤)

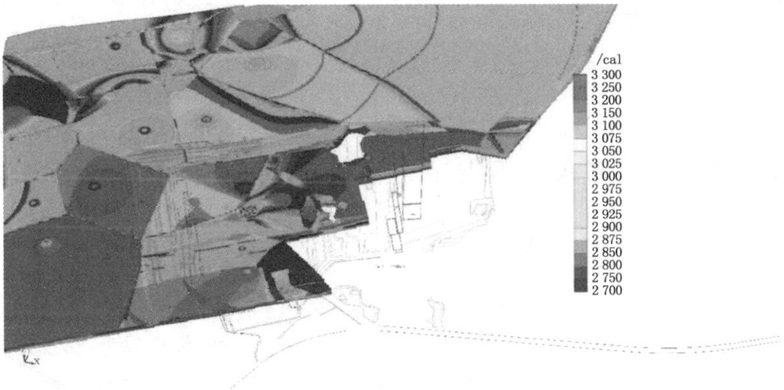

图 3-4-3　煤层热值分布情况

（二）建设内容

(1) 煤层数字化建模。将煤炭资源的煤质、市场价格、开采成本等信息作为基本属性添加至煤层数字化模型,为精细化排产及配煤奠定基础。

(2) 储量动态管理。根据生产消耗数据和生产补充勘探数据更新数字化模型,为动态经营管理提供决策依据。

(3) 煤炭资源经济评价。结合资源质量、开采成本和市场价格三大要素,建立资源储量开采经济评估的通用价值评价模型,将矿产资源开采成本与矿产品价格进行总体分析和比较,提升开采矿产资源的获利能力。

(4) 精准排产。以资源储量和经济数据的数字模型为基础,结合矿山经营目标,在三维环境下交互式圈定计划范围,同时自动统计圈定的资源量和经济价值;模拟计划开采过程,从长远角度实现计划内合理配煤,提高资源的利用率和计划的可执行性,在一定程度上科学延长矿山服务时间。

(5) 高效配煤。建立配煤专用数字化计算模型,以资源储量模型为计算对象、结合电铲定位数据进行配煤管理。

(三) 应用效果

以上建设内容解决了煤炭资源开采过程中对资源分布及经济情况掌握不足,资源开采缺乏可靠经济性评估,采剥计划和配煤方案缺乏整体、精准化考量的问题,帮助企业实现了准确掌握资源情况并结合资源分布情况动态、联动进行生产计划编制与实现科学配煤优化管理,提高生产效益。

【案例二】

以准能集团小沙湾变电站智能化技术应用为典型案例,旨在为准能集团其他变电站智能化技术的应用起到指导和借鉴作用。

(一) 智能供配电系统

1. 建设条件

小沙湾 110 kV 变电站于 1994 年 6 月正式投入运行,负责准能集团公司生产用水设施的用电供给。2006 年开始,陆续对沙湾站原有设备进行更新改造,现配电设备已全部实现自动化,继电保护装置、电力"五防"均实现微机化。2020 年开始建设智能供配电系统并逐步投入使用。

2. 建设内容

系统包含站控层、网络层、间隔层、过程层,采用分层、分布、开放式的网络实现连接,每层均由相应的设备及网络设备构成,层与层之间在逻辑上应相对独立又紧密联系,数据实现无缝传输,通信协议符合 IEC61850 标准。

(1) 站控层

站控层设置在二次设备室内,主要设备包括服务器、监控主机、UPS、打印机、交换机等设备,其主要功能是通过网络汇集全所的实时数据信息,不断刷新实时数据库,并定时将数据转入历史数据记录库,具有对设备层的设备进行参数修改、数据监测、故障诊断及维护等功能(图 3-4-4、图 3-4-5)。

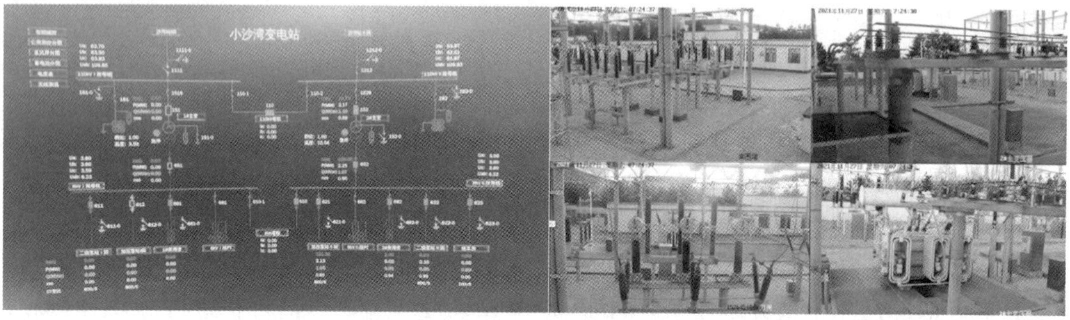

图 3-4-4　站控层监控主机

(2) 网络层

网络层设置在变电站内,主要设备包括通信管理器、交换机、光电转换器等,其主要功能是采集和传输现场智能设备中的数据,同时远传至站控层,完成设备层和站控层之间的数据交互。

(3) 间隔层

间隔层设置在变电站内,主要设备包括继电保护装置、测控装置、网络报文分析仪等,其

图 3-4-5　站控层设备配置

主要功能是交流电气量采集、状态量采集、GOOSE 模拟量采集、控制、同期、防误逻辑闭锁、记录存储、通信、对时、运行状态监测管理、时间同步状态监测管理等，同时能与过程层、站控层之间进行数据交互。

(4) 过程层

过程层设备设置在车间变电站的高压开关柜及低压馈线柜内，主要设备包括智能监测装置、人机交互装置、智能保护装置、智能终端、合并单元及智能一次设备接口等，其主要功能是完成变电站断路器、隔离开关的信号采集、处理和控制，以及互感器采样值信息的采集和处理、设备运行状态的监测、控制命令的执行等(图 3-4-6)。

图 3-4-6　过程层设备配置

3. 应用效果

变电站内均采用先进、可靠、集成、低碳、环保的智能设备，以全站信息数字化、通信平台网络化、信息共享标准化为基本要求，具备“五遥”功能，能自动完成电能质量分析、数据采集、运行监视、峰谷电能计量和能耗统计等功能，并可根据需要支持电网实时防越级跳闸、自动故障定位、快速故障隔离、自动控制、智能调节、在线分析决策、协同互动等高级功能。

(二) 变电站综合自动化系统

1. 建设条件

小沙湾变电站内的保护、操控采用综合自动化系统。

2. 建设内容

系统采用纵向分层、横向分布式结构,主要由监控主站、继电保护装置、测控装置、通信管理单元、智能终端、合并单元等组成。

变电站控制层配置监控主站(含通信管理单元)、工程师维护站,作为运行及专业人员的人机交互窗口,以图形显示、报表打印、音响报警等功能对系统运行状况进行实时监测和控制。间隔层的继电保护装置、测控装置、智能终端、合并单元对相应的一次设备进行保护、测量和控制,对采集的信息通过各电气间隔的过程层交换机进行处理上送,并在中央控制失效的情况下,仍能完成保护、测量和控制功能。

3. 应用效果

小沙湾变电站实现无人值守,由设在供电公司调度中心的操作员工作站和工程师工作站对小沙湾变电站的供电系统进行综合管理和控制,可有效减少管理和值班人员的数量,提高生产效率。

(三) 智能辅控系统

1. 建设条件

小沙湾变电站内设置了智能辅控系统。

2. 建设内容

系统包含了视频监控子系统、门禁子系统、安全警卫子系、环境监测子系统等。

(1) 视频子系统

视频子系统包含了云台、网络全景摄像机、室外网络快球、室内网络块球、站端视频处理单元、视频专用硬盘等,系统对变电站各种倒闸操作进行监控,同时对进站人员进行跟随,避免无关人员违规进入和违章操作。

(2) 门禁子系统

门禁子系统包含了门禁、读卡器、开门按钮、电磁锁等,并和视频子系统联动,系统对变电所人员进出进行有效管理,避免无关人员进入,同时对巡检人员是否按时巡检进行考勤管理。

(3) 安全警卫子系统

安全警卫子系统包含了主动红外对射报警器、红外双鉴探测器、电子围栏、声光报警器等,系统防止其他无关人员以及野生动物闯入变电站,向运行人员报警,防止变电站内变电设备遭到破坏。

(4) 环境监测子系统

环境监测子系统包含了环境数据采集单元、温湿度传感器、风速传感器、水浸探测器、空调控制器、风机控制器等,系统通过实时监控,能够全面记录各部位风速以及温湿度曲线供管理人员查询。一旦风速以及温湿度超出范围,即刻启动报警,提醒管理人员及时调整空调以及风机的工作设置值以降低温度或采取措施。

3. 应用效果

智能辅控系统系统的建立可使信息更为集中,多专业信息可以有序共享及深入挖掘应用,也可在运维业务快速增长的同时降低运维人员数量,丰富运维手段,减小设备安全运行压力。

（四）火灾报警系统

1. 建设条件

火灾自动报警系统设一套火灾报警控制器，布置在控制室、开关室，实现对主控室、开关室等区域的消防报警及控制系统的监控，能够实现全范围内消防报警及控制系统的操作和信息共享。

2. 建设内容

当探测器或监视模块发出火灾报警信号后，系统应能自动识别误报信号，而且对误报信号仅进行记录，不发出报警；对于真实报警信号，系统应能打开声光报警器提示工作人员。

3. 应用效果

控制器应能够实时显示火灾报警、故障、状态信息，并能按时间顺序打印历史资料信息；探测报警区域内，任何一点出现报警，能发出声光报警信号、显示文字信息、报告发生火灾部位，并能通过智能辅助控制系统及通信设备上传至地面调度中心。

（五）一体化电源系统

1. 建设条件

一体化电源系统能够为全站交直流设备提供安全可靠的工作电源。

2. 建设内容

一体化电源系统主要由直流操作电源系统、交流电源系统、UPS 电源系统、DC/DC 通信电源系统四项分系统组成(图 3-4-7)。

图 3-4-7　一体化电源配置

一体化电源系统采用分层分布架构，各功能测控模块采用一体化设计、一体化配置，各功能测控模块运行工况和信息数据应采用 DL/T 860(IEC61850)标准建模并接入信息一体化平台。实行智能一体化电源各子单元分散测控和集中管理，实现对一体化电源系统运行状态信息的实时监测。

3. 应用效果

一体化电源系统监控软件(图 3-4-8)应集成到信息一体化平台中，不独立设置智能一体化电源监控工作站。全站交流、直流、UPS、通信等电源一体化设计、一体化配置、一体化监控，通过统一的智能网络平台，实现变电站电源的集中供电和统一的监控管理，进而实现在线的状态检测。

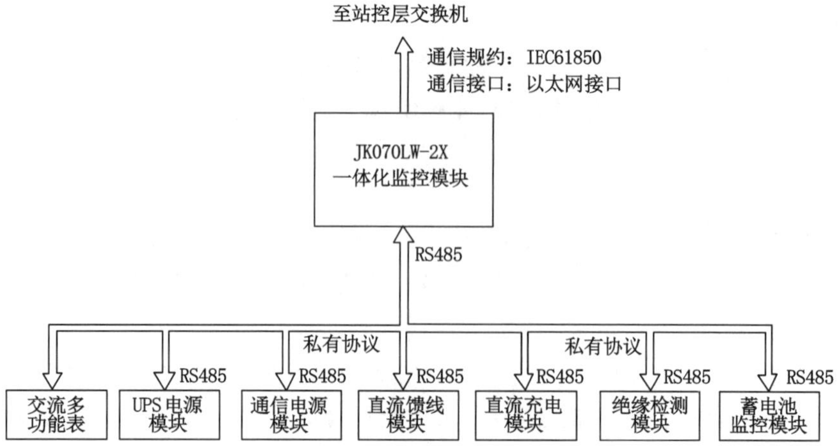

图 3-4-8 一体化电源系统监控

（六）电能表及采集终端

1. 建设条件及建设内容

电能表及采集终端主要包括变电站电能量远方终端、智能变电站专用电能表、常规多功能电度表等设备。

2. 应用效果

电能量远方终端具有电能量采集及传送功能显示功能，能按多个时段分别显示电能累计值及系统参数，并具有一定的数据预处理能力，还可以对电能量按人工设置的多个时段进行分时累计和存贮。同时电能量远方终端具备自检功能，并可向主站和当地报警。

（七）机器人巡检系统

1. 建设条件

小沙湾变电站内设置吊装轨道机器人，对室内开关柜进行日常 24 h 巡检工作。

2. 建设内容

此机器人巡检系统可使管理人员及时了解、准确掌握各座新建变电所及变配电室的实时动态，控制处理跑、冒、滴、漏等各类安全隐患险情，在各座变电所及变配电室区域实行机器人巡检及在线测温相结合的方式对站内设备、仪表、仪器等相关巡检工作进行无人值守操作。

3. 应用效果

机器人巡检系统的建设可提高检修、维护效率，提高设备健康水平和运维的智能化，增加运行可靠性，同时保障运维人员安全，降低人工运维成本。

第四部分

选　煤　厂

第一章　初　　级

构建“固定岗位无人值守＋远程监测＋有人巡视”智能选煤模式。

（1）生产工艺系统：设备集控全覆盖，实现远程控制下的生产系统自动调控，保障系统连续稳定运行。

（2）生产辅助系统：实现供排风、排水等辅助环节无人值守，实现智能采制化，实现智能停、送电管理。

（3）生产保障系统：利用监控及感知技术，实现环境因素、人员行为、设备状态实时监测及异常报警。

（4）建设远程监控和在线检测中心，具备主要生产区域、重要岗位及重点部位设备状态在线集中监测、洗选数据在线检测等功能。

一、解读

【原文】　构建“固定岗位无人值守＋远程监测＋有人巡视”智能选煤模式。

【条文解释】

选煤厂初级智能化要构建重介、泵房等固定岗位无人值守，生产过程、生产场景、设备状态等远程监测的生产模式，减少人工巡检工作量，逐渐由人工巡检为主过渡至远程监控为主。

选煤厂初级智能化的目标是实现原煤准备系统、重介系统、输送设备、水泵、浓缩车间等固定岗位无人值守，通过自动化提升，实现阀门、闸板、翻板等工艺分支设备的集中控制；实现底流泵、排污泵等的远程启停；通过完善监测监控，实现刮板输送机、带式输送机工况监测；由人工巡检为主过渡至远程监控为主，实现较高自动化水平下的固定岗位无人值守，实现远程监测，减少人工巡视工作量。

【原文】　（1）生产工艺系统：设备集控全覆盖，实现远程控制下的生产系统自动调控，保障系统连续稳定运行。

【条文解释】

对原煤准备、分选、产品储存、配煤与装车的各个生产工艺环节进行梳理，将尚未接入集控的各类工艺设备以及管道电动阀门、电动平板闸门、电动翻板、电动排料闸门等全部接入集控，实现生产工艺系统集控全覆盖，提高生产系统自动化水平，实现生产过程远程可控以及生产过程高效管理和稳定运行。

【原文】　（2）生产辅助系统：实现供排风、排水等辅助环节无人值守，实现智能采制化，实现智能停、送电管理。

【条文解释】

生产辅助系统主要包括供排风、供排水、供配电、巡检、设备健康管理等。初级阶段要实现空压机恒压供风，通风设备根据环境监测数据自动排风，排污泵等设备实现根据液位监测自动启停。

原煤及产品煤质检测实现自动采样、自动制样、煤样智能化验、煤样数据的自动上传及智能管理,同时实现停送电在线审批,无纸化办公及停、送电安全管理。

【原文】 (3) 生产保障系统:利用监控及感知技术,实现环境因素、人员行为、设备状态实时监测及异常报警。

【条文解释】

生产保障系统主要包括有害气体、粉尘、火灾、生产事故等环境监测、人员行为监测、设备状态监测等。

要利用智能视频监测系统解决传统视频监控“监而不控”的问题,实现集中控制与视频监控的联动,人员不安全行为识别及报警、设备故障监控画面实时切换,设备启动画面联动切换等功能。

利用一氧化碳、瓦斯、粉尘等感知分析技术,实现生产场所的安全监测,并与集控、管理平台等联锁,实现异常报警。

【原文】 (4) 建设远程监控和在线检测中心,具备主要生产区域、重要岗位及重点部位设备状态在线集中监测、洗选数据在线检测等功能。

【条文解释】

建设集中控制中心、综合管控中心、手持移动终端系统、检测分析专家知识库及数据分析系统等,实现主要生产区域、重要岗位、重点设备等视频、监测数据的远程监测与记录、故障或事故预警,实现洗选过程数据的远程检测及记录。

二、解决方案

(一) 生产工艺系统

1. 重介智能洗选

(1) 智能化目标

重介分选系统现场无人值守,远程干预。

(2) 功能要求

实现合格介质密度、产品灰分实时监测;实现根据设定密度值,自动调节分流及补水量。

(3) 解决方案

① 分流装置:配置开度可精准调节的分流阀(可输入输出模拟量信号),或采用可精准调量的电动分流箱,阀门或分流箱开度信号应接入集控,可实现远程调节。

② 补水装置:配置可精准调节开度的电控阀,开度信号应传入集控,可实现远程调节。

③ 密度检测装置:在合格悬浮液管道或重介分选装置(浅槽或旋流器等)入料管道上安装密度计,对悬浮液密度进行监控。

④ 产品灰分检测:在精煤、中煤带式输送机上安装灰分仪,要求新安装或更换的灰分仪均方差≤0.5%。

⑤ 开发重介密度闭环调节专家系统。

2. 智能压滤

(1) 智能化目标

提高浓缩、压滤环节联动,合并浓缩、压滤、卸料环节为单一岗位。

(2) 功能要求

压滤车间岗位可操控浓缩车间、压滤车间、煤泥输送设备。

(3) 解决方案

安装通信网关,将压滤机控制系统与全厂控制系统互联,岗位可监控本地、浓缩车间、后方运输设备。

3. 智能采制样

(1) 智能化目标

现场无人值守,采样方案自主选择,制样功能模块化、存样编码化,各类数据接入管理平台。

(2) 功能要求

根据过煤量大小自主选择采样方案(采样点数、时间差、点样与断面样的选择)。

制样系统的破碎、缩分、研磨等作业模块化集成,可根据现场采制样实际情况模块化升级改造,提高可实施性。

样品信息与存样瓶编码对应,数据录入管理平台,实现样品信息可溯源。

(3) 解决方案

① 采样装置:对现有采样头(如胶带中部采样机、汽车门式采样机等)进行液压油缸及液压泵改造,接入远程调节控制系统,实现采样可根据采样方案调整。

② 制样装置:将破碎机、缩分、研磨等模块逐级搭接,优化传送流程,做到样品传送防堵塞、防交叉污染等,样品可自动封装入存样瓶。

③ 采制样数据实时接入管控平台,实现采制样控制指令与采制样数据的远程下达交互。

4. 智能装车

(1) 智能化目标

实现除落料入车环节外其他环节的无人操控。

(2) 功能要求

① 实现销售环节的网络化、移动 APP 化;

② 实现磅房环节的无人化(汽车);

③ 实现车辆指引环节的无人化(汽车);

④ 实现防冻液喷洒环节的无人化;

⑤ 实现落料入车环节与来煤方向的闭锁。

(3) 解决方案

① 开发销售环节的应用软件;

② 采用车牌照或 ID 卡的身份认证模式,进行车辆皮重、毛重的称重,拍照(或视频)存档;

③ 系统与落料入车环节配合,实现防(错)作弊功能。

5. 智能仓储与配煤系统

(1) 智能化目标

实现自动配仓。

(2) 功能要求

根据煤质、煤量、仓位等信息进行自动配仓;对煤仓(储煤场)进行全方位监测,实现数字煤仓(场)。

(3)解决方案

开发数学模型自动分配仓储系统,配合仓上移动胶带实时定位系统、刮板卸料口插板开度控制,对煤仓(场)进行全方位监测,实现数字煤仓(场)和仓上无人化自动仓储。

6. 远程集控系统

(1)智能化目标

现场无人值守,可自动控制、自动报警。

(2)功能要求

主要生产设备、阀门、闸板、翻板等辅助设备可根据工艺需求,远程发送指令自动调控生产流程,具备生产故障快速诊断报警和判断故障性质、安全报警、分级定点推送到岗等功能,实现远程集中控制、一键启停。

(3)解决方案

① 远程控制:将手动阀门、闸板等更换为电动,接入集控系统,可与系统联锁,实现自动启停。

② 开度控制:在需调量的阀门、闸板上配置位置传感器,信号接入集控系统,可实现远程精确调量。

③ 除尘系统各控制主机应与选煤厂集中控制进行通信,实现根据生产系统运行状态联锁启停及信号上传。

(二)生产辅助系统

1. 供风及供排水系统

(1)智能化目标

现场无人值守,集控室远程监测。

泵类与风机系统轴封水与设备联动,同时实现压力检测,泵类设备的前后阀门与泵联动控制。

(2)功能要求

压风机单机实现稳定输出风压、风量,集控室远程监测设备运行情况;保障泵类与风机系统轴封水稳定运行。

(3)解决方案

① 压风机采用单机自动化系统,完成风压本地设定,稳定输出。

② 采集压风机运行、故障等信号,安装压力表、冷却系统(风、水冷散热器)检测装置,接入控制系统,实现集控室远程监测。

③ 轴封水环节:安装水流监测装置,监控水流状态,安装电动阀门,实现自动生产供水、停产关水。

④ 控制系统对电流、故障进行显示、记录、查询。

2. 智能停送电系统

(1)智能化目标

实现停送电审批无纸化、有序化,集中控制远程化;配置门禁系统。

(2)功能要求

实现停送电审批无纸化、有序化，集中控制远程化，具备检测、分析、预警及事件查询，实时监测负荷运行参数，电能质量和能耗分析等功能。

(3) 解决方案

① 采用可远程分合闸的断路器(配合 I/O 设备)或智能断路器(部分配电盘无法改装断路器或成本较高，可根据条件选配)。

② 配置智能停送电系统，完成停送电审批，检测、分析、预警及事件查询，电能质量和能耗分析等功能。

③ 安装配电室门禁系统，具备远程管理、出入记录功能。

3. 除杂系统

(1) 智能化目标

实现大块铁器检测预警。

(2) 功能要求

检测原煤及产品带式输送机上运输物料中所含的大块铁器，避免胶带撕裂和破碎机窜轴等事故。

(3) 解决方案

① 金属探测装置：在原煤带式输送机配置金属探测装置，金属探测器需具备防误报功能，可避免钢丝绳芯及钢丝绳接头等产生的误报。尺寸大于 50 mm 的金属件报警准确率≥95%。金属探测装置建议配置大块铁器智能分析算法，可根据大块铁器的特征识别铁器的类别，建议大块铁器识别报警与控制系统联锁，当检测到不易清除的大块铁器时可闭锁停车，进行人工清理。

② 原煤系统在破碎机入料前设置除铁器。

4. 计量系统

(1) 智能化目标

实现信息实时采集。

(2) 功能要求

精确计量煤量、水量、电量、药剂量、介耗量等数据。

(3) 解决方案

① 根据工艺流程实际情况设置原煤与产品胶带秤，仓储设施(储煤场除外)配置物位或重量自动检测设备。

② 配电柜上增设智能电表，测量三相电压、电流等电力参数，并通过通信接口上传。

③ 主要管道设置流量计测量流体通量，并通过通信接口上传。

5. 照明及人员定位系统

(1) 智能化目标

实现集中远程启停控制。

(2) 功能要求

选煤厂分区域照明，集控员在上位机画面上实时远程控制。

(3) 解决方案

增设专用照明柜、照明箱，采用集控方式控制回路电源通断。

(三) 生产保障系统

1. 高低压综保系统

(1) 智能化目标

实现集控室远程监测。

(2) 功能要求

可在集控室远程监测综保系统的电流、故障信号。

(3) 解决方案

综保系统具有运行电流、故障输出功能,并接入控制系统。

2. 安防系统

(1) 智能化目标

重点部位(场所)设置有害气体检测、火灾报警、在线测温等装置。

(2) 功能要求

对重点部位(场所)进行监测、报警。

(3) 解决方案

① 对配电室、变压器室安装感温、感烟装置。

② 对主煤流胶带、主电缆桥架安装缆式测温装置。

3. 视频识别系统

(1) 智能化目标

实现重点区域生产场景及关键设备运行状态智能监测。

(2) 功能要求

实现对主要生产区域、关键设备、危险区域、刮板输送机、带式输送机等重要部位的常规视频识别、报警功能。实现故障设备的视频联动功能。

(3) 解决方案

① 选用网络摄像头,像素≥200万,支持ONVIF协议,保证摄像头拍摄照度。

② 依托摄像头内置功能,实现视频报警闭锁功能。

③ 采取视频联动措施,实现故障设备的上位机、大屏幕视频弹屏。

4. 环境监测系统

(1) 智能化目标

有害气体及粉尘检测,提高安全预警可靠性。

(2) 功能要求

对有害气体易集聚场所和粉尘浓度高的区域进行监测、报警、记录。冲洗水系统实现自动控制。

(3) 解决方案

① 对坑下、地道等可能存在有害气体区域安装瓦斯、一氧化碳等有害气体及粉尘在线检测装置;检测装置宜采用传感器直接接入控制系统方式(总线式或I/O接入),便于与控制系统联动。

② 冲洗水系统增加水泵联动控制、水路和控制阀门及污水收集环节,实现自动顺序冲水、污水回收。

第二章 中 级

构建“少人干预+云巡视”智能选煤模式。

(1) 生产工艺系统：重介分选环节实现根据产品质量反馈的闭环控制；煤泥水处理环节实现加药、浓缩、脱水等闭环控制；储装运环节实现自动配仓。

(2) 生产辅助系统：建立智能照明及人员定位系统，建立水、电、药剂、介质等自动计量系统，把机器人技术应用在长距离栈桥等生产区域。

(3) 生产保障系统：建设设备状态监测及设备点检系统，建设高低压综保系统，实现故障分析及报警信息分级、分权限、多终端推送。

(4) 建设生产过程智能控制系统、人员及设备状态监测系统，具备生产系统闭环控制、人员及设备状态实时监测等功能。

一、解读

【原文】 构建“少人干预+云巡视”智能选煤模式。

【条文解释】

继续进行生产、辅助及生产保障等系统的自动化、自动感知及智能化升级，进一步减少生产过程控制及操作的人工干预量。在AI视频、设备状态感知、巡检机器人等智能巡视技术的支撑下，由少人巡视为主进一步升级为智能巡视为主。

【原文】 (1) 生产工艺系统：重介分选环节实现根据产品质量反馈的闭环控制；煤泥水处理环节实现加药、浓缩、脱水等闭环控制；储装运环节实现自动配仓。

【条文解释】

重介、脱水、煤泥水处理等，要安装相应检测仪表，对产品灰分、水分、产率等进行准确检测，实现产品指标的闭环控制，同时实现根据产品指标情况自动调节重介质密度、药剂添加量等功能。

煤泥水处理环节实现煤泥水量、煤泥水浓度、煤泥水沉降效果（循环水澄清度）、浓缩机煤泥层厚度等的监测；实现浓缩智能加药；实现压滤机给料系统与浓缩机煤泥层厚度检测的联锁；实现压滤给料智能化；实现煤泥输送设备与排料的联动。

搭建数字仓储系统，实现根据煤量、煤质特征的自动分质、分仓（场）储存及储量管理（本条为中级智能化要求内容，但对于具备实施条件或对储煤、配煤、装车的智能化升级有较强需求的选煤厂、地面生产系统、储配煤中心等鼓励提前至初级建设阶段实施）。

【原文】 (2) 生产辅助系统：建立智能照明及人员定位系统，建立水、电、药剂、介质等自动计量系统，把机器人技术应用在长距离栈桥等生产区域。

【条文解释】

建设照明分区控制系统，建设照明与光线、时间、人员位置信息的联动系统。

建设人员定位系统，实现人员位置信息管理、人员巡岗监督管理和人员安全管理。

完善电子胶带秤、仓位计等煤量计量设施，建立生产用水、用电、用药(油)、用介等材料及动力消耗自动计量系统。

将AI视频、智能感知、巡检机器人等技术应用在长栈桥、配电室等单层场所进行巡检，利用图像、振动、温度、声音等识别技术采集设备、环境等状态信息，进行边缘或云端分析，并将分析结果传送至控制中心，中级阶段不对机器人在操作方面的应用进行强制要求。

智能巡检的实现方法不应局限于巡检机器人。机器人巡检技术的选用应开展适用性分析，并进行技术经济对比，原则上在以下情况可选用：① 被监测对象(设备)自带的感知分析设施无法满足要求或设备本体进行监测元器件升级的投入高于采用机器人巡检技术；② 智能摄像检测存在盲区，无法实现监测区域全覆盖。

【原文】 (3) 生产保障系统：建设设备状态监测及设备点检系统，建设高低压综保系统，实现故障分析及报警信息分级、分权限、多终端推送。

【条文解释】

完善设备振动、温度等传感器，实现设备运行状态动态检测，建设在线点检系统；将高低压综保后台系统数据接入设备管理系统，实现设备运行数据及设备信息采集、上传、智能管理、分析，状态报警，信息推送等功能。

【原文】 (4) 建设生产过程智能控制系统、人员及设备状态监测系统，具备生产系统闭环控制、人员及设备状态实时监测等功能。

【条文解释】

中级阶段继续进行工艺、辅助及保障等系统的自动化、自动感知及智能化升级，通过生产过程智能控制系统建设，实现生产系统闭环控制。通过人员及设备状态监测系统建设，进一步减少生产过程人工干预及巡检工作量。

二、解决方案

(一) 生产工艺系统

1. 重介智能洗选系统

(1) 智能化目标

实现重介分选系统现场无人值守、产品灰分反馈下的密度智能控制。

(2) 功能要求

实现合格介质密度、磁性物含量、产品灰分的实时监测；实现根据产品灰分反馈以及对分流量、补水量的自动调节(调节分选密度)。

(3) 解决方案

① 分流装置：同初级智能化。

② 补水装置：同初级智能化。

③ 密度检测装置：同初级智能化。

④ 磁性物检测：在合介管路、磁选尾矿管路、脱介稀介段管路、重介旋流器等部位安装磁性物含量计，探测磁性物含量变化。

⑤ 产品灰分检测：在最终产品带式输送机及重介分选精煤、中煤带式输送机上安装灰分仪，实现灰分实时监测，要求新安装或更换的灰分仪标准差≤0.5%(中煤带式输送机标准

差≤1.2%)。

⑥ 分析及控制模型:建立基于分选密度—产品灰分的数学模型及基于分流量、补水量、磁性物含量的密度调节模型,并可定期根据原煤特征变化对模型进行人工校核,实现根据产品灰分指标的密度自动调节。闭环系统具备灰分死区设定功能,避免灰分闭环控制系统频繁调节,造成密度不稳定、灰分波动,影响补水阀寿命等问题。悬浮液密度波动范围在±0.005 kg/m³ 之间。

2. 跳汰智能洗选系统

(1) 智能化目标

跳汰分选系统现场有人值守,少人干预。

(2) 功能要求

根据来煤量大小自动调节给煤机的给料速度,根据来煤量及产品指标反馈自动调节跳汰环节的工艺参数(给料量、风水量及周期、排料速度等),实现产品质量稳定(跳汰智能化不作为必配要求)。

(3) 解决方案

① 跳汰机的配置要求

除常规配置外,跳汰机的配置还应满足以下要求:

a. 跳汰机各室顶水阀应实现电控与手动两种操作模式;

b. 跳汰机各室顶水配置流量计监测顶水流量;

c. 每室风阀下端安装压力传感器,对风压进行监测;

d. 浮标应具备自动调节配重的功能,以检测床层松散度及床层厚度;

e. 跳汰机的单机控制系统应具备根据设定的产品灰分指标要求及产品灰分反馈及进行自调节功能。

② 生产管道的配置

a. 在循环水管道加装流量计;

b. 在跳汰机水平流管道加装可调开度的电控阀;

c. 在进跳汰机低压供风释压管道(分流管道)设置可调开度的电控阀门。

③ 给煤系统的配置

给煤机必须具备变频调速调量功能;保障跳汰机稳定给料。

④ 原煤及产品数量监测

a. 在来煤带式输送机上安装电子胶带秤;

b. 在跳汰精煤、中煤、矸石产品带式输送机上安装电子胶带秤,监测各跳汰产品的产率情况。

⑤ 灰分检测

在精煤、中煤带式输送机上安装灰分仪,要求新安装或更换的灰分仪标准差≤0.5%(中煤带式输送机标准差≤1.2%)。

3. 智能浮选系统

(1) 智能化目标

实现浮选现场无人值守、产品灰分反馈下的智能控制。

(2) 功能要求

检测浮选入浮浓度、流量、有效泡沫层厚度、矿浆灰分等参数,同时实现异常生产状态报警。配置智能加药系统,实现智能加药;建立分析模型,实现加药效果分析。

(3) 解决方案

① 矿浆灰分检测

采用矿浆灰分仪等可靠的检测技术(可离线测量),对入料、浮精、中煤、尾矿矿浆中的煤泥灰分进行检测。

② 流量及浓度检测

在入料管道、磁选尾矿管道安装矿浆流量及浓度检测装置。

③ 泡沫层厚度检测

在浮选机中安装液位计,安装泡沫层位置探测仪,对泡沫层厚度进行计算。

④ 智能加药

智能加药装置应能根据加药种类(捕收剂、起泡剂)、加药量、加药频率的需求自动定量加药。

⑤ 分析及控制模型

建立生产状态智能分析模型,当泡沫层、灰分等参数异常时进行报警或提醒。

4. 智能浓缩系统

(1) 智能化目标

实现根据浓缩加药数学模型、药剂制度与来料性质、澄清效果的自适应调节。

(2) 功能要求

检测分析浓缩机加药量、入料浓度、流量、粒度、浓缩池煤泥水分层状况、溢流液浊度等参数,建立浓缩加药数学模型,结合入料性质预测和给定药剂添加量,对澄清循环水的分层、加药量和加药比例实时调节,实现浓缩环节高效运行。

(3) 解决方案

① 对煤泥水性质进行分析

对煤泥水的浓度、pH值、初始电导率、水质硬度以及煤泥的物质组成、粒度组成、颗粒原始表面电位等性质进行量化分析,为建立煤泥水特性指标与药剂用量之间的关系提供依据。分析仪表包括pH计、zeta电位分析仪、电导率仪、X射线衍射分析仪、激光粒度仪、浊度计等。

② 不同药剂条件下的沉降规律研究

在煤泥水性质分析的基础上,选取几种药剂并确定药剂的用量范围,使用这些药剂进行煤泥水的絮凝沉降研究。以沉降速率和煤泥水溢流浊度为主要指标,以zeta电位变化、电导率变化、絮凝体的平均粒度和密实度为参考指标,探索凝聚剂和絮凝剂的种类与用量对絮凝效果的影响,综合药剂成本和使用效果,筛选出最优的药剂制度方案,供企业选择。

③ 煤泥水浓度对絮凝沉降效果的影响

探索在不同浓度条件下煤泥水的絮凝沉降效率,探索建立药剂添加量与煤泥水浓度之间的关系,验证和优化最佳药剂添加量模型。

④ 煤泥水浓缩系统计量和在线检测

a. 在每台浓缩池入料管增设电磁流量计和矿浆浓度计,在线监测浓缩池入料干煤泥量的变化情况,用于预测药剂的添加量。

b. 采集浓缩机耙体的旋转扭矩，推算浓缩池煤泥层高度。

c. 在每台浓缩池增设界面仪和浊度计，在线监测循环水的澄清层和压缩层界面变化情况，获得直接数据，用以反馈药剂的添加量。

d. 在各浓缩机加药管路处增设流量计和电动调节阀(管径与现有加药管路一致)，用于精准控制各浓缩机的絮凝剂及凝聚剂添加量。

e. 增加通信模块将加药机、浓缩机相关信息纳入集中控制系统实现联锁控制，根据界面仪和浊度计反馈的数据自动调节加药机加药量，以达到闭环控制的目的。为保证系统的灵活性与可靠性，加药系统将设置两种操作模式——自动控制与手动控制，通过选择实现模式切换，防止因设备故障而影响生产。

⑤ 药剂智能添加控制策略

加药过程中的药剂用量理论值由入料性质(浓度、流量)与溢流水浊度和浓缩机清水层界面共同决定，实际加药量经 PID 整定后由变频器输出，加药泵作为加药执行机构，最终由流量计给出药剂到浓缩池。

5. 智能压滤系统

(1) 智能化目标

实现压滤机群智能排队、协同作业、移动监控；实现滤布破损、黏料自动报警。

(2) 功能要求

采集压滤系统及上下游设备、控制、煤泥水浓度、流量等信息进行分析，实现压滤全过程集中控制、压滤机入料桶自动补料、自动判断进料结束停料、智能分时排队卸料等功能，并实现工作状态移动监控。

(3) 解决方案

采集浓缩车间关联设备、入料浓度、入料流量、入料泵、压滤机工作步进信息、压滤机滤液状况等信号，判断压滤过程，分析压滤效果，适时排队卸料；安装滤液水粒度检测报警装置，实现滤布破损、黏料自动报警。

6. 智能采制样系统

(1) 智能化目标

现场无人值守，样品远程无人化输送至智能存样柜，智能采制样升级为采制、存储、输送(选配)、数据管控的一体化无人值守系统。

(2) 功能要求

存样瓶实现远程长距离输送至智能存样柜功能。机械手存取，样品储存数量可定制，可多点远程取样、分类保管，全程无人值守。存查煤样室可按存放时长自动剔除超时存放样，常规情况下非经授权则人员无法进入存查柜。所有过程信息纳入管控平台。杜绝人为干预，实现数据管控的一体化无人值守(样品的无人输送各单位根据自身条件选择实施，不作为强制要求)。

(3) 解决方案

① 远程长距离输送装置：采用气动管道、轨道、无人车等输送方式，实现存样瓶从采制样装置到智能存样柜的远距离自动输送。

② 智能存样柜：采用“AI 视频＋机械手”组合方式，识别存样瓶编码信息，根据设定的存样方案，进行远程取样，分类保管。

7. 智能装车系统

(1) 智能化目标

实现无人操控装车。

(2) 功能要求

实现车辆识别、自主装车、装车智能管理。

(3) 解决方案

① 运用图像、射频、激光、红外等先进检测技术,实现车辆精准定位、偏载检测、车号识别、3D煤仓、在线煤质检测等功能。

② 运用4G/5G、Wi-Fi技术,实现车地无线通信。

③ 开发精准配煤、杂车混编装车、偏载自动反馈调节等软件,实现智能装载、智能称重,并对装车质量及装车效果进行评价。

④ 实现对车皮牵引机构的远程控制,控制行进方向、速度等。

⑤ 根据装车速度自动修正配煤速度,根据煤种、车辆运行情况自动调整封尘剂喷洒量及浓度,根据气候条件自动调整防冻液喷洒量及密度,结合用户需求、产品存储情况和产品指标,最终实现自动化配煤。

⑥ 配置汽运装车远程监控系统,实现汽车衡自动称重、自动语音指挥、称重图像实时抓拍、红绿灯控制、防作弊、道闸控制、远程监管等功能。

8. 智能仓储与配煤系统

(1) 智能化目标

实现精准给煤。

(2) 功能要求

对煤机、取煤机定量给煤,能够根据给煤量自动启停及调节。

(3) 解决方案

给煤机通过加装变频器、设置电动调量机构等实现给煤量变频调节,或采用变频称重给煤机实现定量给煤。在原煤带式输送机胶带相近落料点间合适位置安装胶带秤,调节原煤仓给煤量,实现比例配煤。

对于采用储煤场储煤形式,尤其是取料设备为斗轮取料机、刮板取料机等取料设备的,可通过配置盘煤系统、煤堆激光扫描仪辅助精准取煤。

9. 远程集控系统

要求同初级。

(二) 生产辅助系统

1. 供风及供排水系统

(1) 智能化目标

实现现场无人值守、集控室远程操控。

(2) 功能要求

集控室远程操控设备运行。

(3) 解决方案

安装压风机与控制系统通信网关,读写压风机内部参数,完成集控室对压风机的遥测、遥信、遥控功能(可根据情况选配)。

2. 智能停送电系统

(1) 智能化目标

实现配电室无人巡视。

(2) 功能要求

实现配电室机器人巡检。

(3) 解决方案

① 配置配电室巡检机器人,可采用轨道式或轮式,具备测温、表计识别、声音异常监测等功能。

② 门禁系统可选择密码或生物身份识别模式,并保护个人隐私,磁力锁宜采用掉电释放磁力锁。

3. 智能巡检系统

(1) 智能化目标

实现 AI 视频、智能感知、巡检机器人等代替人工巡检。

(2) 功能要求

代替人工巡检带式输送机走廊和生产区域。

(3) 解决方案

智能巡检的实现可利用 AI 视频监控及分析系统、设备智能感知装备、巡检机器人等多种途径实现,根据场景需求选择适合、经济的实现手段。

对于新采购设备,可考虑在采购时对设备的感知、分析系统配套提出相应要求,实现设备本体状态智能监测、智能分析。

AI 视频监控、环境监测与感知及智能巡检机器人的选择应考虑相应技术及装备与场景的适用性,同时兼顾经济性。

智能巡检机器人配置摄像机,声音、气体、红外传感器等检测装置,实时采集电机、滚筒、工作环境温度、气体参数等信息,并将采集后的信息传送到远端服务器或中心服务器进行处理,分析判断带式输送机存在的问题,具备预警提示和报警推送等功能。

运用先进传感器等感知技术,开发具有自供电(此处指无须人工充电)、自行走、智能感知、智能决策、智能执行、故障识别、控制决策、预警报警、简单故障处理、人机互动等功能的复杂环境巡检装备,实现智能巡视代替人工巡检。

将机器人技术应用在楼层穿越巡检、卫生自动清扫、配电室抽屉使用、元件操作等对机器人执行精度及可靠性要求较高的场景(此功能不作为强制要求)。

4. 除杂系统

(1) 智能化目标

铁器杂物应除尽除;使用机械装置替代人工捡杂、排矸。

(2) 功能要求

检测原煤及产品带式输送机上运输物料中所含的大块铁器,避免胶带撕裂和破碎机窜轴等事故。使用机械装置替代人工排除混入系统中的杂物和大块矸石。

(3) 解决方案

在初级方案基础上增加以下内容。

① 使用智能干选机代替人工手选,利用机械设备排矸、除杂。

② 利用除杂网、除杂钩、机械除杂机篦除块状、条状、丝状杂物。

③ 使用跳汰机、槽选机等水力除杂系统去除低密度杂物(根据煤质特性及现场实施条件选配)。

5. 计量系统

(1) 智能化目标

实现信息实时采集,自动分析决策、指导生产。

(2) 功能要求

实现煤量、用水、用电、用药(油)、用介等数据模型建立,自动生成管理所需的各类报表,对设备运行参数进行趋势分析,自动实施,过程跟踪,自动监测和效果评估,达到需求侧智能化管理。

(3) 解决方案

① 增加检测设备要求同初级。

② 通过对煤、电、药(油)、介等指标实时监测,建立一体化模型,实现异常状态的在线分析、动态跟踪和自动控制,提高选煤厂系统可靠性。当故障发生后可以通过模型查询异常消耗记录,为故障分析提供可靠的实时数据。

6. 照明及人员定位系统

(1) 智能化目标

实现无人操作、自动控制;可实现人员定位。

(2) 功能要求

① 灯具远程控制:实现自定义分组分区、全区域灯具开关及调光的即时或定时控制。

② 现场照明状态监控及故障报警:实现支路电压、电流、功率及现场通信情况实时监测,对于灯具、设备、线路出现的故障即时予以报警。

(3) 解决方案

在初级方案基础上增加以下内容。

① 选煤厂增设时控开关、光线检测传感器。

② 采用智能照明灯具,灯具启停与时间、光线联动。

(三) 生产保障系统

1. 检测系统

(1) 智能化目标

实现信息实时采集、现场无人值守、巡检人员随时掌握检测信息。

(2) 功能要求

设备的健康状态在集控上位机实时显示。系统支持移动端应用,设备的预警、报警信息可实时推送给相关设备运维人员,以便进行现场校核。

(3) 解决方案

在初级方案基础上增加以下内容。

① 根据带式输送机、破碎机、刮板输送机、离心机、振动筛、风机等设备、设施特征,配置

振动、压力、温度等传感器。

② 建设在线点检系统，具备采集并上传数据至智能管理平台系统进行分析、报警、推送等功能。

③ 在入洗原煤、中间产品煤、商品煤、带式输送机上安装在线灰分监测设备。

2. 高低压综保系统

(1) 智能化目标

集控室远程监测全部信息。

(2) 功能要求

集控室远程监测综保全部信息，完成集控室对综保的遥测、遥信、遥控功能。

(3) 解决方案

安装综保与控制系统通信网关，读写综保内部参数，实现控制系统故障报警弹屏、记录、查询。

3. 安防系统

(1) 智能化目标

监测选煤厂的火灾危险源并报警。

(2) 功能要求

实现破碎站、带式输送机走廊、驱动间、拉紧间、变压器室、配电室等部位的超温识别、火灾探测和消防功能。运用机器视觉，监控带式输送机走廊的人员、设备安全。

(3) 解决方案

① 在配电室、变压器室安装红外热成像探测器等装置。

② 在易发生火灾区域安装在线感温、感烟检测装置。

③ 在电缆桥架、输煤系统传送带沿线安装缆式测温装置，实现破碎站、带式输送机走廊、驱动间、拉紧间、变压器室、配电室等部位的超温识别、火灾探测和消防功能。

④ 安装高清黑光或热成像摄像头，实现带式输送机走廊越线、不安全行为、个人安全防护检测、设备实时温度的巡视报警。

4. 视频识别系统

(1) 智能化目标

可定制算法，个性化进行视频分析，完成常规设备不易解决的应用。视频识别系统的故障、报警可分级、分权限推送至手持终端和 PC 端。

(2) 功能要求

具备报警前后视频信息自动存储、发布功能，实现图像识别报警、闭锁，视频联动控制停机等功能，同时故障、报警可分级、分权限推送至手持终端和 PC 端。使用视频分析实现刮板输送机链条飘链、拉斜、断链、杂物在线监测分级报警闭锁功能(此功能不作为强制要求)。

(3) 解决方案

选用 AI 网络摄像头(或 AI 后端设备)，实现 AI 定制功能。开发应用程序，将视频识别结果推送至手持终端和 PC 端。

5. 环境监测系统

要求同初级。

6. 先进保护装置

中级不作为强制要求。

(1) 智能化目标

运用先进技术实现对设备的安全监测。

(2) 功能要求

运用先进技术实现对设备的安全监测。

(3) 解决方案

① 对空溜槽、带料溜槽和堵料溜槽分别进行测试、标定并设置报警阈值,通过检测溜槽内部物料的运行状态,实现机头溜槽堵料报警,防止机头溜槽堵塞。检测方式可以是光电传感器、称重开关等适用技术。

② 在胶带中间安装激光防撕裂装置,识别胶带撕裂和划痕。

③ 利用视频识别技术,识别筛板脱落。

第三章 高 级

构建“无人干预＋自主运行”智能选煤模式。

(1) 生产工艺系统：重介、浮选、粗煤泥、跳汰等分选环节实现根据产品质量反馈及煤质特征的闭环控制；储装运环节实现智能装车及智能配煤。

(2) 生产辅助系统：将机器人技术应用在多层厂房等复杂巡检环境，以及在捡矸、除杂、配电室等职业健康和安全高风险场景来代替人工操作。

(3) 生产保障系统：利用人工智能及先进监测、检测技术，实现溜槽堵塞、胶带撕裂、离心机筛网破损等异常工况监测及生产事故预警。

(4) 建成智能感知、智能决策、自动执行的智能化分析决策体系，具备 AI 驱动、协同控制、仿真模拟等功能。

一、解读

【原文】 构建“无人干预＋自主运行”智能选煤模式。

【条文解释】

在智能控制、智能分析与决策系列技术与装备的保障下，基本实现生产过程无人干预、自主调节运行。

【原文】 (1) 生产工艺系统：重介、浮选、粗煤泥、跳汰等分选环节实现根据产品质量反馈及煤质特征的闭环控制；储装运环节实现智能装车及智能配煤。

【条文解释】

在中级智能化的基础上，生产系统的无人控制除了要能根据系统出口产品指标偏差进行闭环调节，还要实现根据系统入口来煤的灰分、水分甚至粒度特性(粒度特性不进行强制要求)进行产品数量、质量预测计算(需产品预测模型)，进而调节分选参数，实现“前馈”＋“后馈”前提下的生产系统无人控制(考虑到跳汰过程智能控制的复杂性、跳汰工艺选煤厂相对较少以及跳汰技术正逐渐被重介分选技术替代的发展趋势，跳汰智能分选不作为必建项目)。

建立与煤质、储存量、煤价等关联的配煤模型，完善给煤机、取料机等定量给煤、在线计量、在线检测装备配置，实现配煤方案自动生成及配煤过程自动调节(对定量给煤、智能配煤建设需求较为紧迫的选煤厂、地面生产系统、储装运项目可根据实施单位条件提前至中级阶段甚至初级建设阶段实施)。

实现汽车装车车辆排队管理、车辆智能识别、无人精准装车、火车装车无人值守(对于技术较为成熟的快速定量装车及车型识别技术，实施单位根据建设必要性情况，可提前至中级甚至初级建设阶段实施)。

【原文】 (2) 生产辅助系统：将机器人技术应用在多层厂房等复杂巡检环境，以及在捡矸、除杂、配电室等职业健康及安全高风险场景来代替人工操作。

【条文解释】

随着机器人技术的发展及完善,适时考虑将机器人技术应用在排矸捡杂、楼层穿越巡检、卫生的自动清扫、配电室抽屉使用、元件操作等对机器人执行精度及可靠性要求较高的场景。在机器人巡检的基础上,实现机器人操控。

【原文】 (3) 生产保障系统:利用人工智能及先进监测、检测技术,实现溜槽堵塞、胶带撕裂、离心机筛网破损等异常工况监测及生产事故预警。

【条文解释】

利用智能视频识别、重力感知等技术,进行带式输送机机头溜槽堵塞监测、带式输送机胶带撕裂保护、离心机筛网破损跑粗监测、浓缩旋流器溢流跑粗等异常生产工况的监测,实现事故提前预警,减少生产故障导致的非计划停车的发生。

关于带式输送机胶带撕裂、机头溜槽堵塞监测等的实现,鼓励应用先进技术的同时,要避免为"智能化而智能化",应以选用适合、可靠的技术为原则,尤其对于监测部位较多的智能化建设项目,应开展技术经济对比。

【原文】 (4) 建成智能感知、智能决策、自动执行的智能化分析决策体系,具备 AI 驱动、协同控制、仿真模拟等功能。

【条文解释】

建成智能感知、智能决策、自动执行的智能化分析决策体系,具备 AI 分析决策驱动、多系统协同控制、生产过程仿真模拟及分析预测等功能。

二、解决方案

(一) 生产工艺系统

1. 重介智能洗选系统

(1) 智能化目标

实现智能分析与决策,根据原煤、产品灰分实现密度智能控制。

(2) 功能要求

在中级要求基础上,实现根据原煤灰分及产品灰分反馈,分流量、补水量的自动调节(调节分选密度)。

(3) 解决方案

① 分流装置:方案同初、中级智能化。

② 补水装置:方案同初、中级智能化。

③ 密度检测装置:方案同初、中级智能化。

④ 磁性物检测:方案同中级智能化。

⑤ 原煤分质储存及均质化给煤:对于多煤源或多工作面分采分运来煤等煤质差异大,或煤质波动大的选煤厂,在原煤带式输送机设灰分或全元素检测装置,结合智能配仓技术,根据煤质不同实现分仓储存。结合智能配煤技术,开展智能配煤入选,保持原煤煤质稳定。

⑥ 产品灰分检测:在最终产品带式输送机及重介分选精煤、中煤带式输送机上安装灰分仪,实现灰分实时监测,要求新安装或更换的灰分仪标准差≤0.5%(中煤带式输送机标准差≤1.2%)。

⑦ 分析及控制模型：建立基于原煤灰分—分选密度—产品灰分数学模型，建立基于分流量、补水量、磁性物含量的密度调节模型，并可根据煤质特征变化对模型进行自动校核，实现根据原煤灰分及产品灰分指标的密度自动调节(合介密度整定控制系统如图 4-3-1 所示)。建立全厂多分选系统协同控制模型，在最大经济效益原则(或最大产率原则)驱动下，自主确定重介系统产品灰分。闭环系统具备灰分死区设定功能，避免灰分闭环控制系统频繁调节，造成密度不稳定、灰分波动，影响补水阀寿命等问题。悬浮液密度波动范围在±0.005 kg/m^3 之间。

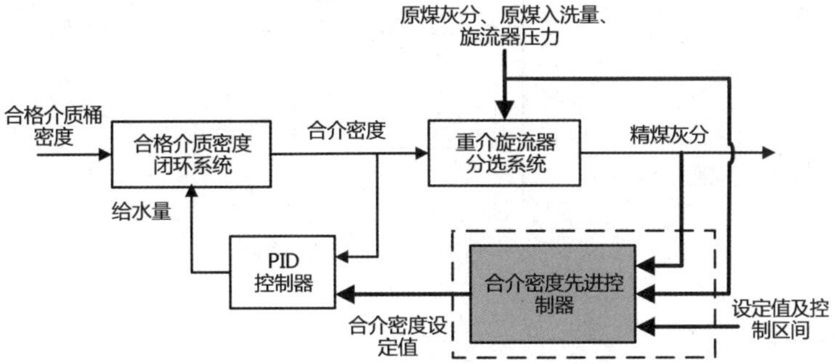

图 4-3-1　合介密度整定控制系统

2. 跳汰智能洗选系统

(1) 智能化目标

实现跳汰分选系统无人值守，少人干预。

(2) 功能要求

根据来煤量大小自动调节给煤机的给料速度，根据来煤量、原煤灰分及产品指标反馈自动调节跳汰环节的工艺参数(给料量、风水量及周期、排料速度等)，实现智能分选。

(3) 解决方案

① 跳汰机的配置

在中级智能化要求基础上，增加以下要求。

跳汰机单机控制系统应能实现与集中控制系统、选煤厂分选智能分析系统的通信、协同功能，实现根据历史数据及在线数据的自学习，优化跳汰环节的参数预测，实现优化分选。

② 生产管道的配置

同中级智能化要求。

③ 给煤系统的配置

同中级智能化要求。

④ 原煤及产品数量监测

同中级智能化要求。

⑤ 原煤分质储存及均质化给煤

对于多煤源或多工作面分采分运来煤等煤质差异大或煤质波动大的选煤厂，在原煤带式输送机设灰分或全元素检测装置，结合智能配仓技术，根据煤质不同实现分仓储存。结合智能配煤技术，开展智能配煤入选，保持原煤煤质稳定。

⑥ 灰分检测

在中级智能化要求基础上,增加原煤灰分仪,检测原煤煤质变化,要求新安装或更换的灰分仪标准差≤1.2%。

⑦ 智能分析与决策

建立基于原煤灰分—分选密度—产品灰分数学模型,并可根据煤质特征变化对模型进行自动校核。建立全厂多分选系统协同控制模型,在最大经济效益原则(或最大产率原则)驱动下,自主确定跳汰分选产品灰分(跳汰机智能控制策略如图 4-3-2 所示)。

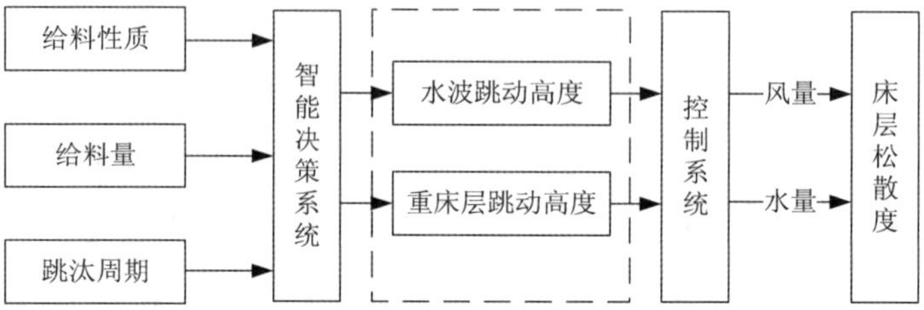

图 4-3-2 跳汰机智能控制策略

3. 智能浮选系统

(1) 智能化目标

实现浮选现场无人值守,入料量与入料灰分、产品灰分反馈下的智能控制。

(2) 功能要求

实现基于来料量、来料浓度、来料灰分、产品灰分要求的浮选过程闭环控制,加药方案自主制订,充气量自主调节。

(3) 解决方案

① 矿浆灰分检测

同中级智能化要求。

② 流量及浓度检测

同中级智能化要求。

③ 泡沫层厚度检测

同中级智能化要求。

④ 智能加药

同中级智能化要求。

⑤ 分析及控制模型

建立入料量、入料浓度,入料矿浆灰分、加药量,充气量等与泡沫层厚度、产品灰分的数学模型,实现浮选过程及参数监测和自主调节(图 4-3-3)。

4. 智能浓缩系统

(1) 智能化目标

实现浓缩加药模型的自主寻优和加药制度的自适应调节。

(2) 功能要求

① 检测分析浓缩机加药量、入料浓度、流量、粒度、浓缩池煤泥水分层状况、溢流液浊度等参数,建立浓缩加药数学模型,结合入料性质预测和给定药剂添加量,实现加药后澄清层高度与浓缩机的工作状态联动,根据澄清循环水的分层状况实时调节加药量和加药比例,实

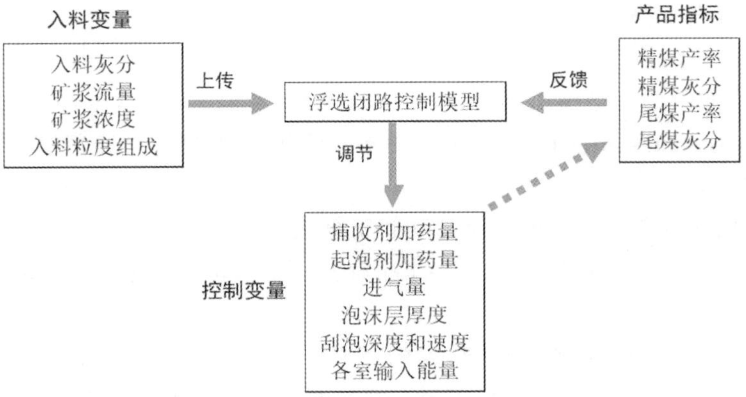

图 4-3-3　智能浮选控制系统

现浓缩高效运行。

② 利用在线数据自学习功能，自动优化浓缩环节的预测数学模型，实现智能煤泥水加药。

(3) 解决方案

① 对煤泥水性质进行分析

对煤泥水的浓度、pH 值、初始电导率、水质硬度以及煤泥的物质组成、粒度组成、颗粒原始表面电位等性质进行量化分析，为建立煤泥水特性指标与药剂用量之间的关系提供依据。分析仪表包括 pH 计、zeta 电位分析仪、电导率仪、X 射线衍射分析仪、激光粒度仪、浊度计等。

② 不同药剂条件下的沉降规律研究

在煤泥水性质分析的基础上，选取几种药剂并确定其用量范围，使用这些药剂进行煤泥水的絮凝沉降研究。以沉降速率和煤泥水溢流浊度为主要指标，以 zeta 电位变化、电导率变化、絮凝体的平均粒度和密实度为参考指标，探索凝聚剂和絮凝剂的种类与用量对絮凝效果的影响。综合药剂成本和使用效果，筛选出最优的药剂制度方案，供企业选择。

③ 煤泥水浓度对絮凝沉降效果的影响

探索在不同浓度条件下煤泥水的絮凝沉降效果，探索建立药剂添加量与煤泥水浓度之间的关系，验证和优化最佳药剂添加量模型。

④ 煤泥水浓缩系统计量和在线检测

a. 在每台浓缩池入料管增设电磁流量计和矿浆浓度计，在线监测浓缩池入料干煤泥量的变化情况，用于预测药剂的添加量。

b. 在每台浓缩池增设界面仪和浊度计，在线监测循环水的澄清层和压缩层界面变化情况，获得直接数据，用以反馈药剂的添加量。

c. 在各浓缩机加药管路处增设流量计和电动调节阀(管径与现有加药管路一致)，用于精准控制各浓缩机的絮凝剂添加量。

d. 增加通信模块将加药机、浓缩机相关信息纳入集中控制系统实现联锁控制，根据界面仪和浊度计反馈的数据自动调节加药机加药量，以达到闭环控制的效果。为保证系统的灵活性与可靠性，加药系统将设置两种操作模式——自动控制与手动控制，通过选择实现模式切换,防止因设备故障而影响生产。

⑤ 药剂智能添加控制策略

加药过程中的药剂用量理论值由入料性质(浓度、流量)与溢流水浊度和浓缩机清水层界面共同决定,实际加药量经 PID 整定后由变频器输出,加药泵为加药执行机构,最终由流量计给出药剂到浓缩池。

⑥ 在线数据的自学习与浓缩环节自动修正算法

研究浓缩机入料数据、加药数据和出水指标数据的关联性,进而预测出水指标,为智能加药模型提供智能决策服务。

利用神经网络、支持向量机、深度信念网络、极限学习机等常用的机器学习,通过神经元之间的互相联系来进行预测。由于机器学习算法在应用过程中需要人为指定其中的部分学习参数,设定的参数优劣容易影响到机器学习的性能,所以通常与粗糙集算法、免疫算法、粒子群算法、遗传算法等智能算法相结合,用以优化机器学习过程中的学习参数。

5. 智能压滤系统

同中级智能化要求。

6. 智能采制样系统

(1) 智能化目标

采制化数据用于在线煤质检测设备的误差分析及自主校准。

(2) 功能要求

煤质化验数据动态分析,与全元素、灰分等在线检测设备的智能分析系统进行融合,辅助在线检测设备进行偏差预警,自主校正(各建设单位选择实施,不作为强制要求)。

(3) 解决方案

进一步完善煤质管理系统,建立煤质动态分析模型,打通煤质管理系统与在线检测设备的数据接口,建立实验室数据与在线检测数据的分析对比模型,实现在线检测设备偏差分析及预警和在线检测设备计算模型自主校正。

7. 智能装车系统

同中级智能化要求。

8. 智能仓储与配煤系统

(1) 智能化目标

实现科学配仓、智能化仓储,科学计算配煤比例,精准测量数(质)量指标,全自动完成配煤设备启停和调节。

(2) 功能要求

综合根据装车计划、仓储信息给出最优的生产建议,根据数字仓储模型,对配煤比进行理论修正与计算,实现精准化配煤。

(3) 解决方案

在初级和中级方案基础上增加以下内容。

① 产品煤配煤根据产品煤煤质、产品煤成本、用户需求和煤质的实时数据及历史数据进行分析并建立产品配煤数学模型,依据经济效益最大化或成本最低原则自动生成配煤方案。智能配煤流程如图 4-3-4 所示

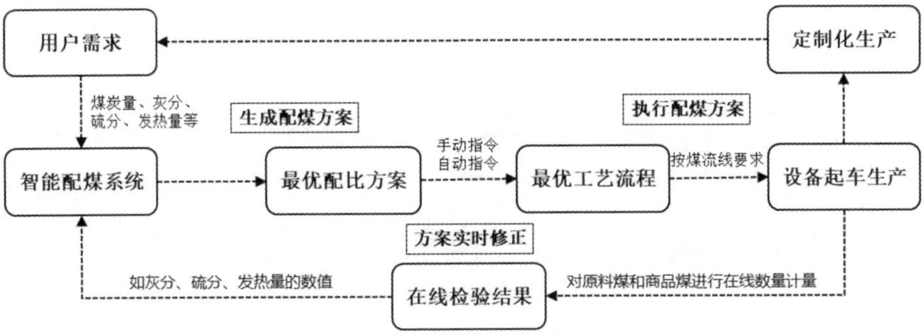

图 4-3-4　智能配煤流程

② 利用图像算法、称重传感等技术，实现胶带物料量的测量，估算给煤机流量，应用变频调速等技术控制给料机的给煤量，确保给煤量与各个煤质的配比关系相对应。

9. 远程集控系统

同初级智能化要求。

（二）生产辅助系统

1. 供风与供排水系统

（1）智能化目标

实现空压机房无人值守。

（2）解决方案

根据大数据、全生命周期管理相关信息编制应用程序，完成空压机恒压供风、轮流启停、负载平衡。

2. 智能停送电系统

同中级智能化要求。

3. 智能巡检系统

同中级智能化要求。

4. 除杂系统

（1）智能化目标

实现除杂、排矸的自主分析，提高杂物识别率和排杂效果。

（2）功能要求

检测原煤及产品带式输送机上运输物料中所含的大块铁器，避免胶带撕裂和破碎机窜轴等事故。使用机械装置替代人工排除混入系统中的杂物和大块矸石。记录杂物信息和识别杂物，分析排矸、捡杂效果，实现设备和系统的自适应调整，提高杂物识别率和排杂效果。

（3）解决方案

在中级要求基础上增加以下内容。

① 开发机械手除杂或除杂机器人，提高杂物识别的准确率，扩大可操控的粒度范围，提高执行机构的处理能力。

② 运用灰分、粒度在线检测设备，开发排矸系统，对系统中出现的杂物进行信息记录和比对，分析排矸、拣杂效果，优化设备及系统功能，提高杂物识别率。对超出系统执行能力的

杂物进行预警。

5. 计量系统

同中级智能化要求。

6. 照明及人员定位系统

(1) 智能化目标

实现生产人员精准定位。

(2) 功能要求

实现多层厂房生产人员精准定位。

(3) 解决方案

中级要求基础上增加根据使用场景选择适合的定位技术以满足精度需求的内容。

(三) 生产保障系统

1. 检测系统

(1) 智能化目标

实现自主学习及精准故障预测。

(2) 功能要求

系统结合人工反馈自主学习,避免同样的误报重复出现,通过故障信息的不断积累和完善,更加准确、及时地实现精准故障预测。

(3) 解决方案

在中级要求基础上增加以下内容。

① 在离心液、浓缩机溢流管道上安装粒度检测装置,检测离心液、浓缩分级旋流器溢流粒度等数据,判断离心机及浓缩分级旋流器跑粗,实现离心机筛篮破损检测。

② 以基于大量监测数据的数据频谱曲线分析设备运行趋势,建立设备故障智能分析模型,找出曲线异常变动情况,精准预判。

③ 开发选煤厂全厂设备全生命周期管理运维系统,通过设备状态数据,汇总至软件系统进行统计分析,对设备状态进行评估,指导关键设备保养维修。

④ 向其他智能化环节(如重介洗选)提供有效数据。

2. 安防系统

同中级智能化要求。

3. 视频识别系统

同中级智能化要求。

4. 环境监测系统

同初级、中级智能化要求。

5. 先进保护装置

同中级智能化要求。

6. 高低压综保系统

(1) 智能化目标

实现配电系统的综合数据分析。

（2）功能要求

对用电设备的状态、能耗进行智能监测与记录，从而掌握详细的用户负荷情况；为故障分析提供可靠的实时数据，实现异常状态的在线分析、动态跟踪；自动生成选煤厂设备用电、运行管理所需的各类报表，对设备电气运行参数进行趋势分析。

（3）解决方案

安装智能电表，提供实时电气参数测量、累计量记录；网关与控制系统实时通信，采用标准通信协议。

第四章 典型案例

【案例一】

哈尔乌素及准能集团选煤厂可为其他选煤厂智能化建设提供借鉴。

准能集团选煤厂是动力煤选煤厂,规模为 30.0 Mt/a,分选工艺为 6 mm 脱粉+(100～6) mm 块煤重介及跳汰分选+6 mm 以下末煤不分选。

哈尔乌素选煤厂是动力煤选煤厂,规模为 30.0 Mt/a,分选工艺为(200～70)mm 块煤智能干选+6 mm 脱粉+(70～6)mm 中块重介浅槽分选+6 mm 以下末煤不分选。

2018—2021 年,哈尔乌素及准能集团选煤厂相继开展了智能输送、智能跳汰、智能浅槽、智能煤泥水、智能装车、智能干选等项目的探索研究,同时开展带式输送机巡检机器人、清仓机器人的研发工作。有代表性的智能化研究、建设内容如下。

(一) 智能输送系统

《选煤厂智能输送系统的研究及应用》项目对哈尔乌素原煤车间 3 号输送系统开展了研究,形成由破碎站受料斗料位控制单元、智能视频胶带调速控制单元及智能配仓单元组成的智能输煤系统。运输系统可根据带式输送机实时输煤量,自动调节带式输送机转速,达到节约能耗、延长设备使用寿命的目的;实现机器人代替人工智能巡检,利用视频、红外、声音等智能识别技术对 M31 进行高效准确的全天候巡检;实现智能化、多功能、全天候的动态巡检;实现胶带纵撕保护、智能故障识别。目前,整体建设达到预期要求,能够实现根据不同带煤量下的带式输送机调速功能,3 号破碎站运输系统节约电耗约 15%,带式输送机巡检机器人视频图像识别功能应用良好,不足之处是对带式输送机托辊运行时产生不同噪声的故障识别能力相对较弱。哈尔乌素选煤厂智能输送项目监测画面如图 4-4-1 所示。

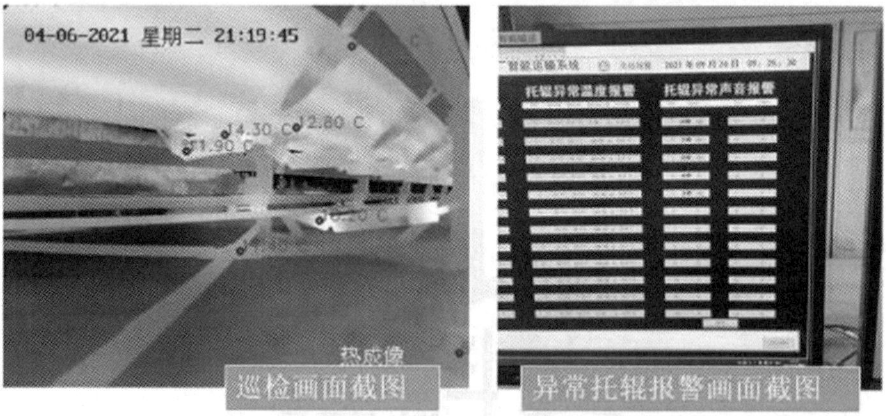

图 4-4-1 哈尔乌素选煤厂智能输送项目监测画面

（二）重介浅槽工艺智能洗选系统

《重介浅槽工艺智能洗选系统的研究与应用》项目包含哈尔乌素 1 000 万 t 重介浅槽智能化研究和煤泥水智能化研究两个子课题。

1. 哈尔乌素 1 000 万 t 重介浅槽智能化研究

重介浅槽项目借助自动化与信息化手段，在哈尔乌素选煤厂重介浅槽 C、D 两个系统上形成一套重介浅槽智能洗选控制系统示范工程，实现重介浅槽参数的智能调节，保证了产品质量。在正常生产情况下，矸石带煤率＜3%。原煤煤质或市场需求发生较大变化时，根据变化情况智能确定合适的产品灰分，使精煤、矸石指标达到最优；系统生产效率提高 4% 以上，重介浅槽故障报警系统报警准确率超过 99.5%。实现浅槽密度智能控制调节，建立了浅槽分选系统给料、产品排料计量监测系统。搭建了浅槽洗选系统设备、运行参数数据监测预警分析平台。

2. 煤泥水智能化研究

煤泥水项目主要对煤泥水浓缩系统智能化、无人值守压滤智能化、煤泥水系统智能化数据决策中心构建以及工艺事故和设备故障智能化预测处理系统开展了研究。该项目形成了一整套成熟的煤泥水智能处理系统，可代替人工实现加药、压滤、采样等工作智能化运行，减少人为因素对煤泥生产过程控制的不良影响，提升生产效率，降低生产成本，增加效益。

目前，两个子课题均完成现场设备和各类监测传感器的安装工作，项目整体处于设备调试和模型完善阶段。

（三）智能装车（图 4-4-2）

《选煤厂智能装车系统技术研究及应用》项目可按使用功能分为智能装车、智能配仓、精准配煤、智能管理四大子系统，每个子系统下由若干功能模块实现具体任务。“无人装车”“智能配仓”“精准配煤”三个子系统均可独立运行，根据生产需要选择性开启。“无人装车”子系统包括可实现装车各环节全自动，将供煤、定量、装载、检验以及防冻、封尘等辅助系统进行智能化集成，安全稳定地完成装载任务。“智能配仓”子系统用于实现产品煤科学配仓和智能化仓储管理，实现仓内物料的质量跟踪、储量跟踪，为精准配煤提供数据基础。“精准配煤”子系统用于科学计算配煤比例，精准测量数（质）量指标，全自动完成配煤设备启停和调节。“智能管理”子系统涵盖了装车日常所需的流程管理、质量管理、设备管理、数据管理、人员管理等各个方面，全方位提升装配管理水平。目前，自动装车已累计完成 2 095 万 t 装车任务。

（四）跳汰机智能洗选（图 4-4-3）

《跳汰机智能洗选的研究及应用》项目对准能集团选煤厂一组跳汰洗选系统（含 2 台跳汰机）进行研究，目前已经取得一定阶段性成果，正在继续开展研究工作，目标是研制出国内领先水平的适合准能集团选煤厂煤质特性的跳汰机智能洗选控制系统，根据预设的精煤灰分指标，通过灰分仪实时监测精煤灰分并反馈给控制模型，实现跳汰机参数的智能调节，精煤灰分实现精准控制。系统可根据原煤灰分确定合适的产品灰分，使精煤、中煤、矸石灰分指标达到最优。实现对给料装置、排料装置、浮杆、摇床、旋转风阀、床层、顶水压力异常情况准确检测及报警。实现跳汰洗选系统各环节数据实时监测与控制，达到最佳分选效果。

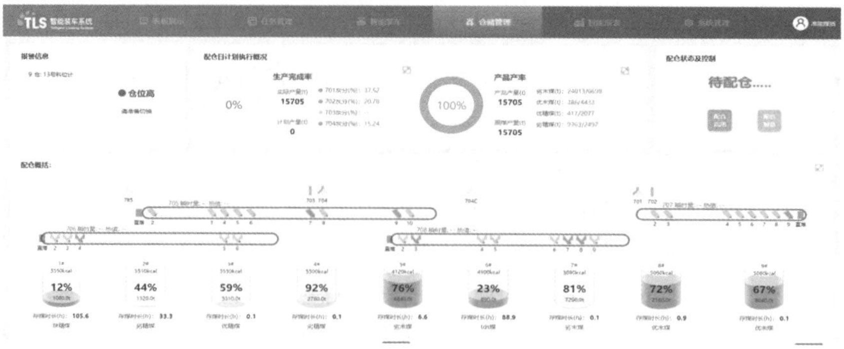

图 4-4-2　哈尔乌素选煤厂智能装车控制管理系统页面

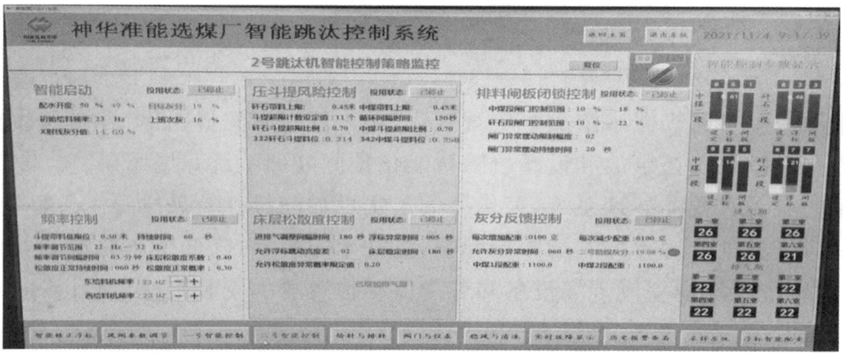

图 4-4-3　准能集团选煤厂智能跳汰控制管理系统页面

（五）块煤智能干选

哈尔乌素选煤厂新型分选工艺主要以C系统为主系统进行改造实施，通过增加块煤智能分选系统，有效降低了重介浅槽系统入料上限，优化了生产系统负荷分配，同时减少了原煤入水量。

主要分选设备采用三产品智能干选机(TDS32-300-A3)1台(图 4-4-4)，设备入料粒度为(200～70)mm，处理能力为 320 t/h，年处理能力可达 150 万 t，由布料系统、识别系统、执行系统、辅助系统组成。物料通过 X 射线激光仪和图像识别系统进行精准识别，再利用电磁阀控制的高压气枪实现精准打击，最终实现精煤、中煤、矸石三产品分离，分选后的精煤平均发热量为 5 200 kcal/kg(21 766.43 kJ/kg)，中煤发热量为 3 000 kcal/kg(12 557.56 kJ/kg)，矸石带煤率≤3%。

（六）经验分享

(1) 分模块智能化建设初显成效。初步完成智能输送、智能浅槽、智能跳汰、智能煤泥水、智能装车模块化研究工作，各模块设备自动化和控制逻辑智能化取得突破性进展，智能装车等模块建设成果应用效果显著。

(2) 模块化建设为选煤厂智能化奠定基础。随着智能化建设结构层级分步建设的不断完善，将逐步实现由原煤输送、洗选加工、煤泥水处理、产品装车各环节有机协同作业，向着生产效率进一步提高、产品控制更加精准、产销利润最大化目标迈进。

图 4-4-4 智能干选机

(3) 智能化建设成果的效能发挥日益凸显。经过复杂落后的技术迭代,优质高效设备的应用使生产过程更加透明化,同时随着新技术的应用,有效降低了人员工作强度,使职工从繁重的劳动中解放出来。

(4) 选煤厂智能化建设过程中探索形成了"分步设计、分工艺推进、分阶段实施、分模块建设"的建设经验,以及智能输送、智能洗选、智能装车等项目研究技术应用成果。

【案例二】

西湾露天煤矿选煤厂属于地面生产系统,规模为 10.0 Mt/a,原煤经过破碎、筛分分级作为电煤、化工用煤销售。2021 年,西湾露天煤矿选煤厂开启智能化提升建设工作,目前工程已基本完工。有代表性的建设内容如下。

(一) 汽车发运系统

1. 发运计划管理

结合客户派车计划和煤矿当前生产情况编制发运计划,计划内容包括客户运输煤种、吨数、派车日期、来车型号、车牌号、驾驶人员等信息,系统支持客户派车计划的导入。

2. 自助制票/制卡

外运车辆驾驶员利用身份证件在制票/制卡室自助办理提煤单、身份 IC 卡、结算单、票据,自动打票分拣盖章等功能。

3. 无人值守自动入厂

实现外运车辆车牌自动识别验证、自动抬杠放行和车辆离开自动落杆。

4. 无人值守过磅(轻车、重车)

实现车牌自动识别验证、自动抬杆上下磅、自动车辆位置红外检测、自动红绿灯和语音提示、自动采集称重数据、自动 LED 显示屏信息展示。

车辆称重完毕时,系统控制安装在汽车衡两端的监控摄像机对车头、车尾进行拍照,并将照片与过磅数据合并保存,以便日后查询追溯。

5. 无人值守装车

实现车牌自动识别验证、自动抬杆进出装车位、自动车辆位置红外检测、自动识别确认车辆参数、自动控制装车量、自动调整装车溜槽位置、自动拍照留存。系统支持自动装车和人工干预装车的功能切换,正常情况下采取自动装车模式,装车过程出现异常时通过人工干预完成装车。

6. 现场自助刷卡和语音交互

当现场出现车牌识别、基础设施故障等问题时,驾驶员可利用本地语音交互系统与远程监控人员进行通话,通过自助机刷卡完成车辆验证,通报现场出现的问题。

7. 统计分析

系统自动生成煤炭销售发运日报、月报等报表,可按客户、煤种等进行数据的综合统计分析,全面满足煤矿相关业务管理需要。

8. 系统集成

系统现场端实现与智能一体化控制系统、智能视频监控系统的集成,系统管理端实现与智能一体化生产执行系统、集团 ERP 系统的集成。

(二) 基于 AI 视频带式输送机智能调速

以选煤厂 201、301、302、303 带式输送机为实施对象,在带式输送机上安装摄像仪,在现有变频控制系统的基础上,结合视频信号、人工智能算法,开发了基于动态煤量的带式输送机智能感知矢量调速系统。

根据逆煤流方向前级输送机空载时间、煤量大小来控制后级输送设备的启停、运行速度以及控制顺序;实现带式输送机负载分布监测、视频识别和报警、单条带式输送机和整个运输系统的智能化动态运行控制;系统可进行堆煤识别,实现搭接点的堆煤状况实时识别与语音报警,控制堆煤带来的压带风险。

(三) 配电室智能机器人

1. 配电间巡检(图 4-4-5)

机器人根据后台设定,定时对配电间内各配电柜进行巡检,对配电柜上的表盘进行识别;机器人可根据后台指令,自动定位至需要监视的配电柜,对配电柜进行监控及表计识别。

图 4-4-5 配电室智能巡检机器人

2. 倒闸操作(图 4-4-6)

西湾露天煤矿选煤厂配电室实现了高、低压柜的机器人倒闸操作。机器人可根据指令自动定位至需要操作的配电柜前,并进行倒闸操作。高压配电柜机器人主要进行柜门关闭后开关的旋入旋出操作,同时利用指示灯判定倒闸操作完成情况(图 4-4-7)。低压配电柜机器人通过抽拉抽屉完成断电作业。

图 4-4-6 配电柜操作机器人

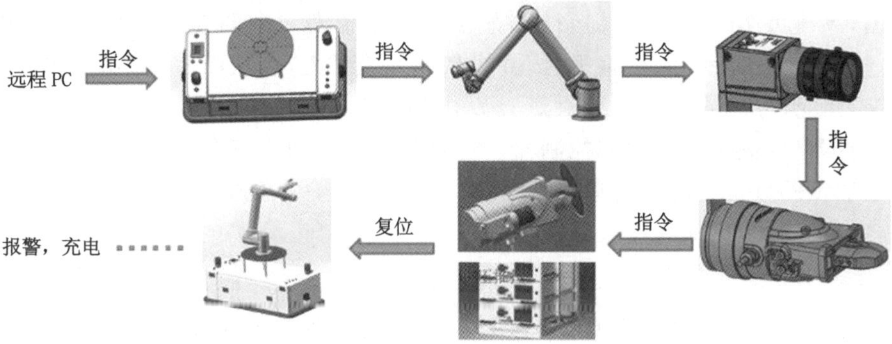

图 4-4-7 配电室智能机器人工作流程

3. 机器人其他功能

进行倒闸操作前,机器人在地面投射警戒线,提醒工作人员在警戒线外等候,如有人员闯入警戒线内,机器人暂停运动。机器人配有语音对讲功能,远方监控室内的工作人员可以与配电间的工作人员通过机器人通话。机器人可以通过远方监控系统控制,也可以通过机器人的遥控器进行控制(需确认工作人员权限)。

机器人系统预留有通信数据接口,便于原有系统集中管理平台进行数据采集。巡检机器人系统采集的图像、声音、信息以及巡检机器人系统软件的分析结果(如报警、图像识别结果等)可通过该数据接口提供给集中管理平台,便于系统集中管理平台对机器人的运行状态进行监控。

(四)人员定位及智能照明

人员定位及智能照明系统可实现智能照明控制及管理、灯具状态实时监测、异常报警、亮灯时间统计、能耗统计、人员定位实时位置监控与管理、人员历史轨迹回放、电子围栏、人员 SOS 报警等功能(图 4-4-8)。

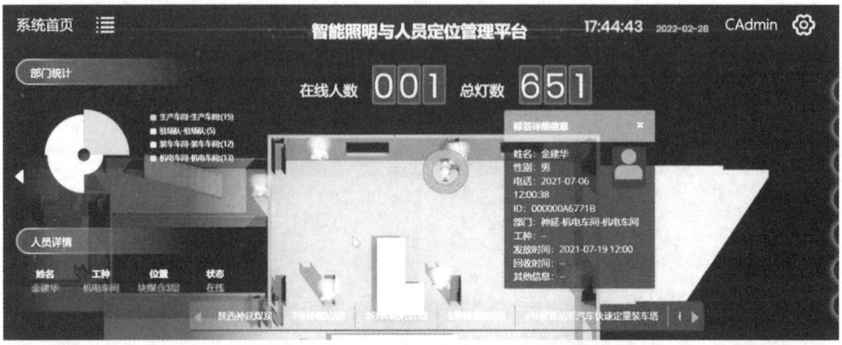

图 4-4-8　人员定位及智能照明管理平台

1. 智能照明

(1) 系统具备完善的灯具智能控制功能,可对厂区灯具进行自由分组,实现灯具的全控、分组控、单控等。可通过时控计划任务对灯具进行任意分组,进行定时控制、调光控制,也可对灯具是否执行“人来灯亮、人走灯灭”模式,对感应距离、延迟时间等参数进行设置。

(2) 系统具备智能巡检功能,且巡检快捷、状态准确,灯具可主动上报电压、电流、功率等实时数据,系统可实时掌握灯具运行状态、统计功耗数据。灯具及控台具备供电电源实时监测功能,掉电后会第一时间上报平台,并短信通知维护人员,从而避免影响安全生产。

(3) 智能照明与人员定位系统对灯具发出的控制指令(开灯、关灯、调光等)及时控计划,通过无线网络传输至灯具内部控制器。灯具与控台之间可双向实时、可靠通信。各控台可根据现场周围的灯具情况及时调整所管辖灯具的数量,并可调整各自网络的通信信号,以避免网络自身的干扰,确保高速实时通信。

2. 人员定位系统

(1) 人员定位系统实现厂区主要作业区域人员位置的实时监测和管控。人员定位系统以灯具作为定位基站,当携带定位卡的人员出现在灯具或者定位装置周围时,多个灯具及定位装置可分别测算出该定位卡与自身的距离,并将原始数据进行噪声剔除、卡尔曼滤波、初步测距算法等处理,将人员定位卡信息及距离信息上传至服务器端。经过服务器运算,分析出人员的坐标位置,并展示在平台端。人员定位系统定位精度为 3～5 m,人员定位与灯具的开关可实现较好的联动,平台端人员定位更新响应时间小于 3 s。

(2) 人员定位卡可实时采集员工基本健康数据,平台端实时显示定位人员的心率、心电图、血压、血氧及行走步数,实时监测在岗作业人员的基本健康状况。当人员定位卡主动发出 SOS 报警信号时,及时将报警信息可靠传输至后台系统,并由后台系统第一时间做出相关处理。

【案例三】

神东公司上湾选煤厂属于动力煤选煤厂，其生产能力为 14.0 Mt/a，智能化建设时间为 2013 年至今。有代表性的智能化建设内容如下。

（一）煤泥水检测

上湾选煤厂正在开展煤泥水跑粗、煤泥水粒度分析及浓缩智能加药研究，根据煤泥水浓度、粒度等参数，以及界面仪检测数据等建立浓缩智能加药模型。目前，现场设置了粒度智能检测仪，已对煤泥离心机离心液、压滤机滤液、水力旋流器溢流、浓缩机入料、浓缩机底流等 5 处开展了煤泥水智能采样建设（安装管道采样器），实现粒度在线智能分析检测，煤泥水粒度分析效果接近于实验室小筛分精度水平，从采样至出结果仅需十几分钟。浓缩智能加药研究方面，在煤泥水管道设置了不受煤泥水管道充填系数影响的浓度计，浓度检测取得了较好效果（图 4-4-9）。

图 4-4-9　煤泥水粒度分析仪及管道采样器

（二）4G 专网与移动控制

在选煤厂区域搭建了企业专用 4G 专网（有效覆盖直径为 1 km），实现了有线网络与无线网络的无缝对接，同时解决了“信息孤岛”问题，实现管理网、监控网、控制网的数据融合，具有网络可靠性高、时延低的特点。在 4G 专网的支撑下，实现了生产系统由集中控制向远程移动终端控制的转变，值班班长配移动控制平板终端，生产人员配移动终端，实现生产移动控制与管理及移动办公。

（三）超粒度及金属识别

在洗混煤胶带安装智能视频分析装置，对因筛板破损、脱落等产生的大块煤进行识别。当智能视频系统检测到超限粒时会发出提醒，若提醒持续时间超过 5 min，则视为上游设备跑粗，提醒检查分级筛筛板。超限粒智能视频检测系统在上湾选煤厂取得了较成功的应用（图 4-4-10）。

图 4-4-10　带式输送机超限粒智能识别

在原煤带式输送机上安装了金属检测仪(图 4-4-11)。当发现小螺栓、钢板碎片等小型金属时,与带式输送机头的除铁器配合将铁器清除。对于锚杆、托辊等大型铁器,可根据智能算法识别铁器类别,当铁器较大不易清除时,可与上游设备进行闭锁停机,通过人工进行清除。自 2017 年投用至今,已累计检测出铁器 7 000 余次,其中检出小型铁器 7 169 次,检出大型铁器 59 次,有效保障了生产安全。

图 4-4-11　带式输送机金属检测仪

（四）振动筛筛板脱落智能监测

上湾选煤厂对振动筛筛板脱落监测开展了大量研究工作,探索了在振动筛筛板内置“RFID”芯片,在下游带式输送机上安装专用扫描装置进行监测的方法。当筛板发生脱落并经过带式输送机扫描装置时,扫描装置经识别、分析、判断,进一步发出声光报警并传送至移动终端,从而在第一时间实现筛板脱落报警,防止生产事故扩大,保障选煤厂生产稳定及产品质量(图 4-4-12)。

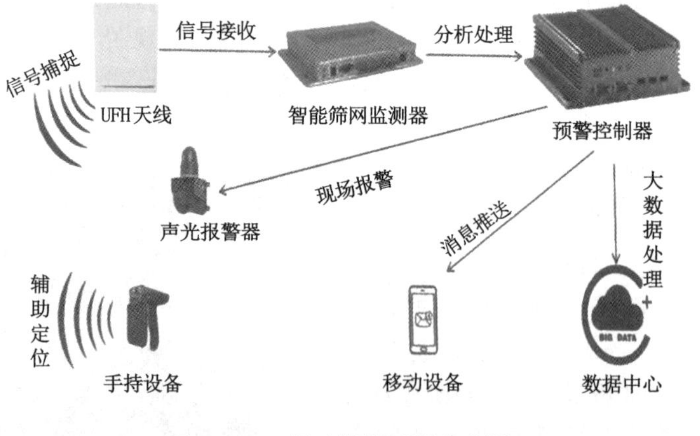

图 4-4-12　振动筛筛板脱落监测

附　录

煤矿机器人应用典型案例

附录一　大柳塔煤矿巷道危险气体巡检机器人应用案例

一、应用场景简介

大柳塔煤矿现有瓦斯巡检方式为自动化在线监控和瓦斯检查员相结合，对煤矿巷道内部的设备和复杂环境信息进行监测。在线监测方式投入成本高、维护效率低、覆盖面积小，而人工巡检劳动强度大、巡检效率低，因此，亟须巡检机器人实现广域实时巡检。

二、智能技术应用

"探险者号"危险气体巡检机器人（附图 1-1）搭载激光雷达、甲烷遥测传感器及各种矿用传感器，实现了井下巷道内甲烷聚集区域判定、甲烷聚集浓度监测、巷道视频监控、粉尘浓度监测等功能，有效替代了瓦斯检查员对巷道进行高效巡检。

附图 1-1　"探险者号"危险气体巡检机器人

针对煤矿井下巷道的实际需求，通过研发智能巡检机器人，解决巷道关键设备状态查询、气体浓度检测及巷道变形监测等人工巡检内容，能够完全代替巡检工，进行路径规划及自主或遥控避障、可靠巡检，通过多传感器实时采集、存储、传输现场瓦斯、一氧化碳及二氧化碳等的浓度数据，通过对危险气体浓度数据进行融合计算分析，判断是否存在浓度过高的情况。

附图 1-2 所示为巡检机器人工作示意图，通过混合导航方式进行路径识别、自动回充、安全避障，分别到待检测区域进行瓦斯浓度检测，然后将检测结果通过网络传输至监测后台。其包含的关键技术如下。

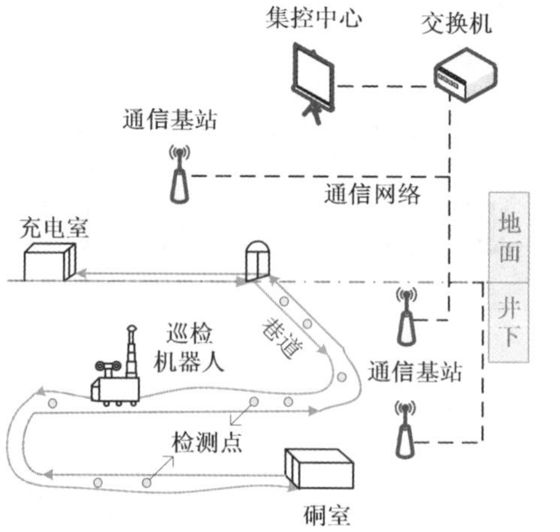

附图 1-2　危险气体巡检机器人工作示意

1. 基于六轮系的高通过性复合底盘及大功率、高负载的动力驱动技术

通过对煤矿井下环境、能见度、路面通过性的系统研究，尤其灾害后的环境为空间受限的非结构化环境研究，得出机器人通过性负载等具体指标，通过对机器人负载状态分析、结构重量计算、有效载荷分析等方式建立机器人的运动学模型，并确立机器人的运动学方程式，实现六轮系底盘的高通过性和高避障性研究，最终通过高负载驱动设备选型和传动机构选型实现机器人的大功率、高负载动力驱动技术研究。其技术方案如附图 1-3 所示。

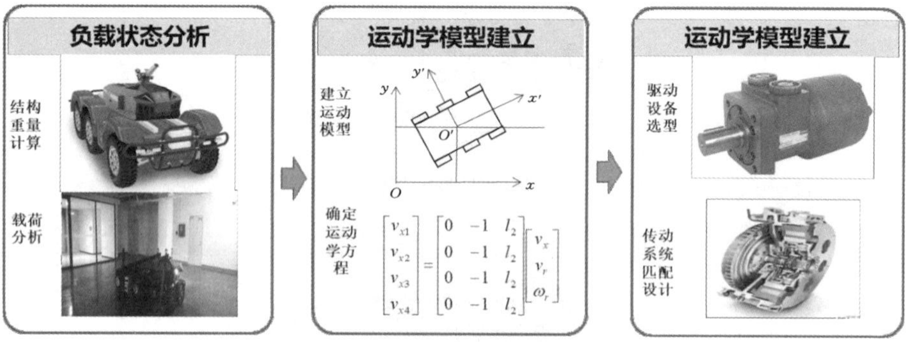

附图 1-3　驱动技术方案

危险气体巡检机器人采用电动防爆轮式底盘，分转向电机减速机防爆舱、前行走电机等 5 个防爆舱，各防爆舱采用焊接防爆通线接头用于线缆出线。所有轮均有动力输出，为全时六驱车型；有独立悬挂设计，对标乘用车标准，经两代完善阿克曼转向角度，配合不断研发试验获得的适合机器人轮车底盘的内倾、外倾、后倾角度和车轮前束参数，使得车辆在遥控端拥有绝佳的直线性能，在算法端有精准、稳定的反馈及执行命令。底盘驱动系统围绕 STM32 控制板底层控制器作为控制中心，主要负责上位机远程遥控指令和路径规划发出目标速度的接收，实现以此速度控制电机运行，加入 PID 控制算法以保证控制精度。同时采集各电机的实际转速反馈给机器人上位机，作为模拟里程计的数据来源。STM32 控制板采用串口转网口模块连接到交换机，实现上下位机基于 UDP 的通信。

2. 多传感器信息融合火灾预警技术

面向煤矿井下高瓦斯、高粉尘、高湿度、低操作空间的复杂受限环境，巡检机器人通过火焰特征提取、卡尔曼滤波算法及高精度图像处理的多传感信息融合技术，深度挖掘火情数据信息，实现隐蔽火源火情的精准感知并对其进行精确定位。首先，通过烟雾、温湿度传感器和摄像云台采集危险区域的烟雾浓度、温度和火焰火光各个相关数据，经过关联与和分类，将检测数据通过数据级的预处理及融合，然后经过决策级的融合处理，最后得到对井下环境状态的准确评估，对结果进行输出并判断是否预警。其模型架构如附图 1-4 所示。

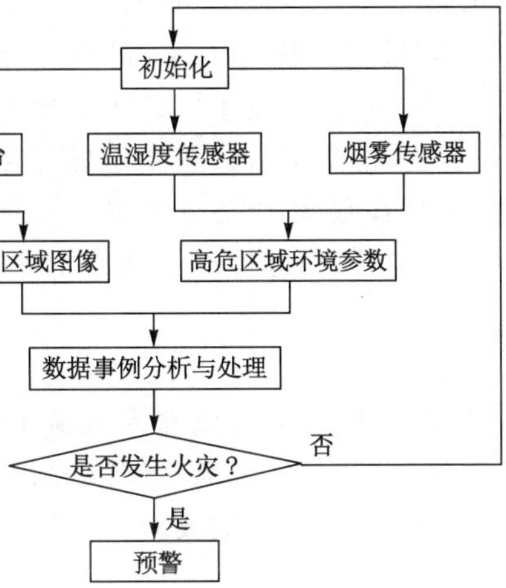

附图 1-4　火灾预警模型架构

三、应用效果

危险气体巡检机器人已成功应用于神东公司大柳塔煤矿，并在主巷道内稳定运行。机器人具备自主行走和智能感知功能，能够对巷道甲烷、氧气、一氧化碳、二氧化碳等进行准确感知，准确率超过 95%，且当测得数据大于设定阈值时，机器人可以实时报警给控制终端。通过搭载的激光扫描仪/超声波传感器，实现了巷道断面状态的实时侦测，能够代替人工完成高效巡检。

危险气体巡检机器人通过自主巡检及决策预判，解决了人工巡检和现有设备巡检技术痛点，实现了高效智能巡检作业。应用于非煤领域同样可实现如上效果，产生较大安全效益。鉴于国家、行业和地方对煤矿机器人的大力支持，且对产业转型升级、减人增效的要求越来越高，且除煤炭行业外，石油、化工、冶金等能源行业也亟须大量安控巡检类智能产品，推广应用前景十分乐观。

附录二　上湾选煤厂仿生四足巡检机器人应用案例

一、应用场景简介

上湾选煤厂共有120余台工作设备,每班设有6名岗位工,岗位工主要负责岗位区域范围内的设备巡检、卫生清扫、质量标准化等工作,目前主要存在以下问题:① 岗位工工作内容繁杂,巡检工作只是其中一项,经常会发生因忙于其他工作而导致设备故障发现不及时的问题,如开车前的准备工作不足、正常运行过程中巡检不到位、停车后的检查工作不完整如漏检漏查的情况,使安全工作存在很大的安全隐患;② 岗位工的巡检标准受个人经验、情绪、精神状态、能力等多方面因素影响,巡检质量参差不齐。

二、智能化技术应用

仿生四足巡检机器人,除仿生四足巡检机器人机械本体外,还载有多线三维激光雷达、多参数传感器(甲烷浓度、一氧化碳浓度、二氧化碳浓度、氧气浓度、粉尘浓度、环境温湿度)、双光摄像仪、烟雾传感器、拾音器等多个检测模块。

1. 主要功能

(1) 机器视觉:在机器人的可视范围内能够读取识别配电柜仪表、指示灯状态,识别设备故障灯,读取识别配电柜读数。

(2) 温度检测功能:红外温度传感器能快速检测设备温度,实现设备、管路、关键部件的温度状态识别、分析、判断以及高低温异常及时报警。

(3) 环境气体检测功能:搭载环境气体传感器(甲烷浓度、一氧化碳浓度、二氧化碳浓度、氧气浓度、温湿度及粉尘浓度等),检测危险气体超标及时报警。

(4) 机器人定位导航技术:能够智能自主规划路径导航到区域任意指定点,根据激光地图匹配达到自身位置和检测设备的高精度定位,可准确定位机柜和机柜内部设备。

(5) 自主避障和绕障:通过激光扫描和四周的超声波阵列,能够对意外障碍(人员、临时堆放的物品)进行实时避障,感应到障碍物可规划新路线通行。

(6) 数据查询功能:机器人巡检实时状态、历史记录、异常记录等信息,通过上位机可以进行查询。

2. 关键技术

(1) 基于仿生原理的四足机器人本体结构

在对生物狗构造进行仿生学研究的基础上,提炼出了可供四足机器人机构设计所借鉴的仿生学规律,确定了四足机器人运动机构的相关参数,采用设计方法、模块化设计思路和分层装配技术,完成了四足机器人的机构仿生设计,并从运动速度、能耗和地形适应性三个方面对四足机器人的不同关节配置方式进行了仿真分析与性能评价,给出了较优的关节配置方式。

设计的四足机器人由躯体和4条腿组成,每条腿有3个关节,包括侧摆关节、髋关节和膝关节,共12个主动自由度,机构(前肘后膝式)如附图2-1所示。

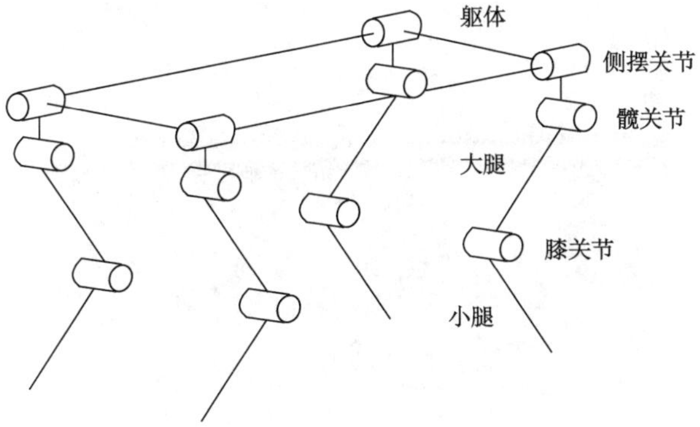

附图 2-1　机器人机构简图

统筹考虑四足机器人整机层次结构，划分其零部件组织层级和模块，如附图 2-2 所示。采用“零件—组件—部件—整件”四级来组织规划所有零部件。其中，以侧摆模块、髋关节及大腿模块、膝关节及小腿模块为“分水岭”，其下为零件层，需要进一步进行详细零件划分和结构细化设计；单腿模块、双腿模块等都具有独立功能，可以自成一体，构成部件层。以单腿部件为基本模块构建双腿模块，以双腿部件为模块通过不同的朝向组合即可完成四种关节配置形式。

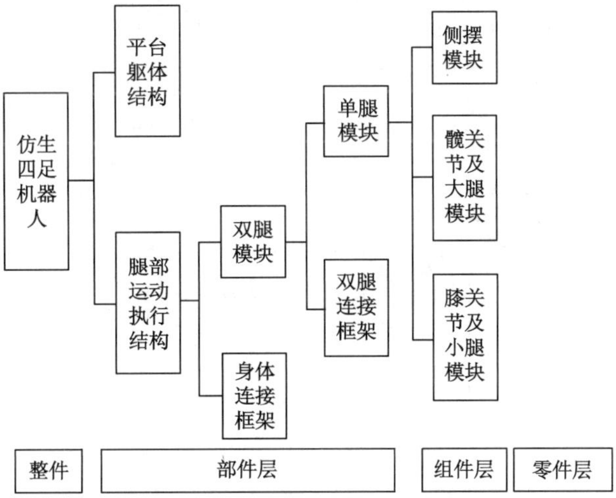

附图 2-2　机器人模块划分

建立四足机器人的虚拟样机模型，并对其进行运动学和动力学仿真，解决复杂的多体动力学系统设计难以优化的问题，为四足机器人的性能评估和仿生运动控制方法验证提供了仿真试验平台。机器人样机如附图 2-3 所示。

(2) CPG 步态生成与步态转换算法

针对基于模型的机器人步态控制方法建模复杂、单周期规划、机器人环境适应性差等缺点，借鉴动物的中枢模式发生器运动控制机理，研究了四足机器人步态生成与步态转换的仿生控制方法。针对传统基于 CPG 的步态控制策略中 CPG 模型仅用于实现机器人足间协调而不考虑单足内部各关节之间的协调及 CPG 输出信号对应的机器人支撑相与摆动相持续时间相等的问题，提出了将 CPG 同时用于实现四足机器人足间及足内多关节协调控制的方

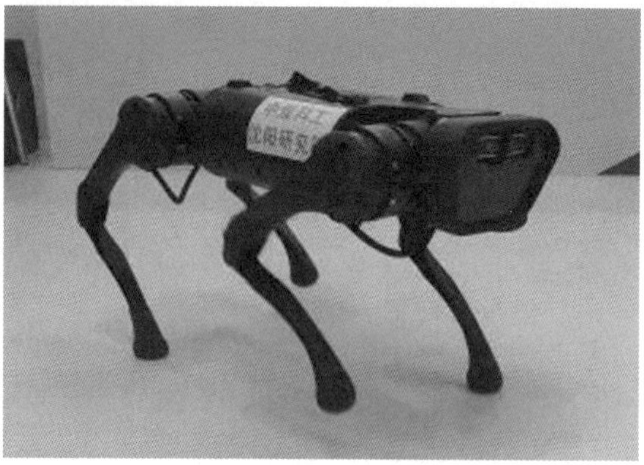

附图 2-3　机器人样机

法,以 Hopf 振荡器为基础,构建了两种可同时实现对四足机器人髋关节和膝关节控制的 CPG 控制网络,其网络层级如附图 2-4 所示,很好地整合了膝关节的控制,不仅能够满足四足机器人不同负载因子节律步态的控制需求,而且结构简单,参数易于调整,便于实时控制。针对在转换点直接替换离散步态矩阵的步态转换方法会产生断点、锁相、停振、尖点等不利现象,从而造成机器人步态转换不平滑的问题,提出了一种基于 CPG 的四足机器人连续平滑步态转换方法,通过对机器人各足之间相对相位的连续调整,可使机器人实现任意两种步态之间的平滑转换。利用 ADAMS 和 Matlab 联合仿真验证了所提出的 CPG 步态生成与步态转换算法的正确性和有效性。分层次 CPG 控制网络如附图 2-4 所示。

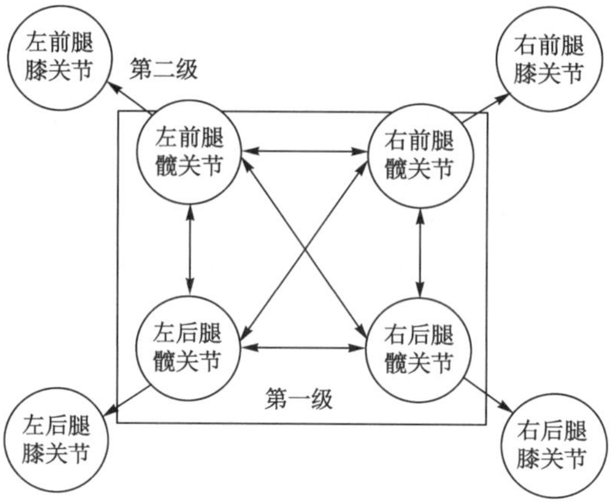

附图 2-4　分层次 CPG 控制网络

(3) 仿生四足机器人的地形适应性控制

在基本步态控制的基础上,借鉴生物反射机制研究了四足机器人的地形适应性控制方法,提出了一种修正的用于实现四足机器人稳定坡面运动的前庭反射模型,建立了加入反馈的基于 Hopf 振荡器的四足机器人 CPG 控制模型,并利用反馈项实现了前庭反射与 CPG 的融合,解决了前肘后膝式四足机器人在坡面运动过程中重心存在明显上下波动的问题,提高了四足机器人坡面运动的稳定性。为了使四足机器人具有自主避障、越障能力,模仿动物的越障、避障动作,针对反射点所处不同时相以及不同类型的关节结构设计了四足机器人的屈肌反射动作模式，提出了一种通过指定最大越障高度确定屈肌反射模型参数的方法，明确了屈肌反射模型参数与障碍物高度之间的关系。在屈肌反射建模过程中，考虑了四足机器人的坡面运动，将屈肌反射与前庭反射有机融合，实现了四足机器人的坡面越障功能。

三、应用效果

仿生四足巡检机器人的引入，加快了上湾选煤厂智能化升级改造进程，实现了岗位无人化，机器人工作状态如附图 2-5 所示。通过仿生四足机器人代替人工巡检，解决了岗位工巡检设备，减少人工干预，实现岗位无人化，保证选煤厂安全可靠的运行。仿生四足巡检机器人通过程序设定及拾音器、热成像仪等传感器进行数据采集，分析设备运行状态，标准统一，大大提高了巡检工作的质量及效率，成功解决人工巡检方式强度大、效率低、危险性高、可靠性差的难题，为管理部门提供准确有效的决策信息。

附图 2-5 仿生四足巡检机器人工作状态

附录三 胜利矿区某煤矿上仓带式输送机巡检机器人应用案例

一、应用场景简介

胜利矿区某煤矿地面生产系统储煤仓下主要由带式输送机(M632、M633 带式输送机)、给煤机(48 台)、给煤机平台以及附属设备设施构成。2 条带式输送机分别为 M632 带式输送机和 M633 带式输送机,每条带式输送机全长约 119 m,整个区域由两条带式输送机并行安装。带式输送机两侧存在立柱、平台支撑钢管等设施,带式输送机上方安装给煤机平台。整个仓下属于防爆场所,目前无任何无线、有线网络。生产过程中,粉尘浓度较大、设备噪声强。冬季有热风管路向仓下提供热风,实际温度略高于室外,但存在结霜、结冰现象。夏季温度略低于室外气温,地面利用清洗水冲洗。现场可提供 AC 220 V 及 AC 380 V 电压电源。

二、智能化技术应用

1. 安装需求

巡检机器人运行轨道采用标准 8 号工字钢型材或者更优材料,每根轨道长度不得大于 6 m(含),轨道的吊挂可根据现场实际情况进行固定,要求固定牢固,轨道可长时间承受至少 170 kg 重量物体;轨道接头上部分间隙(不与机器人行走机构接触部分间隙)不得大于 5 mm,轨道接头下部分间隙(与机器人行走机构接触部分间隙)不得大于 2 mm;轨道接头高低和左右允许偏差不得大于 2 mm 和 1 mm,轨道安装应达到“平、直、顺”的标准;若选用吊链等形式固定,需采取有效措施预防轨道的横向摆动,设备运行过程中,轨道横向摆动不得大于 5 mm。

2. 技术应用

巡检机器人主要对储煤仓下 M632、M633 带式输送机所有滚筒、托辊、输送带、导料槽以及钢结构实时状况、温度、噪声进行实时监测,同时可实现人机语音交互功能、摄像头镜头自清扫功能、避障功能、远程控制功能、大数据智能故障预警功能、智能手机在线实时监控功能以及巡检机器人自检功能。同时,对监测出的异常状况进行报警。具体巡检区域如附图 3-1 所示(红色框内为所有巡检设备设施)。

(1) 主要功能

① 图像采集功能

巡检机器人搭载云台、红外热成像仪、可见光摄像机及补光灯,能够实现各个角度不同重点设备的图像采集,如胶带、托辊、滚筒、钢结构及其他设备设施。

② 声音采集分析功能

巡检机器人搭载拾音传感器,可以实时采集现场声音,同时可实现声音性质识别处理,自动去除外界环境(至少包括带式输送机正常运行时声音、外界人员沟通声音、对讲机声音

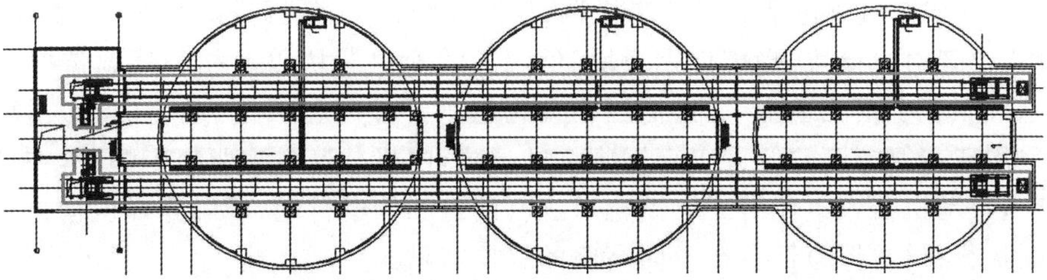

附图 3-1　巡检区域

等)噪声干扰,判断所监测设备设施是否有异常声音。若发现声音异常,需及时报警。

③ 红外温度检测功能

巡检机器人搭载非接触式红外热成像测温仪,通过捕捉设备辐射的热红外线,能够准确检测设备表面各个温度数值,并形成热视图像,直观展示设备温度分布情况,快速定位高温故障点。若发现温度异常,需及时报警。

④ 实时通信功能

巡检机器人需通过工业以太网与储运中心集控整个环网连接,现场网络设置模型如附图 3-2 所示。根据需要可以准确、实时、全面获取储运中心系统联网在线设备的当前运行状态数据和历史数据。同时,巡检机器人所有信息都集中存储在一台工控机上,为大数据智能故障预警技术提供数据支持。

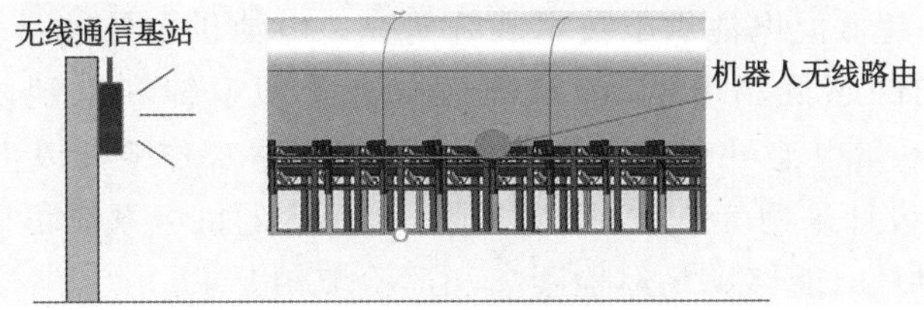

附图 3-2　现场网络设置模型

因胶带存在爬坡和拐点,导致无线网桥存在传输障碍,采用机器人无线路由与无线基站通信,无线基站可通过有线网络连接监控系统。

⑤ 数据智能故障预警功能

巡检机器人通过"图像、声音、红外检测、大数据智能"获取了带式输送机所属设备运行的各种数据,并采用数据算法处理,识别出设备运行的当前状态,并且随着巡检时间推移,收集数据并纳入大数据库,巡检机器人的大数据智能故障预警技术能够基于这些设备数据,从设备运行的海量历史数据中分析出设备的各种运行工况及参数关联关系,建立状态动态监测模型,在设备运行过程中更准确、更灵敏地发现设备的异常,从而实现故障预警。

⑥ 智能手机在线实时监控功能

在系统局域网(Wi-Fi 内网)范围内,能够免费提供配套手机 APP,程序内至少可实现查看巡检机器人监控画面、现场报警信息查询等功能。

(2) 关键技术

① 限定空间下带式输送机巡检机器人结构研究

受限于巡检场景空间,研究具有结构紧凑的模块化机器人本体,其三维结构模型如附

图 3-3 所示。其结构组成包括低温行走机构、低温辅助轮组、低温升降机构、低温控制系统、低温电池组、语音对讲模块、噪声识别模块、低温无线充电模块以及相关低温传感器等。机器人本体悬挂于工字钢轨道上,通过低温辅助轮组进行导向和限位,避免机器人脱轨;低温行走机构采用双聚氨酯滚轮侧夹工字钢腹板的形式,电机减速机直驱聚氨酯轮,在聚氨酯轮旋转运行时,带动机器人本体沿工字钢轨道进行前进和倒退行走;低温升降机构是双光红外云台升降的执行机构,保障云台在不同高度的巡检需求。

附图 3-3　机器人三维结构模型

② 超低温电池供电技术

环境温度较低时,一般巡检机器人难以满足－25 ℃的巡检需求,尤其是自供电机器人,因此对巡检机器人的超低温电池供电技术展开研究。电池供电及能量驱动模型如附图 3-4 所示。采用军用级别的超低温电池,配以高效电池管理系统和电池防护外壳,可以充电 30 min,运行 1 h,满电量电池可支持巡检机器人连续正常工作 6 h 以上。依据现场室外温度较低时为－40 ℃,设计采用 7 节串联,总容量 750 Wh 的供电系统可以实现机器人自行走 2 h,行走距离为 2 000 m,能够满足巡检距离和巡检节拍要求。

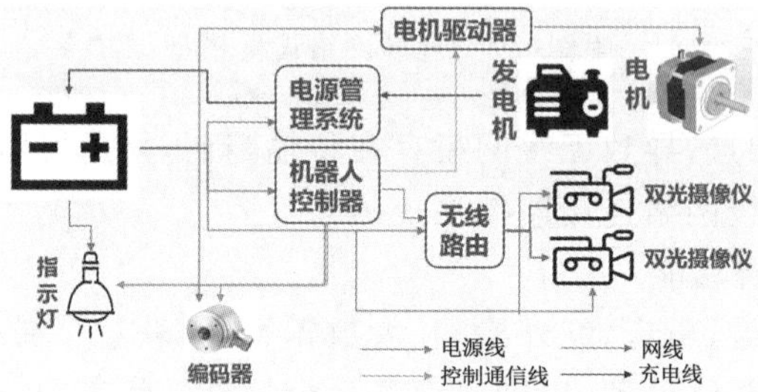

附图 3-4　电池供电及能量驱动模型

三、应用效果

胜利矿区某煤矿储运中心地面生产系统联合上仓带式输送机巡检机器人能够实现极寒天气下两条带式输送机全方位的巡检工作和实时在线监测。机器人现场应用如附图 3-5 所示。

采用基于上线胶带之间设置轨道进行巡检,全方位覆盖带式输送机,能够 24 h 全天候无死角故障预警,精确识别带式输送机运行状态,及时发现设备缺陷,在无人值守的情况下,

附图 3-5　机器人现场应用展示

仍能保障带式输送机正常安全生产。

上仓带式输送机巡检机器人在定时巡检、定点巡检、指定特殊任务巡检等多种巡检方式下，实现了红外测温、数据通信及分析系统、气体检测功能及自主避障等功能。解决了应用场景下人工巡检存在的工作效率低、劳动量大、无法及时上报现场信息、难以准确地高频次检测设备状态和数据、无法及时发现问题等难题，做到了故障前兆预警，减少停车时间，有效延长生产时间。

附录四 保德煤矿回风巷本安型巡检机器人应用案例

一、应用场景简介

保德煤矿三下盘区2号回风大巷长度约3 km,具有路面凹凸不平、积水较深及不允许有防爆类电气设备等特征。现有巡检方式是人工巡检,巡检人员依靠人力往返于回风巷道之间检查回风巷道的环境状态。一方面,作业环境较为复杂,可见度较低,巡检人员依靠“看、听、闻、测”的传统方式对回风巷道进行巡检,效率低,实时性差,工人劳动强度大。另一方面,回风巷道检测工作烦琐,难以快速通过人工感官和经验判断排除故障。

二、智能技术应用

“星空之翼”本安型智能巡检机器人(附图4-1)以高效完成回风巷道巡检为任务目标,集自主行走、自动检测于一体,攻克回风巷道复杂环境下机器人智能感知、井下受限封闭环境下机器人精准定位技术、本安型高可靠性结构等关键技术,解决了回风巷道复杂场景下的长距离巷道巡检难题。其主要关键技术如下。

附图4-1 “星空之翼”本安型智能巡检机器人

1. 具备智能管理操作集中的分布式架构系统

回风巷道巡检机器人系统采用了拖拽式钢丝绳牵引结构,考虑到《规程》要求,回风巷道内不允许放置防爆型电气设备,机头部的驱动结构安置于专用机电硐室内,在回风巷道内安置机尾部定向滑轮实现巡检机器人的回转;在巡检轨道内部两侧布置多个小定向滑轮,用于固定钢丝绳;机器人巡检时需要穿过风门才能完成电源充电及数据通信,且机器人载体钢丝绳也需要穿过风门完成牵引功能,设计风门两侧各有一个单扇叶风窗,风窗在正常使用过程中需要开启一定的角度,保证钢丝绳能够穿过风窗。其设计架构如附图4-2所示。

2. 井下受限封闭环境下离线机器人精准定位技术

煤矿巷道作业区域具有典型的半结构化或非结构化环境特征,GPS技术无法直接应用于井下,通过时间—速度映射计算法,建立双重坐标系的对应关系,实现了煤矿机器人的自主定位系统方案,解决井下机器人精确定位、姿态感知等问题,进而实现对机器人能耗、稳定

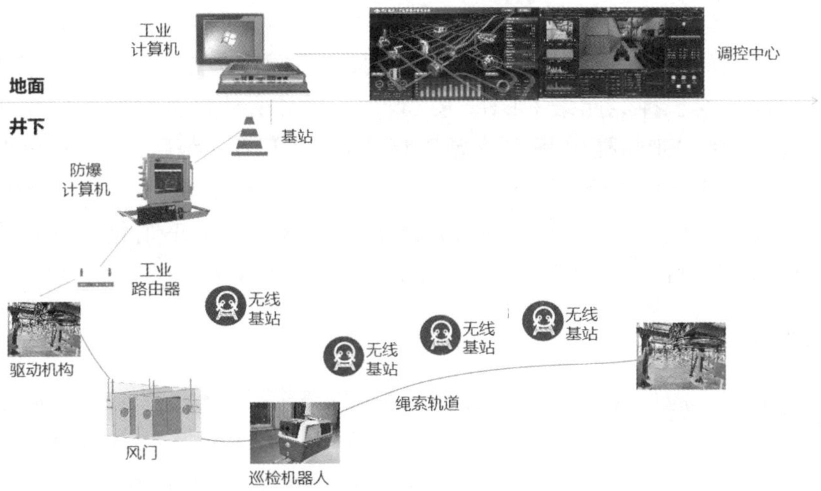

附图 4-2 巡检机器人作业系统示意

性、安全性的最优控制。

采用分布式控制，由上位机实现统一智能管理。主控制系统设计在机电硐室内部的固定位置，巡检过程中与巡检机器人本体控制没有直接电气连接关系，只有在巡检结束后通过 Wi-Fi 无线通信方式实现数据交互。主控制系统作为整个系统的核心，负责控制及监测巡检机器人运动状态，完成与驱动执行系统、自主充电系统、风门系统及巡检机器人相互间的即时控制指令和数据传输。

在驱动装置处安装有高精度编码器，能够实时计算巡检机器人的位置，建立行走轨迹模型如附图 4-3 所示。

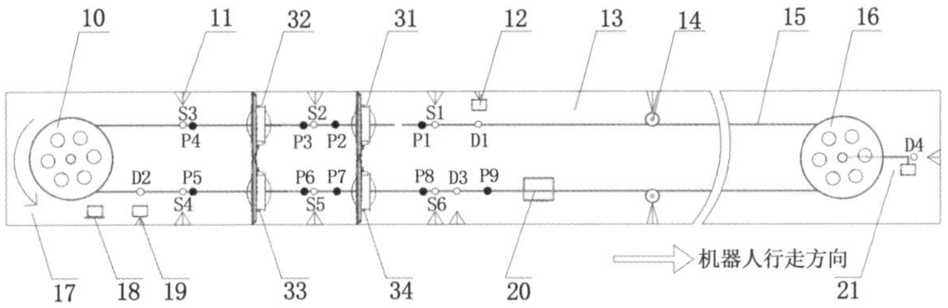

附图 4-3 巡检轨迹规划

在轨迹模型中设立 P1～P9 九个虚拟安全控制点（软件设计），S1～S6、D1～D4 十个位置检测点，在 S1～S6、D1～D4 位置处安装接近光电开关 11。D4 为位置校准点，能够消除巡检机器人 20 在巡检过程中由于传感器精度、机械误差等因素产生的相对误差。D3 点为时间坐标原点，利用此时间定义编码器一圈时，驱动机构行走速度，即在主控制系统内部通过速度或位置对时间的微积分，进行主控制系统对巡检机器人本体的位置控制。机器人应用结果表明机器人运行定位精度为 0.16 mm，实现了巡检机器人的离线式控制，并为回风巷道中积水识别提供位置参考。

3. 积水识别技术

巷道积水会使空气潮湿，使井下各类电气生产设备产生锈蚀，导致短路故障，同时巷道具有空间狭窄、弱光、高粉尘等复杂环境特征,因此高效识别巷道积水具有重要意义。以回风巷道巡检机器人的视频监控系统拍摄巷道积水视频图像为基础,采用数字图像处理技术和基于区域建议的卷积神经网络 Faster R-CN 算法,完成对巷道积水的定位识别。该算法先使用区域建议网络 RPN 提取积水位置区域建议,然后用检测网络在建议框中进行图像识别以及支持向量机 SVM 分类,最后对区域建议框进行位置精修。通过将传统 Faster R-CNN 中的 Softmax 分类方法替换为 SVM,避免了由 Softmax 正则化参数选取造成的概率计算结果近似,使系统在样本数量不大时,保证全局最优,提高分类置信度。

三、应用效果

回风巷本安型智能巡检机器人已成功应用于保德煤矿巷道,并在回风巷道内稳定运行。应用煤矿累计巡检时间为 8 个月,实现每班巡检人员由原来的 3～4 人减少为 1～2 人;巡检效率提升 50%以上,故障预警准确率提升 50%以上。按照每年节约运营成本约 30 万元、每台机器人的使用寿命约为 10 年算,能够节约煤矿运营成本约 300 万元,同时,还能够提高煤矿安全运营水平,降低煤矿的潜在危害。

回风巷道巡检机器人及其关键技术在煤矿巡检机器人领域处于国际先进地位。其研发与成功应用将会有效改善作业人员的身体健康,极大地促进煤矿行业向安全、精准、可靠方向发展,实现“安全生产、减灾降灾”,在产生巨大经济和社会效益的同时必将提升整个煤矿行业的智能化水平。

附录五　保德煤矿巷道巡检智慧车应用案例

一、应用场景简介

保德煤矿巷道日常巡检工作采用人工巡检和分布式视频监控检测方式，存在劳动强度大、危险系数高且无法覆盖井下所有作业区域等问题。同时，保德煤矿为高瓦斯矿井，地质条件复杂，井下巷道危险气体浓度超限、冒顶片帮等危险一旦发生，会给采区生产带来极大的生产安全隐患。

二、智能技术应用

煤矿井下长距离巷道智慧巡检装备能够辅助巡检工人完成巷道的巡检作业，通过矿用无轨胶轮车上搭载的边缘计算服务器、鸿蒙操作系统、激光雷达、可见光摄像头、红外热成像、多参数气体传感器、语音对讲系统、温湿度传感器、粉尘传感器、烟雾传感器等，可以实现智慧巡检车的实时定位、巷道断面变形、沉降检测、视频监控、巷道设备异常温升、巷道环境气体检测、语音双向对讲、播报等功能，能够及时发现巷道可能出现的各种问题，避免事故的扩大化。

1. 多功能一体化结构

智慧车系统如附图5-1所示。智慧巡检系统功能实现由6个部分组成，分别为车辆本体、防爆箱、井下定位模块、外围传感器及转接件、鸿蒙显示终端以及井上调度系统，具备自主导航定位、安全避障、断面监测、环境气体检测以及可见光热成像检测等功能，能够实现井下巷道状态信息交互，图像展示，数据展示，预警，辅助决策，信息统计分析及巡视工作的可视化、智能化，从而达到无人智能巡检的目的。

附图5-1　智慧车系统

附表5-1为智慧车相应功能选用的对应传感器。

附表 5-1　巷道巡检智慧车传感器配置

序号	功能要求	对应传感器
1	具备地图构建、上传位置	激光雷达传感器
2	避障功能	德塔车辆知道雷达避障
3	多参数采集分析	多参数传感器(8种参数)
4	巷道断面变形、沉降监测	激光雷达传感器
5	红外热成像	双光摄像仪
6	温湿度监测	多参数传感器(8种参数)
7	粉尘监测	粉尘传感器
8	风速检测	3台风速传感器
9	烟雾监测	烟雾传感器
10	噪声监测	拾音器
11	风压监测	风压传感器
12	环境图像获取识别功能	AI摄像机
13	语音播报、双向对讲	本安音响、对讲车辆自带
14	车辆自身状态感知	自制采集电路
15	车集群调度系统平台	自制软件
16	具有鸿蒙物联网操作系统	本安手机
17	具备边缘计算功能	工控机
18	具有数据分析系统	自制软件
19	水位检测	超生物位传感器
20	车辆超速检测	超速雷达传感器
21	巷道顶端甲烷浓度	甲烷遥测传感器
22	接入井下环网必要数据上传	4G无线路由

2. 基于激光雷达的巷道形变监测技术

利用智慧车搭载的激光雷达系统获取井下巷道PCL点云数据,并将点云数据栅格化,同时将车身辅助定位系统中的惯性导航和编码器用于数据校正,以此消除传感器自身以及其他干扰产生的数据畸变。数据预处理过程中,将自定区域权重定义为正态分布,依据采样点附近的点云密度作为是否是噪声点的判别准则,如果检测区域的点云数据低于点云密度判定标准则将该区域被认为是高频噪声,剔除该区域,从而缩小范围,避免在解算过程中由周围临近点大量云数据带来的时效处理速度慢问题(附图5-2、附图5-3)。

点云匹配过程采用数据旋转和平移,将不同坐标系下的点云经过系列刚性变换,实现其在同一坐标下输出两个变换后的点云数据。再通过ICP点到最近面迭代算法,对点集中每个点施加初始变换矩阵运算,得到变换点,从目标点集中寻找与之距离最近的面形成对应点面对,求解出最优变换矩阵。

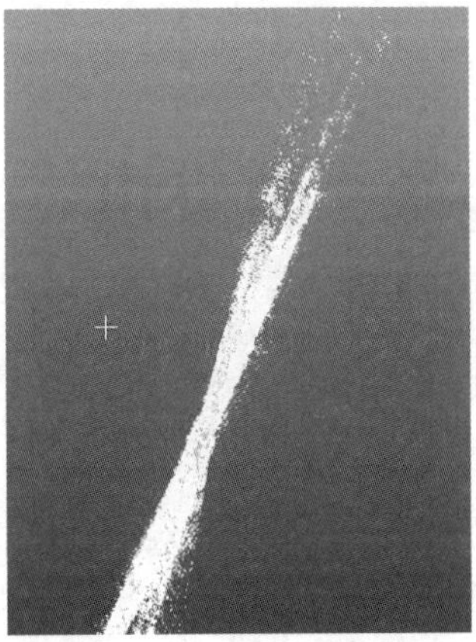

附图 5-2 预处理后点云数据

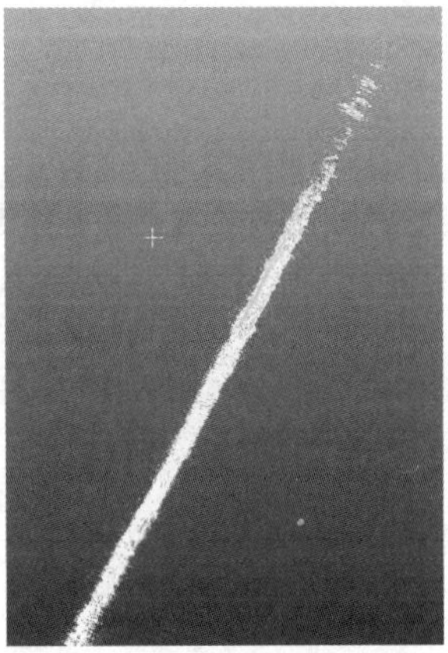

附图 5-3 ICP 配准点云

利用车载辅助定位系统的 IMU 及 UWB 数据对上述变换矩阵进行插值对齐处理并完成预积分，采用滑动窗口算法来维持非线性优化过程中姿态信息数量，保证三维点云构建的实时性。通过闭环检测模块将两帧之间的距离、特征点等决定因素与构建好的三维模型进行回环检测，如果成功检测到闭环，将当前滑动窗口内的状态参数信息值进行更新，以消除累计误差。同时联合点云数据信息拼接三维点云，完成巷道三维点云模型构建。

三、应用效果

智慧车的成功应用改变了煤矿巷道巡检方式，从固定人员巡检改为无人值守，由原来的自动化程度为 50%变为建设后自动化程度为 90%，实现巡检人员由原来的 3～4 人减少为 1～2 人；巡检效率、预警准确率均提升 50%以上。每年节约煤矿运营成本约 30 万元，每台机器人的使用寿命约为 10 年，能够节约煤矿运营成本约 300 万元，同时，还能够提高煤矿安全运营水平，降低煤矿的潜在危害，存在一定的潜在收益。鉴于国家、行业和地方对煤矿机器人的大力支持，且除煤炭行业外，石油、化工、冶金等能源行业也亟须大量安控巡检类智能产品，市场份额巨大，推广应用前景十分乐观。

智慧车及其关键技术，在煤矿巡检机器人领域处于国际先进地位。该技术的成功运用，将真正解决矿山企业痛点，提高巡检质量，减少事故发生，促进煤矿行业向高效、精准、节能方向发展。同时，智慧车的研发与应用也将提升整个煤矿行业智能化水平，提升我国煤矿行业整体形象。

附录六 保德煤矿钢丝绳牵引自发电巡检机器人应用案例

一、应用场景简介

保德煤矿主斜井和三下盘区主运大巷各装备一部带式输送机用于煤炭运输任务。主斜井带长962 m、宽1 600 mm,带速为4 m/s,倾角为15°;三下盘区主运大巷带长2 200 m、宽1 600 mm,带速为4.5 m/s,倾角为4.2°。主斜井巷道宽6 m、高5.5 m,行人侧为2.16 m,三下盘区主运大巷宽6 m,高5.5 m,行人侧为2 m。

受限于带式输送机的工作空间,工人进行带式输送机日常安全监测时,劳动危险系数高、强度大,而采用传感器等定点检查时覆盖不全面,导致异常发生时不能有效进行预警报警。

二、智能化技术应用

1. 安装需求

钢丝绳牵引自发电巡检机器人的轨道型材采用高强度H型钢,可以拼接,也可根据现场实际情况设计弯曲度;设计最小弯轨道弯曲半径为1.5 m,承载重量为200 kg以上;机器人轨道通过专用吊架或锁链安装在巷道顶部或横梁上,轨道吊架的安装间距为直轨2 m安装1套、弯轨1 m安装1套,弯道中需要的弯轨可在现场根据弯道实际情况制作。

2. 技术应用

钢丝绳牵引自发电巡检机器人适用于井下带式输送机巡检。机器人采用轨道自发电供电模式,利用机器人行走时与轨道间的摩擦产生机器人动力源。具备物料运输系统无人化巡检、物料运输系统组件发热检测报警、噪声识别、胶带跑偏识别、胶带破损识别报警等核心功能。通过配套集控软件能够对带式输送机巡检机器人进行控制,并能够对大量的带式输送机输送系统数据进行采集与大数据分析,通过人工智能算法实现物料运输系统巡检、零部件检测、系统报警为一体的智能化运维。其主要功能如下。

(1) 智能巡检功能:支持全自动和遥控巡检模式。

(2) 视频监控功能:巡检机器人通过自身携带的高清可见光摄像机,能够完成现场环境、设备的视频图像采集并对图像进行智能分析。

(3) 红外测温功能:智能巡检机器人基于红外测温技术,通过对监测点红外图像数据的采集,准确分析各类监测点温度是否异常,实时监控包括胶带表面温度、托辊表面温度、胶带上的煤料温度等。

(4) 环境监测功能:通过携带环境监测模块,能够监测巡检现场中的气体浓度(氧气、一氧化碳、甲烷)、温度、湿度、烟雾粉尘等环境信息,如附图6-1所示,巡检机器人实时采集的环境信息实时传输到后台管理系统中,为操控人员提供现场环境信息。当巡检机器人监测到有异常环境信息时,后台管理系统将进行报警,提醒运维人员及时处理。

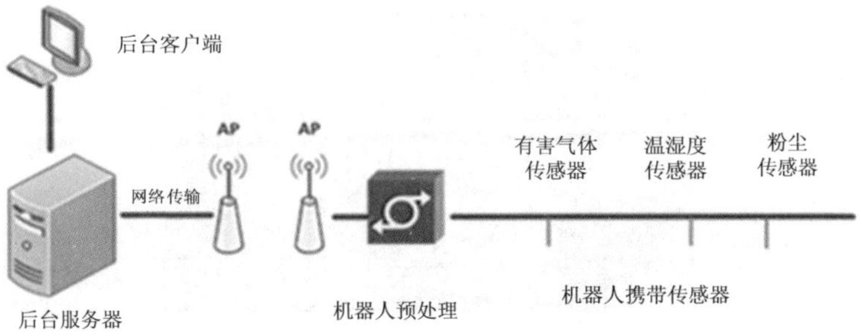

附图 6-1　机器人环境监测

(5) 数据远传通信功能，巡检机器人能够采集输送机相关设备、环境的可见光图像、红外热图、现场实时音频等信息，采集的现场实时信息通过通信系统实时传输到后台服务器中存储，并且通过信息的转发再下发到客户端，在后台管理界面中呈现。运维人员能够通过在后台界面查看实时监控信息，判断现场设备、环境是否有异常。

3. 关键技术

(1) 钢丝绳牵引自发电巡检机器人结构

巡检机器人整机结构如附图 6-2 所示。钢丝绳牵引自发电巡检机器人主要由辅助轮系、发电轮系、钢丝绳抱索器、控制箱、电池系统、本安云台、本安传感器、语音对讲模块、噪声识别模块等组成，并配备了钢丝绳绞车系统。

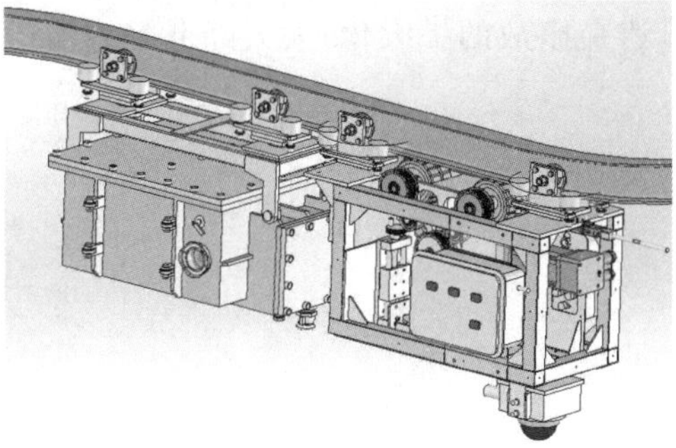

附图 6-2　巡检机器人

采用抱索器一端连接机器人，另一端连接钢丝绳，同时巡检机器人挂在与钢丝绳相平行的工字钢轨道上。绞车拖拽钢丝绳运行时，机器人沿轨道跟近行走，同时机器人上的发电轮与轨道摩擦，带动发电轮旋转，发电轮达到一定转速后，为机器人电池供电。

(2) 轨道自发电供电技术

一种巡检机器人轨道自发电供电技术可解决滑触线式供电模块的铺设成本较高、本安型锂电池供电时续航里程有限等问题。其自发电供电单元由摩擦轮支架、摩擦轮、小带轮、大带轮、发电机和蓄电池等组成，如附图 6-3 所示。蓄电池与发电机并联，蓄电池输入端与发电机输出端连接，摩擦轮支架用于固定摩擦轮在轨道上行驶，摩擦轮底部安装有大带轮，通过胶带将动力传输小带轮，小带轮连接发电机输入轴，实现动力传递。自发电供电单元输出端分别与巡检机器人内部隔爆电池、检测单元相连。

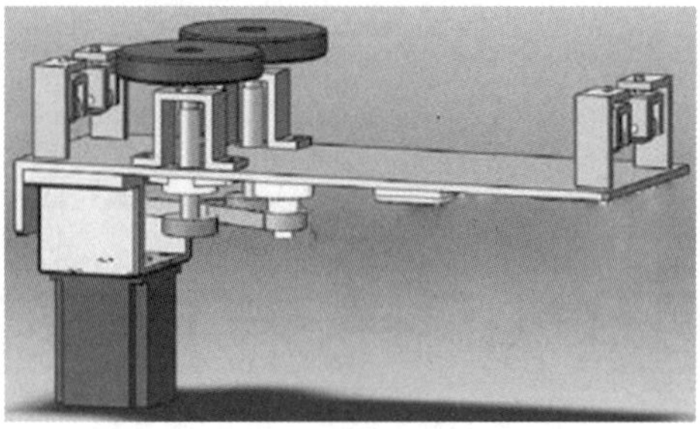

附图 6-3　自发电供电模块单元

巡检机器人运行时,供电模块单元上的摩擦轮与固定钢轨接触,通过摩擦力带动摩擦轮转动,从而通过传动系统带动发电机发电,发电机发电时,一方面给巡检机器人供电,另一方面给蓄电池充电。当巡检机器人停止运行、摩擦轮停止转动或者发电量不足时,由蓄电池为巡检机器人供电。

三、应用效果

钢丝绳牵引自发电巡检机器人应用于保德煤矿带式输送机巡检。针对带式输送机的使用工况和巡检要求,突破机器人自发电、电源模块自管理等关键技术,完成钢丝绳自行走巡检机器人结构、状态感知及智能控制系统、充电管理系统、通信系统等分系统开发。现场应用表明,其可以代替巡检人员对带式输送机进行有效巡检,能够及时发现带式输送机运行过程中可能出现的各种问题,避免事故的扩大化,大大降低带式输送机的非正常停机时间。

附录七　大南湖煤矿变电所巡检机器人应用案例

一、应用场景简介

大南湖煤矿井下变电所长度为88 m，低压柜区域为32 m，高压柜区域为56 m；变电所低压侧宽为4.3 m，行人侧宽为1.47 m；高压侧宽为7.2 m，行人侧宽为2.3 m。配电开关85台，其中低压38台、高压45台、移动变压器2台，每台设备均分配有独立的IP地址，充电器和交换机位于变电所尾部，安置在支架上，能够提供127 V电源，地面采用瓷砖铺设，地面平整，日常巡检工作仍由人工完成。

二、智能化技术应用

1. 巡检轨迹规划

根据变电所实际情况设计机器人巡检路线（附图7-1），机器人从一侧电器设备旁边通过，完成该侧电气设备的巡检之后到达另一侧电气设备，从而完成两侧电气设备的巡检任务。

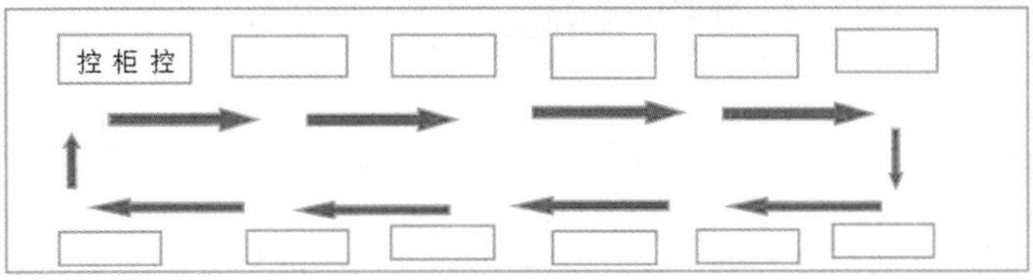

附图7-1　变电所巡检轨迹规划

2. 技术应用

变电所巡检机器人搭载红外热成像仪、多参数气体传感器、拾音器、可见光摄像仪等多种智能传感器，实现实时采集、存储、传输现场的图像、声音、温度、烟雾、甲烷等数据，通过数据分析，判断设备故障及故障位置，完全替代人工巡检，降低劳动风险，提升井下中央变电所的智能化管理水平。

（1）主要功能

① 巡检机器人具备视觉检测功能，能采集关键设备的显示读数和运行指标，可以判断设备运行状态，数据结果可以进行井下即时判断，也可以同时对井上和本地预警。采用可见光和热成像仪对现场设备进行视频采集，通过对视频流解码分析可见光视频流图片质量，利用图像分割、轮廓提取、直线拟合等技术，采用数据交叉比对，确认现场设备状态是否存在异常、发热等情况。

② 机器人具备自主行走功能，可以自主完成变电所全方位巡检。其避障方法采用超声避障和物理防撞条组合避障，形成双重安全防护，保障机器人的安全运行。

③ 实现自主充电功能，当机器人电量不足时，机器人可以自主运行至充电站进行充电。

④ 具备上位机软件智能分析,设计有红外温度监测界面、可见光图像采集界面、环境气体监测界面、巡航位置实时状态界面、数据自主分析和后台自动存储界面、机器人自检状态信息界面。

(2) 关键技术

① 轮式巡检机器人结构研究

分析煤矿变电所的实际情况,设计机器人为轮式结构,通过搭载摄像云台及各种传感器,实现机器人行走及巡检功能,结构如附图7-2所示。为进一步研究机器人的综合运动性能,利用ADAMS软件与RecurDyn软件建立机器人动力学仿真平台,进行动力学仿真验证。针对机器人的防爆结构要求及质量分布,采用ANSYS对机器人结构进行优化设计,确保研制样机完成该项目规定指标,保证机器人的环境适应性。

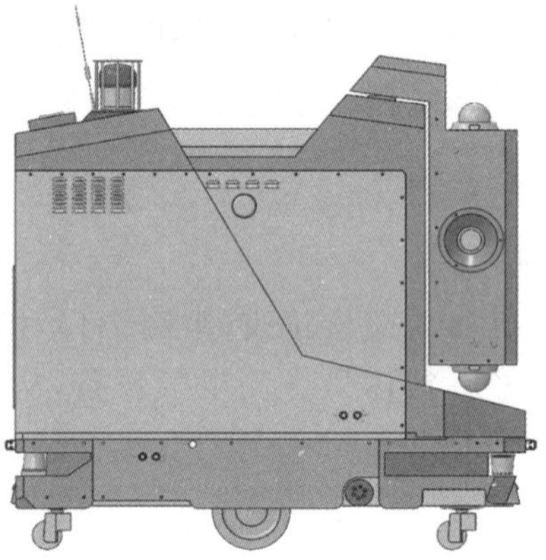

附图7-2 机器人三维结构

② 视觉检测人脸识别技术

巡检机器人采用视觉图像处理技术,识别流程如附图7-3所示。视觉传感器获取数据后,经过图像增强、灰度对比等系列算法处理后,对当前图像进行数据库比对,如果当前图像有变化,数据结果会依据设定阈值,显示当前结果异常并指示系统自动做出相应处理。针对现场的实际工况,分别在出入门设置固定式摄像头,完成人员进入变电所的报警功能。

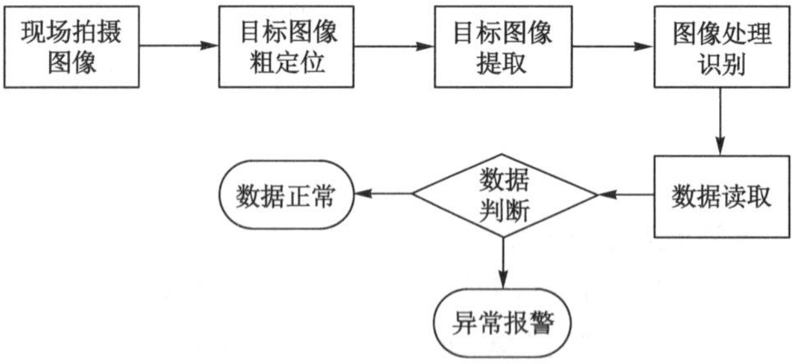

附图7-3 人员识别流程

同时,巡检机器人能够与门禁系统联动,人员监测界面如附图7-4所示。监测进入室内人员情况,自动采集进入人员信息,与门禁系统信息比对;进入人员若有未戴安全帽、未经授权开启设备等操作,系统会实时报警并记录。

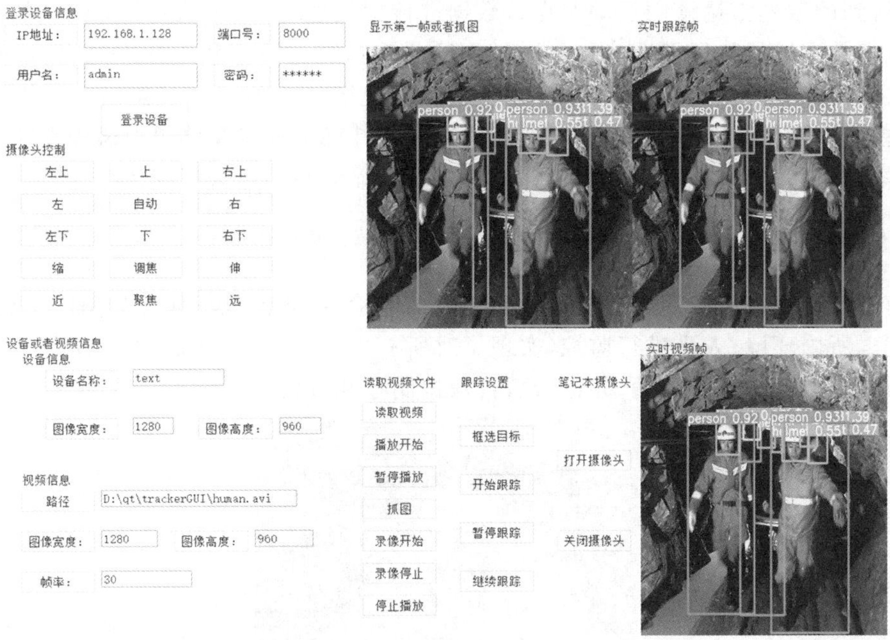

附图 7-4　人员监测界面

③ 基于三维激光雷达与惯性里程计相结合的 SLAM 环境自主导航技术

针对巡检机器人自主行走，采用三维激光雷达与惯性里程计相结合的 SLAM 环境导航方式，解决视觉导航易受光强影响、二维码受遮挡、信号易丢失等问题，总体流程如附图 7-5 所示，采用紧耦合联合优化激光雷达惯性里程计和点云地图构建两部分。对于激光雷达惯性里程计部分，将激光雷达帧内运动和帧间运动关系进行解算，完成 IMU 数据预积分处

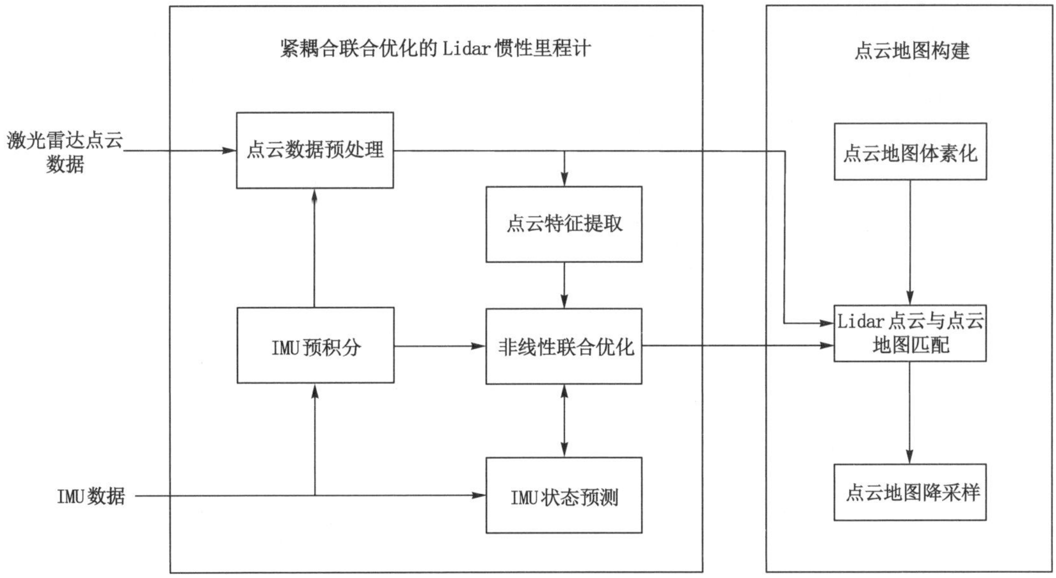

附图 7-5　基于三维激光雷达与惯性里程计相结合的 SLAM 自主导架构

理,计算得到的激光雷达帧内运动对点云数据进行预处理,去除运动畸变影响。数据预处理之后对点云数据进行特征提取,同时进行IMU状态预测。依据建立的IMU约束和激光雷达约束共同构建非线性优化模型,求解该模型获取建图过程所需的状态量。在构建点云地图部分,首先将点云地图进行体素化,然后根据里程计部分的优化结果对激光雷达点云和点云地图进行匹配,最后对点云地图进行降采样处理,以便减小点云地图体量。

三、应用效果

大南湖煤矿变电所应用巡检机器人代替人工巡检,机器人现场作业如附图7-6所示,其实现了变电所内环境、人员进行监控,实现了对所有电控柜显示状态及数据的有效识别,也实现了与机电设备的智能联动,并进行后台数据储存和分析。

附图7-6 变电所巡检机器人现场

附录八　保德煤矿上仓挂轨式巡检机器人应用案例

一、应用场景简介

上仓带式输送机是煤炭运输的重要输送纽带。保德煤矿上仓巷道宽 5 m,高 4.5 m,行人侧为 2 m,内部安装有带式输送机,带长 183 m、宽 1.6 m,坡度为 16.5°。带式输送机与行人侧由铁质护栏隔开,具有检测空间狭小、通道狭窄等特点,现有日常维护工作仍需要人工完成,劳动强度大,安全风险高。为了减少和避免安全生产隐患的发生,保德煤矿对其生产管理提出了更加完善的要求,设置有专职人员指导和加强安全技术管理工作。但是,现有带式输送机服役时间较长,设备性能相对落后,现有安全管理仍存在巡检人员素质参差不齐、主观感知设备问题差异较大。作业区域分散,信息管理缺乏有效性和实时性,由此导致带式输送机运行过程中出现的一些问题不能被及时发现,从而引发煤矿安全生产事故。

二、智能化技术应用

1. 多目标探测自锁式机器人结构

为避免轨道机器人负载重物爬坡时发生驱动打滑现象,分析驱动轮系与轨道之间摩擦力与负载作用关系,提出一种七轮系稳定结构和基于负载变化的机构自锁方法。多轮系结构包括轨道轮、驱动轮、链轮、张紧轮,如附图 8-1 所示。轨道轮前后对称安装在轨道轮支架内侧,轨道轮卡接于工字钢轨道槽的内部;驱动轮分别装配于驱动轮支撑架的左右两侧;驱动轮的外侧装配有链轮,链轮之间通过传动链相互关联;驱动轮支撑架前后外侧壁的中部均装配有左右对称的张紧轮,张紧轮从左右两侧向内张紧传动链。通过连杆机构将部分负载力转化为驱动轮系对轨道的正压力和轨道轮与轨道内壁间的压力。驱动轮系对轨道的正压力增大,驱动轮系与轨道之间的摩擦力则增大。驱动轮系和轨道间的摩擦力与负载成正比,最终达到负载越重,驱动轮系与轨道间的摩擦力越大的自锁效果。要避免轨道机器人负载重物爬坡时发生驱动轮打滑的情况,提高轨道机器人的运行稳定性和安全性。挂轨机器人样机如附图 8-2 所示。

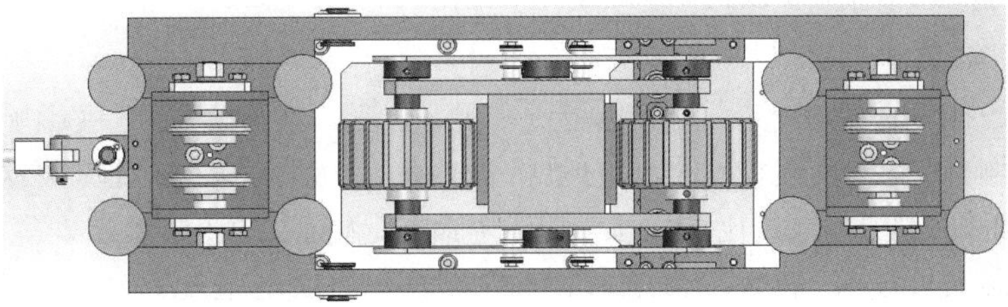

附图 8-1　多轮系结构三维模型

附图 8-2　挂轨式巡检机器人

2. 多维度空间速度图像协同闭环控制系统

设计一种多维度空间速度图像协同闭环控制系统，采用速度环协同控制机器人的图像数据采集与处理。其硬件结构如附图 8-3 所示。

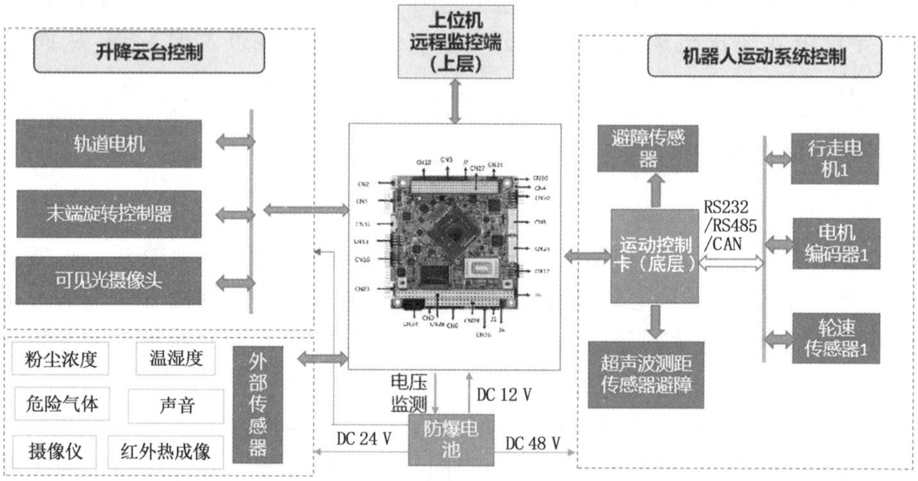

附图 8-3　控制系统硬件原理

基于 Matlab 仿真软件搭建了七轮系机器人控制系统的仿真模型，分别对电流环、转速环和位置环进行仿真分析，结果显示：相比于传统 PI 控制，采用环路优化控制策略后，电流控制的鲁棒性得到明显改善，系统的抗扰动性能得到提高，恒速段对位置斜坡轨迹跟随误差从 0.45 rad 减小到 0.05 rad 以内，保证了定位精度。

3. 长续航、高效率的电池供电技术

动力电池是挂轨巡检机器人工作的能量来源，电池的实际性能不仅影响动力系统的整体性能，也会影响矿用挂轨巡检机器人的整机性能和使用寿命。选用磷酸铁锂电池是因为其具有工作电压高、自放电小、比能量大、循环寿命长、无记忆效应、无污染等优点。

为实现机器人长续航、高效率供电，研究提出了一种供电电池系统匹配设计流程，如附图 8-4 和附图 8-5 所示。首先，根据机器人电机在特定工况下的能量需求，结合电池组的功率约束，得到不同放电参数下电池组的等效工况容量，建立电池的 Peukert 放电模型；然后，针对使用工况等效电流和 Peukert 方程对电池组参数进行匹配，对电池在实际放电条件下的可用容量衰减进行校正和补偿；最后，得到电池寿命模型，确定电池组的关键特性参数，实现了机器人动力系统性能及稳定性的提升。

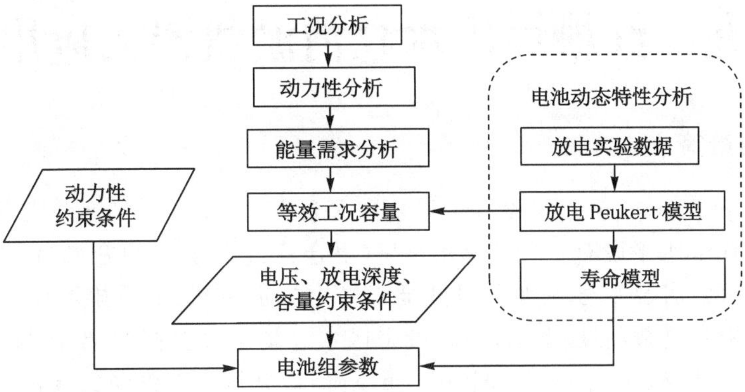

附图 8-4　电池组参数匹配流程

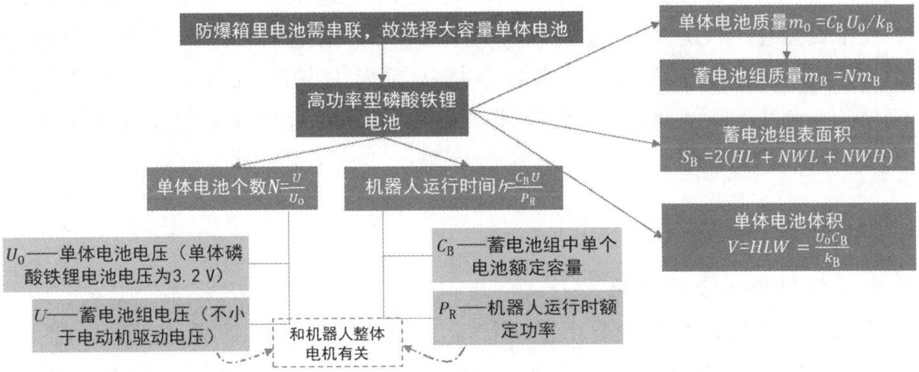

附图 8-5　大容量的单体电池参数匹配流程

三、应用效果

保德煤矿上仓挂轨式巡检机器人，在定时巡检、定点巡检、指定特殊任务巡检等多种巡检方式下，实现了红外测温、数据通信及分析系统、气体检测功能及自主避障等功能。解决了应用场景下人工巡检存在着工作效率低、劳动量大、无法及时上报现场信息、难以准确且高频次地检测设备状态和数据、无法及时发现问题等难题，做到了故障前兆预警，减少停车时间，有效延长生产时间。

附录九　红柳煤矿水仓清淤机器人应用案例

一、应用场景简介

红柳煤矿井下＋1 000 m水平设有1号主排水泵房(主水仓、1号副仓、2号副仓,总容量为12 000 m^3),＋810 m水平设有2号主排水泵房(甲仓、乙仓、丙仓,总容量为12 000 m^3)。各采区涌水通过采区水泵房及2号主水泵房排至1号主排水泵房,最后排至地面矿井水处理站。因矿井地质条件极其复杂,岩层富水性强,各采区水仓均未设置沉淀池,故排入1号主水仓的矿井水含有大量泥沙、积渣,水仓蓄水能力严重下降,矿井排水工作受到威胁。

矿井正常涌水量为1 280 m^3/h,最大涌水量为1 728 m^3/h。水仓清淤频率约为一年2～3次。原水仓清淤工作一直使用装载机配合无轨胶轮车出渣方法完成,此法不但效率低、清淤时间长,而且车辆运营成本高,同时泥渣运至地面后也会对环境造成较大危害,严重影响矿井安全生产,造成安全隐患和经济损失。清仓过程中,矿井水中悬浮物浓度急剧增加(地面矿井水处理站设计进水悬浮物指标为1 500 mg/L以内,井下清仓时最大可达到17 000 mg/L),对地面矿井水处理站正常稳定运行带来隐患,污染物浓度难以降解外排,极易引发环保问题。

二、智能化技术应用

1. 水仓清淤机器人整体介绍

煤矿水仓清淤机器人本体主要由循环铲斗、行走装置、卷扬系统、液压动力系统、环境感知系统、无线遥控电气系统等组成。机器人为全液压驱动,整个系统采用开式回路,包括清淤装置控制油路、负载反馈式比例多路阀组成的油路等;配置有“激光＋双目视觉”传感器,能实现与清淤装置的联动控制,可设置自主或人工遥控完成清淤作业。

2. 技术应用

煤矿水仓清淤机器人采用“履带行走＋循环铲斗＋柱塞泵”结构,攻克清淤空间自适应柔性清淤、供电卷缆系统多层缠绕自动收放线缆、清淤量自动识别等关键技术,解决现有水仓清理需排空水作业、效率低及清仓周期长的问题,高效完成清仓作业。

(1) 机器人系统组成

① 进料集料系统,由链条、双侧螺旋集料装置、铲斗、机架本体、防护架等组成,具备搅拌、集料功能,可将煤泥装运至泵送料斗。其中,螺旋集料装置采用“模块化”设计,可提供多种设计尺寸,在本体机型预留接口,可根据煤矿水仓巷道宽度选择实现快速插接安装(附图9-1)。

② 泥浆处理系统,执行固液分离操作,液体过滤回流水仓,固体煤泥分离运送至烘干设备。主要通过粗分机进行初步泥水分离,把颗粒直径较大的固体颗粒(直径为1.0 mm以上)全部滤出,筛下的细颗粒混合物进入缓冲存储箱里,后经压滤泵输入到压滤机中进一步泥水分离(附图9-2)。

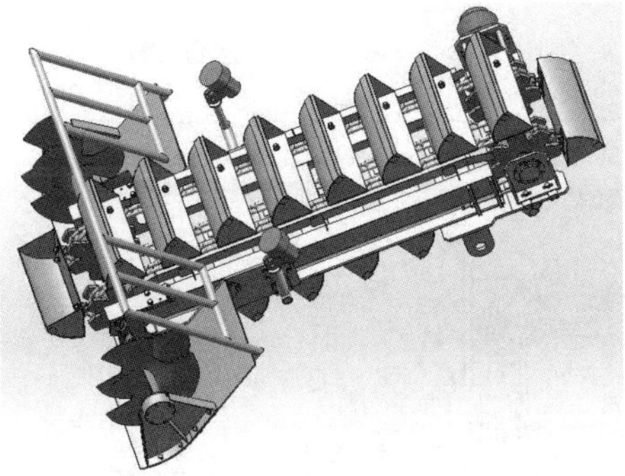

附图 9-1　进料集料装置图

附图 9-2　粗分机和压滤机

③ 泵送系统是机器人核心部件，把水仓的水煤泥通过泵送系统泵送至远端，既能够输送 70%以下浓度稠煤泥，又可泵送浓度极低的液体，甚至清水（附图 9-3）。

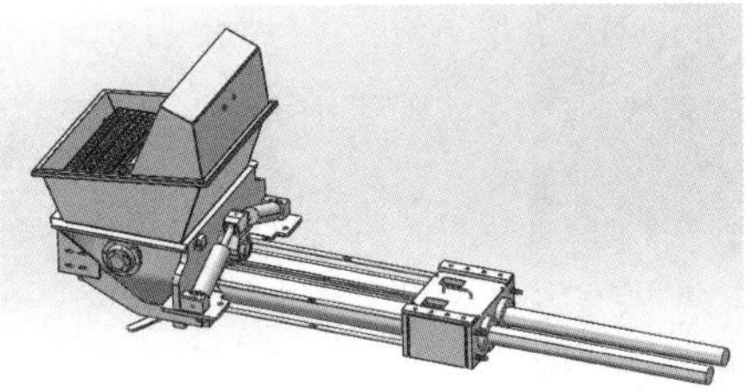

附图 9-3　泵送系统结构示意图

（2）关键技术

① 清淤空间自适应柔性清淤技术。

传统清仓机进料集料宽度与整机宽度一致，清淤时需要反复移机多次才能完成清淤，且水仓地面路况平整度较差，导致清淤作业效率较低。针对以上问题研究一种进料集料范围可调节方法，配合实现矿井水仓环境的三维场景构建和淤积层实时测量，整机为全液压先导控制，可适应不同淤泥黏稠度水仓工作环境，同时针对路面不平工况在进料集料装置前端安装自适应滚轮，配置多路控制阀、分配阀、控制阀，在液压换向阀处于中位时，通过液压油缸串联蓄能器，来承担进料集料装置随地面起伏导致油缸被动伸缩，溢出的液压油通过蓄能器储能，保证强劲的系统动力（附图 9-4）。

② 供电卷缆系统多层缠绕自动收放线缆技术。

目前，清淤机械供电方式为托揽供电，清淤机械采用电缆卷扬方式，国内尚无高容量、自

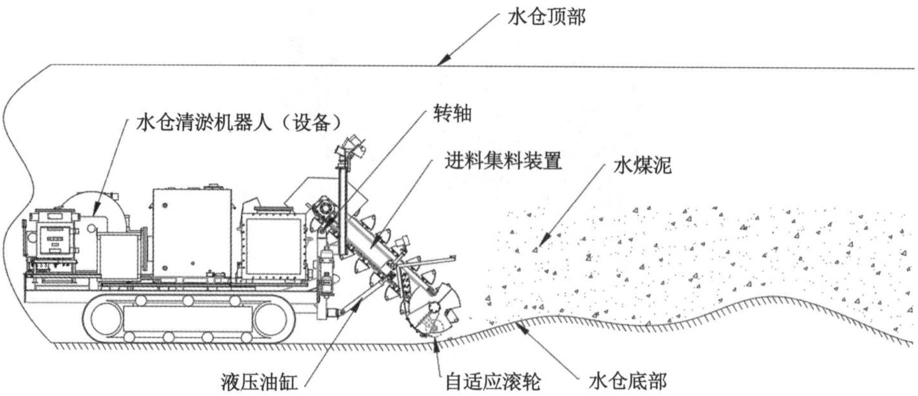

附图 9-4　机器人柔性图

动收放卷扬技术应用于清仓机械上。装置主要包括液压马达、卷筒、机架、排线器、链条、链轮等，液压系统溢流可实现卷筒张紧力，机械式排线器保证了多层缠绕垫的有序缠绕，液压马达通过链条驱动卷筒旋转，最终实现了线缆的自动收放(附图 9-5)。

③ 全系统淤泥定量收运排一体化技术。

机器人可实现进料、泵送、粗分机、压滤机一体化控制，清淤机器人搭载液压负载敏感系统，当进料马达压力升高时，马达可自适应降低转速，提高扭矩，同时泵送系统及末端粗分机根据控制信号迅速做出调整，使整机更节能、高效(附图 9-6)。

附图 9-5　自动卷缆装置

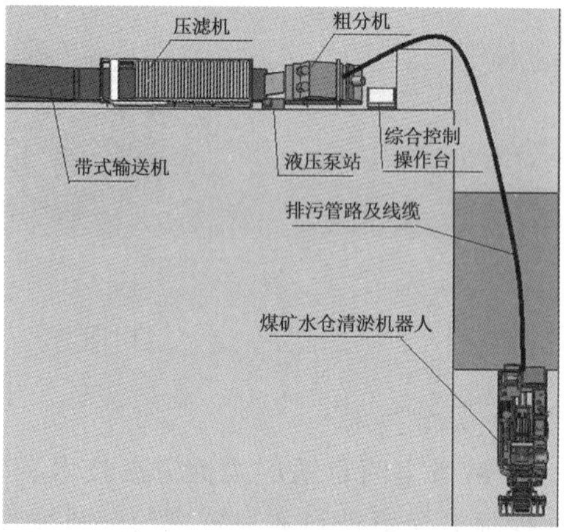

附图 9-6　清淤作业整体流程

三、应用效果

水仓清淤机器人的应用解决了红柳煤矿井下水仓工作条件恶劣、工作空间有限、淤积物中含水量大、清淤劳动强度大、工作效率低、清仓周期长、清淤作业不能缺少人工操作的问题，实现了矿井水仓清淤的在线化、"遥控＋自主化"作业，将清淤工作变成在线式的日常工作，在不影响矿井排水的同时，最大程度保证水仓蓄水量，改善井下人员工作条件，清淤进度可查、可控，大大提高了清淤效率（附图9-7）。

附图9-7　水仓清淤机器人

附录十　红柳煤矿采空区仿生蛇形巡检机器人应用案例

一、应用场景简介

红柳煤矿生产能力为 8.00 Mt/a,属于低瓦斯矿井。井田采用斜井开拓方式,井筒均落底于2号煤层,主副井筒落底标高为+1 300 m。井田南北走向长约 15 km,东西倾向宽约 5.5 km,面积约 85 km^2。煤矿采空区的探测需求主要为空间形态监测、积水范围监测、粉尘浓度监测、风量监测等。按照传统采空区探查要求,每周进行一次水情水害监测,每旬测定一次风量,由瓦斯检查员进入井下检查采空区内瓦斯、氧气、一氧化碳等气体浓度。以上检测工作全部由人工进行。

二、智能化技术应用

1. 机器人整体介绍

针对井下采空区及狭小空间火源探测的仿生蛇形机器人研发(附图 10-1),主要研究仿生机器人机构,包括基于仿生原理的机器人化结构设计、基于生物断裂结构的机器人模块化自脱离机构设计;研究仿生机器人控制,包括仿生机器人高效高机动运动控制、仿生机器人狭小空间自适应通过控制、仿生机器人模块自脱离控制;研究仿生机器人感知,包括基于多传感器融合的危险探测技术、机器人动态地图创建技术及运动规划、机器人通信增强技术。机器人具备自主行走、精确定位、井下环境识别、远程遥控等功能,实现采空区探测无人化。

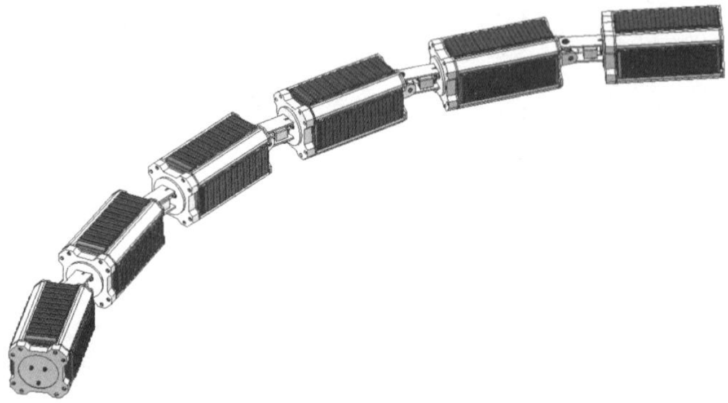

附图 10-1　仿生蛇形机器人

2. 技术应用

煤矿井下狭小空间仿生蛇形机器人利用生物形态学研究蛇形机器人运动形态结构,攻克了仿生节点之间的有效连接、高效驱动、稳定支撑一体化关键技术,实现采空区的超前探测。

（1）主要功能

① 机器人具备火情探测功能，基于火灾发生后火光、烟雾、热能的变化，通过温度传感器、烟雾传感器等实现实时捕捉与监测，采集数据可实时传送至上位机管控系统，并发出警报。

② 机器人具备狭小空间自适应通过功能，可以自主解析行走路径，解决狭小通道环境角点精准识别的问题，保障机器人能够自主完成姿态分析优化，并顺利通过狭小空间。

③ 机器人具备可断裂功能，机器人本体由若干单独模块通过自脱离机构连接，每个模块上携带通信中继单元，可作为中继点，实现机器人通信距离的有效延长。

④ 机器人具备人机交互功能，同时具备 PC 端和手机端界面监控，可实时查看温度监测界面、可见光图像采集界面、环境气体监测界面、巡航位置实时状态界面、数据管理界面等。

（2）关键技术

① 基于仿生原理的机器人模块化结构设计（附图 10-2）

基于生物形态学分析蛇形机器人运动形态、运动机理与平衡调节机理，利用分布式推进机构模拟生物蛇身体波动，建立模块化结构模型。研究多自由度驱动结构材料一体化的仿生链式运动系统的设计方式，实现了仿生节点之间的有效连接、高效驱动、稳定支撑一体化。

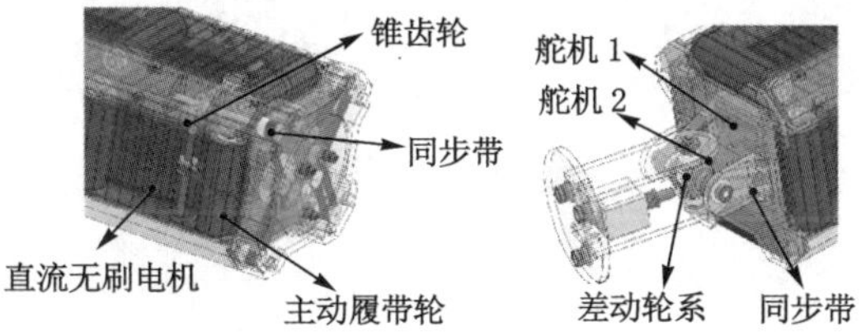

附图 10-2　机器人单一模块三维结构

② 仿生蛇形机器人高效高机动运动控制技术（附图 10-3）

针对仿生蛇形机器人的高机动运动，利用深度神经网络构建深度动力学网络，拟合了蛇形机器人的前向运动。基于多种环境感知传感器，利用三维场景建模方法构建蛇形机器人当前的三维场景，并联合已经训练好的神经动力学模型，利用基于模型的强化学习算法得到当前最优的运动曲率和挠率，实现了其高效运动能力。

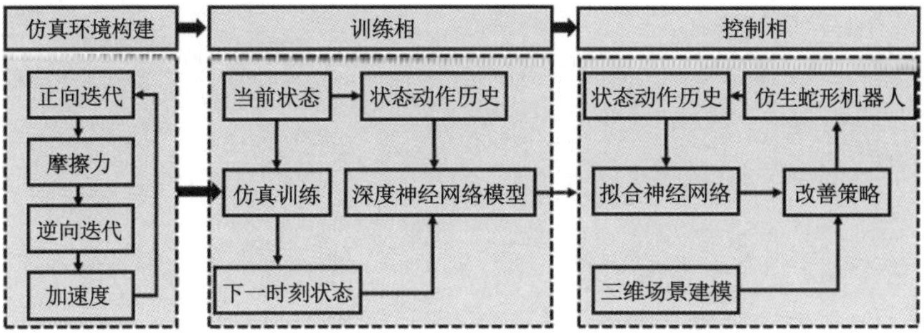

附图 10-3　仿生蛇形机器人高机动控制框图

③ 基于多传感器信息融合的煤矿火情探测与自主决策技术

获取视觉传感器与危险探测器有效信息后，对烟雾的疑似区域进行图像分割，提取该区域的多种特征，将图像特征信息和危险传感器信息融合后，通过 SVM-KNN 分类器实现对险情的判别，并在准确识别险情后，通过视觉测距计算出危险的空间位置。在确定险情位置信息后，利用 A * 算法生成机器人与险情之间的运动规划轨迹，机器人沿着指定轨迹到达危险点，继续清除险情的任务。

三、应用效果

红柳煤矿采空区仿生蛇形巡检机器人能够代替人工实现井下采空区环境温度、多气体浓度、风速等信息的采集与监测。同时，机器人各个模块化本体携带通信中继单元，可自主断开，作为中继单元继续提供连续信号，有效延长了机器人通信距离，实现了采空区长距离探测。通过对采集数据的实时监测与分析，可实现对各类危害的前兆预警。